认识河流阻力，认识动量定理
——从流动到宇宙

周晓泉　周文桐　著

中国水利水电出版社
www.waterpub.com.cn

·北京·

内 容 提 要

本书是相似理论的推论、延伸或应用，证明曼宁公式是不和谐的，而可用和谐的文桐公式替代。全书贯通的主线是受力分析，或动量定理分析。全书分 3 部分，共 9 章。第 1 部分是河流动力学，其内容包括疑惑、河流的流动问题、明渠流动的理论解读、明渠流动的数值解读。第 2 部分是水深平均的平面二维数学模型，用和谐的文桐公式对二维数学模型进行修正，并与传统的数学模型（曼宁公式）进行对比研究；其内容包括如何解读河流（明渠）流动（传统的曼宁公式）、如何确定糙率系数、修正水深平均数学模型的改进和水力学，进而通过已有的实验资料对河流水力学进行验证，证明文桐公式比曼宁公式更合理。第 3 部分是认识宇宙，对宇宙间物质的存在进行动量定理分析，从而得到一个全新的宇宙观。

本书可供水力学、流体力学、化工、水处理、水环境及天体物理等相关专业的科研院工作者和大专院校的师生参考和阅读。

图书在版编目（ＣＩＰ）数据

认识河流阻力，认识动量定理 ：从流动到宇宙 / 周晓泉，周文桐著. -- 北京 ：中国水利水电出版社，2023.3
　　ISBN 978-7-5226-1032-0

　　Ⅰ．①认⋯ Ⅱ．①周⋯ ②周⋯ Ⅲ．①水流动-水动力学-研究 Ⅳ．①TV131.3

中国版本图书馆CIP数据核字(2022)第187130号

书　　名	**认识河流阻力，认识动量定理——从流动到宇宙** RENSHI HELIU ZULI, RENSHI DONGLIANG DINGLI ——CONG LIUDONG DAO YUZHOU	
作　　者	周晓泉　周文桐　著	
出版发行	中国水利水电出版社 （北京市海淀区玉渊潭南路 1 号 D 座　100038） 网址：www. waterpub. com. cn E - mail：sales@mwr. gov. cn 电话：(010) 68545888（营销中心）	
经　　售	北京科水图书销售有限公司 电话：(010) 68545874、63202643 全国各地新华书店和相关出版物销售网点	
排　　版	中国水利水电出版社微机排版中心	
印　　刷	天津嘉恒印务有限公司	
规　　格	184mm×260mm　16 开本　21 印张　435 千字	
版　　次	2023 年 3 月第 1 版　2023 年 3 月第 1 次印刷	
印　　数	0001—1000 册	
定　　价	**108.00 元**	

前　言

本书是相似理论的推论或应用，也是相似理论的延伸。

流体力学非常复杂，一般研究者认为它是符合 N-S（纳维-斯托克斯）方程的。对它的一种简化是水力学，它将复杂的偏微分方程简化，最好能代数化，比如通过沿程水头损失系数、局部水头损失系数等来估计损失，用能量方程来简化方程，这样可以解决非常多的工程问题。而它的基础就是通过实验所得到的各种经验公式。

同理河流流动、明渠流动问题，也可以将其代数化，用代数化的通用床面切应力公式去简化 N-S 方程，如平面二维的水力学数学模型就是如此实施的。通常代数化的基础是曼宁公式，如果曼宁公式不和谐，可以用文桐公式替代，因为文桐公式是和谐的，但平面二维水力学数学模型也因此需要修正。如果曼宁公式及其使用的条件需要修正，这将深刻地改变研究者对水力学的认识、对河流的认识以及对泥沙运动的认识。

本书的基础是对流动进行受力分析，应用的是动量定理或动量守恒定理，它们均有一个流动的响应特性。

如果将流动问题扩大到尺度更大的空间里，即没有流，只有动，这时的受力依然满足动量定理，只是力变成了引力，它有对空间尺度的响应特性，也有类似的响应曲线，随着空间尺度的不同，也存在类似的相似关系（延展段、消失段等），如果深入下去，人类对宇宙的认识，也许真的可以得以改变。比如，宇宙间根本就没有黑洞，也没有大爆炸，而是一个相对静态的宇宙，宇宙是无限但有界的，这个界特指人类探知能力的界限。

本书贯通的主线是受力分析或动量定理分析。全书内容包括如下 3 个部分：

第 1 部分是河流动力学，共 4 章。第 1 章包括概述、流动研究方法和本书适合的读者对象；第 2 章介绍由通用的明渠流动解读引出对水力学的反思；

第 3 章为明渠流动的理论解解读（层流）；第 4 章为明渠流动的数值解读（层流＋紊流），通过光滑壁面受力关系而得到明渠流本构关系，通过它得到文桐公式、和谐的文桐糙率系数 m，通过粗糙壁面的受力响应而得到文桐公式和曼宁公式，它们分别代表紊流不同阶段流动响应的本质。

第 2 部分是水深平均的平面二维数学模型，共 4 章。第 5 章分别以曼宁公式和文桐公式为基础建立的平面二维数学模型进行对比研究，研究结果表明修正控制方程模型可以胜任流动模拟的工作；第 6 章介绍如何确定糙率系数，它们应当是分段的，或文桐糙率系数 m，或曼宁糙率系数 n；第 7 章为对数学模型改进的建议和具体操作方法，表明流动先在一次方段，逐渐过渡到二次方段（$b=1.8$，文桐公式段），然后过渡到严格二次方段（$b=2$，曼宁公式），外边界模型（明渠流）同内边界模型（圆柱绕流）是完全可以类比的；第 8 章对水力学进行总结，表明受力分析的重要性，进而以已有实验数据为基础证明文桐公式是正确的，不仅因为它有明确的物理意义（带有受力响应机制），而曼宁公式则只是经验公式，并无明确的物理意义。

第 3 部分是认识宇宙仅 1 章。第 9 章为宇宙，用动量定理分析宇宙，从引力的尺度响应特性来研究宇宙，发现宇宙可能并没有膨胀，宇宙学红移是由宇宙背景引力在长时间作用下产生的，也可以将宇宙学红移理解为穿越质量场而被征税（红移）的结果；并可以通过实验来验证（穿越质量场的宇宙学红移、引力偏折、折射等）；总之现在有了一个基于受力分析的全新的宇宙观。

本书的出版得到四川大学水力学及山区河流开发保护国家重点实验室资助，在此表示感谢！

鉴于作者水平有限，书中难免出现疏漏，敬请读者批评指正。

作　者

2021 年 11 月

目　录

第3部分 认 识 宇 宙

第 1 部分

河 流 动 力 学

科学的发展需要质疑，且是不断地质疑，在一步步质疑、修正的过程中，人类方能进步。科学如此，流体力学如此，水力学依然应该如此。

本书坚守的是N-S（纳维-斯托克斯）方程，即质量守恒方程和动量守恒方程。书中应用最广泛的是动量定理，用它进行流动分析。

在研究流动的过程中，质疑不断，但往往没有标准答案，那就必须独自寻找，在众多扑朔迷离的线索中找出问题、理清思路，进而寻得答案。

第1章

疑惑 ————

1.1 概述

流体力学是建立在水力学基础上的，随着理论体系的建立，已经相当完善，譬如 N-S（纳维-斯托克斯）方程；而水力学也基于流体力学的进步而得以改进，相当于它们彼此促进、共同提高。

流体力学应用到天然河道或渠道中，采用号称是 N-S 方程，其实不是，实为"沿水深平均的平面二维 N-S 方程"。实际应用三维数学模型（N-S 方程）时，发现的问题较少，均比较符合流动的实际情况，且经得起实验的检验；而在平面二维数学模型（水深平均的 N-S 方程）中，研究者常常遇到这样或那样的问题，最为突出的是壅水的尖灭问题，比如在天然河道中建了一跨河桥梁，在河中为了支撑桥修了若干桥墩，它必将在局部形成壅水进而向上游延伸推进，直至最终将桥墩产生的壅水尖灭掉，一般都有经验公式查出或计算出壅水的范围，壅水尖灭的位置，但经常用平面二维数学模型得到的尖灭距离要比经验估值长若干倍，大家不知道为什么，也没有人能给出正确的解，只有经验公式，它来源于实际的河流流动，因而是比较可信的。可问题出在哪里呢？

在弯道上进行平面二维流动的数值实验，依然发现弯道出现壅水，随着比尺的缩小壅水越大，而且壅得非常离谱[1]，因此不得不怀疑一定是哪里出了问题，可又一直无从下手。

1.2 流动研究方法

本书流动研究首先是以计算流体力学（computational fluid dynamics，CFD）的数值模拟方法为研究手段。因为该方法已经相当的成熟且数据详尽，通过这个方法研究者不仅可以获得海量的流动数据，还可以获得常被人们所忽略的细节，为认识流动的重要辅助手段。其次是实验手段，主要是人们曾经做过的经典实验，为本书研究提供了支撑。

数值模拟方法为通用的 CFD 数值模拟软件，对河流的模拟采用的是水深平均的二维水力学软件，它们都遵循 N - S 方程，即质量守恒和动量守恒方程，因此本书的研究是 N - S 方程数值解，分析的手段以动量方程为主。

本书中研究的明渠流动，是将流动数学抽象化和理想化模型，它的固定水深 H，是将明渠流概化成两平板间流动，以此研究明渠流动及其响应（流速由极小至极大）规律。

1.3 本书的读者对象

假设熟知流体力学、计算流体力学的知识；假设熟知 CFD 建模、CFD 模拟；假设熟知各种比尺水力学实验的步骤和过程；假设熟知相似理论及其应用，本书适合熟悉以上内容的读者。简单来说，本书适合拥有流体力学基本概念、对流动感兴趣的研究人员。

书中不再过多赘述基本知识、基本公式等，而重点在关注本书研究的进展。

本书中一定存在很多不足和错误，恳请批评指正。

参考文献

[1] 周晓泉，周文桐. 认识流动，认识流体力学——从时间权重到相似理论 [M]. 北京：中国水利水电出版社，2023.

[2] 周晓泉，NG How Yong，陈日东，等. 时间权重思想在连续腔体流动中研究 [C] //第三十届全国水动力学研讨会暨第十五届全国水动力学学术会论文. 北京：海洋出版社，2019：704 - 714.

[3] 周晓泉，胡新启，NG How Yong，等. 理解流动的相似性理论，一个模型实验解读 [C] //第三十届全国水动力学研讨会暨第十五届全国水动力学学术会论文. 北京：海洋出版社，2019：292 - 302.

[4] 周晓泉，周文桐，胡新启，等. 流动的相似理论 [C] //第三十一届全国水动力学研讨会论文. 北京：海洋出版社，2020：415 - 421.

第 2 章

河流的流动问题

河流的流动问题极为复杂，各种因素均能作用在其中，重力当然是绝对的驱动因素，还有河底与河岸对水流的阻碍作用以及风对水体的拖拽作用等。河流的河道材质不一或卵石或砂砾，长度不一，坡度不一，左右深浅不一，直道或弯道不一，当去掉了各种不确定因素，就成了矩形明渠，它只有渠道宽 B、坡降 J 和糙率 n 三个因素，如果它无限宽或者不考虑边界立面的影响，那就只剩后两个因素了。

一般的明渠均匀流公式如下（称为谢才公式）：

$$Q = AC\sqrt{RJ} \tag{2.1a}$$

或 $$u = C\sqrt{RJ} \tag{2.1b}$$

式中：Q 为流量；A 为断面面积；u 为断面平均速度；R 为渠道断面水力半径；J 为河道比降或坡降；C 为谢才系数。

曼宁公式通常定义如下：

$$u = \frac{1}{n}R^{2/3}J^{1/2} \tag{2.2}$$

式中：n 为曼宁糙率系数，一般简称为糙率系数或糙率，通常认为是常数。

曼宁公式相当于将谢才系数［式（2.1b）］定义为

$$C = \frac{1}{n}R^{1/6} \tag{2.3}$$

当渠道宽无穷大时，或者不考虑渠道边壁影响时，且均匀流水深处处一样，则水力半径 R 就是渠道水深 H，这时的曼宁公式可以写为

$$Hu = \frac{1}{n}H^{5/3}J^{1/2} \tag{2.4a}$$

或 $$u = \frac{1}{n}H^{2/3}J^{1/2} \tag{2.4b}$$

大家对曼宁公式深信不疑，并将其推广至水深平均的平面二维 N-S 方程的求解中。其中通常沿水深平均的平面二维流动的基本控制方程如下：

水流连续方程：

$$\frac{\partial z}{\partial t} + \frac{\partial}{\partial x}(HU) + \frac{\partial}{\partial y}(HV) = 0 \tag{2.5}$$

水流动量方程：

$$\frac{\partial U}{\partial t}+U\frac{\partial U}{\partial x}+V\frac{\partial U}{\partial y}+\frac{gU\sqrt{U^2+V^2}}{C^2H}+g\frac{\partial z}{\partial x}-fV=\nu_t\left(\frac{\partial^2 U}{\partial x^2}+\frac{\partial^2 U}{\partial y^2}\right) \quad (2.6a)$$

$$\frac{\partial V}{\partial t}+U\frac{\partial V}{\partial x}+V\frac{\partial V}{\partial y}+\frac{gV\sqrt{U^2+V^2}}{C^2H}+g\frac{\partial z}{\partial y}+fU=\nu_t\left(\frac{\partial^2 V}{\partial x^2}+\frac{\partial^2 V}{\partial y^2}\right) \quad (2.6b)$$

$$f=2\omega\sin\varphi$$

式中：U、V 为垂线平均流速在 X、Y 方向的分量；z 为水位；H 为水深；C 为谢才系数，按式（2.3）给定；f 为柯氏力系数；ω 为地球自转角速度；φ 为当地纬度；g 为重力加速度；ν_t 为涡黏系数。

或将谢才系数 [式（2.3）] 代入式（2.6），将动量方程写成如下形式：

$$\frac{\partial U}{\partial t}+U\frac{\partial U}{\partial x}+V\frac{\partial U}{\partial y}+\frac{gn^2U\sqrt{U^2+V^2}}{H^{4/3}}+g\frac{\partial z}{\partial x}-fV=\nu_t\left(\frac{\partial^2 U}{\partial x^2}+\frac{\partial^2 U}{\partial y^2}\right) \quad (2.7a)$$

$$\frac{\partial V}{\partial t}+U\frac{\partial V}{\partial x}+V\frac{\partial V}{\partial y}+\frac{gn^2V\sqrt{U^2+V^2}}{H^{4/3}}+g\frac{\partial z}{\partial y}+fU=\nu_t\left(\frac{\partial^2 V}{\partial x^2}+\frac{\partial^2 V}{\partial y^2}\right) \quad (2.7b)$$

水深平均的平面二维数学模型准确与否，一定是建立在曼宁公式的准确的基础上的。

2.1 直道明渠验证

在水力学实验中，常有河流或明渠流动问题，它一般按相似理论中的重力相似准则进行缩尺，其中糙率系数 n 的缩尺为

$$\lambda_n=\lambda_l^{1/6} \quad (2.8)$$

现在以平面二维数学模型进行验算，并逐渐引出问题。

2.1.1 直道明渠均匀流[1]

将直道明渠设计为宽度 $B=0.5\mathrm{m}$、长度 $L=20\mathrm{m}$、比降 $J=1‰$、河床糙率 $n=0.015$，将其定义为模型 R2；放大 10 倍、100 倍的模型分别定义为模型 R3 和模型 R4，比降皆为 1‰；模型 RR2 尺寸同模型 R2，比降为 5‰；模型 RR4 尺寸同模型 R4，比降为 0.5‰。

各种比尺的直道模型的网格划分如下：宽度方向 10 等分，长度方向 100 等分，共划分了 1000 个八节点的四边形网格，所有比尺模型的网格划分完全一样。

各比尺模型的基本参数见表 2.1。

表 2.1　　　　　　　　　　　　各比尺模型的基本参数

模型	R2	R3	R4	RR2	RR4
比例	1	10	100	1	100
长度 L/m	20	200	2000	20	2000
宽度 B/m	0.5	5	50	0.5	50
坡降 J	0.001	0.001	0.001	0.005	0.0005
曼宁糙率系数 n	0.015	0.022016989	0.03231652	0.015	0.03231652

按不同比尺、不同比降的模型进行稳定流数模计算，各比尺模型数模结果汇总见表 2.2。

表 2.2　　　　　　　　　　直道明渠各比尺模型数模结果汇总

模型 R2		模型 R3		模型 R4		模型 RR2		模型 RR4	
水深 H/m	流量 Q/(m³/s)	水深 H/m	流量 Q/(m³/s)	水深 H/m	流量 Q/(m³/s)	水深 H/m	流量 Q/(m³/s)	水深 H/m	流量 Q/(m³/s)
0.02	0.001348					0.153622	0.10309	20	5098.25
0.2435	0.1	2.435	31.6705	24.35	10008.8			50	23475
0.2	0.071994	2	22.8146	20	7210.12				
0.3	0.141645	3	44.8415	30	14171.1				
0.4	0.22886	4	72.428	40	22888.5				
0.5	0.332	5	105.052	50	33199				
2	3.3465	20	1058.75						
5	15.408	50	4875.7						

如果按 $Qn/(BJ^{0.5})$ 计，则所有明渠均匀流均可以统一到一个水深流量关系上，如图 2.1 所示。

很显然，可以归纳出明渠均匀流的公式为

$$Qn/(BJ^{0.5})=H^{5/3} \qquad (2.9\text{a})$$

或

$$Hun/J^{0.5}=H^{5/3} \qquad (2.9\text{b})$$

其中，Q/B 便是单宽流量 Hu，式（2.9）同明渠流曼宁公式（2.4）完全一样。

2.1.2　直道明渠均匀流受力分析

如果对直道明渠均匀流应用动量定理（冲量 Ft 等于动量的变化，F 为受力，单位为 N），将进口断面定义为断面 1-1（水深 h_1，流速 u_1），出口定义为断面 2-2（水深 h_2，流速 u_2），则有

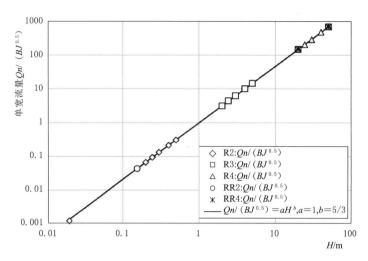

图 2.1　所有 R 系列直道明渠统一的水深流量关系

$$\sum F \Delta t = \left(\frac{1}{2}\rho g h_1^2 - \frac{1}{2}\rho g h_2^2 + \overline{H}L\rho g J - \tau L \right) \Delta t = m_2 u_2 - m_1 u_1 \qquad (2.10)$$

因为是均匀流，有 $h_1 = h_2 = \overline{H} = H_c$，且 $m_1 = m_2$，$u_1 = u_2$，重力分量与阻力匹配，简化后有

$$\tau_c = \rho g H_c J \qquad (2.11)$$

式中：H_c 为均匀流水深；τ_c 为均匀流河床切应力。

式（2.11）便是均匀流河床切应力公式。切应力公式也可以有其他的表达形式，将式（2.11）和式（2.9b）相结合，可以有如下的切应力表达形式（消除坡降 J 的公式）[1]：

$$\tau_c = \rho g (n u_c)^2 / H_c^{1/3} \qquad (2.12)$$

2.1.3　直道明渠非均匀流受力分析

一般情况下，任意一河流的流动都不是均匀的。如果当水深 $H = H_c$ 时为均匀流，则当同样流量下 $H > H_c$ 时，或下游与均匀流同样水深条件下，降低进口流量，在这样的情况下一定有一个恒定流的解，它没有达到均匀流，得提高流量才能达到，所以命名为欠均匀流；同理当 $H < H_c$ 为超均匀流，或均匀流条件下，保持下游水深不变，将上游流量增加，这样的情况下也有一恒定流的解，因为流量高于均匀流，所以称超均匀流。

以各比尺模型计算 9 个非均匀流的算例，欠均匀流的流量调至均匀流的 $1/4 \sim 1/2$，而下游水深保持不变；超均匀流流量调至均匀流的 $2 \sim 5$ 倍，而下游水深保持不变，见表 2.3，并将它们恒定流的解（进口水深 h_1、出口水深 h_2）一并列出。

表 2.3   非均匀流各参数统计表

非均匀流模型		算例编号	H /m	$Q/$ (m³/s)	h_1	h_2	b	平均水深 h, $\sum(h\,\mathrm{d}l)$ /L	F_g, $\sum(\rho g h J\,\mathrm{d}l)$	F_1-F_2	M_2-M_1	F_b, $\sum(\tau\,\mathrm{d}l)$
欠均匀流	R3	1	2	10	1.834917	1.999963	2.334248	1.9164926	3753.39	−3098.94	−179.5777	834.0266
		2	5	25	4.80793	4.99998	2.333892	4.9038505	9604.036	−9222.47	−199.3752	580.9392
		3	20	200	19.80313	19.99998	2.338638	19.901545	38976.55	−38362.7	−793.9272	1407.789
		4	50	1000	49.80186	49.99997	2.343584	49.90092	97729.38	−96805.8	−3178.663	4102.217
	R4	5	24.35	2500	22.45518	24.34999	2.333779	23.400078	458283.1	−434226	−8649.921	32706.81
		6	50	10000	48.12868	50.00002	2.334068	49.062849	960880.4	−899094	−31050.68	92836.61
超均匀流	R3	7	2	50	2.791844	2.029759	2.04233	2.6072697	5106.255	17990.84	13425.185	9671.912
		8	5	500	4.389316	4.998571	2.33228	4.6947001	9194.422	−28004.2	−277191.8	258382
	R4	9	24.35	40000	15.95995	24.34937	2.33328	20.158387	394795.6	−1655747	−13791542	12530590

对计算结果，在整个计算域的水体上应用动量定理，类似式（2.10），有

$$\frac{1}{2}\rho g h_1^2 - \frac{1}{2}\rho g h_2^2 + \rho g J \int_0^L h\,\mathrm{d}l - \int_0^L \tau\,\mathrm{d}l = \rho h u(u_2-u_1) \tag{2.13a}$$

$$F_1 - F_2 + F_G - F_B = M_2 - M_1 \tag{2.13b}$$

式（2.13a）中前两项是进口、出口水压力；第三项是整个水体重力的水平分量，第四项是切应力；等号右侧为动量的改变，hu 为单宽流量。除了切应力 τ 之外所有的量均可以准确统计出来，只剩切应力，这里假定切应力有如同式（2.12）同样的形式，速度增加则切应力增加，反之则减少，设它与速度的 b 次方成正比，因此有切应力的表达式如下：

$$\tau = (u/u_c)^b \tau_c \tag{2.14a}$$

或

$$\tau = (H_c/h)^b \tau_c \tag{2.14b}$$

这里的 $(u/u_c)^b$ 或者 $(H_c/h)^b$ 便是比例因子，将式（2.14）代入式（2.13），则公式中只有一个未知的指数 b，将非均匀流的指数 b 进行计算，结果见表 2.3。显然除了第 7 算例外，其余 8 个算例均一致，取其平均数 $b \approx 2.3355$，则河床切应力有如下表达式：

$$\tau = (u/u_c)^{2.3355} \rho g(nu_c)^2/H_c^{1/3} \tag{2.15}$$

通过置换［用式（2.14）代入式（2.15）］，确定 $b=7/3$，于是消去 J 求得通用的床面切应力公式：

$$\tau = \rho g(nu)^2/h^{1/3} \tag{2.16}$$

可见式（2.16）与式（2.12）完全同型，因此式（2.16）为通用的河床切应力公式，不管流动是否为均匀流，均满足。因而通用的切应力公式可以将复杂的流动问题

简单化,将流体力学问题(求解偏微分方程)变为简单的代数问题。

2.1.4 直道明渠数模结论

不管均匀流切应力公式 [式(2.12)]还是非均匀流切应力公式 [式(2.16)] 均满足曼宁公式,且为曼宁公式的某种变形。平面二维数学模型的基础和前提是曼宁公式,尤其是谢才系数的定义 [式(2.3)]。用曼宁公式的前提经过数学模型的模拟回到前提(满足曼宁公式)上,并不能说明什么,因为是循环论证。

可即使这样,也将其进行验证,说明循环论证的证据链可能也会是不封闭的。

2.2 纯弯道明渠验证

2.2.1 纯弯道均匀流

本例为纯弯道模型[1],是为了受力分析的方便而建立。为了让弯道尽量长,故设置为359°的弯道,从−90°至269°,以269°为上游进口。将标准纯弯道模型定义为CD2,宽度 B 为0.5m,渠道转弯半径 R 为1.6m,曼宁糙率系数 n 为0.015,其余的皆为同型比尺模型,尺寸见表2.4,CD3~CD9均为同比降($J=0.001$)的同型变比尺模型。CDa、CDv、CDw 为 CD7 变糙率及变比降模型。

网格划分,宽度 B 方向10等分,圆周方向200等分,共2000个八节点的四边形网格。

表 2.4 纯弯道明渠各比尺模型参数

模型	B/m	R/m	n	J	标准算例水深 H_c/m
CD2	0.5	1.6	0.015	0.001	0.2435
CD7	1.25	4	0.017475	0.001	0.60875
CDa	1.25	4	0.022017	0.001	0.60875
CDv	1.25	4	0.017475	0.002	0.60875
CDw	1.25	4	0.017475	0.005	0.60875
CD3	5	16	0.022017	0.001	2.435
CD8	12.5	40	0.02565	0.001	6.0875
CD4	50	160	0.032317	0.001	24.35
CD9	125	400	0.037649	0.001	60.875
CD5	500	1600	0.047434	0.001	243.5

各比尺模型的恒定流计算结果见表 2.5，每个算例特增加平均速度参数。

表 2.5 纯弯道明渠各比尺模型的恒定流计算结果

模型	CDa			CDv			CDw		
曼宁糙率系数 n	0.022016989			0.017474896			0.017474896		
坡降 J	0.001			0.002			0.005		
宽度 B/m	1.25			1.25			1.25		
转弯半径 R/m	4			4			4		
H、Q、u 参数情况	H/m	$Q/(\mathrm{m}^3/\mathrm{s})$	$u/(\mathrm{m/s})$	H/m	$Q/(\mathrm{m}^3/\mathrm{s})$	$u/(\mathrm{m/s})$	H/m	$Q/(\mathrm{m}^3/\mathrm{s})$	$u/(\mathrm{m/s})$
	0.2	0.035323	0.141292	0.2	0.035323	0.141292	0.2	0.035323	0.141292
	0.60875	0.114797	0.150863	0.60875	0.114797	0.150863	0.60875	0.114797	0.150863
	2.435	0.4676	0.153626	2.435	0.4676	0.153626	2.435	0.4676	0.153626
	10	1.922978	0.153838	10	1.922978	0.153838	10	1.922978	0.153838
	50	9.609	0.153744	50	9.609	0.153744	50	9.609	0.153744
	500	92.48	0.147968	500	92.48	0.147968	500	92.48	0.147968

模型	CD7			CD3			CD8		
曼宁糙率系数 n	0.017474896			0.022016989			0.025649639		
坡降 J	0.001			0.001			0.001		
宽度 B/m	1.25			5			12.5		
转弯半径 R/m	4			16			40		
H、Q、u 参数情况	H/m	$Q/(\mathrm{m}^3/\mathrm{s})$	$u/(\mathrm{m/s})$	H/m	$Q/(\mathrm{m}^3/\mathrm{s})$	$u/(\mathrm{m/s})$	H/m	$Q/(\mathrm{m}^3/\mathrm{s})$	$u/(\mathrm{m/s})$
	0.2	0.036358	0.145432	0.2	0.442408	0.442408	0.2	1.03027	0.412108
	0.60875	0.115688	0.152034	0.6	2.496685	0.832228	1	14.8397	1.187176
	2.435	0.4683	0.153856	2.435	19.155	1.573306	6.0875	274.675	3.609692
	10	1.9267	0.153838	5	48.677	1.94708	10	593.7	4.7496
	50	9.622	0.15408	10	110.35	2.207	24.35	2219.6	7.29232
	500	95.2	0.1448	50	610	2.44	50	5966	9.5456
				500	6200	2.48	500	89000	14.24

续表

模型	CD4			CD9			CD5		
曼宁糙率系数 n	0.03231652			0.037648522			0.047434165		
坡降 J	0.001			0.001			0.001		
宽度 B/m	50			125			500		
转弯半径 R/m	160			400			1600		
H、Q、u 参数情况	H/m	Q/(m³/s)	u/(m/s)	H/m	Q/(m³/s)	u/(m/s)	H/m	Q/(m³/s)	u/(m/s)
	0.2	3.221	0.3221	0.5	33.42	0.53472	0.2	22.8737	0.228737
	0.5	15.2457	0.609828	2	334.877	1.339508	0.5	105.38	0.42152
	6.5	1104.01	3.396954	5	1537.92	2.460672	2	1061.08	1.06108
	24.35	9880.3	8.115236	10	4888.05	3.91044	10	15526.8	3.10536
	50	32396	12.9584	50	71446	11.43136	65	352234	10.83797
	100	101260	20.252	60.875	99244	13.04233	200	2272000	22.72
	200	316160	31.616	243.5	991555	32.57676	243.5	3151500	25.88501
				500	3321130	53.13808			

　　将同型变比尺模型水深流量关系列于图 2.2 中，显然在 CD4、CD9、CD5 中，它们的水深流量关系 $Qn/(BJ^{0.5})=aH^b$ 的指数 b 均非常接近 5/3；再小比尺的 CD8、CD3 均有部分在 b 的 5/3 次方段上，部分在 b 的 1 次方段上，只有 CD7，全部在 b 的 1 次方段上。

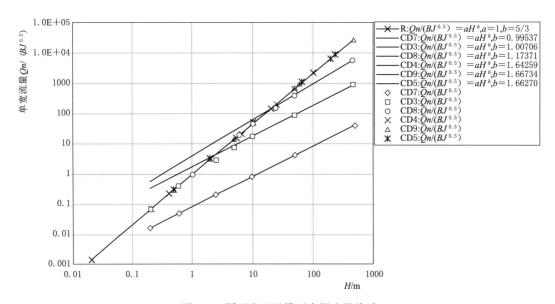

图 2.2　同型变比尺模型水深流量关系

模型 CD7 为典型的完全阻塞流动，无论水深流量如何变化，弯道平均流速保持恒定。模型 CD7 的变糙率（CDa）和变坡降（CDv、CDw）模型的水深流量关系按 $Qn/(BJ^{0.5})=aH^b$，如图 2.3 所示。表 2.5 中，CDa 增加了糙率，但同样水深下流量并没有减少，说明同糙率无关，同样 CDv 比降增大 1 倍，阻塞流速也增加 1 倍，CDw 比降增大 5 倍，阻塞流速也增加 5 倍，则它们有新的水深流量关系（图 2.3），因宽度不变，所以有下式：

$$Q/J=aH^b, b=1 \tag{2.17}$$

式（2.17）为严格的阻塞流动，指数 $b=1$，说明流速保持恒定。

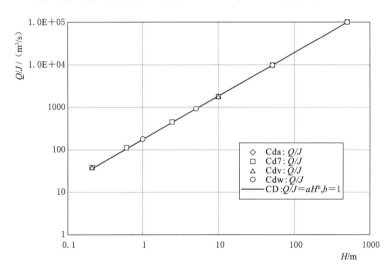

图 2.3　模型 CD7 变糙率变坡降的水深流量关系

2.2.2　纯弯道受力分析

现已经知道通用的床面切应力公式［式（2.16）］在所有的流动中均能满足，无论流动是否在弯道或直道上。于是可以将其推广到纯弯道的流动分析上，对内、外立面边界的处理采用完全滑移的固壁边界，如同二维 CFD 模拟中设置的一样。对纯弯道应用动量定理，则它们沿圆周方向有

$$\int\left(\frac{1}{2}\rho g h_1^2\right)\mathrm{d}r - \int\left(\frac{1}{2}\rho g h_2^2\right)\mathrm{d}r - \int\left(\mu\,\frac{\partial u}{\partial r}h_3 r_3\right)\mathrm{d}\theta + \int\left(\mu\,\frac{\partial u}{\partial r}h_4 r_4\right)\mathrm{d}\theta +$$

$$\rho g J \int h\,\mathrm{d}s - \int \tau\,\mathrm{d}s = \int \rho h_2 u_2^2\,\mathrm{d}r - \int \rho h_1 u_1^2\,\mathrm{d}r \tag{2.18a}$$

或

$$F_1 - F_2 - F_3 + F_4 + F_G - F_B = M_2 - M_1 \tag{2.18b}$$

式中：τ 为床面切应力，按式（2.16）计算；$\mathrm{d}s$ 为床面单元面积；θ 为角度；下标 1 代表进口断面；下标 2 代表出口断面；下标 3 代表内圆边界；下标 4 代表外圆边界。

因内、外圆边界不是固壁，是自由的开边界，故按速度梯度给出内、外圆边界切

力，而其切应力 $\partial u / \partial r$ 均为负，故内边界提供运动方向的正切力，外边界提供负切力。

式（2.18a）的第一项代表进口处的水压力总和 F_1，第二项代表出口处的水压力总和 F_2，第三项代表内圆边界因为径向的速度梯度变化所造成的剪切力 F_3，第四项代表外圆边界的剪切力 F_4，第五项代表重力分量 F_G，第六项代表床面阻力 F_B，等式右侧为动量改变的等效力 $M_2 - M_1$。

将式（2.18b）中的床面阻力 F_B 单独列出来，并将其他力的总和 $F_1 - F_2 - F_3 + F_4 + F_G - M_2 + M_1$ 同时列出，它们应该是相等的，见表 2.6。

表 2.6　　　　　　　　　　　纯道明渠各模型床面切力汇总

模型	水深 H/m	流量 Q/(m³/s)	平均流速 u/(m/s)	床面阻力/N	其他力总和/N	阻力比/%
CD7	0.2	0.036358	0.145432	54.15198703	789.1376593	6.86217
	0.60875	0.11569	0.152034	40.85508783	2736.995049	1.49270
	2.435	0.4683	0.153856	26.37700618	11219.77518	0.23509
	10	1.92298	0.153838	16.53461907	46319.22705	0.03570
	50	9.63	0.15408	9.646919672	231988.9416	0.00416
	500	95.2	0.1448	4.383303482	2319344.959	0.00019
CD3	0.2	0.442408	0.442408	801.6785838	974.6717493	82.25114
	0.6	2.496685	0.832228	1954.611152	2931.948285	66.66595
	2.435	19.155	1.573306	4371.484998	11899.6372	36.73629
	5	48.677	1.94708	5268.846694	24420.66154	21.57536
	10	110.35	2.207	5375.946125	48799.73775	11.01634
	50	610	2.44	3851.40068	243855.8281	1.57938
	500	6200	2.48	1832.225425	2440497.758	0.07508
CD8	0.2	1.03027	0.412108	5934.168553	6084.526096	97.52885
	1	14.8397	1.187176	28385.67862	30660.24903	92.58137
	6.0875	274.675	3.609692	142943.2345	186887.09	76.48641
	10	593.7	4.7496	209564.7596	305731.7293	68.54531
	24.35	2219.6	7.29232	367121.9157	733679.9579	50.03843
	50	5966	9.5456	495512.5096	1487197.693	33.31854
	500	89000	14.24	514966.6872	14944648.74	3.44583
CD4	0.2	3.221	0.3221	95517.4045	95737.23793	99.77038
	0.5	15.2457	0.609828	242801.864	243635.0655	99.65801
	6.5	1104.01	3.396954	3149595.566	3196358.486	98.53699
	24.35	9880.3	8.115236	11528420.94	11975806.5	96.26426
	50	32396	12.9584	23093517.17	24595578.59	93.89296
	100	101260	20.252	44776537.09	49400890.07	90.63913
	200	316160	31.616	86914469.47	100501561.9	86.48072

续表

模型	水深 H/m	流量 Q/(m³/s)	平均流速 u/(m/s)	床面阻力/N	其他力总和/N	阻力比/%
CD9	0.5	33.42	0.53472	1544874.88	1538646.608	100.40479
	2	334.877	1.339508	6153931.791	6133604.507	100.33141
	5	1537.92	2.460672	15329106.9	15289364.18	100.25994
	10	4888.05	3.91044	30676447.1	30615553.33	100.19890
	50	71446	11.43136	152737589.1	153317919.5	99.62149
	60.875	99244	13.04233	186089885.2	187048442.5	99.48754
	243.5	991555	32.57676	731996314.8	742788088	98.54713
	500	3321130	53.13808	1504513507	1488005804	101.10938
CD5	0.2	22.8737	0.228737	9835063.308	9811338.144	100.24181
	0.5	105.38	0.42152	24586573.46	24532034.56	100.22232
	2	1061.08	1.06108	98245353.97	98073240.21	100.17550
	10	15526.8	3.10536	491536091.9	490838695.5	100.14208
	65	352234	10.83797	1969030997	1965444935	100.18246
	200	2272000	22.72	2462551469	2457643971	100.19968
	243.5	3151500	25.88501	3202778427	3195838240	100.21716

在表 2.6 中，床面阻力应该同其他力平衡。统计的其他力的合力，在 CD9、CD5 中几乎都是平衡的，即床面阻力应是其他受力总和的 100% 左右；但至 CD4 以下，床面阻力均小于其他受力总和，已经不平衡；至最小比尺的 CD7，床面阻力同其他受力总和相比甚至都可以忽略不计。

在大比尺条件下均满足动量定理，比尺越小，流量越大时则偏离动量定理越远，是什么原因使然呢？床面阻力不足以抵挡其余的受力，那受力在圆周方向似乎就不平衡了。

2.2.3 纯弯道结论

小比尺的流动不满足动量定理，最大可能是 CFD 计算出了问题，是 CFD 计算的偏差导致流动的阻塞。流动的阻塞可以有两部分：一部分是将 CFD 计算导致的归于数值阻塞，它来源于偏微分方程；另一部分可能是在弯道流动中真实存在（已经将其归于相似理论的问题[1]），称为真实阻塞。

CFD 的数值阻塞极有可能是 CFD 中的控制方程出了问题，或者说是曼宁公式[式 (2.2)]或谢才系数表达式 [式 (2.3)]出了问题，尤其是在小比尺的数学模型中，它们反映在动量守恒方程 [式 (2.6) 和式 (2.7)]的谢才系数 C 上 [式 (2.3)]。

2.3 一般的明渠公式推导

如果河宽无穷大或者不考虑河岸边壁影响时，明渠均匀流的水深流量关系可以用式 (2.9) 表达，河床切应力也可以用式 (2.11) 表达，无论是否为均匀流，在已知水深 H、断面平均流速 u 和糙率 n 时，它的床面切应力均可以用式 (2.16) 表示。但一般的河流或渠道总是有河岸，河宽也是有限的，所以在一般意义上也是有水深流量关系表达式的。

现假定，河床与流体（水）的接触面无论是沿床面放置，还是倾斜放置（如梯形明渠的斜边），甚至是立面放置（矩形明渠的立面），它们的切应力均可以用式 (2.16) 表达。以上的假定是基于完全信任曼宁公式基础上的推导，即完全信任通用床面切应力式 (2.16)。

2.3.1 立面边壁同床面等糙率

习惯上，明渠流的统计仍然按断面平均流速表达。对有边壁的直道矩形明渠均匀流，统一用渠道宽 B、水深 H、断面平均流速 u 表示。假定床面和边壁糙率均为 n，则可以对直道明渠应用动量定理，将进口断面定义为断面 1-1（水深 h_1，流速 u_1），出口定义为断面 2-2（水深 h_2，流速 u_2），则有

$$\left(\frac{1}{2}\rho g h_1^2 B - \frac{1}{2}\rho g h_2^2 B + \overline{H}L\rho g J B - \tau B L - 2\int_0^H \tau \, \mathrm{d}h L \right)\Delta t = m_2 u_2 - m_1 u_1$$

$$(2.19)$$

因为是均匀流，有 $h_1 = h_2 = \overline{H} = H_c$，且 $m_1 = m_2$，$u_1 = u_2$，将通用切应力式 (2.16) 代入式 (2.19)，则有

$$HL\rho g J B = \left[\rho g (nu)^2 / H^{1/3}\right]B L + 2\int_0^H \left[\rho g (nu)^2 / h^{1/3} \, \mathrm{d}h\right]L \qquad (2.20)$$

式 (2.20) 表明重力分量一定是与阻力相匹配的。整理式 (2.20) 后，写成如式 (2.4) 一样的表达式，有

$$(nHu)/J^{0.5} = \overline{R}^{5/3} \qquad (2.21)$$

其中当量水力半径 $\overline{R}$ 为

$$\overline{R} = H^{0.7}\left(\frac{BH}{B+3H}\right)^{0.3} \qquad (2.22)$$

传统的统计方法而言，矩形明渠有湿周 $B+2H$，对应的水力半径应为 $R = \dfrac{BH}{B+2H}$。

而实际上，按通用床面切应力式 (2.16)，如果速度一样，则水深切应力小，水

浅切应力大。足立昭平[2] 的实验数据可以支持这一点。

根据式（2.22）计算的湿周应该为 $B+3H$，它对应的水力半径为名义水力半径 R_*，即

$$R_* = \frac{BH}{B+3H} \tag{2.23}$$

当量水力半径 [式（2.22）] 又为

$$\overline{R} = H^{0.7} R_*^{0.3} \tag{2.24}$$

式（2.24）表明，当量水力半径为水深 H 和名义水力半径 R_* 的加权几何平均，权重分别是 0.7 和 0.3。

如果按传统的观点，认为立面边界的切应力同河床底部完全一样，Knight[3]（图2.5）的实验数据可以支持这点，则由式（2.19）有

$$HL\rho gJB = [\rho g(nu)^2/H^{1/3}]BL + 2\int_0^H [\rho g(nu)^2/H^{1/3}\mathrm{d}h]L \tag{2.25}$$

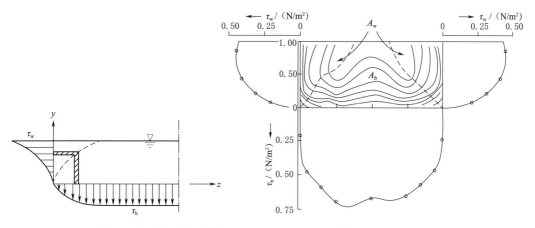

图 2.4　足立昭平明渠边界切应力分布图[2]　　图 2.5　Knight[3] 实验明渠边界切应力分布

简化式（2.25）后，依然有如式（2.21）的表达式：

$$(nHu)/J^{0.5} = \overline{R}^{5/3} \tag{2.26}$$

只是此时的当量水力半径 $\overline{R}$ 为

$$\overline{R} = H^{0.7} R^{0.3} \tag{2.27}$$

式（2.27）表明，当量水力半径为水深 H 和水力半径 R 的加权几何平均，权重分别是 0.7 和 0.3。

显然，无论按式（2.24）或者式（2.27）考虑，当量水力半径的计算考量发生了改变，它不是单纯的水力半径 R，而是水深 H 和水力半径 R（或名义水力半径 R_*）的加权几何平均。可问题出在哪里？又如何计算湿周？

2.3.2　边壁与床面不等糙率

在一般情况下，设床面糙率为 n_b（Bottom wall），立面糙率为 n_s（Side wall），由式（2.19）有

$$HL\rho gJB = [\rho g(n_b u)^2/H^{1/3}]BL + 2\int_0^H [\rho g(n_s u)^2/h^{1/3}\mathrm{d}h]L \qquad (2.28)$$

简化后，有

$$(\bar{n}Hu)/J^{0.5} = H^{5/3} \qquad (2.29\mathrm{a})$$

其中 $\bar{n}$ 为当量糙率，表达式为

$$\bar{n} = \sqrt{\frac{n_b^2 B + 3n_s^2 H}{B}} \qquad (2.29\mathrm{b})$$

如果认为立面边界的切应力同河床底部完全一样，则由式（2.19）有

$$HL\rho gJB = [\rho g(n_b u)^2/H^{1/3}]BL + 2\int_0^H [\rho g(n_s u)^2/H^{1/3}\mathrm{d}h]L \qquad (2.30)$$

简化后，也有

$$(\bar{n}Hu)/J^{0.5} = H^{5/3} \qquad (2.31\mathrm{a})$$

其中当量糙率 $\bar{n}$ 又为

$$\bar{n} = \sqrt{\frac{n_b^2 B + 2n_s^2 H}{B}} \qquad (2.31\mathrm{b})$$

式（2.29b）和式（2.31b）表明了糙率同水深的关系，它不是一成不变的。

看来水力学将面临重新解读。

参考文献

[1] 周晓泉，周文桐. 认识流动，认识流体力学——从时间权重到相似理论 [M]. 北京：中国水利水电出版社，2023.

[2] 足立昭平. 长方形断面水槽侧壁影响的研究 [C]. 日本：土木学会，1962，81.

[3] KNIGHT D W，MACDONALD J A. Open Channel Flow with Varing Bed Roughness [J]. J. Hydro. Div，ASCE，1979，105（9）：1167-1183.

第 3 章

明渠流动的理论解读

一般的矩形明渠，沿程可以看成是有坡度 J 的或底部倾角 θ 的（图 3.1），然而从习惯上，仍将平均流速定义为单宽流量除以水深，相当于将流速定义为垂直水深的方向（图 3.2），但底部是有坡度（能坡）性质的（图 3.2），这样便于流动的分析。

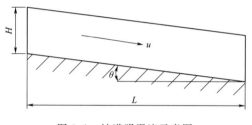

图 3.1　坡道明渠流示意图

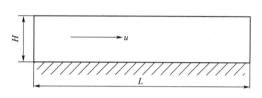

图 3.2　明渠流的一般解读方式

统一将流动方向（垂直于水深方向）定义为 x 方向，将水面定义为原点并沿水深 H 方向定义为 y 方向，将沿渠道宽度方向定义为 z 方向 [图 3.3（a）]，渠道宽为 B，沿 x 方向有个坡度 J 的。

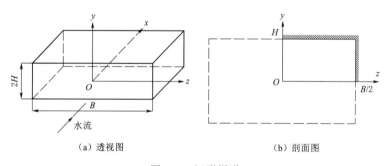

（a）透视图

（b）剖面图

图 3.3　矩形渠道

将 x 方向的流动假设成一个直线流动，且是均匀流，$u(y,z)$ 只是 y 和 z 的函数，水面线 $y=0$ 和渠道中央垂线 $z=0$ 均是对称边界，可以将 $y=0\sim H$ 对称作镜像处理，便是 $y=-H\sim0$，如图 3.3（b）所示，其中 $y=H$ 为渠道床面（$y=-H$ 为其镜像床面），$z=-B/2$ 和 $z=B/2$ 为渠道立面。一般理解的求解范围为 $z=0\sim B/2$，$y=0\sim H$ 便可。

矩形明渠的范围在 $y=0 \sim H$，$z=-B/2 \sim B/2$ 的范围，y 方向为重力的方向。

因此，此流动在 x 方向的动量方程[2] 为

$$\frac{\partial^2 u_x}{\partial y^2}+\frac{\partial^2 u_x}{\partial z^2}=\frac{1}{\mu}\frac{\partial p}{\partial x}-\frac{\rho}{\mu}g_x \tag{3.1}$$

假设这里压力均为恒定的大气压，如果写成明渠流坡降（能坡）J 的形式，方程即为

$$\frac{\partial^2 u_x}{\partial y^2}+\frac{\partial^2 u_x}{\partial z^2}=-\frac{\rho g J}{\mu} \tag{3.2}$$

其中边界条件为

$$\frac{\partial u_x}{\partial y}=0, \quad y=0 \tag{3.3a}$$

$$u_x=0, \quad y=H \tag{3.3b}$$

$$\frac{\partial u_x}{\partial z}=0, \quad z=0 \tag{3.3c}$$

$$u_x=0, \quad z=B/2 \tag{3.3d}$$

当渠道宽 B 无穷大时，x 方向的动量方程为

$$\frac{\partial^2 u_x}{\partial y^2}=-\frac{\rho g J}{\mu} \tag{3.4}$$

边界条件为式（3.3a）和式（3.3b）。

将渠道宽 B 无穷大时的矩形明渠流动称为一维的，因流速仅与坐标 y 有关；有宽度 B 的为二维的，流速与坐标 y 和 z 有关。

3.1　一维明渠理论解

一维明渠流动［式（3.4），边界条件式（3.3a）、式（3.3b）］的解比较容易给出，即

$$u_x=\frac{\rho g J}{2\mu}(H^2-y^2) \tag{3.5}$$

式（3.5）的解为标准的抛物线方程（见 3.3.2.4 节的图 3.4），而断面（HB）总流量为

$$Q=\frac{\rho g J}{3\mu}H^3 B \tag{3.6}$$

3.2　二维明渠理论解

二维明渠流动［式（3.2）］是标准的泊松方程[2]，先将其转换为拉普拉斯方程，

并设定：

$$u_x(y,z)=\frac{\rho g J}{2\mu}(H^2-y^2)+u_x'(y,z) \tag{3.7}$$

将式（3.7）代入式（3.2）、式（3.3）中，得

$$\frac{\partial^2 u_x'}{\partial y^2}+\frac{\partial^2 u_x'}{\partial z^2}=0 \tag{3.8}$$

边界条件变为

$$\frac{\partial u_x'}{\partial y}=0,y=0 \tag{3.9a}$$

$$u_x'=0,y=H \tag{3.9b}$$

$$\frac{\partial u_x'}{\partial z}=0,z=0 \tag{3.9c}$$

$$u_x'=-\frac{\rho g J}{2\mu}(H^2-y^2),z=B/2 \tag{3.9d}$$

上面的拉普拉斯方程便可以用分离变量法求解（过程略），且解为

$$u_x(y,z)=\frac{\rho g J}{2\mu}H^2\left[1-\left(\frac{y}{H}\right)^2+4\sum_{k=1}^{\infty}\frac{(-1)^k}{\alpha_k^3}\frac{\cosh\dfrac{\alpha_k z}{H}}{\cosh\dfrac{\alpha_k B}{2H}}\cos\frac{\alpha_k y}{H}\right] \tag{3.10a}$$

$$\alpha_k=(2k-1)\frac{\pi}{2},\quad k=1,2,3,\cdots \tag{3.10b}$$

断面（HB）总流量为

$$Q=\frac{2\rho g J}{3\mu}H^3 B\left(1-\frac{12H}{B}\sum_{k=1}^{\infty}\frac{\tanh\dfrac{\alpha_k B}{2H}}{\alpha_k^5}\right) \tag{3.11}$$

3.3　明渠流动理论解的解读

3.3.1　矩形明渠阻力分布

对无穷宽的一维明渠流动，对式（3.5）求导，有

$$\frac{\partial u_x}{\partial y}=-\frac{\rho g J}{\mu}y \tag{3.12}$$

$$\tau_B=\mu\frac{\partial u_x}{\partial y}\Big|_{y=H}=-\rho g H J \tag{3.13a}$$

式（3.13a）表明均匀流时河床的阻力（切应力）同位置无关，只是水深 H 和坡降（能坡）J 的函数，或者说明了明渠均匀流一个重要的原则，阻力同重力分量匹

配，处处切应力恒等。宽度 B 的床面阻力 F_B 为

$$F_B = \tau_b B = -\rho g H B J \tag{3.13b}$$

对于一般有限宽度 B 的二维明渠流，根据矩形明渠流速分布理论解〔式 (3.10)〕，可以求得床面切应力及其分布，在床面 $y = H$ 处，对式 (3.10) 求导，有

$$\frac{\partial u_x}{\partial y} = \frac{\rho g J}{2\mu} H^2 \left[-\frac{2y}{H^2} + 4 \sum_{k=1}^{\infty} \frac{(-1)^k}{\alpha_k^3} \frac{\cosh \dfrac{\alpha_k z}{H}}{\cosh \dfrac{\alpha_k B}{2H}} (-1) \left(\sin \frac{\alpha_k y}{H} \right) \frac{\alpha_k}{H} \right] \tag{3.14}$$

$$\frac{\partial u_x}{\partial y} \bigg|_{y=H} = \frac{\rho g J}{2\mu} H^2 \left\{ -\frac{2}{H} + 4 \sum_{k=1}^{\infty} \left[\frac{(-1)^{k+1} \sin \alpha_k}{\alpha_k^3} \frac{\cosh \dfrac{\alpha_k z}{H}}{\cosh \dfrac{\alpha_k B}{2H}} \frac{\alpha_k}{H} \right] \right\} \tag{3.15}$$

由式 (3.15) 便可以求得床面任意位置的切应力：

$$\tau_b = \mu \frac{\partial u_x}{\partial y} \bigg|_{y=H} = \frac{\rho g J}{2} H^2 \left[-\frac{2}{H} + 4 \sum_{k=1}^{\infty} \left(\frac{1}{\alpha_k^3} \frac{\cosh \dfrac{\alpha_k z}{H}}{\cosh \dfrac{\alpha_k B}{2H}} \frac{\alpha_k}{H} \right) \right] \tag{3.16}$$

显然，矩形明渠的床面切应力处处不一样，且为 z 的函数。床面总受力可以通过积分求得，即

$$F_B = 2 \int_0^{B/2} \tau_b \, \mathrm{d}z = \rho g J H^2 \left[-\frac{B}{H} + 4 \sum_{k=1}^{\infty} \left(\frac{1}{\alpha_k^3} \tanh \frac{\alpha_k B}{2H} \right) \right] \tag{3.17}$$

对于渠道立面 $z = B/2$，对式 (3.10) 求导：

$$\frac{\partial u_x}{\partial z} = \frac{\rho g J}{2\mu} H^2 4 \sum_{k=1}^{\infty} \frac{(-1)^k}{\alpha_k^3} \frac{\left(\sinh \dfrac{\alpha_k z}{H} \right) \dfrac{\alpha_k}{H}}{\cosh \dfrac{\alpha_k B}{2H}} \cos \frac{\alpha_k y}{H} \tag{3.18}$$

$$\frac{\partial u_x}{\partial z} \bigg|_{z=B/2} = \frac{\rho g J}{2\mu} H^2 4 \sum_{k=1}^{\infty} \frac{(-1)^k}{\alpha_k^3} \left(\tanh \frac{\alpha_k B}{2H} \right) \frac{\alpha_k}{H} \cos \frac{\alpha_k y}{H} \tag{3.19}$$

立面切应力为

$$\tau_s = \mu \frac{\partial u_x}{\partial z} \bigg|_{z=B/2} = \frac{\rho g J}{2} H^2 4 \sum_{k=1}^{\infty} \frac{(-1)^k}{\alpha_k^3} \left(\tanh \frac{\alpha_k B}{2H} \right) \frac{\alpha_k}{H} \cos \frac{\alpha_k y}{H} \tag{3.20}$$

所以同样，立面上切应力 τ_s 处处不一，都是水深 y 的函数，立面总受力为

$$F_s = \int_0^H \mu \frac{\partial u_x}{\partial z} \bigg|_{z=B/2} \mathrm{d}y = -\frac{\rho g J}{2} H^2 4 \sum_{k=1}^{\infty} \frac{1}{\alpha_k^3} \left(\tanh \frac{\alpha_k B}{2H} \right) \tag{3.21}$$

将底面〔式 (3.17)〕和两个立面〔式 (3.21)〕的受力相加，可以得到总受力 F：

$$F = \overline{\tau_b} B + 2 \overline{\tau_s} H = F_B + 2F_s = -\rho g H B J \tag{3.22}$$

式 (3.22) 同样表明，阻力必须同重力分量匹配。

如果 $\bar{\tau}_b = \bar{\tau}_s = \tau$，由式（3.22）有

$$\tau = -\rho g R J \tag{3.23}$$

其中 $R = \dfrac{HB}{\chi} = \dfrac{HB}{B+2H}$，矩形明渠湿周 $\chi = B + 2H$ 能成立的前提条件是 $\bar{\tau}_b = \bar{\tau}_s$，仅当 $H = B/2$ 时（这时 $F_B = 2F_s$）成立，$2H$ 和 B 可以相加，其他情况下不能，因此湿周 χ 和水力半径 R 的概念不适合矩形明渠的流动（只是近似适用），同样不适合任何切应力在湿周边界上不恒等的情况，如各种形式的明渠流（见 4.1.1 节的图 4.2）、非圆管道的满管流动、圆管道的非满管流动等。

通过矩形明渠切应力分布可以求得不同 $B/2H$ 的渠道的床面［式（3.17）］和立面［式（3.21）］的受力，现统计于表 3.1，令公式中的 $\rho g H^2 J = 1$，而求得的相对值（表 3.1）。

表 3.1　　　　　　　　　　　　不同 $B/2H$ 条件下床面与立面的阻力比

宽深比 $B/2H$	$2F_s$	F_B	阻力比 $F_B/2F_s$	宽深比 $B/2H$	$2F_s$	F_B	阻力比 $F_B/2F_s$
500	1.085507	998.9145	920.2282	2	1.08166	2.91834	2.69802
50	1.085507	98.91449	91.12282	1.5	1.06713	1.93287	1.811279
40	1.085507	78.91449	72.69826	1.25	1.045624	1.454376	1.390917
35	1.085507	68.91449	63.48598	1.1	1.022348	1.177652	1.151909
30	1.085507	58.91449	54.27369	1	0.999998	1.000002	1.000003
25	1.085507	48.91449	45.06141	0.9	0.970192	0.829808	0.855303
20	1.085507	38.91449	35.84913	0.85	0.951841	0.748159	0.786013
15	1.085507	28.91449	26.63685	0.8	0.930798	0.669202	0.718955
12.5	1.085507	23.91449	22.03071	0.75	0.906744	0.593256	0.654271
10	1.085507	18.91449	17.42456	0.7	0.879344	0.520656	0.592096
8	1.085507	14.91449	13.73965	0.65	0.848258	0.451742	0.532552
6.25	1.085507	11.41449	10.51535	0.6	0.813148	0.386852	0.475745
5	1.085507	8.914493	8.212285	0.575	0.793982	0.356018	0.448396
4.5	1.085506	7.914494	7.291066	0.55	0.773689	0.326311	0.421759
4	1.0855	6.9145	6.369875	0.525	0.752234	0.297766	0.395842
3.5	1.085473	5.914527	5.448803	0.51	0.738789	0.281211	0.380638
3	1.085341	4.914659	4.528218	0.505	0.73421	0.27579	0.375627
2.5	1.084706	3.915294	3.609542	0.5	0.729583	0.270417	0.370646

由表 3.1 可知，矩形明渠的宽 B 不能和 $2H$ 相加，因为阻力比 $F_B/2F_s$ 与长度比 $B/2H$ 严重不相关，当 $B/2H > 1$ 时床面平均阻力大，$B/2H < 1$ 时边壁立面平均阻力大，只有当 $B/2H = 1$ 的唯一条件下，立面与床面的平均阻力一致。所以在矩形明渠流动中，湿周计算 $\chi = B + 2H$ 是不严谨的，因此由此得到的水力半径 R 也缺乏严谨

性，只能作为近似估算。当然这个阻力的计算也是基于切应力处处不相等，平均也非常勉强。

以上仅为假设流动为层流时的阻力，一般的情况请参见第 4 章的数值解。

3.3.2　矩形明渠的垂线流速分布

根据一维明渠理论解的式（3.5）和式（3.6），可以求得无量纲的垂线流速公式：

$$\frac{u_x}{\overline{u}} = \frac{3}{2}\left[1 - \left(\frac{y}{H}\right)^2\right] \tag{3.24}$$

式（3.24）表明断面流速成抛物线分布。

根据二维明渠理论解的式（3.10）和式（3.11），可以求得渠道中央（$z=0$）的无量纲垂线流速公式：

$$\frac{u_x}{\overline{u}} = \frac{3}{4} \cdot \frac{1 - \left(\dfrac{y}{H}\right)^2 + 4\sum\limits_{k=1}^{\infty} \dfrac{(-1)^k}{\alpha_k^3} \dfrac{1}{\cosh\dfrac{\alpha_k B}{2H}} \cos\dfrac{\alpha_k y}{H}}{1 - \dfrac{12H}{B}\sum\limits_{k=1}^{\infty} \dfrac{\tanh\dfrac{\alpha_k B}{2H}}{\alpha_k^5}} \tag{3.25}$$

一维的垂线流速呈抛物线分布时，流动为典型的层流流动，故明渠均匀流的理论解为极限段时（流速小）的特殊解，不能代表通用（如变动段、刚性段）的流速分布，同样二维明渠的理论解是极限段时的流动，为典型的层流流动，但其垂线流速分布仍有意义。

按现有的理论，垂线流速分布应当有三种形式：一是抛物线型；二是指数型；三是对数型，下面逐一说明。

3.3.2.1　抛物线型分布

抛物线型分布垂线流速见式（3.24），一般的情况下，将指数设置为 b，当 $b=2$ 时是典型的抛物线型分布 [式（3.24）]，b 不为 2 时则速度分布如下：

$$u_x = a(H^b - y^b) \tag{3.26}$$

其中 a 为某常数，则平均速度可以积分求得：

$$\overline{u} = \frac{1}{H}\int_0^H a(H^b - y^b)\,\mathrm{d}y = a\,\frac{bH^b}{b+1} \tag{3.27}$$

由式（3.26）和式（3.27），可得无量纲的垂线流速分布：

$$\frac{u_x}{\overline{u}} = \frac{b+1}{b}\left[1 - \left(\frac{y}{H}\right)^b\right] \tag{3.28}$$

式（3.28）便是抛物线型垂线流速分布的表达式（见图 3.4）。

3.3.2.2 指数型分布

同理如果流速沿垂线呈指数型分布，设指数型分布的指数为 b，同样当 $b=2$ 时为标准的指数分布，当 b 不为 2 时则有

$$u_x = a(H-y)^b \tag{3.29}$$

则断面平均流速为

$$\bar{u} = \frac{1}{H}\int_0^H a(H-y)^b \mathrm{d}y = \frac{aH^b}{b+1} \tag{3.30}$$

无量纲的指数型的垂线流速分布为

$$\frac{u_x}{\bar{u}} = (b+1)\left(1-\frac{y}{H}\right)^b \tag{3.31}$$

式（3.31）便是指数型垂线流速分布的表达式（图 3.4）。

3.3.2.3 对数型分布

如果垂线流速分布为对数型分布，并从床面直接贯穿至水面，为了一般性，假设对数的底为 b，坐标 $y=0$ 设置为床面，$y=H$ 为水面，则有

$$u_x = a\log_b y + c = \frac{a\ln y}{\ln b} + c \tag{3.32}$$

断面平均流速为

$$\bar{u} = \frac{1}{H}\int_0^H (a\log_b y + c)\mathrm{d}y = \frac{a(\ln H - 1)}{\ln b} + c \tag{3.33}$$

式（3.33）表明，当 $c=0$ 时，只有当 $H>e$，平均速度才为正，否则为负，因为 $y<1$ 时速度为负值，$y>1$ 时为正，y 跨越 1 时流速将变号，当 $H=e$ 时，正方向的流量同负方向的流量相抵，因此式（3.33）跨越 $y=1$ 时无意义。当 c 为非零时，当 $y<eb^{-c/a}$ 时，速度为负，$y>eb^{-c/a}$ 时，速度为正，这样跨越 $y=eb^{-c/a}$ 的速度分布同样无意义。所以对数流速公式只有当 $y\gg 1$ 时，平均流速才有意义。

由式（3.32）、式（3.33）可得无量纲的对数型垂线流速分布：

$$\frac{u_x}{\bar{u}} = \frac{a\ln y + c\ln b}{a\ln H - a + c\ln b} \tag{3.34}$$

由式（3.34）来作图，假定 $H=1\mathrm{m}$，坡降 $J=0.001$，求得摩阻流速 u^*，根据一系列的 y 计算出 y^+，参考最为常见的对数流速公式 [式（3.35）和图 3.5]：选 $a=2.5$（即 $1/\kappa$，κ 为卡门参数），$b=e$，光滑床面取 $c=5.5$，作出对数分布图如图 3.4 所示。

$$U^+ = \frac{1}{k}\ln(y^+) + A \tag{3.35}$$

式中：$U^+ = u/u^*$，$y^+ = \rho y u^*/u$。

3.3.2.4 垂线流速分布作图

标准的流速抛物线分布见图 3.4（a），当 $b>1$ 时曲线上翘，$b<1$ 时曲线下翘，$b=1$ 时为直线，$b=2$ 时为标准的抛物线型分布。

标准的指数分布也见图 3.4（a），当 $b>1$ 时曲线下翘，$b<1$ 时曲线上翘，$b=1$ 时为直线，$b=2$ 时为标准的指数型分布。

对数分布如图 3.4（a）所示，在对数坐标下为直线［图 3.4（b）］。标准的对数流速分布是上翘的，它可以用抛物线型速度分布代替，约在 $b=7$ 时，在 $y/H=0.4\sim1$ 范围内相当［图 3.4（a）］；或可以用指数型流速分布代替，约在 $b=1/7$ 时，在大范围内趋势相当［图 3.4（b）］。

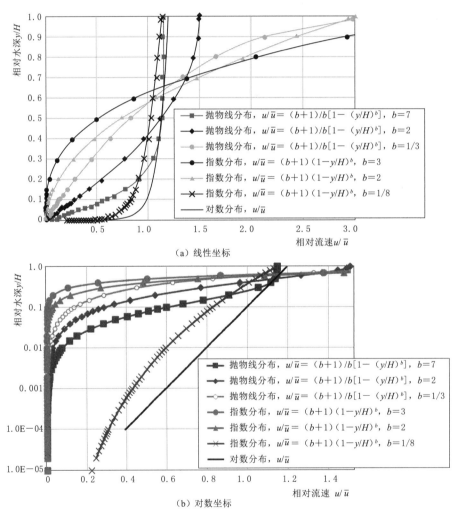

（a）线性坐标

（b）对数坐标

图 3.4 垂线流速典型的抛物线、指数、对数分布图

所以几乎可以说，断面流速分布仅为抛物线型分布和指数型分布两种情况，全断面为对数流速分布是不可能的（图 3.5），仅局部近似对数分布，因而推荐用抛物线型、指数型的流速分布形式（图 3.4）去近似拟合或表达。

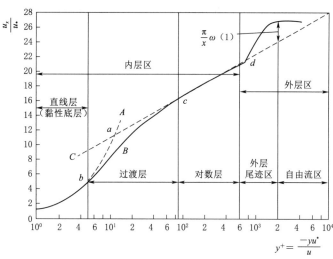

图 3.5　光滑明渠的流速分布

3.3.2.5　二维明渠理论解的垂线流速分布验证

作流速分布图时，统一将底部定位 $y/H=0$，水面定义为 $y/H=1$，流速均以无量纲流速表示，抛物线型按式（3.28）给定，指数型按式（3.31）给定，对数型按式（3.34）给定。

垂线流速分布按理论解展开，一维按式（3.24）表达，二维按中心 $z=0$ 处的垂线流速式（3.25）表达，特将此处的宽深比（Aspect Ratio）定义为 $B/2H$，表明 H 可以和 $B/2$ 互换，计算时，将公式中的 k 定义为从 1 至 10 进行积分。表 3.2 为 B/H 从 46 至 1 共 20 个样本的最大速度（出现在水面 $y/H=1$，$z=0$ 处）计算表，显然宽深比（$B/2H$）为 2 同 0.5 的一样、1.25 同 0.8 一样；宽深比为 1 时，最大速度最大，大致为平均速度的 2.096 倍。

表 3.2　　　　　　　　　　　矩形明渠最大速度（$u/\bar{u}$）

宽深比（$B/2H$）	23	15	10	8	6.25
$u/\bar{u}$	1.542261	1.565789	1.600896	1.628266	1.668035
宽深比（$B/2H$）	5	4	3.2	2.5	2
$u/\bar{u}$	1.714969	1.773681	1.84255	1.92358	1.991795
宽深比（$B/2H$）	1.6	1.25	1	0.8	0.65
$u/\bar{u}$	2.046605	2.084861	2.096253	2.084859	2.054375
宽深比（$B/2H$）	0.6	0.5625	0.53125	0.505	0.5
$u/\bar{u}$	2.037873	2.022822	2.008298	1.997296	1.991784

　　将宽深比的 20 个样本的断面流速统计于图 3.6 中，图 3.7 列出 4 对中心断面（$z=0$）和水面（$y=0$）的速度分布［见图 3.3 (b)］，最大速度位于原心（$y=0$，$z=0$）处。

　　矩形明渠宽 B 无穷大时，一维的解最大流速位于水面，$u/\overline{u}=1.5$，而 B/H 为 46 时，$u/\overline{u}=1.542$（图 3.6、图 3.7、表 3.1）。其实，无论 B/H 多大，$u/\overline{u}$ 的理论解永远比 1.5 大，只是无限逼近 1.5，这里与实际情况是有出入的，随后在 4.1.2 节中解释。总之，各种宽深比条件下，均没有一例接近对数分布。

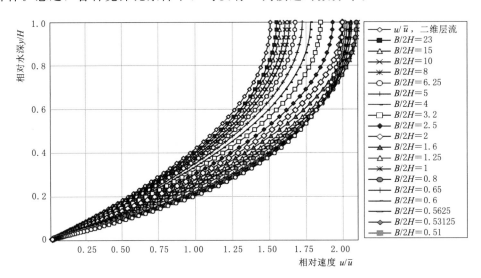

图 3.6　中心断面垂线流速分布

3.3.3　对湿周的解读

　　水力学中的湿周问题应该常常遇到，它最初来源于管流，特别是圆管内的流动。圆管内的流动，特指管内满流时，这时管内流动可以看成是轴对称的，在均匀流状态下，管壁内处处切应力 τ 相等，因此可以有湿周 $\chi=\pi D$，管截面积 $S=\pi D^2/4$，对其均匀流作受力分析，仍然可以得

$$\tau\chi=\rho g J S \tag{3.36}$$

　　所以有

$$\tau=\rho g J R \tag{3.37}$$

$$R=S/\chi=D/4 \tag{3.38}$$

　　湿周 χ 和水力半径 R 对圆管是成立的，因为切应力处处一样，故湿周可以相加。但对于矩形明渠却不成立，不管在底面 b 还是立面 s，处处不一样，且平均切应力也不一样（$B=2H$ 时是唯一的例外），故床面的长度或立面深度方向的湿周是不能相加的，所以水力半径也是不严谨的，除非渠道宽为无穷大时可以。

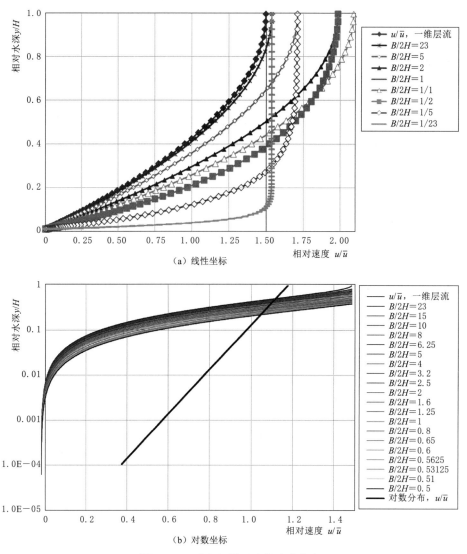

图 3.7 4 对中心断面垂线流速分布

参考文献

[1] HANIF CHAUDHRY M. Open Channel Flow [M]. Second Edition. Springer Science Business Media, LLC. , 2008.

[2] TASOS Papanastasiou, GEORGIOS Georgiou, ANDREAS N Alexandrou. Viscous Fluid Flow [M]. CRC Press, 1999.

第 4 章

明渠流动的数值解读

4.1 明渠流动的解读

矩形明渠流动的研究，已经非常成熟，但其中充满了不确定和不严谨的因素。现以著作 *Open Channel Flow*[1] 中提到的现象为例，举例说明如下。

4.1.1 流速分布不严谨

图 4.1 为典型垂线流速分布图，是广为接受的流速分布形式，最大流速不在水面，而在水面偏下一点，图 4.2 和图 4.3 的渠道断面流速分布也能说明这点，最大速度大都在水面以下而不在水面。

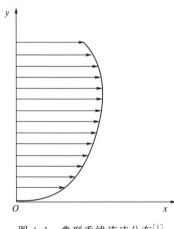

图 4.1　典型垂线流速分布[1]

由一维的动量方程［式（3.4）］及其边界条件［式（3.3a）、式（3.3b）］知，只有在水面的切应力为 0，即 $\frac{\partial u_x}{\partial y}=0$。当 $\frac{\partial u_x}{\partial y}=0$ 不在水面时，存在以下不确定性：

（1）床面影响不能至水面，那么有效的水深就不能是整个水深 H，而是有效水深 αH（如果最大速度在水下 αH 处），于是断面的床面阻力等的计算必须改变，床面切应力应该为 $\rho g \alpha H J$；而水面提供剩下的切应力为 $\rho g(1-\alpha)HJ$。

（2）水面阻力的来源最大可能为单纯的风阻，这里假定流速的测量为非介入式的，不干扰流场，且测量流速的装置不影响风场，但风场阻力的大小值得推敲，极有可能没有如此大。

（3）假定流速测量也是非介入式的（比如激光测速），但测量仪器本身在水面上部的存在影响了风场，导致水面有附加风阻（非单纯的风阻）；或测速时用的缩小的比尺模型，环境在封闭的室内，也会导致附加风阻的形成。附加风阻有这么大吗？也

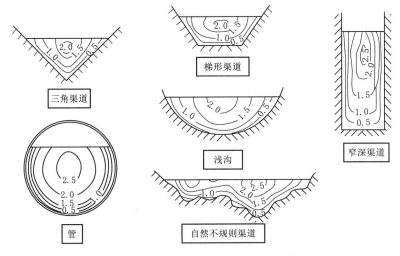

图 4.2 不同渠道的断面流速分布[1-2]

可能没有。

（4）测速装置是介入式的，它插入水中，并和测速装置及封闭室内产生的附加阻力一起，影响了流场的垂向分布，这是最有可能出现的情况。

（5）即使把所有的人为因素都排除掉，那么流场可能是还没有形成均匀流时测出的结果。

因此可以推测，水力学的测量是有很多的不确定性的。能否排除这些

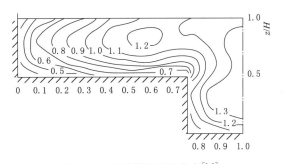

图 4.3 无量纲的流速分布[1-3]

不确定性是区分水力学是科学还是技术的关键，科学是严谨的，技术是近似的或艺术的，是为了解决工程问题而提出的技术解决方案。

4.1.2 断面水位（或水深）定义不严谨

如果矩形渠道宽无穷大，单宽流量为 uH，则流动沿渠道宽方向处处一样，无论垂线流速分布还是床面切应力等均为一样，这时的水深为均匀流水深 H_c，如果在断面宽 B 的两头立边墙，则单宽流量 uH 不变的情况下，由于介入的墙面增加了阻力，所以阻力同水体的重力分量不再匹配，故水深必将增加，至流动均匀时一定有新的均匀流水深 $H > H_c$。根据经验，董曾南等[14] 在光滑壁面明渠均匀紊流中指出，当宽深比 $B/H > 10$ 时，才可将中心区流动视为均匀流，因此当离边墙约大于 $5H$ 的渠道中央部分，流动依然可以认为是均匀流，所以

水深应该还是 H_c，这必将导致水面线是渠道中央低 （$H=H_c$），至边墙逐渐增大 （$H>H_c$）。

所以经典的断面解读模式认为断面水位是平的，即断面水位处处一样 （图 4.4，图中 1、2、3 为流动分区），如果那样则渠道中央的总水头高于两侧（图 4.4）。但这样的解读是不符合实际情况的，不严谨的。如果中央的总水头高于两侧，则中央的高能总水头必将向两侧传递，直至中央同两侧大致相等才停止传递，因此断面水位条件应该是总水头保持一致，而水位则一定不一致（图 4.5）。

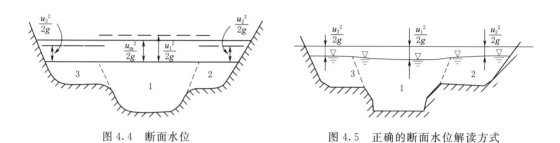

图 4.4 断面水位   图 4.5 正确的断面水位解读方式

正确的断面水位解读方式如图 4.5 所示，断面总水头保持一致，而水位一定是不相等的，断面速度大处则水位低，断面速度小处则水位高。

因此在水力学中河道水位判读是不严谨的，因为它本来就不是平的，水位应该在哪里采样才合适，一定不是中央均匀流的水位（这里水位低），也不该是岸边浅水处的水位（这里水位高）。

4.1.3 湿周的计算不严谨

湿周的长度能相加，先决条件就是湿周上切应力处处相等，而实际情况则不然，见层流解的式 （3.16），表明处处床底切应力不一致，且渠道立面切应力也不一致 ［式 （3.20）］，详见 3.3.1 节。

因此在河道和明渠水力学中，湿周计算不严谨，故而水力半径的计算结果也就不严谨。

4.1.4 曼宁公式的采信可能不严谨

谢才公式 ［式 （2.1）］自 1768 年导出后，许多研究者尝试通过合理的方法估计谢才系数，然而，与在封闭管道中的达西阻力系数不同，在明渠流中谢才系数 C 除了同明渠的粗糙程度有关还同其他的若干因素有关，Gauckler 和 Hagen 基于实验观察，独立的导出下列关系[1]：

$$C \propto R^{1/6}$$

（4.1）

按照 Henderson[4] 的说法，法国工程师 Flamant 不正确地将式（4.1）归于爱尔兰人 Manning（曼宁），并于 1891 年表达成如下形式：

$$u = \frac{1}{n} R^{2/3} J^{1/2} \tag{4.2}$$

式中：n 为曼宁糙率系数，简称糙率系数。

式（4.2）就是应用最为广泛的曼宁公式。它相当于将谢才系数写成如下形式：

$$C = \frac{1}{n} R^{1/6} \tag{4.3}$$

但从式（4.1）推导至式（4.2）之间缺乏逻辑支撑，式（4.3）的表达属猜测，且未经证实，因此曼宁公式的采信可能不严谨。

4.2　光滑壁面明渠流动的一维数值解读

明渠流动的一维解读见第 3 章，为典型的层流流动，断面流速分布为抛物线型分布。如果将其流动扩展至紊流，则必须借助数值解读。

参见图 3.2，为典型的一维流动，床面提供阻力，水面为对称边界，切应力为 0，这正是相似理论[5] 中的外边界模型 A（图 4.6）的一半。

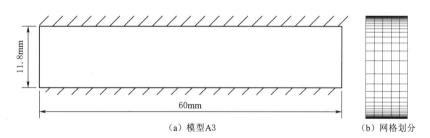

(a) 模型A3　　　　　　　　　　(b) 网格划分

图 4.6　外边界流动模型

将图 4.6 尺寸定义为标准尺寸，将模型的长度方向进行裁剪，使 $L = 5\text{mm}$［模型 A3，图 4.6（b）］，进口宽度定为 d（特征长度，并以此计算雷诺数）。A2 为尺寸缩小至 10% 的模型，A3 为标准模型，A4 为放大 10 倍模型，A5 为放大 100 倍，A6 为放大 1000 倍。以此对它们进行有效体积率[13] 的计算。每个模型按均匀流给定边界条件，因为是均匀流，即进出口设定为周期边界并给定流量，即平均流速从 $1.0 \times 10^{-5}\text{m/s}$ 至 1000m/s，按 $\sqrt{10}$ 比例逐渐增大和减小速度。按有效体积网格划分原则[13]，壁面边界层网格最小 0.001mm，增长因子为 1.5 倍，共 11 层，其余逐渐增加尺度［图 4.6（b）］。

计算的结果见表 4.1、图 4.7、图 4.8，在所有比尺模型（A2～A6）中，相同的雷诺数（$\rho u d/\mu$）便有相同的有效体积率，并对应相同的速度分布，因此可以将 A2～A6 统一成一个有效体积率雷诺数响应曲线（图 4.7）及其相应的流速分布（图 4.8）。

表 4.1　　　　　　　　外边界模型 A 的计算结果

模型		A2	A3	A4	A5	A6
比例		1：10	1：1	10：1	100：1	1000：1
雷诺数	标记	有效体积率				
0.011744	a	0.832244				
0.037136	a	0.832244				
0.117435	a	0.832244	0.832242			
0.371363	a	0.832244	0.832271		0.832249	
1.174353	a	0.832242	0.83224	0.832266	0.832247	
3.71363	a	0.832224	0.832223	0.832243	0.832247	0.832249
11.74353	a	0.832175	0.832175	0.832176	0.832176	0.832176
37.1363	a	0.832162	0.832162	0.832162	0.832162	0.832162
117.4353	a	0.832687	0.832687	0.832687	0.832687	0.832687
371.363	b	0.848505	0.848505	0.848505	0.848505	0.848505
1174.353	c	0.905574	0.905574	0.905574	0.905574	0.905574
3713.63	d	0.947078	0.947078	0.947078	0.947078	0.947078
11743.53	e	0.966274	0.966274	0.966274	0.966274	0.966274
37136.3	f	0.97477	0.97477	0.97477	0.97477	0.97477
117435.3	g	0.979294	0.979294	0.979294	0.979294	0.979294
371363	h	0.982743	0.982743	0.982743	0.982743	0.982743
1174353	i	0.986398	0.986398	0.986398	0.986398	0.986398
3713630	j		0.990559	0.990559	0.990559	0.990559
11743529	k		0.993821	0.993821	0.993821	0.993821
37136301	l			0.994732	0.994732	0.994732
1.17E＋08	m			0.994261	0.994261	0.994261
3.71E＋08					0.982613	0.797007
1.17E＋09					0.808146	0.819189
3.71E＋09						0.838754
1.17E＋10						0.801409

同时，在相同的雷诺数条件下，有相同的受力响应曲线（表4.2、图4.9）。

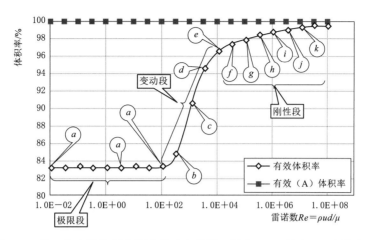

图4.7　统一的有效体积率雷诺数响应曲线（图中 a ～ k 见表4.1的标记）

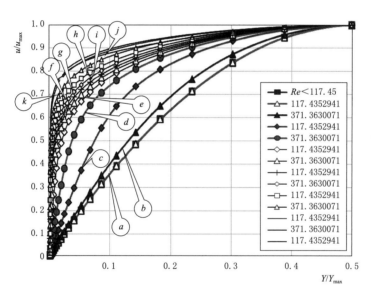

图4.8　统一的断面流速分布（图中 a ～ k 见表4.1的标记）

表4.2　　　　　　　　　　　　　　外边界模型 A 受力统计表

雷诺数	有效体积率	A2	A3	A4	A5	A6
		1：10	1：1	10：1	100：1	1000：1
		净受力/N				
0.011744	0.832244	5.0392E−08				
0.037136	0.832244	1.5935E−07				
0.117435	0.832244	5.0392E−07	5.0392E−08			
0.371363	0.832244	1.5936E−06	1.5936E−07		1.5936E−09	

续表

雷诺数	有效体积率	A2 1∶10	A3 1∶1	A4 10∶1	A5 100∶1	A6 1000∶1
		净受力/N				
1.174353	0.832242	5.0397E−06	5.0397E−07	5.0399E−08	5.0401E−09	
3.71363	0.832224	1.5944E−05	1.5944E−06	1.5949E−07	1.595E−08	1.595E−09
11.74353	0.832175	5.0455E−05	5.0455E−06	5.0456E−07	5.0457E−08	5.0457E−09
37.1363	0.832162	0.00015963	1.5963E−05	1.5963E−06	1.5963E−07	1.5963E−08
117.4353	0.832687	0.0005063	5.063E−05	5.063E−06	5.063E−07	5.063E−08
371.363	0.848505	0.00171699	0.0001717	1.717E−05	1.717E−06	1.717E−07
1174.353	0.905574	0.00828855	0.00082885	8.2885E−05	8.2885E−06	8.2885E−07
3713.63	0.947078	0.05539669	0.00553967	0.00055397	5.5397E−05	5.5397E−06
11743.53	0.966274	0.4340138	0.04340138	0.00434014	0.00043401	4.3401E−05
37136.3	0.97477	3.6368488	0.36368488	0.03636849	0.00363685	0.00036368
117435.3	0.979294	31.12747	3.112747	0.3112747	0.03112747	0.00311275
371363	0.982743	261.9408	26.19408	2.619408	0.2619408	0.02619408
1174353	0.986398	2062.3305	206.23305	20.623305	2.0623305	0.20623305
3713630	0.990559		1427.0515	142.70515	14.270515	1.4270515
11743529	0.993821		9276.452	927.6452	92.76452	9.276452
37136301	0.994732			7894.9728	789.49729	78.949728
1.17E+08	0.994261			66754.777	6675.4775	

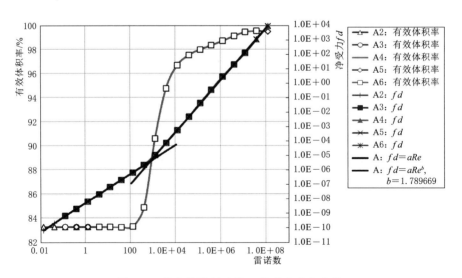

图 4.9　外边界模型 A 统一的受力响应曲线

如果将内边界模型 A 改造一下，取其一半作为一维明渠流的数值解，令 $H=d/2$，受力 f 也折半，便是标准明渠流动的数值解，显然断面流速的抛物线型分布 [式 (3.5)] 只是数值解 (图 4.8、图 4.10) 的层流特例，真实的断面流速分布要丰富得多，包括从层流至紊流的过渡段和紊流段 (刚性段) 的所有特征。

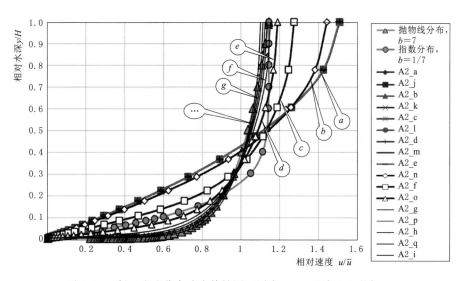

图 4.10　断面流速分布响应特性图 (图中 $a\sim k$ 见表 4.1 的标记)

因此，改造模型 A 为一维明渠流动模型后，特征长度定为 H (水深)，并以它去计算渠道雷诺数 $\rho u H/\mu$，以此为一维明渠流动的数值解。这时谢才公式为

$$u = C\sqrt{HJ} \tag{4.4}$$

4.2.1　统一的断面流速分布特性

外边界模型的断面流速分布特性是雷诺数的函数，只同雷诺数相关，各个比尺模型都遵守 (图 4.8)。以 A2 为例，导出断面流速 (表 4.3)，以 3.3.2.4 节为标准作出断面流速分布响应特性图 (图 4.10)。由表 4.3 及图 4.10 可知，在模型 A2 中断面流速分布在流速低于 0.1m/s 时，均同理论解流速分布完全相同 (标记为 a)，断面流速分布成典型的抛物线分布 [式 (3.24)]，最大流速为平均流速的 1.5 倍，这时为典型的层流，为流动响应的极限段。流速大于 0.1m/s 后，逐渐脱离标准的抛物线分布，最大流速为平均流速的 1.5 倍以下，直至最终接近 1.1。按流动响应划分标准，最大流速为平均流速的 1.15 倍以下，可以认为是流动响应的刚性段 (指有效体积率响应、受力响应)；最大流速为平均流速的 1.5～1.15 倍，为流动响应的过渡段。

用抛物线型、指数型分布去匹配任一断面流速分布，均不令人满意，看来抛物线型、指数型流速分布同对数型分布一样，并不能在整个垂向上均能匹配，只能是在局部范围内近似，任何一个流动分布均是独一无二的。在刚性段，垂线流速分布与抛物线型分布偏差大，更接近指数型分布（图 4.10）。

当然，任何一个 A 型的比尺模型，只要给定流动条件，均能找到对应的流速分布响应特性（图 4.8、图 4.10、表 4.1、表 4.3）和受力响应特性（图 4.9、表 4.2），它们共同反映了明渠流动的本质。

4.2.2　统一的受力响应特性

各比尺模型，对应不同的水深 H，它有统一的受力响应曲线 [图 4.11（a）]，受力用 fH（f 已经折半）表示。

从一维明渠流的受力响应特性 [图 4.11（a）] 上看，受力响应特性明显分为两段：一段为阻力的一次方段，阻力 fH 与雷诺数的一次方成正比，这里为典型的层流，断面流速分布呈抛物线分布，正好对应一维明渠流动的理论解；另一段为阻力的二次方段，阻力 fH 大致与雷诺数的约 1.7896 次方成正比。在一次方段和二次方段之间为过渡段。

将阻力特性（fH）进行改造，写成 $(f/L)H^2$ 的形式，显然 f/L 就是床面切应力 τ，因此各比尺模型在阻力一次方段、二次方段上有相同的表达式：

$$\frac{f}{L}H^2 = a\left(\frac{\rho u H}{\mu}\right)^b \tag{4.5}$$

或

$$\tau H^2 = a\left(\frac{\rho u H}{\mu}\right)^b \tag{4.6}$$

式中：a、b 为常数，可以根据实验或数学模型获得，对本渠道模型，在阻力一次方段，指数 $b=1$；在二次方段，指数 b 的取值为 $1.77\sim1.79$，根据锚定的点位不同而稍有不同 [图 4.11（b）]。

4.2.3　统一的阻力系数响应特性

如果按类似管流的分析方式，可以导出阻力系数，首先求出的水头损失 h_f：

$$h_f = \frac{f}{\rho g H} \tag{4.7}$$

然后求得阻力系数 λ：

$$\lambda = h_f \bigg/ \frac{L}{H}\frac{u^2}{2g} = \frac{2f}{\rho L u^2} \tag{4.8a}$$

各比尺条件下的阻力系数响应特性如图 4.12 所示，可见阻力系数是和谐的，整理为

$$\lambda = a Re^{b-2} \tag{4.8b}$$

式中：a 为常数。

表4.3

A2 断面流速分布

算例 Y/Y_max	平均速度 /(m/s)	A2_a	A2_j	A2_b	A2_k	A2_c	A2_l	A2_d	A2_m	A2_e	A2_n	A2_f	A2_o	A2_g	A2_p	A2_h	A2_q	A2_i
平均速度 /(m/s)		0.00001	3.16E−05	0.0001	0.000316	0.001	0.003162	0.01	0.031623	0.1	0.316228	1	3.162278	10	31.62278	100	316.2278	1000
									$u/\bar{u}$									
4.23642E−05		0.00081	0.00081	0.00081	0.00081	0.00080	0.00073	0.00054	0.00035	0.00025	0.00027	0.00041	0.00087	0.00216	0.00573	0.01552	0.04129	0.10281
0.000139246		0.00138	0.00138	0.00138	0.00138	0.00137	0.00130	0.00111	0.00093	0.00083	0.00089	0.00136	0.00286	0.00704	0.01830	0.04653	0.10416	0.19671
0.0002638		0.00212	0.00212	0.00212	0.00212	0.00211	0.00204	0.00185	0.00167	0.00157	0.00168	0.00257	0.00541	0.01331	0.03432	0.08389	0.16476	0.26412
0.000424068		0.00307	0.00307	0.00307	0.00307	0.00306	0.00299	0.00280	0.00262	0.00252	0.00271	0.00413	0.00870	0.02135	0.05468	0.12703	0.21943	0.31535
0.000630163		0.00429	0.00429	0.00429	0.00429	0.00428	0.00421	0.00402	0.00384	0.00375	0.00402	0.00613	0.01292	0.03168	0.08035	0.17418	0.26830	0.35836
0.000895254		0.00586	0.00586	0.00586	0.00586	0.00585	0.00578	0.00559	0.00541	0.00533	0.00571	0.00871	0.01834	0.04492	0.11230	0.22279	0.31252	0.39644
0.001236213		0.00788	0.00788	0.00788	0.00788	0.00787	0.00780	0.00761	0.00743	0.00735	0.00788	0.01202	0.02531	0.06187	0.15119	0.27066	0.35326	0.43138
0.001674694		0.01047	0.01047	0.01047	0.01047	0.01046	0.01040	0.01021	0.01003	0.00995	0.01067	0.01627	0.03426	0.08353	0.19682	0.31657	0.39146	0.46419
0.002238717		0.01381	0.01381	0.01381	0.01380	0.01380	0.01373	0.01354	0.01336	0.01330	0.01426	0.02174	0.04576	0.11110	0.24764	0.36025	0.42780	0.49554
0.002964142		0.01809	0.01809	0.01809	0.01809	0.01808	0.01801	0.01782	0.01765	0.01760	0.01886	0.02876	0.06051	0.14593	0.30092	0.40188	0.46277	0.52584
0.003897142		0.02358	0.02358	0.02358	0.02358	0.02357	0.02351	0.02332	0.02315	0.02311	0.02478	0.03777	0.07943	0.18934	0.35393	0.44180	0.49676	0.55541
0.005097157		0.03064	0.03064	0.03064	0.03064	0.03063	0.03056	0.03038	0.03021	0.03019	0.03237	0.04934	0.10364	0.24205	0.40501	0.48038	0.53003	0.58446
0.006640548		0.03969	0.03969	0.03969	0.03969	0.03968	0.03961	0.03943	0.03927	0.03928	0.04210	0.06417	0.13459	0.30318	0.45360	0.51794	0.56282	0.61318

续表

算例	A2_a	A2_j	A2_b	A2_k	A2_c	A2_l	A2_d	A2_m	A2_e	A2_n	A2_f	A2_o	A2_g	A2_p	A2_h	A2_q	A2_i
平均速度/(m/s)	0.00001	3.16E-05	0.0001	0.000316	0.001	0.003162	0.01	0.031623	0.1	0.316228	1	3.162278	10	31.62278	100	316.2278	1000
Y/Y_{max}									$u/\bar{u}$								
0.008625626	0.05128	0.05128	0.05128	0.05128	0.05128	0.05121	0.05103	0.05087	0.05092	0.05458	0.08318	0.17397	0.36949	0.49986	0.55477	0.59528	0.64169
0.011178772	0.06613	0.06613	0.06613	0.06613	0.06612	0.06606	0.06589	0.06573	0.06582	0.07055	0.10749	0.22376	0.43638	0.54421	0.59109	0.62757	0.67010
0.014462572	0.08512	0.08512	0.08512	0.08512	0.08511	0.08505	0.08488	0.08474	0.08488	0.09097	0.13854	0.28580	0.50034	0.58708	0.62710	0.65981	0.69853
0.018686081	0.10936	0.10936	0.10936	0.10936	0.10935	0.10929	0.10912	0.10899	0.10920	0.11703	0.17812	0.36076	0.56009	0.62891	0.66300	0.69212	0.72706
0.024118187	0.14022	0.14022	0.14022	0.14022	0.14021	0.14016	0.14000	0.13988	0.14017	0.15021	0.22837	0.44623	0.61593	0.67005	0.69892	0.72460	0.75578
0.031104883	0.17941	0.17941	0.17941	0.17941	0.17940	0.17935	0.17920	0.17909	0.17950	0.19233	0.29181	0.53566	0.66867	0.71081	0.73502	0.75736	0.78477
0.040090912	0.22898	0.22898	0.22898	0.22898	0.22897	0.22892	0.22878	0.22870	0.22923	0.24556	0.37109	0.62163	0.71920	0.75148	0.77143	0.79049	0.81412
0.051648537	0.29135	0.29135	0.29135	0.29135	0.29134	0.29130	0.29117	0.29111	0.29180	0.31247	0.46812	0.70040	0.76825	0.79228	0.80828	0.82411	0.84390
0.06651354	0.36927	0.36927	0.36927	0.36927	0.36927	0.36923	0.36912	0.36908	0.36995	0.39592	0.58177	0.77213	0.81643	0.83340	0.84568	0.85829	0.87420
0.085632487	0.46570	0.46570	0.46570	0.46570	0.46570	0.46566	0.46557	0.46556	0.46664	0.49880	0.70463	0.83844	0.86422	0.87502	0.88374	0.89311	0.90508
0.110222708	0.58345	0.58345	0.58345	0.58345	0.58345	0.58342	0.58335	0.58337	0.58465	0.62346	0.82457	0.90093	0.91193	0.91723	0.92249	0.92861	0.93658
0.14184994	0.72451	0.72452	0.72451	0.72451	0.72451	0.72450	0.72446	0.72450	0.72591	0.77018	0.93293	0.96079	0.95974	0.96002	0.96192	0.96475	0.96865
0.182527919	0.88878	0.88878	0.88878	0.88878	0.88878	0.88877	0.88876	0.88881	0.89017	0.93433	1.02842	1.01862	1.00751	1.00318	1.00176	1.00131	1.00109
0.234846716	1.07164	1.07164	1.07164	1.07164	1.07164	1.07164	1.07166	1.07171	1.07264	1.10326	1.11282	1.07419	1.05456	1.04597	1.04135	1.03764	1.03334
0.302137596	1.25983	1.25983	1.25983	1.25983	1.25983	1.25985	1.25989	1.25992	1.25986	1.25813	1.18651	1.12570	1.09889	1.08647	1.07887	1.07210	1.06393
0.388685137	1.42413	1.42413	1.42413	1.42413	1.42414	1.42416	1.42423	1.42422	1.42289	1.38042	1.24519	1.16783	1.13537	1.11986	1.10981	1.10051	1.08915
0.5	1.50684	1.50684	1.50684	1.50684	1.50685	1.50688	1.50696	1.50693	1.50492	1.44069	1.27377	1.18821	1.15297	1.13594	1.12471	1.11419	1.10129
标记	a	a	a	a	a	a	a	a	a	b	c	d	e	f	g	h	i

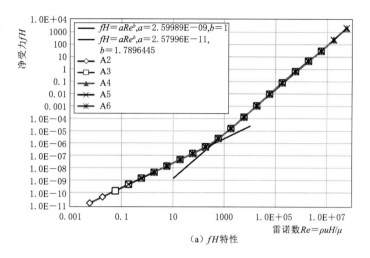

（a）fH特性

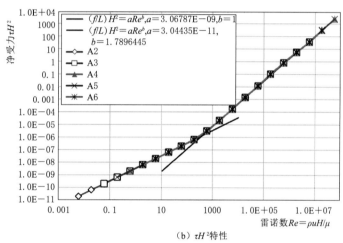

（b）τH^2特性

图4.11 统一的受力响应特性

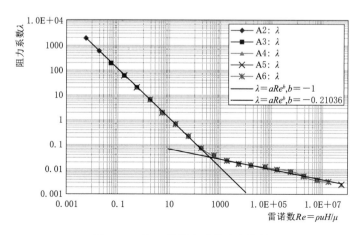

图4.12 统一的阻力系数响应特性

阻力系数同样有阻力一次方段和二次方段，一次方段阻力系数与雷诺数的 -1 次方（$b=1$ 时）成正比，二次方段阻力系数与雷诺数的 -0.21036 次方（$b=1.78964$ 时）成正比，在一次方段和二次方段之间为过渡段。

4.2.4　统一的谢才系数响应特性

通过式（4.4），可以获得谢才系数表达式 [J 按式（4.11）计算]：

$$C = \frac{u}{\sqrt{HJ}} \qquad (4.9a)$$

各比尺条件下的谢才系数响应特性如图 4.13 所示，可见谢才系数也是和谐的，整理为

$$C = aRe^{1-b/2} \qquad (4.9b)$$

式中：a 为常数。

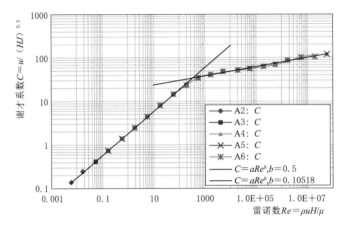

图 4.13　统一的谢才系数响应特性

谢才系数响应曲线也分为两段，阻力一次方段，谢才系数与雷诺数的 0.5 次方成正比（$b=1$ 时）；在二次方段上，谢才系数与雷诺数的约 0.10518 次方成正比（$b=1.78964$ 时）；在一次方段和二次方段之间为过渡段 [详见式（4.20）]。

谢才系数 C 与阻力系数 λ 的关系是统一的，在本明渠流中有

$$C = \sqrt{\frac{2g}{\lambda}} \qquad (4.10a)$$

而对于圆管流，谢才系数为大家熟知的形式：

$$C = \sqrt{\frac{8g}{\lambda}} \qquad (4.10b)$$

式（4.10a）和式（4.10b）的差异只在特征长度的定义不同，但其实它们是完全一致的，差异的来源只是式（4.8a）中的特征长度定义为 H，标准的表述是 D（或可以是 $4R$、$4H$）。

4.2.5 不和谐的糙率系数 n 的响应特性

如果将损失［式（4.7）］表达成坡降形式，在这里同时也是能坡，则有

$$J = H_f/L \tag{4.11}$$

由此，可以推知壁面糙率系数 n 为

$$n = \frac{H^{2/3}J^{1/2}}{u} \tag{4.12}$$

各比尺条件下的糙率系数响应特性如图 4.14（a）所示，由图可见糙率系数 n 是不和谐的，即在同样的壁面、同一个雷诺数条件下，不同的水深则糙率系数不一样。如果强行配平，也有统一的糙率系数响应曲线，只是将 $nJ^{1/18}$ 作为变量才能是和谐的［图 4.14（b）］。但糙率系数如何才能统一，见 4.2.6 节的表述。

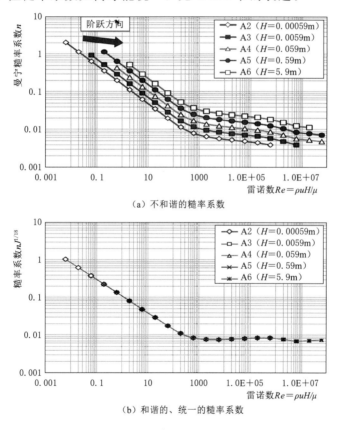

图 4.14　糙率系数响应特性

4.2.6 解读统一的一维流动

4.2.6.1 阶跃的思想

对于圆管道内的流动，它的受力响应特性是限制了管径或水力半径 R 的，速度或

流量的增加不改变水力半径 R，只增加单纯的平均速度 u。而对于本外边界模型 A，相当于限制了水深 H 的条件（相对于数模），速度或流量的增加不影响水深 H 而只增加速度，图 4.14（a）中的糙率系数响应特性说明了这一点：在同一个水深条件下，有一个糙率系数响应曲线，换另外一个水深，则为另外一个响应曲线。所以外边界模型内的流动同圆管内的流动完全可以比拟的，是完全类似的。

而对于明渠流动，如果为均匀流则有平均速度 u_1 和水深 H_1；如果流量或流速增加，不光是平均流速增加至 u_2，同时水深也一同增加至另外一个平衡的水深 H_2，因此解读流动特性变化过程十分重要。

如图 4.14（a）所示，对于外边界模型 A，它有一系列的糙率系数响应曲线，每一个对应一个水深 H，这一系列的 H 相当于能级，当流量增加时，H 必将增加，跳至另外一个更高位的 H，相当于能级跃升，这里称为阶跃。水深小的时候，如图 4.14（a）中 A2 的 $H=0.00059\mathrm{m}$，有个恒定流点位 X_0，增加流量时，因为水深增加，产生阶跃，会在另外一个水深条件下形成另外一个均匀流点位 X_1，如此流量继续增加，会有至 A3、A4、A5、A6 的响应点位 X_n，它们能级变化如图 4.14（a）所示，随着流量的增加会逐级跃迁，而这个跃迁在另外一个视角条件下，却仍然是同一个响应特性 [图 4.14（b）]。因此可以说在糙率系数 n 为视角条件下是不断跃迁的，而在 $nJ^{1/18}$ 为视角的条件下 [图 4.14（b）] 就根本没有跃迁，或称图 4.14（b）是统一的糙率系数响应曲线外，同时还是糙率系数的阶跃曲线，前者 [图 4.14（a）] 是还没有掌握糙率系数 n 的规律时对它的认知，后者 [图 4.14（b）] 应该为掌握糙率系数 n 的规律时所对它的认知，当然后者正是本章苦苦追寻的阶跃曲线。详见 4.2.6.3 节至 4.2.6.6 节表述。

4.2.6.2　An 算例

既然所有模型 A2～A6 的流动特性均为同一个垂线流速分布响应特性、同一个受力响应特性、同一个有效体积率响应特性，因此不妨将 A5（$H=0.59\mathrm{m}$）单独列出，并更改为模型 An，以它代替所有一维明渠流动。在 An 中，依然采用双精度的紊流模型，但增加计算点位，统一将迭代步数增加至 16000 步，用它代替所有模型（外边界模型 A 的任意比尺模型）的受力响应特性，因为它们是完全相同的。An 计算结果统计见表 4.4，受力响应如图 4.15 所示，二次方段的指数 b 为 1.77～1.79。

表 4.4　　　　　　　　　　　　　模型 An 计算结果统计

平均速度/(m/s)	雷诺数 $\rho u H/\mu$	净受力 $(f/L)H^2$	平均速度/(m/s)	雷诺数 $\rho u H/\mu$	净受力 $(f/L)H^2$
0.00000001	0.005871765	1.75337E−11	3.16228E−07	0.185681504	5.54635E−10
3.16228E−08	0.01856815	5.54463E−11	0.000001	0.587176471	1.75507E−09
0.0000001	0.058717647	1.75344E−10	3.16228E−06	1.856815036	5.5525E−09

续表

平均速度/(m/s)	雷诺数 $\rho u H/\mu$	净受力 $(f/L)H^2$	平均速度/(m/s)	雷诺数 $\rho u H/\mu$	净受力 $(f/L)H^2$
0.00001	5.871764706	1.7564E−08	0.002371374	1392.414843	1.17544E−05
3.16228E−05	18.56815036	5.55675E−08	0.003162278	1856.815036	1.92836E−05
0.0001	58.71764706	1.76243E−07	0.004216965	2476.102645	3.19372E−05
0.000177828	104.4163828	3.17113E−07	0.005623413	3301.935946	5.33024E−05
0.000316228	185.6815036	5.97685E−07	0.01	5871.764706	0.00015108
0.000421697	247.6102645	8.50896E−07	0.031622777	18568.15036	0.001265987
0.000562341	330.1935946	1.24597E−06	0.1	58717.64706	0.010835472
0.000649382	381.3016145	1.52311E−06	0.316227766	185681.5036	0.091181592
0.000749894	440.3202352	1.87371E−06	1	587176.4706	0.717897247
0.000865964	508.473875	2.31871E−06	3.16227766	1856815.036	4.967566272
0.001	587.1764706	2.88524E−06	10	5871764.706	32.29132941
0.001333521	783.012408	4.53427E−06	31.6227766	18568150.36	274.8240032
0.001778279	1044.163828	7.24888E−06	100	58717647.06	2323.733787

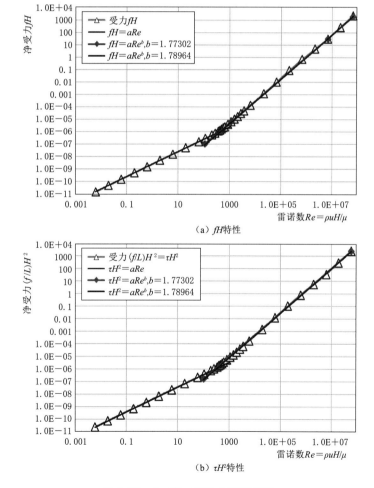

图 4.15 An统一的受力响应特性

4.2.6.3 统一的水深流量响应曲线

对于本例（An、A2～A6）的一维明渠均匀流，阻力必须同重力分量相一致，于是有

$$f/L = \tau = \rho g H J \tag{4.13}$$

将式（4.13）代入阻力特性式（4.6），便能获得统一的水深流量关系：

$$uH = aH^{3/b}J^{1/b} \tag{4.14}$$

式中：a 为一常数，各比尺条件下的水深-流量关系，可以按给定河床比降 J（或能坡）的形式给出，如图 4.16（a）所示，也可以有统一的水深-流量关系 [式（4.14）、图 4.16（b）]。

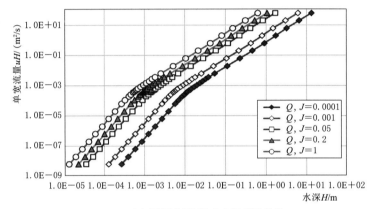

（a）不同河床比降J的水深-流量关系

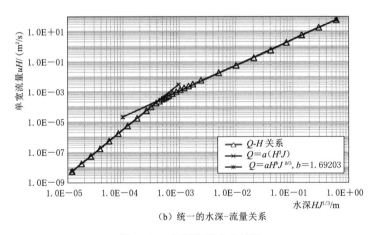

（b）统一的水深-流量关系

图 4.16 水深流量响应特性

4.2.6.4 统一的一维明渠均匀流本构关系

由统一的阻力响应特性 [式（4.6）]或水深流量关系 [式（4.14）]，能得到一维明渠均匀流的本构关系：

$$u = aH^{3/b-1}J^{1/b} \tag{4.15}$$

式中：a 为一任意常数；b 为阻力响应的指数 [见式（4.5）、式（4.6）]。

如果令 $a=1/m$，m 为新定义的常数，即本次新定义的糙率系数为

$$m=\frac{H^{3/b-1}J^{1/b}}{u} \tag{4.16}$$

式（4.16）反映了和谐的糙率系数 m 必须满足的关系。

当 $b=2$ 时，即阻力严格按雷诺数 2 次方变化，则式（4.16）有

$$m=\frac{H^{1/2}J^{1/2}}{u} \tag{4.17}$$

式（4.17）即为谢才公式，这时即有 $m=\dfrac{1}{C}$，糙率系数 m 为谢才系数 C 的倒数，谢才系数 C 是和谐的，所以糙率系数 m 也是和谐的，如图 4.17（a）所示。

当 $b=1.77302$ 时，式（4.16）有

$$m=\frac{H^{0.69203}J^{0.56409}}{u} \tag{4.18a}$$

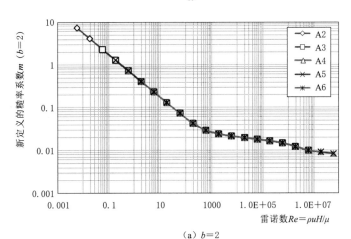

（a）$b=2$

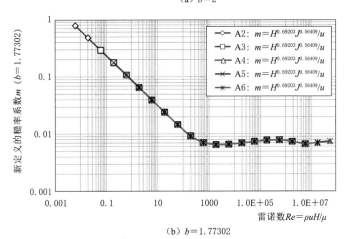

（b）$b=1.77302$

图 4.17　新定义的糙率系数 m 响应特性

当 $b=1$ 时，式 (4.16) 有

$$m=\frac{H^2 J}{u}$$

(4.18b)

式 (4.18a) 的响应特性如图 4.17 (b) 所示，式 (4.18b) 的响应特性如图 4.18 (c) 所示，所以式 (4.18) 都是和谐的。

当 $b=1.8$ 时，式 (4.16) 有

$$m=\frac{H^{2/3} J^{5/9}}{u}$$

(4.19)

式 (4.19) 的响应特性如图 4.18 所示，所以式 (4.19) 也是和谐的，因此式 (4.17)～式 (4.19) 均是和谐的，它们有统一的表达式 [式 (4.16)]，均来源于一维明渠均匀流的本构关系 [式 (4.15)]。

比较式 (4.19) 和式 (4.12)，不难得出 $m=nJ^{1/18}$，正是图 4.14 (b) 所展示的响应特性，和同图 4.18 (a) 展示的完全相同（$b=1.8$ 时）。

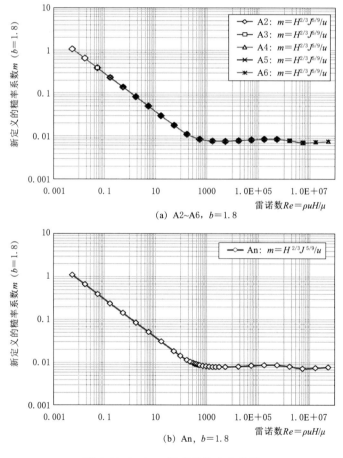

(a) A2~A6, $b=1.8$

(b) An, $b=1.8$

图 4.18 （一）　糙率系数响应特性

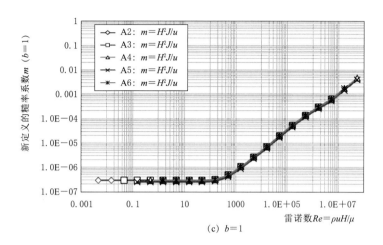

（c）$b=1$

图 4.18（二） 糙率系数响应特性

4.2.6.5 统一的谢才系数表达式

改写式（4.15）为谢才系数的表达形式［式（4.9）］，并将 $a=1/m$ 代入，有

$$C=\frac{1}{m}H^{3/b-1.5}J^{1/b-0.5} \tag{4.20}$$

式（4.20）为谢才系数和谐的表达式。当 $b=2$ 时，$C=1/m$（或 $m=1/C$），糙率系数 m 为谢才系数 C 的倒数。

当式（4.20）中 $b=1.8$ 时，有

$$C=\frac{1}{m}H^{1/6}J^{1/18} \tag{4.21}$$

式（4.21）为谢才公式在光滑壁面一维明渠流动的表达式，当且仅当在阻力的二次方段上，且指数 $b=1.8$ 时。

从外边界 A 的数模计算来看，受力响应指数 b 就在 1.8 附近（图 4.15），谢才系数的表达式［式（4.21）］和谐地将 $C\propto R^{1/6}$ ［式（4.1）］的关系最终确定下来，而式（4.3）（曼宁公式）是不严谨且不和谐的，应该用和谐的公式［式（4.21）］替代，或当 b 不为 1.8 时用和谐的式（4.20）替代。

因此曼宁公式可能是不精准的，只是它非常逼近真实，但就差那一点点，现将其补上、补全，并补和谐，它表达如下：

$$u=\frac{1}{m}H^{2/3}J^{5/9} \tag{4.22}$$

如果不介意的话，本书暂且将式（4.21）、式（4.22）命名为文桐公式，或只单纯将式（4.22）命名为文桐公式，m 命名为文桐糙率系数，因为它是和谐的［式（4.19）］。

从这以后，所有文桐糙率系数 m 均按阻力的 1.8 次方来定义［式（4.19）、式（4.22）］，不再说明；而按二次方（$b=2$）定义的糙率系数 m［式（4.17）］，统一表明"糙率系数 m（$b=2$）"用以区别。

4.2.6.6　统一的阻力系数表达式

由式（4.10a），谢才公式的表达式［式（4.20）］可以推导出：

$$\lambda = \frac{2gm^2}{H^{6/b-3}J^{2/b-1}}$$

(4.23)

当 $b=1.8$ 时，式（4.23）为

$$\lambda = \frac{2gm^2}{H^{1/3}J^{1/9}}$$

(4.24)

式（4.24）表明，糙率系数 m 只是阻力系数的另一种表达方式，文桐糙率系数 m 是和谐的［图 4.14（b）、图 4.18（b）］且 m 是一个常数，而曼宁糙率系数 n 是不和谐的［图 4.14（a）］且不为常数。

4.3　粗糙壁面明渠流动的一维数值解读

4.2.1 节和 4.2.2 节均是对光滑壁面的分析和研究，而非光滑壁面则必须考虑粗糙壁面的糙率高度，它们在不同糙率高度下谢才系数和阻力系数的响应如图 4.19 所示（管流的数据），不同糙率高度反映出的特性非常不一样，只有当为光滑时，谢才系数 C 的响应和阻力系数 λ 的响应才为同一条响应曲线，这也从侧面证明了 4.2.1 节和 4.2.2 节推导结论的正确性。

4.3.1　阶跃

由图 4.19 可知，在圆管内是不存在阶跃的，当确定了圆管直径 d 和管壁的糙率高度 k，则它的响应特性为某一条曲线。对圆管的解读，可以通过谢才系数或阻力系数完美解决，它没有一丝破绽，它同明渠流动（外边界模型 A）是完全等同的，但很显然对明渠流动的解读走了另外一条完全不同的路，引入了曼宁糙率系数 n，而不是阻力系数 λ 和谢才系数 C，因为明渠流发生了阶跃。

明渠流是完全可以和圆管流相比拟的，只是明渠流要发生阶跃现象（见 4.2.6.1 节），随着流量的增加即图 4.19 中雷诺数的增加，参数 k/d 要发生阶跃，不停在曲线簇间阶跃，产生阶跃的规律也似乎不可捉摸，因为没有同一个响应特征来统一所有的 k/d 曲线簇为同一个阶跃曲线，这才是定义糙率系数的最大难点。

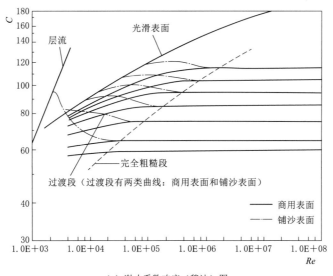

（a）谢才系数响应（穆迪）图

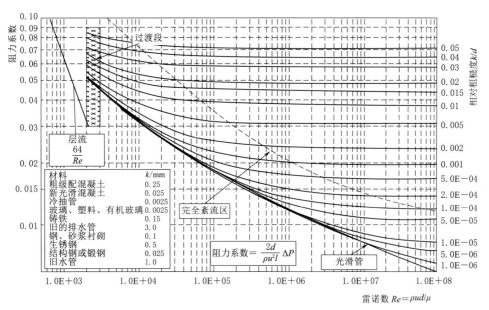

（b）阻力系数响应（穆迪）图

图 4.19 谢才系数响应（穆迪）图[4] 和阻力系数响应（穆迪）图

4.3.2 粗糙壁面明渠流动的经典解读

当渠道为粗糙壁面时，在阻力一次方段和过渡段上（图 4.19），谢才系数响应特性和阻力系数响应特性完全一样，只是在阻力二次方段上与光滑壁面逐渐分离（有先有后），逐渐远离光滑壁面的阻力二次方段（阻力严格与雷诺数的约 1.8 次方成正比，见 4.2.2 节）。

传统的定义方式：如果定义粗糙壁面的特征长度为粗糙高度 k，以摩阻流速为特

征流速，则有、无量纲的粗糙高度雷诺数 Re_s 为

$$Re_s = \frac{\rho u^* k}{\mu} \tag{4.25a}$$

$$u^* = \sqrt{\frac{\tau}{\rho}} = \sqrt{gHJ} \tag{4.25b}$$

式中：u^* 为摩阻流速。

当 $Re_s < 4$ 时，流动一般认为是光滑的；当 $4 \leqslant Re_s \leqslant 100$ 时认为是过渡的；当 $Re_s > 100$ 时认为是完全粗糙的（图 4.19）。通过管流[4] 实验数据在光滑和粗糙壁面流动时的谢才系数 C 的表达式如下[1]：

光滑壁面时

$$C = 28.6 Re^{1/8}, \qquad\qquad Re < 10^5 \tag{4.26a}$$

$$C = 4\sqrt{2g}\, \lg\left(\frac{Re\sqrt{8g}}{2.51C}\right), \quad Re > 10^5 \tag{4.26b}$$

式（4.26a）即为 Blasium 曲线。

粗糙壁面时

$$C = -2\sqrt{8g}\, \lg\left(\frac{k_s}{12R} + \frac{2.5}{Re\sqrt{\lambda}}\right) \tag{4.27}$$

其中 k_s 来源于 Strickler 方程[5]：

$$u = k_s R^{2/3} J^{1/2} \tag{4.28}$$

式中：k_s 为 Strickler 系数，表达为

$$k_s = \frac{21.1}{k^{1/6}} \tag{4.29}$$

Christensen[6] 通过研究曼宁公式后，假定 Nikuradse 公式[5] 中封闭圆管的阻力系数同样在明渠流中有效，故有

$$\frac{1}{\lambda} = 2.916\left(\frac{R}{k}\right)^{1/6} \tag{4.30}$$

注意圆管中 $R = D/4$，所以能得到

$$u = 8.25 \frac{\sqrt{g}}{k^{1/6}} R^{2/3} J^{1/2} \tag{4.31}$$

研究者都注意到糙率系数 n 难于估计因为它并没有任何物理意义，而床面粗糙高度 k 却有明确的含义。

糙率系数 n 在线性渠道被认为是常数，但在浅水深时增加很大，因此可以认为 n

是变化的。

按 Henderson[4] 的表述，糙率系数 n 是卵石尺度的函数，即

$$n = C_m (3.28 d_{50})^{1/6} \tag{4.32a}$$

式中：d_{50} 为平均卵石直径；C_m 为系数，Henderson[4] 建议取 0.034，Hager[7] 建议取 0.039，Maynord[8] 建议取 0.038。

基于 Blodgett 和 McConaughy[9] 的实验数据，Chen 和 Cotton[10] 提出了将糙率系数 n 为水力半径 R 的函数表达式：

$$n = \frac{(R/0.3048)^{1/6}}{8.6 + 19.97 \lg(R/d_{50})} \tag{4.32b}$$

对于植被覆盖的渠道，Chen 和 Cotton[10] 基于 Kouwen 等[11-12] 的研究，提出了草覆盖渠道的糙率系数表达式：

$$n = \frac{(R/0.3048)^{1/6}}{C + 19.97 \lg[(R/d_{50})^{1.4} J^{0.4}]} \tag{4.32c}$$

式中：J 为渠道底部坡降；C 为无量纲的系数。

无一例外，对粗糙壁面阻力的经典解读，包括阻力系数 λ 或谢才系数 C 或糙率系数 n，它们不仅同水流条件有关，还同床面的粗糙程度有关，或用粗糙高度 k 表示，或用 d_{50} 表示。但如果因为其曼宁公式［式（4.2）］可能有误，几乎所有的涉及渠道水力学、河流动力学的公式都需要重新考量。

4.3.3 粗糙壁面一维流动解读方法探究

非光滑渠道床面的流动模拟，可以有两种数模解决方法：方法一是建模时依然是光滑壁面建模，在壁面上设置粗糙高度 k，用软件自身的模型迭代出稳定的流动；方法二是严格按粗糙壁面建模，通过它们的响应特性，解读出其中隐藏的规律，随后逐一尝试。

4.3.3.1 方法一：光滑壁面上定义粗糙高度

不妨用 CFD 软件内置的模型来设计本算例，模型采用 A2 同型的外边界模型，以 A5（$H = 0.59\text{m}$）为模板，其中 A5 边壁粗糙高度为 0 即光滑壁面，其他的更名为 M 系列，即非光滑壁面，网格均同 A5 完全相同，壁面粗糙高度分别设置为：M6 为 0.4m，M5 为 0.2m，M4 为 0.1m，M1 为 0.005m，M0 为 0.0001m。

模型 M 系列模拟结果见表 4.5，粗糙高度无论小（$k = 0.0001\text{m}$）还是大（$k = 0.4\text{m}$），模拟结果完全一样。如果换用谢才系数 C 和阻力系数 λ 分别表示（图 4.20），粗糙壁面的均同光滑壁面（A5）的结果不一样，但不同粗糙壁面的结果完全一致，显然粗糙壁面模拟结果与实际情况（图 4.19）严重不符，实际情况是在全部粗糙区粗糙高度 k 的影响非常大［图 4.19（b）］。

表 4.5　　　　　　　　　不同粗糙高度模型 M 系列模拟结果

算例		A5	M6	M5	M4	M1	M0
粗糙高度 k/m		0	0.4	0.2	0.1	0.005	0.0001
进口速度/(m/s)	雷诺数 $\rho u H/\mu$	净受力 f/N					
3.16E−07	0.185682	7.9678E−10					
0.000001	0.587176	2.5201E−09	2.5209E−09	2.5209E−09	2.5209E−09	2.5209E−09	2.5209E−09
3.16E−06	1.856815	7.9749E−09	7.9754E−09	7.9754E−09	7.9754E−09	7.9754E−09	7.9754E−09
0.00001	5.871765	2.5228E−08	2.5228E−08	2.5228E−08	2.5228E−08	2.5228E−08	2.5228E−08
3.16E−05	18.56815	7.9815E−08	7.9815E−08	7.9815E−08	7.9815E−08	7.9815E−08	7.9815E−08
0.0001	58.71765	2.5315E−07	2.5315E−07	2.5315E−07	2.5315E−07	2.5315E−07	2.5315E−07
0.000316	185.6815	8.585E−07	8.585E−07	8.585E−07	8.585E−07	8.585E−07	8.585E−07
0.001	587.1765	4.1443E−06	4.1443E−06	4.1443E−06	4.1443E−06	4.1443E−06	4.1443E−06
0.003162	1856.815	2.7698E−05	2.7698E−05	2.7698E−05	2.7698E−05	2.7698E−05	2.7698E−05
0.01	5871.765	0.00021701	0.00021701	0.00021701	0.00021701	0.00021701	0.00021701
0.031623	18568.15	0.00181842	0.00181842	0.00181842	0.00181842	0.00181842	0.00181842
0.1	58717.65	0.01556374	0.01556374	0.01556374	0.01556374	0.01556374	0.01556374
0.316228	185681.5	0.1309704	0.13097038	0.13097038	0.13097038	0.13097038	0.13097038
1	587176.5	1.03116525	1.03116525	1.03116525	1.03116525	1.03116525	1.03116525
3.162278	1856815	7.1352575	7.1352575	7.1352575	7.1352575	7.1352575	7.1352575
5.623413	3301936			17.477339			
10	5871765	46.38226	58.54122	58.54122	58.54122	58.54122	58.54122
17.78279	10441638			190.73792			
31.62278	18568150	394.748645	621.1452	621.1452	621.1452	621.1452	621.1452
56.23413	33019359			1967.89875			
100	58717647	3337.73875	5690.7835	5690.7835	5690.7835	5690.7835	5690.7835

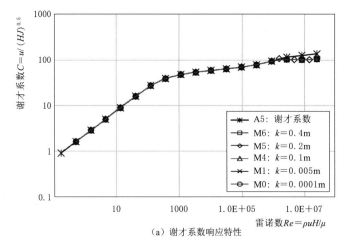

（a）谢才系数响应特性

图 4.20（一）　模型 M 系列模拟结果

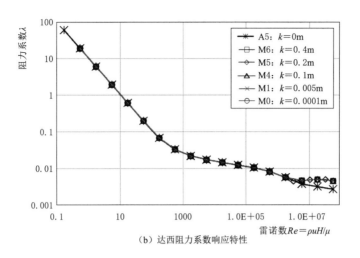

（b）达西阻力系数响应特性

图 4.20（二） 模型 M 系列模拟结果

4.3.3.2 方法二：粗糙壁面建模

不改变数模的网格而在边界加载粗糙高度的办法是行不通的，故而设计本模型。粗糙高度定义为床面泥沙颗粒（假定为球形）的半径 r 即 $k=1\mathrm{m}$，将沙粒彼此之间的间距定为 $3\mathrm{m}$，沙粒在床面上成等边三角形平铺，一半埋于底部平面之下，沙粒沿底部平面 x、z 方向无限延伸。以这样的沙质床面作为渠道底部，取其中一长方形特征段（图 4.21）作为计算域，流动方向长度 $L=3\mathrm{m}$、宽度方向 $B=2.59808\mathrm{m}$，高度方向为名义水深 H_0 且不定，但最低 $H_0=2\mathrm{m}$ 为模型 W2，模型 W2 的平均水深 H 按体积除以面积（BL）获得，W2 的名义水深 H_0 为 $2\mathrm{m}$，H 取为 $1.73129\mathrm{m}$，进口的流速按流量除以面积 $u=Q/(BH)$ 确定。

网格的划分即在 BLH_0 的范围内，在沙粒表面垂直方向建立边界层网格：最小尺度为 $0.001\mathrm{m}$，增长因子为 1.5 倍，共 10 层；沙粒表面网格尺度为 $0.08\mathrm{m}$，三角形网格平铺；其余网格尺度设置为 $0.1\mathrm{m}$，为四面体或楔形体网格（至 H_0 为 $2\mathrm{m}$ 时）。于是 W2 的网格划分形成 29885 个网格节点、112760 个网格单元（表 4.6、图 4.22）。

另外设立名义深度 H_0 为 $5\mathrm{m}$、$10\mathrm{m}$、$30\mathrm{m}$、$100\mathrm{m}$、$1000\mathrm{m}$ 的算例，分别对应为模型 W2f、W2g、W2h、W2a、W2c，它们的深度从 $2\mathrm{m}$ 以上按统一的标准设立网格，在 $2\mathrm{m}$ 处网格尺度为 $0.1\mathrm{m}$，按层数 10、20、35、50、60 个网格进行等比分配。

每个模型均按进口流量由极小至极大形成系列用以统计，将阻力拆分为床面阻力和沙粒阻力，床面阻力单一为黏性阻力而压力阻力为 0，而沙粒阻力却为黏性阻力和压力阻力两种。

表 4.6 W2 系列网格特征

模型	粗糙高度 k/m	名义水深 H_0/m	水深 H/m	长 L/m	宽 B/m	节点数	单元数
W2	1	2	1.731289	3	2.598076	29885	112760
W2f	1	5	4.731289	3	2.598076	39185	130220
W2g	1	10	9.731289	3	2.598076	48485	147680
W2h	1	30	29.73129	3	2.598076	62435	173870
W2a	1	100	99.73129	3	2.598076	67085	182600
W2c	1	1000	999.7313	3	2.598076	85685	217520

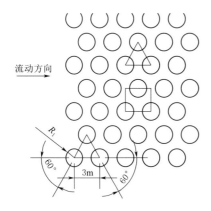

图 4.21 粗糙床面设计图（沙粒半径为 1m）

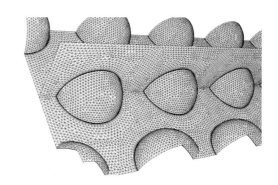

图 4.22 底面和对称边界网格图

4.3.4 粗糙壁面的模拟

采用三维双精度的 k-ε 紊流模型，水流方向（x 方向）进口、出口定义为周期边界，按给定平均流速定义周期边界的流量（uBH）；在 z 方向的 $z=0$ 和 $z=B$ 为对称边界条件，顶部水面（$Y=H_0$）为对称边界条件，计算统一迭代 16000 步，而后统计受力。

将模型 W2 称为原型，其余 W2 系列为改变水深的模型，因为床面粗糙高度 k 恒定，可以视为有统一的沙粒半径 r，表 4.7 为 W2 系列床面所有受力汇总。

表 4.7 W2 系列床面受力汇总

断面平均速度 u/(m/s)	净受力/N					
	W2 ($H_0=2$m)	W2f ($H_0=5$m)	W2g ($H_0=10$m)	W2h ($H_0=30$m)	W2a ($H_0=100$m)	W2c ($H_0=1000$m)
1.0E−09					2.44957E−08	
1.0E−08					2.44996E−07	
1.0E−07	2.49413E−08	9.41704E−07	3.36472E−06	2.72062E−06	2.45041E−06	2.35713E−06
1.0E−06	2.49439E−07	9.41723E−06	3.38235E−05	2.72080E−05	2.45065E−05	2.35736E−05
1.0E−05	2.48207E−06	9.41726E−05	3.36486E−04	2.72080E−04	2.45065E−04	2.35737E−04

续表

断面平均速度 u/(m/s)	净受力/N					
	W2 ($H_0=2\mathrm{m}$)	W2f ($H_0=5\mathrm{m}$)	W2g ($H_0=10\mathrm{m}$)	W2h ($H_0=30\mathrm{m}$)	W2a ($H_0=100\mathrm{m}$)	W2c ($H_0=1000\mathrm{m}$)
0.0001	2.03549E－05	9.41731E－04	3.36483E－03	2.72074E－03	2.45063E－03	2.35739E－03
0.000316	2.71506E－05	2.97743E－03	1.06402E－02	8.60376E－03		
0.001	2.64994E－04	9.39140E－03	3.36426E－02	2.72073E－02	2.45074E－02	2.35749E－02
0.003162	2.43897E－03	2.90165E－02	1.06272E－01	8.59988E－02		
0.005623		4.94186E－02				
0.01	2.71974E－02	7.95122E－02	3.32846E－01	2.70618E－01	2.44078E－01	2.34857E－01
0.017783		1.16095E－01				
0.023714		1.38458E－01				
0.031623	3.14978E－01	1.81187E－01	9.74204E－01	8.17950E－01		7.17597E－01
0.04217		2.66214E－01				
0.056234		4.21554E－01				
0.1	3.63031E＋00	1.26895E＋00	2.23721E＋00	2.06560E＋00	1.90547E＋00	1.85611E＋00
0.177828						2.90053E＋00
0.316228		1.36883E＋01	9.60471E＋00	6.88744E＋00	6.05098E＋00	5.76687E＋00
0.562341						1.39662E＋01
1	3.11030E＋02	1.58387E＋02	8.15753E＋01	4.86942E＋01	4.06210E＋01	3.79543E＋01
1.778279						9.75408E＋01
3.162278		2.02882E＋03	5.61160E＋02	2.95130E＋02	2.42394E＋02	2.25187E＋02
5.623413						5.12997E＋02
10	2.35260E＋04	1.98973E＋04	1.02655E＋04	1.48352E＋03	1.05932E＋03	9.39706E＋02
31.62278		9.15835E＋04	9.12149E＋04	4.42147E＋04	1.47215E＋04	8.11290E＋03
56.23413					9.86974E＋04	
74.98942					2.23853E＋05	
100	1.90192E＋06	2.77588E＋06	3.11139E＋06	3.38616E＋05	2.41641E＋05	1.02197E＋05
133.3521					5.67451E＋05	
177.8279					8.01423E＋05	
316.2278	2.29469E＋07	2.33576E＋07	2.11587E＋07	2.70016E＋07	3.31250E＋06	
562.3413	6.43071E＋07					
749.8942	1.28660E＋08					
1000	1.48444E＋08	1.94185E＋08	9.41454E＋07	2.44573E＋08	8.72136E＋07	3.35758E＋07
1778.279	5.31317E＋08					
3162.278	2.42270E＋09	6.75793E＋08	2.98662E＋09	3.26468E＋09		
10000	1.42364E＋10	2.19878E＋10	2.57939E＋10	2.96274E＋10	9.00179E＋09	3.18610E＋09

各个水深模型从2m到1000m，泥沙颗粒（或石头）半径 r 均为1m（粗糙高度 k），同光滑壁面一样的处理方式，将雷诺数定义为 $Re=\rho uH/\mu$（即特征长度定义为水深

H），作出它们的受力响应特性（图 4.23）。单纯从图 4.23（a）得不出任何规律，但明显可以分辨出阻力的一次方段和二次方段，在低雷诺数范围内，阻力同雷诺数 Re 的一次方（$b=1$）成正比，在二次方段有明显的两大部分，W2（$H_0=2m$）直接由一次方段（$b=1$）过渡到严格的二次方段（$b=2$），相当于直接进入阻力平方区（$b=2$），中间只有很小的过渡段；W2f（$H_0=5m$）也是直接由一次方段（$b=1$）过渡到严格的二次方段（$b=2$），中间过渡段很少；至 W2g（$H_0=10m$），过渡段逐渐增加，但一次方段和严格的二次方段依然存在；至水深最大的 W2c（$H_0=1000m$）过渡段非常宽。数模的模拟结果同糙管内的实验非常一致，数模中的一次方段，就是图 4.19 中的层流段，数模中严格的二次方段为阻力平方段［图 4.19（b）]或完全粗糙段，即图 4.19（a）中的完全粗糙区,数模中的过渡段就是图 4.19 中光滑至完全粗糙的过渡段。

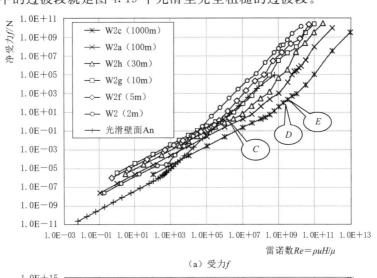

（a）受力 f

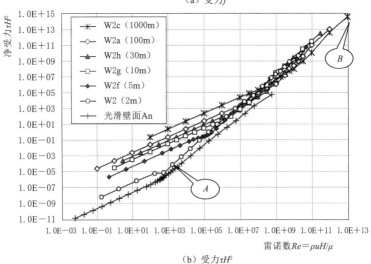

（b）受力 τH^2

图 4.23　W2 系列受力响应特性

比较光滑和非光滑壁面的受力响应特性进行分析：在光滑壁面中受力响应特性曲线 [图 4.15 (b)]是唯一的，它基于 τH^2 与雷诺数的关系，有一次方段和二次方段，但无严格二次方段（只是数模结论而已），受力响应特性既是每个水深条件下统一的受力响应特性曲线，也是不同水深条件下的同一个受力响应阶跃曲线；而粗糙壁面则反映出的受力响应特性曲线 [图 4.23 (b)]则非唯一，是一堆线簇，彼此错位。

因此粗糙壁面的受力关系远比光滑壁面要复杂，如果按受力的二次方段（$b=1.8$）进行统一，则二次方段是和谐的，而一次方段和严格二次方段是不和谐的，总之以任何一个段进行统一，那么另外两段必定是不和谐的和错位的。

在严格的二次方段 [图 4.23 (b)]上，受力值 τH^2 与雷诺数的关系非常集中，在同一个雷诺数条件下，水深 H 越小受力值 τH^2 越大 (W2)，水深 H 越大受力值 τH^2 时越小（如最小的 W2c），非常有规律。

也可以据此列出谢才系数响应特性和阻力系数响应特性（图 4.24），显然不易找出规律。数模中的一次方段在固定水深 H 的前提下，在谢才系数响应特性 [图 4.24 (a)]中为指数 $b=1$ 的线段，在阻力系数响应特性 [图 4.24 (b)]中为指数 $b=-1$ 的线段；在同一个雷诺数条件下，随着水深 H 的增加，谢才系数 C 在一次方段有所减小而在严格二次方段有所增加 [图 4.24 (a)]，阻力系数 λ 在一次方段上有所增加而在严格二次方段上有所减小；数模中严格的二次方段，在图 4.24 中是水平线（$b=0$），而过渡段均是有一定倾角的，同图 4.12、图 4.13 的变化趋势非常一致。

但如何解读粗糙壁面的数模结果呢？在阻力一次方段、二次方段、严格二次方段上，明显模型 W2 系列的各个响应特性均不重合，这同糙管内的实验结果相差非常大，故数据处理的方式必须调整，以整合数模数据。现以模型 W2 为例，分四种方式给定雷诺数：①用断面平均流速 u 和平均水深 H 给定雷诺数 $Re=\rho u H/\mu$；②按断面平均流速 u 和粗糙高度 k 给定沙粒雷诺数 $Re_k=\rho u k/\mu$；③按床面摩阻流速 u^* 和粗糙高度 k 给定雷诺数 $Re_s=\rho k u^*/\mu$；④按床面摩阻流速 u^* 和水深 H 定义雷诺数 $Re_h=\rho H u^*/\mu$。受力也按床面受的黏性阻力和沙粒受的压力阻力、黏性阻力分析，见表 4.8。

4.3.5　粗糙壁面的严格阻力二次方段的整合

如果将受力特性用沙粒雷诺数 Re_k 表示，如图 4.25 (a) 所示，在响应曲线严格的二次方段上，当用粗糙高度 k 作为特征长度时，在同一个雷诺数条件下，水深小时受力值 τH^2 越小，水深大时受力值 τH^2 越大；这同图 4.23 (b) 用水深 H 作为特征长度时完全相反（水深越小受力值 τH^2 越大）。因此用粗糙高度 k 和水深 H 作为特征长度所起的作用恰好相反，特征长度似乎更接近水深 H 而远离粗糙高度 k 且一定在两者之间。

因此可以设想，如果有一个当量的特征长度 d 介于水深 H 和粗糙高度 k 之间，

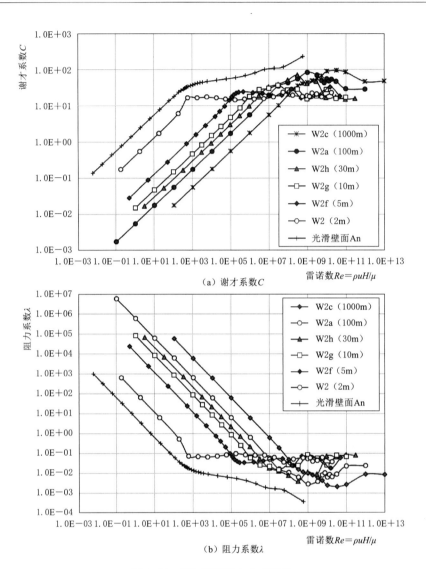

图 4.24　W2 系列受力响应特性

那么它可能恰好能将所有的二次方段整合在一起，为一个单一的严格二次方段上的阶跃曲线，现假定特征长度 d 是 k 和 H 的加权几何平均，即

$$d = k^{\beta} H^{1-\beta} \tag{4.33}$$

如果各个模型均有相同受力响应特性，则就可以推导出它们阶跃关系，阶跃曲线的响应特性为

$$\tau H^2 = a \left(\frac{\rho u k^{\beta} H^{1-\beta}}{\mu} \right)^b \tag{4.34}$$

当式（4.34）中 $b = 2$ 时，便是严格的二次方段响应特性，即

$$\tau H^2 = a \left(\frac{\rho u k^{\beta} H^{1-\beta}}{\mu} \right)^2 \tag{4.35}$$

表4.8　数据处理统计（以W2为例）

W2算例	雷诺数				受力/N				压阻比（压力/总阻力）/%
u/(m/s)	$Re(\rho u H/\mu)$	$Re_k(\rho u k/\mu)$	$Re_s(\rho r u^*/\mu)$	$Re_h(\rho H u^*/\mu)$	床面黏性阻力	沙粒压力阻力	沙粒黏性阻力	净受力	总阻力
1E-07	1.72300E-01	9.95214E-02	1.78189E+00	3.08496E+00	2.22176E-09	1.61708E-08	6.54867E-09	2.49413E-08	64.8357
0.000001	1.72300E+00	9.95214E-01	5.63512E+00	9.75602E+00	2.22210E-08	1.61729E-07	6.54886E-08	2.49439E-07	64.8372
0.00001	1.72300E+01	9.95214E+00	1.77758E+01	3.07750E+01	2.20770E-07	1.61067E-06	6.50625E-07	2.48207E-06	64.8924
0.0001	1.72300E+02	9.95214E+01	5.09045E+01	8.81304E+01	1.76626E-06	1.29970E-05	5.59161E-06	2.03549E-05	63.8521
0.000316	5.44862E+02	3.14714E+02	5.87910E+01	1.01784E+02	2.15131E-06	1.63110E-05	8.68827E-06	2.71506E-05	60.0760
0.001	1.72300E+03	9.95214E+02	1.83671E+02	3.17987E+02	1.87748E-05	1.89128E-04	5.70919E-05	2.64994E-04	71.3704
0.003162	5.44862E+03	3.14714E+03	5.57217E+02	9.64703E+02	6.60088E-05	1.88142E-03	4.91534E-04	2.43897E-03	77.1402
0.01	1.72300E+04	9.95214E+03	1.86074E+03	3.22147E+03	2.72710E-04	2.20693E-02	4.85543E-03	2.71974E-02	81.1448
0.031623	5.44862E+04	3.14714E+04	6.33230E+03	1.09630E+04	5.85702E-03	2.64812E-01	4.43093E-02	3.14978E-01	84.0731
0.1	1.72300E+05	9.95214E+04	2.14977E+04	3.72188E+04	7.79140E-02	3.18688E+00	3.65514E-01	3.63031E+00	87.7854
1	1.72300E+06	9.95214E+05	1.98986E+05	3.44502E+05	7.11590E+00	2.86317E+02	1.75966E+01	3.11030E+02	92.0546
10	1.72300E+07	9.95214E+06	1.73060E+06	2.99616E+06	6.04357E+02	2.16899E+04	1.23181E+03	2.35260E+04	92.1952
100	1.72300E+08	9.95214E+07	1.55603E+07	2.69393E+07	4.16538E+04	1.77951E+06	8.07474E+04	1.90192E+06	93.5643
316.2278	5.44862E+08	3.14714E+08	5.40485E+07	9.35735E+07	3.16521E+05	2.19079E+07	7.22465E+05	2.29469E+07	95.4722
562.3413	9.68916E+08	5.59650E+08	9.04796E+07	1.56646E+08	6.69898E+05	6.19698E+07	1.66743E+06	6.43071E+07	96.3654
749.8942	1.29207E+09	7.46305E+08	1.27980E+08	2.21571E+08	1.43896E+06	1.23934E+08	3.28715E+06	1.28660E+08	96.3267
1000	1.72300E+09	9.95214E+08	1.37468E+08	2.37997E+08	1.78079E+06	1.41832E+08	4.83110E+06	1.48444E+08	95.5459
1778.279	3.06398E+09	1.76977E+09	2.60075E+08	4.50264E+08	3.93672E+06	5.14175E+08	1.32048E+07	5.31317E+08	96.7738
3162.278	5.44862E+09	3.14714E+09	5.55355E+08	9.61480E+08	1.14335E+07	2.37019E+09	4.10727E+07	2.42270E+09	97.8327
10000	1.72300E+10	9.95214E+09	1.34624E+09	2.33072E+09	7.42887E+07	1.37967E+10	3.65394E+08	1.42364E+10	96.9116

将图 4.25 中 W2 的第六点（表 4.6、图 4.25 中 A 点）视为严格二次方段的锚定点，将 W2c 中最后一点（图 4.25 中 B 点）为严格二次方段上的锚定点，配 β 值，直至两个锚定点均在式（4.35）[图 4.25（b）]的直线（响应曲线）上。而这里只有一个未知数 β，经过试算求得 $\beta = 0.16657$，所以圆整后一定有 $\beta = 1/6$。将 $\beta = 1/6$、$\tau = \rho g H J$ 代入式（4.34），便有严格二次方段上统一的阶跃曲线的本构关系：

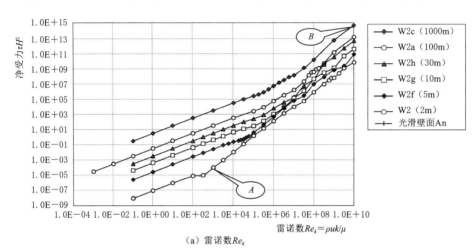

（a）雷诺数 Re_k

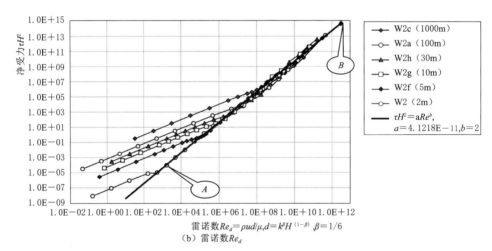

（b）雷诺数 Re_d

图 4.25　W2 系列受力响应特性（严格二次方段）

$$u = aH^{3/b-5/6}k^{-1/6}J^{1/b} \tag{4.36}$$

本例在严格二次方段上且 $b = 2$，将 $a = 1/m_1$ 代入，所以阶跃本构关系有

$$u = \frac{1}{m_1}H^{2/3}k^{-1/6}J^{1/2} \tag{4.37}$$

其中 m_1 为某一系数（拟糙率系数），式（4.36）、式（4.37）是和谐的（$b = 2$ 时），式（4.37）同式（4.31）完全一致。比较曼宁公式 [式（4.2）] 和式（4.37），便能求得糙率系数 n 的表达式：

$$n = m_1 k^{1/6} \tag{4.38}$$

式 (4.37)、式 (4.38) 同 Strickler 方程的式 (4.28)、式 (4.29) 完全吻合，又与 Christensen[6] 的从圆管阻力系数导出的明渠流式 (4.30)、式 (4.31) 完全一致，它们均在阻力严格二次方段上表现出来的响应特性。可见在粗糙壁面条件（粗糙高度 k）不变的前提下，在严格二次方段上，糙率系数 n 才为常数。因此在严格二次方段上，糙率系数 n 却是和谐的，而 m 却是不和谐的。

比较式 (4.19) （文桐糙率系数 m 的定义）和式 (4.37)，便能求得糙率系数 m（$b=2$）的表达式：

$$m = m_1 k^{1/6} J^{1/18} \tag{4.39}$$

由式 (4.38) 得糙率系数 m 和 n 的关系仍然为

$$m = n J^{1/18} \tag{4.40}$$

式 (4.37) 相当于将谢才公式写成如下形式（阶跃时）：

$$C = \frac{1}{m_1}\left(\frac{H}{k}\right)^{1/6} \tag{4.41}$$

在严格二次方段上，对应一个水深 H 或糙管中的直径或水力半径 R，即不阶跃时，谢才系数 C 是有定值的 [图 4.19 (a) 中的完全粗糙区]，而在渠道中，因为有阶跃，故谢才系数 C 是非恒定的值，它是按 $H^{1/6}$ 变化的。

同理阻力系数 λ 也是可以准确定位的，在严格二次方段上，固定一个水深 H，就有一个对应的恒定的阻力系数 λ，如图 4.19 (b) 所示。通过式 (4.10a) 和式 (4.41) 可导出阻力系数的表达式：

$$\lambda = 2g m_1^2 \left(\frac{k}{H}\right)^{1/3} \tag{4.42}$$

由式 (4.42) 可知，在严格阻力二次方段的阶跃曲线上，阻力系数 λ 的值是 H/k 的函数，同谢才系数 C 类似。

4.3.6 曼宁公式的含义

因此，可以说，一维明渠流的本构关系 [式 (4.15)] 是基于固定水深 H 的情况下获得的，当 $b=2$ 时的严格二次方段上，本构关系就是谢才公式 [式 (4.4)]；但明渠流动水深 H 是变动的，随着流量的增加必定发生阶跃现象，因此明渠流的阶跃本构关系就发生了偏移，由谢才公式偏移至式 (4.37) 或至曼宁公式 [式 (4.2)] 上去了。曼宁公式的含义便非常清晰地展现出来了。

所以曼宁公式在严格二次方段上是严谨的，它是谢才公式的阶跃表达式，只是它在二次方段上和一次方段上是不和谐的。

4.3.7 粗糙壁面的阻力二次方段（$b=1.8$）的整合

同理，在阻力二次方段（$b=1.8$）上，也可以锚定 W2g 的第 11 点 [图 4.23 (a)

中标记 C]，它刚离开一次方段或说二次方段最可能浓缩在这一点附近，但还没有进入严格二次方段，而 W2c 则有很长一段在阻力二次方段上（$b=1.8$）。

如果按式（4.6）确定指数 b，通过 C 点同 W2c 第 13 点 [图 4.23（a）中标记 D] 进行锚定，可以确定 $b=1.82138$；通过 C 点同 W2c 第 14 点 [图 4.23（a）中标记 E] 进行锚定，可以确定 $b=1.79084$。最后圆整后确定 $b=1.8$。

固定指数 $b=1.8$ 后，可以按式（4.34）确定 β，由 C 点、D 点确定为 -0.016306，由 C 点、E 点确定为 0.007622。经过圆整取 $\beta=0$，表明阻力是同粗糙高度 k 几乎无关的阶跃曲线（图 4.26）：

$$\tau H^2 = a\left(\frac{\rho u H}{\mu}\right)^{1.8} \tag{4.43}$$

由式（4.43）可得阻力二次方段上的阶跃本构关系：

$$u = a H^{2/3} J^{5/9} \tag{4.44}$$

故阻力二次方段（$b=1.8$）上，本构关系 [式（4.19）] 和阶跃本构关系 [式（4.44）] 为同一个表达式，皆为文桐公式 [式（4.22）] 同样的表达形式。以上表明，能和所有的 W2 系列的二次方段接近吻合，因此在阻力二次方段有接近统一的阶跃响应曲线。这种现象同图 4.19（b）的表现完全一致，当粗糙壁面没有同光滑壁面分离时，它们几乎共用光滑壁面响应曲线，并同它保持平行，只有细微的变化 [图 4.19（a）、图 4.24]，即它们的差异在糙率系数 m 或系数 a 上。参见图 4.26，它们指数一致（阻力二次方段 $b=1.8$ 时），在固定粗糙高度 k 时它们的阶跃变化规律也应该按或近似按式（4.44）给定，系数 a 同粗糙高度 k 有关。

因此由式（4.44），将 $a=1/m$ 代入（系数替换），可以得到如下公式：

$$u = \frac{1}{m} H^{2/3} J^{5/9} \tag{4.45}$$

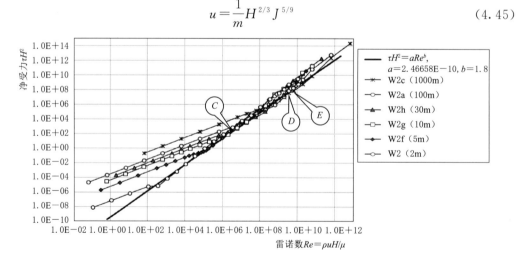

图 4.26　W2 系列受力响应特性（阻力二次方段）

粗糙壁面文桐糙率系数 m 的式（4.45）同光滑壁面式（4.22）完全一致，它们表明，糙率系数 m 在明渠流中，按阶跃变动，也一样按光滑壁面同样的公式处理，差异仅在文桐糙率系数 m 上，相当于近似认为阶跃变化是按严格受力指数 $b=1.8$ 变化，而每个固定 H 的算例只是按指数 $b=1.8$ 变化，这里仅为数模的理解，不能代表实验的结果和真实的流动状态。

因此在阻力二次方段上，文桐糙率系数 m 是和谐的，而曼宁糙率系数 n 是不和谐的。

如此，在阻力二次方段上，解决了糙率系数的定义问题，如图 4.27 和图 4.28 所示，它们分别为文桐糙率系数 m 和曼宁糙率系数 n 随雷诺数响应特性图，文桐糙率系数 m 的变化似乎比曼宁糙率系数 n 的变化趋势更合理一些，因为同样从 W2 开始阶跃，曼宁糙率系数 n 则随着流量的增加将降低，而文桐糙率系数 m 则能保持相对的稳定（见图 4.27 中 W2 系列中糙率系数拐点处的包络线）。

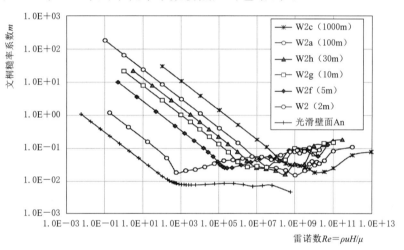

图 4.27　W2 系列文桐糙率系数 m 响应特性

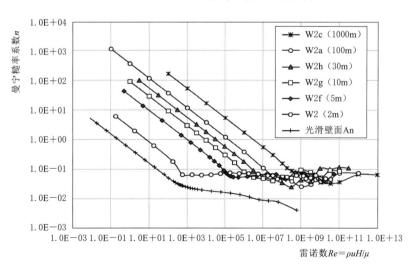

图 4.28　W2 系列曼宁糙率系数 n 响应特性

4.3.8 文桐公式的含义

在严格二次方段上，谢才公式是固定水深 H 的情况下的本构关系，在阶跃情况下，自然偏移到阶跃本构关系即曼宁公式上了，从不阶跃到阶跃是要发生突变的。当然一次方段上也要发生阶跃，详见第 6 章。

而在二次方段上，不管阶跃不阶跃，它们的本构关系和阶跃本构关系是一样的，因此相对稳定和唯一。

因此，阻力二次方段上的受力分析支持文桐公式，因其表达式的稳定性，无论是否阶跃，都是一个公式。

4.3.9 粗糙壁面的阻力二次方段 ($b=1.8$) 的另外一种整合

如果先锚定 A 点，认为它可以在严格二次方段上的同时也在二次方段上，再锚定 D 点或 E 点，按式（4.34）（$\beta=1$）确定 b 值。AD 锚定后确定 $b=1.84462$，AE 点锚定后确定 $b=1.82900$。最终 b 确定为 $1.83\sim1.85$，现仍按 $b=1.8$（4.3.6 节）处理（图 4.29），忽略细小变化（因为 A 点的界定不明显）。

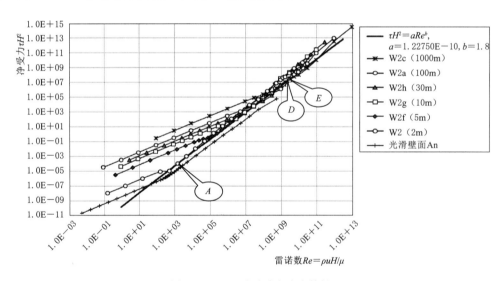

图 4.29 W2 系列受力响应特性

4.3.10 粗糙壁面的阻力一次方段 ($b=1$) 的整合

在阻力一次方段上，无论以谢才系数 C、阻力系数 λ（图 4.24）还是糙率系数 m、n（图 4.27、图 4.28）均变化特别大。整合一次方段，用沙粒雷诺数 Re_k 表示，受力用床面受力 f 表示，则有近似统一的阻力一次方阶跃曲线［图 4.30（a）］，当然除了 W2、W2f 算例外均近似满足。W2、W2f 算例表明，粗糙高度为 1m 时，水深 H

≥10m 后，阻力一次方段近似严格在一条曲线上，分离点水深一定为 5～10m 的某个临界水深 H_c 上，当 $H>H_c$ 时，均有

$$f=a\frac{\rho uk}{\mu} \tag{4.46a}$$

写成切应力形式：

$$\tau LB=a\frac{\rho uk}{\mu} \tag{4.46b}$$

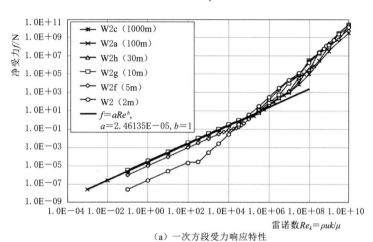

（a）一次方段受力响应特性

（b）雷诺数 Re_s

图 4.30 W2 系列一次方段受力响应特性

在本例中 L、B 同 k 的关系为常数，故可以用 k 替代：

$$\tau k^2=a\frac{\rho uk}{\mu} \tag{4.46c}$$

将切应力公式 $\tau=\rho gHJ$、$a=1/m_2$ 代入式（4.46c），可得阻力一次方段的阶跃曲线：

$$u = \frac{1}{m_2} HkJ \tag{4.47}$$

其中 m_2 为某一系数（拟糙率系数），式（4.47）相当于将本构关系 ［式（4.15），$b=1$］ 中的一个水深 H 替换成粗糙高度 k，当 $H > H_c$ 时均满足。因此比较式（4.47）和一次方段的糙率系数 m（$b=1$）表达式（4.18b），可以得到

$$m = m_2 H / k \tag{4.48}$$

式（4.48）相当于 k 固定时，糙率系数 m（$b=1$）为 H 的函数：

$$m / H = \text{const} \tag{4.49}$$

如果用 Re_s 替换雷诺数 Re ［图 4.30（b）］，受力响应曲线变成直线了，表明受力 f 同 Re_s 正相关，用它可以检查计算统计的数据是否正确。

显然，在一次方段上，本构关系依然发生了偏移，由固定水深 H 的本构关系 ［式（4.18b）］偏移到阶跃本构关系 ［式（4.48）］（均当 $b=1$ 时）上了。

4.3.11　粗糙壁面的检验

4.3.11.1　缩小比尺，$k = 0.1\text{m}$

将模型 W2（$k=1\text{m}$）全部缩小 10 倍，即变成模型 W1（$k=0.1\text{m}$，表 4.9），它们在阻力严格二次方段、二次方段、一次方段（图 4.31）的阶跃曲线同 W2 系列几乎完全吻合，只是在一次方段（图 4.32）的 W1（0.2m）和 W1f（0.5m）稍有偏差。

表 4.9　　　　　　　　　　　　　　W1 系列净受力统计表

$u/(\text{m/s})$	W1 (0.2m)	W1f (0.5m)	W1g (1m)	W1h (3m)	W1a (10m)	W1c (100m)
0.000001	2.61E−09					
0.00001	2.61E−08	1.00E−05	2.71E−05	2.41E−05	2.20E−05	2.13E−05
0.0001	2.71E−07	1.00E−04	2.71E−04	2.41E−04	2.20E−04	2.13E−04
0.000316	9.15E−07	3.16E−04	8.58E−04	7.66E−04		
0.001	3.61E−06	1.00E−03	2.71E−03	2.41E−03	2.20E−03	2.13E−03
0.001778	8.70E−06					
0.003162	2.70E−05	3.16E−03	8.58E−03	7.62E−03		
0.005623	8.81E−05					
0.01	2.64E−04	1.00E−02	2.71E−02	2.41E−02	2.20E−02	2.13E−02
0.017783	7.85E−04					

$u/(\text{m/s})$	W1 (0.2m)	W1f (0.5m)	W1g (1m)	W1h (3m)	W1a (10m)	W1c (100m)
0.031623	2.44E－03	3.16E－02	8.56E－02	7.61E－02	6.96E－02	6.73E－02
0.056234	7.97E－03	5.62E－02				
0.1	2.66E－02	1.00E－01	2.67E－01	2.39E－01	2.19E－01	2.11E－01
0.177828		1.78E－01				
0.237137		2.37E－01				
0.316228	3.15E－01	3.16E－01	7.50E－01	7.06E－01	6.53E－01	6.34E－01
0.562341		5.62E－01				
1	3.63E＋00	1.00E＋00	1.71E＋00	1.67E＋00	1.58E＋00	1.55E＋00
1.333521	6.35E＋00				1.99E＋00	
1.778279	1.10E＋01				2.67E＋00	
2.371374	1.88E＋01				3.82E＋00	
3.162278	3.23E＋01	3.16E＋00	8.87E＋00	6.50E＋00	5.73E＋00	5.46E＋00
5.623413					1.42E＋01	
10	3.11E＋02	1.00E＋01	8.17E＋01	4.74E＋01	3.93E＋01	3.66E＋01
17.78279					1.03E＋02	
31.62278		3.16E＋01	5.90E＋02	2.85E＋02	2.40E＋02	2.26E＋02
56.23413					4.93E＋02	
100	2.35E＋04	1.00E＋02	1.01E＋04	1.35E＋03	9.84E＋02	8.92E＋02
177.8279					1.66E＋03	
316.2278		3.16E＋02	9.98E＋04	4.80E＋04	1.12E＋04	5.80E＋03
562.3413					5.19E＋04	
1000	2.18E＋06	1.00E＋03	2.95E＋06	5.94E＋05	1.72E＋05	1.57E＋05
3162.278		3.16E＋03	2.89E＋07	2.61E＋07	6.20E＋06	6.08E＋05
10000	9.82E＋07	1.00E＋04	1.08E＋08	1.12E＋08	6.17E＋07	7.88E＋07
31622.78				1.82E＋09		
100000				2.14E＋10		

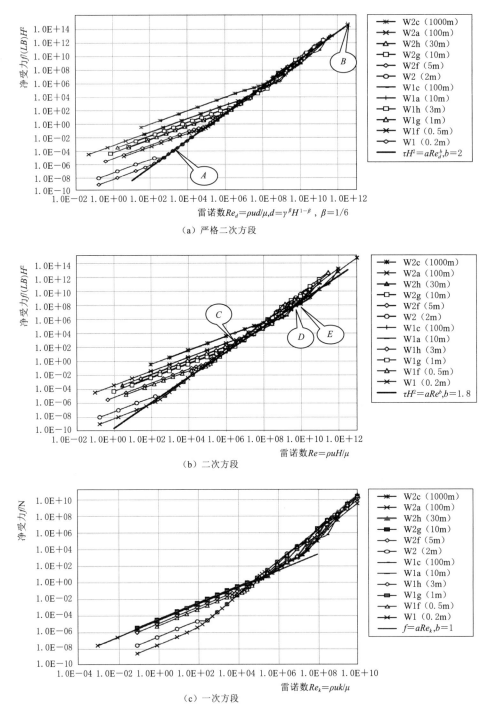

图 4.31　W1 受力响应曲线

4.3.11.2　同型缩小比尺

将 W2a 缩尺 10 倍、50 倍为模型 W1a、W0a，将 W2c 缩尺 10 倍、50 倍、1000 倍、

10000 倍为模型 W1c、W0c、W - 1c、W - 2c，它们的受力统计见表 4.10。其中，W - 1c 和 W - 2c 中有几个点位阻力关系异常，但已经不影响对整体流动的判断，故而忽略。

表 4.10

W 其他系列受力统计表

$u/(\text{m/s})$	净 受 力/N					
	W1a (10m)	W0a (2m)	W1c (100m)	W0c (20m)	W - 1c (1m)	W - 2c (0.1m)
0.00001	2.20405E−05		2.12934E−05	2.04597E−06		
0.0001	2.20405E−04		2.12933E−04	2.04596E−05		
0.001	2.20405E−03		2.12934E−03	2.04591E−04	9.36215E−07	7.92299E−09
0.01	2.20390E−02		2.12923E−02	2.04579E−03	9.36162E−06	7.91621E−08
0.031623	6.96455E−02		6.72909E−02	6.46744E−03	2.95996E−05	2.40129E−07
0.1	2.18787E−01	2.10929E−02	2.11465E−01	2.04009E−02	9.31473E−05	2.66946E−07
0.316228	6.53219E−01	6.51239E−02	6.34167E−01	6.31269E−02	2.67131E−04	1.01507E−05
1	1.58174E+00	1.76271E−01	1.55074E+00	1.71695E−01	2.83088E−05	8.27520E−02
1.333521	1.98543E+00					
1.778279	2.66738E+00			2.52405E−01		
2.371374	3.82187E+00					
3.162278	5.73379E+00	3.98779E−01	5.45919E+00	3.82398E−01	3.34463E−04	3.49347E−03
5.623413	1.42349E+01	7.69218E−01		7.14082E−01		
7.498942		1.14319E+00				
10	3.93243E+01	1.76190E+00	3.66414E+01	1.64060E+00	3.38095E−03	5.28779E−04
13.33521		2.95931E+00				
17.78279	1.02774E+02	5.10728E+00		4.75017E+00		
31.62278	2.39519E+02	1.55026E+01	2.25816E+02	1.44659E+01	4.70931E−02	1.00230E−03
56.23413	4.92782E+02	4.74434E+01				
100	9.84405E+02	1.21458E+02	8.92192E+02	1.15103E+02	3.77466E−01	7.94856E−03
177.8279	1.65870E+03					
316.2278	1.12169E+04	5.71101E+02	5.80138E+03	5.32843E+02	3.72591E+00	4.54190E−02
562.3413	5.18957E+04					
1000	1.72174E+05	1.95174E+03	1.56592E+05	1.47811E+03	3.52841E+01	3.88425E−01
3162.278	6.20084E+06		6.08253E+05	1.06167E+05		
1.0E+04	6.17281E+07		7.87704E+07	9.62715E+05	9.10786E+02	3.51164E+01
1.0E+05				2.83898E+08	1.32063E+05	9.42804E+02
1.0E+06				1.65620E+10	4.08998E+07	8.19683E+04
1.0E+07				1.78938E+12	2.02926E+09	6.43251E+07
1.0E+08					6.09413E+11	6.78406E+09
1.0E+09					4.07625E+13	

　　将同型的 W2a、W1a、W0a 组合到一起，它们在阻力的二次方段、严格二次方段均严格符合阶跃关系（图 4.32），但在一次方段上，最小比尺的模型 W0a 偏差稍大。

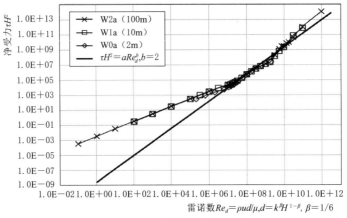

（a）严格二次方段

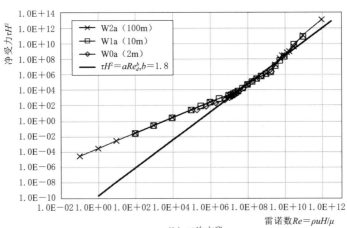

（b）二次方段

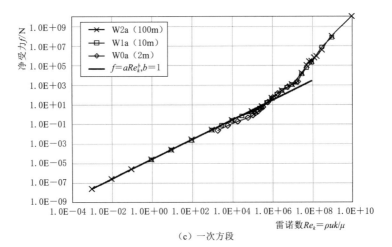

（c）一次方段

图 4.32　同型的 Wa 模型受力响应曲线

　　将同型的 W2c、W1c，W0c、W－1c、W－2c 组合到一起，它们在阻力二次方段、严格二次方段均符合阶跃关系（图 4.33），只是在一次方段上，比尺越小，偏差越大。

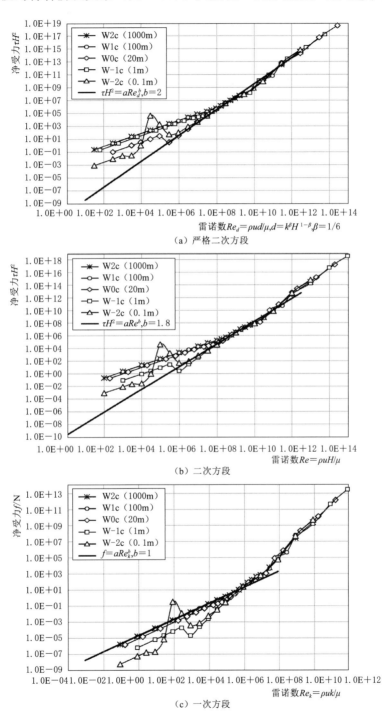

图 4.33　同型的 Wc 模型受力响应曲线

4.3.11.3 一次方段上差异原因探讨

一次方段上，缩尺后不再满足一次方段的阶跃关系，是什么原因导致的呢？文献［13］中给出了参考答案：可能就在阻力的组成上，阻力分为黏性阻力和压力阻力，压力阻力由不光滑的形状决定，在光滑的表面形状阻力为 0。将压阻比定义为压阻占所有阻力和之比，用 R_p 表示（Ratio of Pressure Force），如图 4.34 所示。

比较图 4.34（b）和图 4.33（c）可见，一次方段上的偏差是由于压阻比的减少所导致，其中 W-1c 和 W-2c 中有几个点位阻力关系异常，可以忽略。

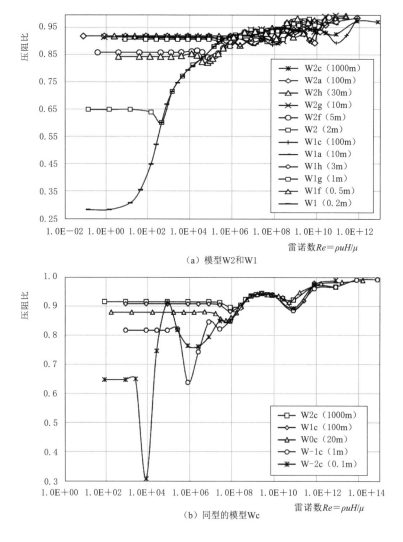

（a）模型 W2 和 W1

（b）同型的模型 Wc

图 4.34 各模型压阻比

4.4　明渠流动的二维数值解读

对一维明渠流动的数值解是对一维明渠理论解的补充，理论解只是流动为层流时的特例，而数值解包括了流动从层流向紊流转换的过程至最终达到紊流的解，为最接近真实流动的算例。

同理，明渠流动的二维数值解读，也是对二维明渠流动理论解（层流）的必要补充。

4.4.1　网格划分

将 y 方向设置为床面至水面的方向，特地将水深设为统一的 $H=1\mathrm{m}$，$y=0$ 为渠道底面或床面，$y=1\mathrm{m}$ 为水面；z 方向设置为宽度方向，$z=0$ 为渠道边壁，$z=B/2$ 为渠道中心对称面；x 方向设置为水流方向，长度 $L=0.1\mathrm{m}$。

模型 Q1（1∶1）为标准模型，即 $H=1\mathrm{m}$，$B/2=1\mathrm{m}$，在 $z=1\mathrm{m}$ 时为中心对称面，所以只计算渠道的一半，所以模型长、宽、高（x、y、z 方向）分别为 $0.1\mathrm{m}\times1\mathrm{m}\times1\mathrm{m}$。壁面（底面和边壁面）设置边界层网格，网格最小尺寸为 $1.0\times10^{-6}\mathrm{m}$，增长因子为 1.5 倍，共 29 层，其余尺寸按 0.12m 计；沿 x 反向划分 6 层网格。因此共划分了 7776 个网格节点、6125 个六面体单元 [图 4.35（a）]。Q2（1∶2）为 $B=4\mathrm{m}$ 的模型，$B/2=2\mathrm{m}$，网格划分同 Q1，除边界层外网格尺度均为 0.12m。同理生成了 Q3（1∶4）、Q4（1∶10）、Q5（1∶100）、Q6（1∶1000）模型，分别对应宽 $B/2$ 为 4m、10m、100m、1000m 的模型（图 4.35）。

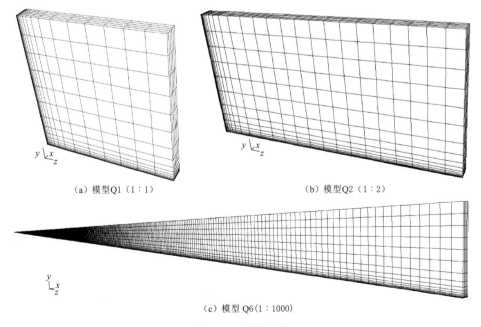

（a）模型Q1（1∶1）　　　　　　　　　　（b）模型Q2（1∶2）

（c）模型 Q6（1∶1000）

图 4.35　网格划分

4.4.2 阻力比分析

表 4.11 为不同宽深比条件下床面与立面阻力比统计，其中底部受力 F_B 只统计一半，此表严格按表 3.1 的格式进行统计。

由表 4.11 可见，宽深比（$B/2H$）为 1 时，边壁的阻力同底部（$B/2$）阻力严格也等于 1，意味着平均切应力相等，因此湿周 B 和 $2H$ 可以相加。而当宽深比不为 1 时，则不能相加，宽深比和阻力比不一致，说明平均切应力不相等，因为湿周 B 和 $2H$ 不能相加。

对照表 4.11 和表 3.1，表 3.1 代表的是层流状态的理论解，本例（表 4.11）代表的数值解，它包含层流至紊流的所有阶段，在低流速条件下同层流解完全一致（见表 4.11 中的宽深比为 2、4、10 的比较），随着流速的增加，流动便脱离层流逐渐向紊流过渡，阻力比逐渐向宽深比靠拢，可见阻力比是逐渐坦化的。

4.4.3 评估传统的水力半径 R

由表 4.11 可知，如果宽深比（$B/2H$）大于 1 时，立面 H 的阻力偏小，当宽深比小于 1 时，立面 H 的阻力偏大。

为了能统计湿周，必须进行受力分析，统一以床面剪切力为参考，令

$$F=F_B+F_s=B\tau_b+2H\tau_s \tag{4.50a}$$

为了使得湿周能相加，锚定床面切应力 τ_b，则有

$$F=B\tau_b+2H\tau_b(\tau_s/\tau_b)=\tau_b(B+2H\beta) \tag{4.50b}$$

其中 $\beta=\tau_s/\tau_b$ 为当量长度系数，计算结果见表 4.12。

由表 4.12 知，当量长度系数 β 值在一般条件下均不为 1，所以湿周 $\chi=B+2H$ 没有意义，它不严谨（缺少系数 β），所以湿周 χ、水力半径 R 只有估计的价值，所以它们只能称作一种近似技术，可以用它进行估算，但远远称不上精确的计算。

如果仍以传统的水力半径为统计基准，则有

$$R=\frac{(B/2)H}{B/2+H} \tag{4.51}$$

平均切应力的统计如下：

$$\bar{\tau}=\frac{f}{L(B/2+H)} \tag{4.52}$$

统计的方法分为两种：一种以特征长度为水深 H 来进行；另一种以特征长度为水力半径 R 来进行。从雷诺数受力响应特性（图 4.36）来看，响应特性均有一次方段和二次方段。

表 4.11　不同宽深比条件下床面与立面阻力比统计

模型	宽深比 $B/2H$	$u/(\text{m/s})$	$F_B(B/2)$	$F_s(H)$	$F_B/F_s\,(B/2H)$
Q1 (1∶1)	1	1E−06	3.54E−10	3.54E−10	1
	1	1E−05	3.54E−09	3.54E−09	1
	1	0.0001	3.54E−08	3.54E−08	1
	1	0.001002	4.46E−07	4.46E−07	1
	1	0.010018	2.04E−05	2.04E−05	1
	1	0.10018	0.00161	0.00161	1
	1	1.001803	0.13969	0.13969	1
	1	10.01803	11.98977	11.98977	1
	1	100.1803	810.427	810.427	1
	1	1001.803	21968.17	21968.17	1
Q2 (1∶2)	2	1E−06	6.37E−10	2.36E−10	2.694026
	2	1E−05	6.37E−09	2.36E−09	2.694026
	2	0.0001	6.37E−08	2.36E−08	2.694013
	2	0.001002	8.18E−07	3.20E−07	2.554855
	2	0.010018	4.00E−05	1.70E−05	2.35016
	2	0.10018	0.003203	0.00139	2.303227
	2	1.001803	0.278463	0.121986	2.282733
	2	10.01803	23.92961	10.56585	2.264806
	2	100.1803	1593.79	646.0698	2.466901
	2	1001.803	42085.04	18705.35	2.249893
Q3 (1∶4)	4	1E−06	1.23E−09	1.93E−10	6.362388
	4	1E−05	1.23E−08	1.93E−09	6.362388
	4	0.0001	1.23E−07	1.93E−08	6.361638
	4	0.001002	1.56E−06	2.61E−07	5.982671

模型	宽深比 $B/2H$	$u/(\text{m/s})$	$F_B(B/2)$	$F_s(H)$	$F_B/F_s\,(B/2H)$
Q3 (1∶4)	4	0.010018	7.83E−05	1.46E−05	5.382972
	4	0.10018	0.006302	0.001199	5.257728
	4	1.001803	0.54894	0.105479	5.204272
	4	10.01803	47.2419	9.182927	5.144536
	4	100.1803	3156.777	559.7491	5.639628
	4	1001.803	82238.85	17151.48	4.794853
Q4 (1∶10)	10	1E−06	3.02E−09	1.74E−10	17.40549
	10	1E−05	3.02E−08	1.74E−09	17.40544
	10	0.0001	3.02E−07	1.74E−08	17.39843
	10	0.001002	3.78E−06	2.34E−07	16.15787
	10	0.010018	0.000192	1.32E−05	14.52827
	10	0.10018	0.015501	0.001087	14.26447
	10	1.001803	1.35092	0.095377	14.16405
	10	10.01803	116.3369	8.317831	13.98645
	10	100.1803	7835.963	520.347	15.05911
	10	1001.803	202758	16270.71	12.46153
Q5 (1∶100)	100	0.010018	0.001902	1.25E−05	151.7698
	100	0.10018	0.153373	0.001026	149.5472
	100	1.001803	13.36905	0.089888	148.7306
	100	10.01803	1151.767	7.844849	146.8183
Q6 (1∶1000)	1000	1E−05	2.99E−06	1.63E−09	1839.503
	1000	0.001002	0.000371	2.19E−07	1692.399
	1000	0.10018	1.532055	0.001019	1502.818
	1000	10.01803	11505.72	7.798425	1475.391

表 4.12　不同宽深比条件下当量长度系数 β 值

B/2H	u/(m/s)	$\beta=\tau_s/\tau_b$	B/2H	u/(m/s)	$\beta=\tau_s/\tau_b$	B/2H	u/(m/s)	$\beta=\tau_s/\tau_b$	B/2H	u/(m/s)	$\beta=\tau_s/\tau_b$
0.001	1E-05	1.839503	0.25	0.010018	1.345743	1	1.001803	1	4	100.1803	0.709267
	0.001002	1.692399		0.10018	1.314432		10.01803	1		1001.803	0.834228
	0.10018	1.502818		1.001803	1.301068		100.1803	1	10	1E-06	0.574531
	10.01803	1.475391		10.01803	1.286134		1001.803	1		1E-05	0.574533
0.01	0.010018	1.517698		100.1803	1.409907	2	1E-06	0.742383		0.0001	0.574764
	0.10018	1.495472		1001.803	1.198713		1E-05	0.742383		0.001002	0.618894
	1.001803	1.487306	0.5	1E-06	1.347013		0.0001	0.742387		0.010018	0.688313
	10.01803	1.468183		1E-05	1.347013		0.001002	0.782823		0.10018	0.701042
0.1	1E-06	1.740549		0.0001	1.347007		0.010018	0.851006		1.001803	0.706013
	1E-05	1.740544		0.001002	1.277428		0.10018	0.868347		10.01803	0.714978
	0.0001	1.739843		0.010018	1.17508		1.001803	0.876143		100.1803	0.66405
	0.001002	1.615787		0.10018	1.151614		10.01803	0.883078		1001.803	0.80247
	0.010018	1.452827		1.001803	1.141367		100.1803	0.810734	100	0.010018	0.658892
	0.10018	1.426447		10.01803	1.132403		1001.803	0.888931		0.10018	0.668685
	1.001803	1.416405		100.1803	1.23345	4	1E-06	0.628695		1.001803	0.672357
	10.01803	1.399645		1001.803	1.124947		1E-05	0.628695		10.01803	0.681114
	100.1803	1.505911	1	1E-06	1		0.0001	0.628769	1000	1E-05	0.543625
	1001.803	1.246153		1E-05	1		0.001002	0.668598		0.001002	0.590877
0.25	1E-06	1.590597		0.0001	1		0.010018	0.743084		0.10018	0.665417
	1E-05	1.590597		0.001002	1		0.10018	0.760785		1.001803	0.677787
	0.0001	1.59041		0.010018	1		1.001803	0.768599			
	0.001002	1.495668					10.01803	0.777524			

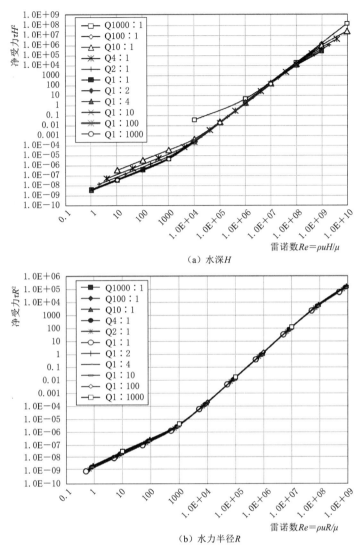

（a）水深 H

（b）水力半径 R

图 4.36　雷诺数受力响应特性

显然，由图 4.36 可以得出，以水深 H 为特征长度的雷诺数响应特性偏差较大，而以水力半径 R 为特征长度的雷诺数响应特性有较好的精度，但仅仅是近似，它的内核是一定存在偏差的。

因此解读明渠流动或河流流动问题，最好能避免采用水力半径 R 的解读方式，可以用数值模拟的方式或实验的方式代替，如果没有替代方案，水力半径 R 的解读方式仅仅为一种近似，虽然有一定精度，但远称不上精确。

参考文献

［1］　M Hanif Chaudhry. Open Channel Flow［M］. Second Edition. Springer Science Business Media，

LLC. , 2008.

［2］ Chow V T. Open – Channel Hydraulics［M］. McGraw – Hill Book Co. , New York, NY. , 1959.

［3］ Knight D W, Hamed M E. Boundary Shear in Symmetrical Compound Channels［J］. Jour. Hydraulic Engineering, Amer. Soc. Civil Engrs. , 1984.

［4］ Henderson F M. Open Channel Flow［M］. MacMillan Publishing Co. , New York, NY. , 1966.

［5］ Nikuradse J. Gesetzmassigkeit der turbulenten Stromung in glatten Rohren［M］. Forschung Arb. Ing-Wesen, vol. I, Heft 356, Berlin Germany, 1932.

［6］ Christensen B A. Discussion of "Flow Velocities in Pipelines"［J］. Jour. Hyd. Engineering, A-mer. Soc. of Civ. Engrs. , vol 110, no. 10, 1984: 1510 – 1512.

［7］ Hager W H, Wastewater Hydraulics: Theory and Practice［M］. Springer – Verlag, New York, NY. , 2001.

［8］ Maynord S T. Flow Resistance of Riprap［J］. Jour. Hydraulic Engineering, Amer. Soc. Civil En-grs. , 1991, 117 (6): 687 – 695.

［9］ Blodgett J C, McConaughy C E. Evaluation of Design Practices for Rock Riprap Protection of Chan-nels near Highway Structures［R］. U. S. Geological Survey, Prepared in Cooperation with the Fed-eral Highway Administration Preliminary Draft, Sacramento, CA. , 1985.

［10］ Chen Y H, Cotton G K. Design of Roadside Channels with Flexible Linings［J］. Hydraulic Engi-neering Circular No. 15, Publication No. FHWA – IP – 87 – 7, US Department of Transportation, Federal Highway Administration, McLean, VA. , 1988

［11］ Kouwen N, Unny T E, Hill H M. Flow Retardance in Vegetated Channel［J］. Jour. Irrigation and Drainage Div. , Amer. Soc. Civ. Engrs. , 1969, 95 (2): 329 – 344.

［12］ Kouwen N, Li R M, Simons D B. Velocity Measurements in a Channel Lined with Flexible Plastic Roughness Elements［J］. Technical Report No. CER79 – 80 – RML – DBS – 11, Department of Civ-il Engineering, Colorado State University, Fort Collins, CO. , 1980.

［13］ 周晓泉, 周文桐. 认识流动, 认识流体力学——从时间权重到相似理论［M］. 北京: 中国水利水电出版社, 2023.

［14］ 董曾南, 丁元. 光滑壁面明渠均匀紊流水力特性［J］. 中国科学 (A 辑), 1989 (11): 1208 – 1218.

水深平均的平面二维数学模型

由第 1 部分的研究结论可知，可以用和谐的文桐公式替代曼宁公式，其结果可以由文桐糙率系数 m 来替代曼宁糙率系数 n，这将重新解读水力学，也将深刻改变研究流动的数学模型。

　　平面二维数学模型，传统的来源于曼宁公式［式（2.4）］，由曼宁糙率系数 n 推知通用床面切应力公式 $\tau = \rho g\,(nu)^2/h^{1/3}$ ［式（2.16）］，数学模型实际上是将复杂的 N‐S 方程代数化，然后用此代数化的切应力公式返回来简化 N‐S 方程为平面二维数学模型；如果用文桐公式替代曼宁公式，则由文桐糙率系数 m 推知的通用床面切应力公式 ［$\tau = \rho g\,(mu)^{9/5}/h^{1/5}$，式（5.9）］来简化 N‐S 方程。

　　同理，在一维水力模型（圣维南方程组）中依然适用。

第 5 章

如何解读河流（明渠）流动 ——

5.1 糙管的实验解读

5.1.1 糙管的解读

糙管内流动的实验解读，在光滑壁面[9]时，谢才系数为

$$C = 28.6Re^{1/8}, \qquad Re < 10^5 \tag{5.1}$$

将谢才系数的定义代入式（5.1），并改写为

$$u = aH^{5/7}J^{4/7} \tag{5.2}$$

比较式（5.2）与统一的本构关系，可以得到光滑壁面时圆管的受力指数 $b = 7/4 = 1.75$（即 Blasium 曲线），已经非常接近 1.8。而当雷诺数继续增加，谢才系数 C 的指数将下降，对应阻力的指数 b 将增加 ［图 4.19（a）］，表达式比较复杂 ［式（4.24b）］，但它的趋势是指数 b 是增加的，向 1.8 靠拢，可能随后还能超过 1.8，但大量数据平均的话，可能就在 1.8 附近。

5.1.2 明渠流的解读

Gauckler 和 Hagen 基于对明渠流的实验观察，独立地导出下列关系：

$$C \propto R^{1/6} \tag{5.3}$$

如果将谢才系数写成式（4.3）、式（2.3）的形式 $C = \dfrac{1}{n}R^{1/6}$，将它代入谢才公式后便是不和谐的曼宁公式 ［式（4.2）、式（2.2）］：

$$u = \frac{1}{n}R^{2/3}J^{1/2} \tag{5.4a}$$

对于无穷宽明渠，水力半径 R 就是水深 H，又有

$$u = \frac{1}{n}H^{2/3}J^{1/2} \tag{5.4b}$$

虽然 $C = \dfrac{1}{n}R^{1/6}$ 满足式（5.3），但经过一维光滑壁面、一维粗糙壁面的解读，显

然曼宁糙率系数 n 是不和谐的，本书认为曼宁公式可能是不和谐的，明渠流应该写成和谐的形式，将 $nJ^{1/18}$ 作为新的文桐糙率系数 m，即文桐公式形式：

$$u = \frac{1}{m} H^{2/3} J^{5/9} \tag{5.5a}$$

对于有限宽明渠、河流、粗糙圆管而言，便有

$$u = \frac{1}{m} R^{2/3} J^{5/9} \tag{5.5b}$$

5.1.3　光滑明渠流 An 的解读

由图 4.19 可以得出，当光滑壁面时受力响应指数 b 是变动的。现再以算例 An 为例，给出文桐糙率系数 m 和雷诺数的关系 ［表 5.1，图 4.18（b）］，可见糙率系数 m 在二次方段上也并不是恒定的，而是先大后小，然后再增大的过程，同图 4.19（b）显示的完全一致，相当于将阻力系数图旋转个方向，将阻力的 1.8 次方的直线旋转为水平方向。

表 5.1　　　　　　　　　　　An 的文桐糙率系数 m 的统计

雷诺数	An：m	雷诺数	An：m	雷诺数	An：m	雷诺数	An：m	雷诺数	An：m
0.005718	1.0873328	5.717845	0.05051808	321.538	0.00958773	1016.793	0.00806462	18081.41	0.00798412
0.018081	0.65183894	18.08141	0.0302924	371.3063	0.00928268	1355.915	0.00791063	57178.45	0.00832219
0.057178	0.39077596	57.17845	0.01818982	428.7779	0.00901896	1808.141	0.00780996	180814.1	0.0085933
0.180814	0.23429908	101.6793	0.01417594	495.1449	0.00879164	2411.195	0.00775133	571784.5	0.00855113
0.571784	0.14051022	180.8141	0.01133635	571.7845	0.0085963	3215.38	0.00772608	1808141	0.00792018
1.808141	0.0842546	241.1195	0.01034422	762.4868	0.0082867	5717.845	0.00775044		

由表 5.1 和图 4.18（b）知，如何确定二次方段上文桐糙率系数 m 的值成了关键。在一次方段上，低雷诺数条件下，文桐糙率系数可以很高（在 $Re = 0.005718$ 时，m 甚至大于 1），然后随着雷诺数的增加，m 逐渐降低，至雷诺数为 571 时 m 大致为 0.0086，然后继续降低至 $m = 0.007726$，最后逐渐升至 0.0086 左右。因此文桐糙率系数 m 不为常数，但可以近视看成一个常数，它为 $0.007726 \sim 0.0086$ 都是合理的，仅仅为合理的近似，且只在阻力二次方段上近似满足。这一 m 的取值，应该来源于实验数据。

5.2　统一河流（明渠）流动

5.2.1　统一的糙率系数

不管是圆管内流动还是明渠流动，糙率系数的机理是完全相同的，谢才系数 C 和

阻力系数 λ［图 4.19（b）］是表达阻力的非常和谐的方式。曼宁糙率系数 n［图 4.14（a）］是不和谐，但 $nJ^{1/18}$［图 4.14（b）］即文桐糙率系数 m 是和谐的，它们（糙率系数）均是表示阻力系数（图 4.19、图 4.12）的一种方式。对于明渠流它们有以下关系：

$$n=\sqrt{\frac{\lambda}{2g}}H^{1/6} \tag{5.6}$$

$$m=\sqrt{\frac{\lambda}{2g}}H^{1/6}J^{1/18} \tag{5.7}$$

式（5.6）是不和谐的，而式（5.7）是和谐的，故所有的曼宁糙率系数率定的 n 全部需用文桐糙率系数 m 来进行重新率定。

5.2.2　统一的切应力公式

可以将复杂的河流流动或明渠流动代数化，将均匀流切应力公式［式（2.11）］、和谐的文桐公式［式（4.22）］相结合并消去 J，可以得到

$$\tau_c=\rho g(mu_c)^{9/5}/h_c^{1/5} \tag{5.8}$$

如果水深平均的平面二维数学模型也采用和谐的文桐公式并作相应的修改，则对非均匀流也一定有下面的关系：

$$\tau=\rho g(mu)^{9/5}/h^{1/5} \tag{5.9}$$

式（5.9）成立的前提是数学模型需要进行相应的修改，并用修改的数学模型进行非均匀流的计算之后才会得到的结果。具体修改参见 5.2.3 节。

5.2.3　统一的控制方程（水深平均的平面二维数学模型）

5.2.3.1　矢量表达

按传统水深平均平面二维数学模型，若写成矢量形式，则质量守恒、动量守恒方程统一为[1]

$$\frac{\partial U}{\partial t}+\frac{\partial E}{\partial x}+\frac{\partial F}{\partial y}+S=0 \tag{5.10}$$

其中

$$U=\left\{\begin{array}{c}h\\uh\\vh\end{array}\right\},E=\left\{\begin{array}{c}uh\\u^2h+gh^2/2\\uvh\end{array}\right\},F=\left\{\begin{array}{c}vh\\uvh\\v^2h+gh^2/2\end{array}\right\},S=\left\{\begin{array}{c}0\\-gh(S_{0x}-S_{fx})\\-gh(S_{0y}-S_{fy})\end{array}\right\}$$

$$\tag{5.11}$$

如果写成原始变量 h、u、v 表示的形式，有[1]

$$V_t+P_x+R_y+T=0 \tag{5.12}$$

$$V = \begin{Bmatrix} h \\ u \\ v \end{Bmatrix}, P = \begin{Bmatrix} uh \\ u^2/2 + gh \\ uv \end{Bmatrix}, R = \begin{Bmatrix} vh \\ uv \\ v^2/2 + gh \end{Bmatrix}, T = \begin{Bmatrix} 0 \\ -g(S_{0x} - S_{fx}) \\ -g(S_{0y} - S_{fy}) \end{Bmatrix} \quad (5.13)$$

其中 $S_{0(x,y)}$ 为渠道底面坡降，$S_{f(x,y)}$ 为能坡，而能坡在两个方向的表达式为

$$S_{fx} = \frac{n^2 u \sqrt{u^2 + v^2}}{h^{4/3}}, \quad S_{fy} = \frac{n^2 v \sqrt{u^2 + v^2}}{h^{4/3}} \quad (5.14)$$

其中，S_{fx}、S_{fy} 均由曼宁公式［式（4.2）］改写而来，写成坡降形式为

$$J = \frac{(un)^2}{h^{4/3}} \quad (5.15)$$

式（5.15）便是控制方程［式（5.10）～式（5.14）］的由来。但曼宁公式可能是不和谐的，必须用和谐的文桐公式［式（4.22）］替换，所以，将和谐的文桐公式写成坡降形式有

$$J = \frac{(um)^{9/5}}{H^{6/5}} \quad (5.16)$$

将式（5.16）中的 J 代入并替换式（5.14），便有

$$S_{fx} = \frac{m^{9/5} u^{9/10} (u^2 + v^2)^{9/20}}{h^{6/5}}, \quad S_{fy} = \frac{m^{9/5} v^{9/10} (u^2 + v^2)^{9/20}}{h^{6/5}} \quad (5.17)$$

无论用矢量表达［式（5.10）和式（5.11）］，还是用原始变量表达［式（5.12）和式（5.13）］，它们的能坡均应当用和谐的式（5.17）来替换不和谐的式（5.14）。

5.2.3.2　常用的表达方式

最为常用的水深平均的平面二维数学模型控制方程可表示如下：

水流连续方程：

$$\frac{\partial z}{\partial t} + \frac{\partial}{\partial x}(HU) + \frac{\partial}{\partial y}(HV) = 0 \quad (5.18)$$

水流动量方程，将和谐的坡降形式［式（5.16）］替换原方程［式（2.7）］，则有

$$\frac{\partial U}{\partial t} + U\frac{\partial U}{\partial x} + V\frac{\partial U}{\partial y} + \frac{gm^{9/5} U^{9/10}(U^2 + V^2)^{9/20}}{H^{6/5}} + g\frac{\partial z}{\partial x} - fV = \nu_t\left(\frac{\partial^2 U}{\partial x^2} + \frac{\partial^2 U}{\partial y^2}\right)$$
$$(5.19a)$$

$$\frac{\partial V}{\partial t} + U\frac{\partial V}{\partial x} + V\frac{\partial V}{\partial y} + \frac{gm^{9/5} V^{9/10}(U^2 + V^2)^{9/20}}{H^{6/5}} + g\frac{\partial z}{\partial y} + fU = \nu_t\left(\frac{\partial^2 V}{\partial x^2} + \frac{\partial^2 V}{\partial y^2}\right)$$
$$(5.19b)$$

$$f = 2\omega\sin\varphi$$

式中：U、V 为垂线平均流速在 x、y 方向的分量；z 为水位；H 为水深；f 为柯氏力系数；ω 为地球自转角速度；φ 为当地纬度；g 为重力加速度。

式（5.18）、式（5.19）便是完整的控制方程。

所以原控制方程凡是按曼宁公式坡降形式［式（5.15）］的，均应按文桐公式的坡降形式［式（5.16）］进行改写。

5.2.3.3 文桐糙率系数 m 的取值

文桐糙率系数 m 同曼宁糙率系数 n 的关系大致有 $m = nJ^{1/18}$，其中 J 应为率定糙率 n 时采用的坡降。显然每个不同的坡降得到的糙率 n 均不会一样，一般的坡降 J 为 $0.0001 \sim 0.1$，则糙率系数 m 的取值大致为糙率 n 的 $0.5995 \sim 0.8799$ 倍。

5.3 和谐的水深平均的平面二维数学模型及其验证

数学模型的验证采用对比的方式进行。传统的采用以不和谐的曼宁公式为基础推导出的控制方程［式（2.5）～式（2.7）、式（5.10）～式（5.14）］，称为原控制方程，数学模型的结果采用与曼宁公式相匹配的床面通用切应力公式（2.16）进行计算结果的验算；以和谐的文桐公式为基础推导出的控制方程［式（5.18）和式（5.19）］，称为修正控制方程，以与文桐公式相匹配的通用床面切应力式（5.9）进行验算。本节的目的是，通过数模的对比验证，从中找出它们的差异和修正控制方程的优缺点，最终表明用修正控制方程替代原控制方程的可行性和必要性。

原控制方程，采用商用软件 SMS 8.0[2] 进行数值比较研究，它是基于有限元方法的。

修正控制方程在四川大学陈日东老师开发的水深平均的平面二维数学模型基础上进行修正。软件是基于黎曼方法的捕捉激波技术[1,3-5]，是基于有限体积方法的。为了比较，特进行了原控制方程和修正控制方程的一系列数值模拟研究。经过开发者陈日东老师的许可，获得程序源代码，由丁宇飞博士按本书的专门需求进行改写并定制，形成了两套（原控制方程和修正控制方程）执行程序。

用商用软件 SMS 进行模拟有极大的优越性，它有强大的图形界面，从网格生成到最终完成流动计算可以一气呵成，计算的迭代也非常快，计算一个恒定流迭代 50 步就可以，计算机用时不到 1min 便可以获得稳定的流场，计算的结果也能迅速图像化及后期处理。

自编代码暂用 CRD2（或 CRD）来称谓，为并行版本，它需要预先自己生成网格，给定边界条件及计算参数。由于它是基于激波捕捉，是按时间步进的，根据计算稳定的要求 CFL（收敛条件判别数）必须小于 1（一般设置为 0.9），计算时间按有效停留时间的 6～10 倍考虑，则它计算一个恒定流需要 50000 步左右，单核计算总时长约 8 小时才能获得一个稳定流场。原控制方程用 CRD2o（或 CRDo）表示，修正控制方程用 CRD2c（或 CRDc）表示，其中 o 和 c 分别表示 origin（原）、correct（修正）之意。

计算的算例按直道明渠 R、连续大弯明渠 C、连续小弯明渠 D、纯弯道明渠 CD[6]、连续弯道明渠 W 等分别进行计算，然后以通用床面切应力公式进行动量守恒分析，来判断流动计算结果是否满足动量守恒，进而判断计算结果的可信度。

对于原控制方程，采用商用软件（SMS 8.0）与自编代码（CRD2）的计算结果进行对比，以确立 CRD2 同 SMS 的计算异同，虽然它们的控制方程只有微小区别，CRD 中忽略二阶扩散项；对于自编代码（CRD2），采用修正控制方程与原控制方程的计算结果进行比较，以确立修正控制方程是否提高了计算的精度和准确性，找出修正控制方程计算的合理性和普适性，为最终的解决方案提供理论及数据支撑。

5.3.1 原控制方程的数值模拟验证 （SMS）

本算例全部采用原控制方程计算，控制方程按式（2.5）、式（2.7）给定，其中大比尺的涡黏系数 ν_t［式（2.7）］按 1000Pa·s 给定，只有极小比尺的按 $\nu_t = 100$Pa·s 给定。

恒定流的判定为在连续弯道的同位点上或沿程水深变化的同位点上进行水深比较，如果相等则为均匀流。一般情况下，均匀流水深就大致为出口水深，在极端情况下，均匀流水深低于出口水深，出口产生壅水。

床面切应力采用式（2.16），并在床面按网格单元进行积分并获得床面阻力 F_B。数值模拟中，不考虑渠道两侧立面的受力，即使如式（2.18）一样考虑，F_3、F_4 依然是非常小的量，因此完全可以忽略不计，于是认为渠道两侧为对称边界，不提供阻力。故而对渠道应用动量定理有

$$\int\left(\frac{1}{2}\rho g h_1^2\right)\mathrm{d}b - \int\left(\frac{1}{2}\rho g h_2^2\right)\mathrm{d}b + \rho g\int Jh\,\mathrm{d}s - \int\tau\,\mathrm{d}s = \int\rho h_2 u_2^2\,\mathrm{d}b - \int\rho h_1 u_1^2\,\mathrm{d}b$$

(5.20a)

或
$$F_1 - F_2 + F_G - F_B = M_2 - M_1$$
(5.20b)

式中：$\mathrm{d}b$ 为渠道断面宽度 B 方向微小尺度；F_1 为进口断面水压力；F_2 为出口断面水压力；F_B 为床面阻力；F_G 为水体重力的水平分量；M_2、M_1 分别为出口、进口断面动量换算力。

统计中，将床面阻力 F_B 单列出，其他的所有受力用 $F_1 - F_2 + F_G - M_2 + M_1$ 表示，并计算 F_B 占其他总受力的百分比（称为阻力比），用 $F_B/(F_1 - F_2 + F_G - M_2 + M_1)$ 表示，如果为 100% 则表示严格满足动量定理，反之则不满足，阻力比的大小反映满足动量定理的程度。

统计受力时，对整个计算域的各个单元进行积分，每个单元按平均水深、平均速度大小通过式（2.18）计算平均切应力，再乘以单元面积来近似单元的床面阻力 F_B；单元的重力分量 F_G 则通过计算单元水体重量，再乘以单元平均坡降 J（沿水流运动方向）来获取。在顺直段，J 已知（$J=J_0$），而在弯道，如果弯道中央坡降为 J_0，渠道中央转弯半径为 R_c，则单元坡降以下式计算：

$$J=J_0 R_c/R \qquad (5.21)$$

式中：R 为单元形心处半径；J 为单元形心处坡降以此代替单元的平均坡降（假设弯道运动方向也沿圆周切线方向）。

5.3.1.1 直道明渠 R

将标准的直道明渠模型 R2（实验尺度）设计为宽度 $B=0.5\mathrm{m}$、长度 $L=20\mathrm{m}$、比降 $J=1‰$、河床糙率 $n=0.015$，并以此按弗劳德数相似准则进行原型的还原，它们分别是放大 10 倍、100 倍的模型 R3、R4，相应的糙率系数按式（2.8）进行换算。

R 按渠道宽度方向 10 等分、长度方向 100 等分共划分了 1000 个八节点的四边形网格[6]，所有比尺模型的网格划分完全一样。直道明渠的各比尺的数值模拟受力统计见表 5.2，水深流量关系见图 5.1（渠道宽统一由 B 表示）。

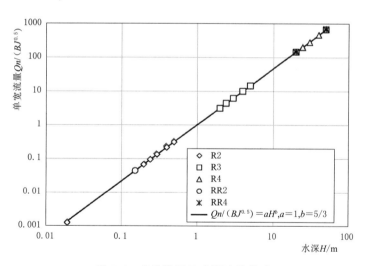

图 5.1　直道明渠 R 水深流量关系

由表 5.2 可知，阻力比均接近 100%，动量定理几乎是严格满足的，也说明通过原控制方程计算的流场，几乎严格满足由曼宁公式推论出的通用床面切应力式（2.16），或者说复杂的流动问题可以用通用切应力公式代数化，如果已知一个恒定流流场或现实中的流场，就可以通过通用切应力式（2.16）反求它的综合糙率 n。

表 5.2　直道明渠 R 的各比尺模型数模受力统计 （$\nu_t = 1000$）

模型	出口水深 H/m	H/m	Q/(m³/s)	n	B/m	J	F_B/N	$\dfrac{F_1-F_2+F_G-M_2+M_1}{N}$	F_B/其他力/%	$Qn/(BJ^{0.5})$/(m²/s)	u/(m/s)	Hu/(m²/s)	$Re=\rho Hu/\mu$
R2	0.002	0.002	0.000011177	0.015	0.5	0.001	0.057929	0.1794693	32.277979	1.06E−05	0.011177	2.235E−05	22.247022
	0.02	0.02	0.00134836	0.015	0.5	0.001	1.735168	1.9006389	91.293935	0.001279	0.134836	0.002697	2683.8145
	0.2	0.2	0.071994	0.015	0.5	0.001	19.56613	19.57996	99.929385	0.0683	0.71994	0.143988	143298.92
	0.2435	0.2435	0.1	0.015	0.5	0.001	23.83263	23.84241	99.959001	0.094868	0.821355	0.2	199042.87
	0.3	0.3	0.141645	0.015	0.5	0.001	29.37004	29.3767	99.977341	0.134376	0.9443	0.28329	281934.28
	0.4	0.4	0.22886	0.015	0.5	0.001	39.16857	39.17125	99.993152	0.217116	1.1443	0.45772	455529.52
	0.5	0.5	0.332	0.015	0.5	0.001	48.9633	48.96524	99.996040	0.314963	1.328	0.664	660822.33
	2	2	3.3465	0.015	0.5	0.001	195.8278	195.8679	99.979481	3.174769	3.3465	6.693	6660969.7
	5	5	15.408	0.015	0.5	0.001	489.436	489.5701	99.972602	14.61731	6.1632	30.816	30668526
R3	0.2	0.2	0.490956	0.022017	5	0.001	1960.197	1956.403	100.193971	0.068364	0.490956	0.098191	97721.292
	2	2	22.8146	0.022017	5	0.001	19610.68	19601.08	100.049003	3.17688	2.28146	4.56292	4541083.5
	2.435	2.435	31.6705	0.022017	5	0.001	23874.93	23866.44	100.035568	4.410043	2.601273	6.3341	6303787.3
	3	3	44.8415	0.022017	5	0.001	29412.74	29406.29	100.021937	6.244074	2.989433	8.9683	8925380.9
	4	4	72.428	0.022017	5	0.001	39215.52	39213.64	100.004779	10.08543	3.6214	14.4856	14416277
	5	5	105.052	0.022017	5	0.001	49014.9	49019.8	99.990010	14.62825	4.20208	21.0104	20909852
	20	20	1058.75	0.022017	5	0.001	196016.8	196205.9	99.903634	147.4285	10.5875	211.75	210736640
	50	50	4875.7	0.022017	5	0.001	490059	490975.6	99.813320	678.9298	19.5028	975.14	970473328
R4	2	2	155.394	0.032317	50	0.001	1960020	1958467	100.079264	3.176061	1.55394	3.10788	3093006.8
	20	20	7210.12	0.032317	50	0.001	19585868	19585205	100.003386	147.3659	7.21012	144.2024	143512299
	24.35	24.35	10008.8	0.032317	50	0.001	23844865	23845163	99.998750	204.5675	8.22078	200.176	199218029
	30	30	14171.1	0.032317	50	0.001	29375497	29378571	99.989535	289.6397	9.4474	283.422	282065643
	40	40	22888.5	0.032317	50	0.001	39164396	39171340	99.982272	467.8126	11.44425	457.77	455579276
	50	50	33199	0.032317	50	0.001	48953125	48967217	99.971221	678.5465	13.2796	663.98	660802429
RR2	0.2	0.153622	0.10309	0.015	0.5	0.005	70.28806	69.45406	101.200794	0.043737	1.342122	0.20618	205193.3
	2	1.253	3.42998	0.015	0.5	0.005	255.1387	259.4139	98.351990	1.455217	5.474828	6.85996	6827130.7
RR4	20	20	5098.25	0.032317	50	0.0005	9792685	9792290	100.004038	147.3638	5.09825	101.965	101477032
	50	50	23475	0.032317	50	0.0005	24476119	24483024	99.971796	678.5396	9.39	469.5	467253141

直道明渠的水深流量关系几乎严格在水深的 5/3 次方上,在 5/3 次方上是同阻力比 100% 严格挂钩的,离开得越远,阻力比越偏离 100%。例如 R2 的第一点偏离最大(阻力比只有 32.3%),第二点次之阻力比约 91.3%,除了这两点极限点,别的数据均吻合得较好。

5.3.1.2 大弯道明渠 C

将直道明渠 R2 弯曲成 4 个 180° 弯道,渠道中央转弯半径为 1.6m 则总长接近 20m,渠道中央坡降仍为 0.001,以此为标准模型 C2,其糙率 $n=0.015$。将此模型放大 10 倍、100 倍、1000 倍称为模型 C3、C4、C5[6]。

C 按渠道宽度方向 10 等分,长度方向一个 180° 弯道 100 等分(长度方向共 400 等分),共划分了 4000 个八节点的四边形网格,所有比尺模型的网格划分完全一样。大弯道明渠 C 的各比尺模型数模受力统计见表 5.3,水深流量关系见图 5.2。

在大弯道模型 C 中,大比尺条件下的 C5,阻力比均在 100% 左右,水深流量关系也在水深的 5/3 次方附近;C5 中,单宽流量越大,阻力比越小,越来越偏离 100%(比 100% 小)。随着比尺的缩小,均逐渐远离 100%,流量越大,越低于 100%,在文献 [6] 中将其定义为阻塞现象。在小比尺的模型 C2 中,阻力比均远离 100%,且随着单宽流量越大而阻力偏离越大,此时动量定理不能得到满足,阻力根本无法抵消重力分量等其他所有受力,此时接近完全阻塞(增加流量而流速不增加)。

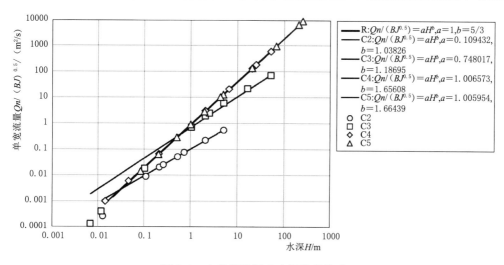

图 5.2 大弯道明渠 C 水深流量关系

5.3.1.3 小弯道明渠 D

将直道明渠模型 R2(长 20m、宽 0.5m)进行变形,弯曲成连续 16 个 180° 的弯道,渠道中央转弯半径为 0.4m,总长接近 20m,坡降 $J=0.001$,糙率 $n=0.015$,以

表 5.3　大弯道明渠 C 的各尺比尺模型数模受力统计 ($\nu_t = 1000$)

模型	出口水深 H/m	H/m	Q/(m³/s)	n	B/m	J	F_B/N	$\dfrac{F_1-F_2+F_G}{-M_2+M_1}$/N	F_B/其他力/%	$Qn/(BJ^{0.5})$ /(m²/s)	u/(m/s)	Hu /(m²/s)	$Re=\rho Hu/\mu$
C2	0.01	0.012119	0.000283	0.015	0.5	0.001	0.5063449	0.901728	56.152730	0.000268	0.056595	0.000566	563.2436
	0.1	0.10473	0.009915	0.015	0.5	0.001	1.8866981	9.8023489	19.247408	0.009406	0.198298	0.01983	19734.92
	0.2	0.204809	0.022234	0.015	0.5	0.001	1.8749442	19.621347	9.555634	0.021093	0.22234	0.044468	44255.19
	0.2435	0.248316	0.027633	0.015	0.5	0.001	1.82897	23.887274	7.656671	0.026215	0.226965	0.055266	55001.52
	0.5	0.504206	0.057126	0.015	0.5	0.001	1.4604498	47.047716	3.104188	0.054195	0.228506	0.114253	113706
	0.7	0.704817	0.084222	0.015	0.5	0.001	1.4448605	68.636002	2.105106	0.0799	0.240634	0.168444	167637.9
	2	2.004848	0.245	0.015	0.5	0.001	1.0553846	196.55617	0.536938	0.232427	0.245	0.49	487655
	5	5.004822	0.614	0.015	0.5	0.001	0.7814351	490.4933	0.159316	0.582492	0.2456	1.228	1222123
C3	0.01	0.006508	0.001	0.022017	5	0.001	42.07839	55.037977	76.453372	0.000139	0.02	0.0002	199.0429
	0.01	0.011271	0.003	0.022017	5	0.001	86.676604	100.82362	85.968551	0.000418	0.06	0.0006	597.1286
	0.1	0.098084	0.1378	0.022017	5	0.001	836.1128	948.12598	88.185834	0.019188	0.2756	0.02756	27428.11
	1	0.999868	5.371009	0.022017	5	0.001	5505.7604	9811.8351	56.113463	0.7479	1.074202	1.074202	1069061
	2	2.000883	14.3956	0.022017	5	0.001	7840.6594	19556.37	40.092612	2.004554	1.43956	2.87912	2865342
	2.435	2.436342	18.7767	0.022017	5	0.001	8426.4704	23782.523	35.431356	2.614612	1.542234	3.75534	3737368
	5	5.002444	46.687	0.022017	5	0.001	9719.7101	48536.133	20.025720	6.501056	1.86748	9.3374	9292715
	16	16.00368	172	0.022017	5	0.001	8744.7244	154138.61	5.673286	23.9506	2.15	34.4	34235374
	50	50.00414	558.16	0.022017	5	0.001	6451.1081	480441.71	1.342745	77.72248	2.23264	111.632	1.11E+08

续表

模型	出口水深 H/m	H/m	Q/(m³/s)	n	B/m	J	F_B/N	$F_1-F_2+F_G-M_2+M_1$/N	F_B/其他力/%	$Qn/(BJ^{0.5})$/(m²/s)	u/(m/s)	Hu/(m²/s)	$Re=\rho Hu/\mu$
C4	0.1	0.013608	0.05	0.032317	50	0.001	15033.61	15140.881	99.291517	0.001022	0.01	0.001	995.2144
	0.2	0.044601	0.3	0.032317	50	0.001	43100.198	43012.024	100.204999	0.006132	0.03	0.006	5971.286
	0.2	0.200547	3.43	0.032317	50	0.001	199827.26	199873.21	99.977010	0.070105	0.343	0.0686	68271.7
	2	2.013783	156.986	0.032317	50	0.001	1975433.6	1992009.4	99.167886	3.2086	1.56986	3.13972	3124694
	6.5	6.512961	1098.86	0.032317	50	0.001	6257076.2	6419536.7	97.469280	22.45934	3.381108	21.9772	21872025
	20	20.03487	7073.91	0.032317	50	0.001	18911528	19931849	94.880952	144.582	7.07391	141.4782	1.41E+08
	24.35	24.38457	9779	0.032317	50	0.001	22866798	24257559	94.266688	199.8707	8.032033	195.58	1.95E+08
	50	50.08166	32151	0.032317	50	0.001	46315594	50620809	91.495167	657.1266	12.8604	643.02	6.4E+08
C5	2	0.080422	5	0.047434	500	0.001	7178699.1	7164880.6	100.192865	0.015	0.005	0.01	9952.144
	3	0.080422	5	0.047434	500	0.001	6784966.7	6781728.5	100.047748	0.015	0.003333	0.01	9952.144
	4	0.195747	22	0.047434	500	0.001	15698354	15668662	100.189502	0.066	0.011	0.044	43789.43
	4.7772	0.485741	100	0.047434	500	0.001	38027991	37964490	100.167265	0.3	0.041866	0.2	199042.9
	4.5987	0.975745	320	0.047434	500	0.001	80271410	80144543	100.158298	0.96	0.13917	0.64	638937.2
	4.0904	1.93173	1000	0.047434	500	0.001	173657196	173423101	100.134985	3	0.48895	2	1990429
	4.5	4.239195	3708	0.047434	500	0.001	413769132	413369004	100.096797	11.124	1.648	7.416	7380510
	5	4.836174	4621	0.047434	500	0.001	473737408	473321796	100.087808	13.863	1.8484	9.242	9197771
	20	19.99879	49113	0.047434	500	0.001	1.961E+09	1.965E+09	99.793262	147.339	4.9113	98.226	97755925
	65	65.05112	349113	0.047434	500	0.001	6.337E+09	6.384E+09	99.259989	1047.339	10.74194	698.226	694884540
	200	200.275	2272000	0.047434	500	0.001	1.961E+10	1.991E+10	98.490315	6816	22.72	4544	4.522E+09
	243.5	243.8356	3151500	0.047434	500	0.001	2.387E+10	2.43E+10	98.237383	9454.5	25.88501	6303	6.273E+09

此为标准模型 D2。将此模型放大 10 倍、100 倍、1000 倍称为模型 D3、D4、D5[6]。

D 的网格划分为宽度方向 10 等分，长度方向每 180°弯道 25 等分（长度方向共 400 等分），共划分了 4000 个八节点的四边形网格，所有比尺模型的网格划分完全一样。

小弯道模型 D5 中，小流量或小水位条件下，阻力比超过 100% 非常多（表 5.4），十分异常，这几个数据暂时可以不予讨论，仍可以认为在模型 D5 中，小流量条件下均满足阻力比在 100% 左右，随着流量的增加，阻力比越来越小，至水位 5000m 时阻力比仅 0.14% 左右，看水深流量关系（图 5.3），在大比尺的模型 D5 也发生了阻塞。

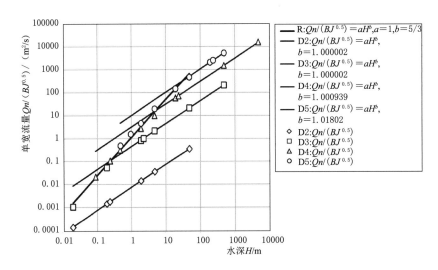

图 5.3 小弯道明渠 D 水深流量关系

其规律是流量增加和比尺减少时均会导致阻塞加剧。

5.3.1.4 纯弯道明渠 CD

由于连续弯道模型有弯道流态和中间过渡流态，不纯粹，导致阻塞原因可能是多种的，不易辨别，故设置纯弯道模型 CD[6]，它只有弯道形态。弯道 CD2 为标准宽度 $B = 0.5$m，坡降为 0.001，渠道中央转弯半径为 1.6m，顺时针由上游的 269° 流至下游的 -90°，其余均为 CD2 的比尺模型，参数见表 5.5，其水深流量关系如图 5.4 所示。其中除了 CD2 计算不出稳定流结果外（水深总是下降，整个计算长度小于一个波动周期），其余均有恒定流数值解。

在最大比尺的 CD5 中，阻力比几乎全为 100%，表明大比尺的弯道模型依然满足动量定理的，纯弯道没有阻塞。但随着比尺的逐渐减小，阻塞效应越加明显，CD3 及以下大流量时几乎完全阻塞。

表 5.4　小弯道明渠 D 的各比尺模型数模受力统计（$v_t = 1000\text{Pa} \cdot \text{s}$）

模型	出口水深 H/m	Q/(m³/s)	n	B/m	J	F_B/N	$\dfrac{F_1-F_2+F_G}{-M_2+M_1}$/N	F_B/其他力/%	$Qn/(BJ^{0.5})$ /(m²/s)	u/(m/s)	Hu /(m²/s)	$Re=\rho Hu/\mu$
D2	0.02	0.000136	0.015	0.5	0.001	0.0174578	1.8914989	0.922960	0.000128748	0.013571	0.000271	270.1251
	0.2	0.001454	0.015	0.5	0.001	0.0080582	19.636719	0.041036	0.001379227	0.014538	0.002908	2893.751
	0.2435	0.001771	0.015	0.5	0.001	0.0075512	23.918461	0.031571	0.001680213	0.014547	0.003542	3525.248
	2	0.01458	0.015	0.5	0.001	0.003754	196.75127	0.001908	0.013831802	0.01458	0.02916	29020.45
	5	0.03645	0.015	0.5	0.001	0.0027658	492.06579	0.000562	0.034579506	0.01458	0.0729	72551.13
	50	0.3645	0.015	0.5	0.001	0.0012836	4909.5743	0.000026	0.345795062	0.01458	0.729	725511.3
D3	0.02	0.00732	0.022017	5	0.001	140.85914	166.3597	84.671428	0.001019293	0.0732	0.001464	1456.994
	0.2	0.365615	0.022017	5	0.001	1042.5231	1939.9097	53.740807	0.050911035	0.365615	0.073123	72773.06
	2	5.80395	0.022017	5	0.001	1200.4365	19354.927	6.202227	0.808186485	0.580395	1.16079	1155235
	2.435	7.1385	0.022017	5	0.001	1147.3627	23569.011	4.868099	0.994019457	0.586324	1.4277	1420868
	5	14.979	0.022017	5	0.001	942.91111	48418.063	1.947437	2.085790774	0.59916	2.9958	2981463
	50	151.2	0.022017	5	0.001	446.12008	482174.97	0.092522	21.0524695	0.6048	30.24	30095282
	500	1512	0.022017	5	0.001	207.05582	4803151	0.004311	210.524695	0.6048	302.4	3.01E+08
D4	0.093292	1	0.032317	50	0.001	92831.661	93787.674	98.980662	0.020438762	0.214381	0.02	19904.29
	0.249765	5	0.032317	50	0.001	240685.99	247642.51	97.190903	0.10219381	0.400376	0.1	99521.44
	0.491364	15	0.032317	50	0.001	465588.43	496957.18	93.687836	0.306581431	0.610545	0.3	298564.3
	2	130.561	0.032317	50	0.001	1329281.6	1919664.2	69.245530	2.668505215	1.30561	2.61122	2598724

续表

模型	出口水深 H/m	Q/(m³/s)	n	B/m	J	F_B/N	$F_1-F_2+F_G-M_2+M_1$/N	F_B/其他力/%	$Qn/(BJ)^{0.5}$ /(m²/s)	u/(m/s)	Hu /(m²/s)	$Re=\rho Hu/\mu$
D4	5	480.704	0.032317	50	0.001	2202086.1	4593731	47.936766	9.824995092	1.922816	9.61408	9568071
	20	2752.4	0.032317	50	0.001	2924880.3	17191209	17.013813	56.25564873	2.7524	55.048	54784560
	24.35	3432	0.032317	50	0.001	2878716.4	20700201	13.906708	70.14583143	2.818891	68.64	68311513
	50	7137.8	0.032317	50	0.001	2322366.4	39095202	5.940285	145.8877959	2.85512	142.756	142072821
	500	73900	0.032317	50	0.001	1150732.8	381816265	0.301384	1510.424517	2.956	1478	1.471E+09
	5000	740600	0.032317	50	0.001	535827.99	3.825E+09	0.014008	15136.94719	2.9624	14812	1.474E+10
D5	0.5	157.007	0.047434	500	0.001	104104982	50055246	207.976006	0.471021	0.628028	0.314014	312511.2
	1	507.85	0.047434	500	0.001	197288081	99154980	198.969414	1.52355	1.0157	1.0157	1010839
	2	1498.625	0.047434	500	0.001	369756846	198228679	186.530450	4.495875	1.498625	2.99725	2982906
	5	6331.84	0.047434	500	0.001	794063103	493498912	160.904732	18.99552	2.532736	12.66368	12603076
	20	47993.55	0.047434	500	0.001	1.835E+09	1.972E+09	94.563612	143.98065	4.799355	95.9871	95527740
	50	152136	0.047434	500	0.001	2.186E+09	4.926E+09	45.950145	456.408	6.08544	304.272	302815863
	200	689332	0.047434	500	0.001	1.771E+09	1.969E+10	9.482030	2067.996	6.89332	1378.664	1.372E+09
	243.5	844450	0.047434	500	0.001	1.68E+09	2.397E+10	7.394030	2533.35	6.935934	1688.9	1.681E+09
	500	1756610	0.047434	500	0.001	1.357E+09	4.922E+10	2.916231	5269.83	7.02644	3513.22	3.496E+09
	5000	17710000	0.047434	500	0.001	64043018	4.921E+11	0.137883	53130	7.084	35420	3.525E+10

表 5.5　纯弯道模型 CD 的各比尺模型数模受力统计 （$v_t = 1000\text{Pa} \cdot \text{s}$）

模型	H/m	$Q/(\text{m}^3/\text{s})$	n	B/m	J	F_B/N	$\dfrac{F_1-F_2+F_G}{-M_2+M_1}/\text{N}$	$F_B/$其他力/%	$Qn/(BJ^{0.5})$ $/(\text{m}^2/\text{s})$	$u/(\text{m/s})$	Hu $/(\text{m}^2/\text{s})$	$Re=\rho Hu/\mu$
CD7	0.2	0.036358	0.017475	1.25	0.001	54.151987	789.13766	6.862172	0.016073	0.145432	0.029086	28947.2
	0.60875	0.115688	0.017475	1.25	0.001	40.855088	2736.995	1.492699	0.051144	0.152034	0.09255	92107.49
	2.435	0.4683	0.017475	1.25	0.001	26.377006	11219.775	0.235094	0.207028	0.153856	0.37464	372847.1
	10	1.92298	0.017475	1.25	0.001	16.534619	46319.227	0.035697	0.850118	0.153838	1.538384	1531022
	50	9.63	0.017475	1.25	0.001	9.6469197	231988.94	0.004158	4.257267	0.15408	7.704	7667131
	500	95.2	0.017475	1.25	0.001	4.3833035	2319345	0.000189	42.08638	0.15232	76.16	75795525
Cda	0.2	0.035323	0.022017	1.25	0.001	5.0698975	15.355603	33.016597	0.019675	0.141292	0.028258	28123.17
	0.60875	0.114797	0.022017	1.25	0.001	3.9911132	123.95475	3.219815	0.063941	0.150863	0.091838	91398.1
	2.435	0.4676	0.022017	1.25	0.001	2.6091096	563.61129	0.462927	0.260449	0.153626	0.37408	372289.8
	10	1.922978	0.022017	1.25	0.001	1.6341114	2375.9378	0.068778	1.071081	0.153838	1.538382	1531020
	50	9.63	0.022017	1.25	0.001	0.9545136	11920.512	0.008007	5.36382	0.15408	7.704	7667131
	500	90.5	0.022017	1.25	0.001	0.410383	112009.86	0.000366	50.40765	0.1448	72.4	72053519
CDv	0.2	0.070049	0.017475	1.25	0.002	201.84745	1954.6555	10.326498	0.021897	0.280194	0.056039	55770.7
	10	3.9	0.017475	1.25	0.002	67.755428	97992.261	0.069144	1.219142	0.312	3.12	3105069
	50	19.516	0.017475	1.25	0.002	39.687427	490198.23	0.008096	6.10071	0.312256	15.6128	15538083
	500	195.26	0.017475	1.25	0.002	18.440188	4869048.1	0.000379	61.03836	0.312416	156.208	1.55E+08
CDw	1	0.92923	0.017475	1.25	0.005	831.02515	23567.03	3.526219	0.183714	0.743384	0.743384	739826.4
	5	4.7965	0.017475	1.25	0.005	516.73168	120438.68	0.429041	0.948296	0.76744	3.8372	3818837
	50	48.15	0.017475	1.25	0.005	241.59893	1208452	0.019992	9.519538	0.7704	38.52	38335657
	500	482	0.017475	1.25	0.005	112.36821	12082709	0.000930	95.29423	0.7712	385.6	3.84E+08

续表

模型	H/m	$Q/(\text{m}^3/\text{s})$	n	B/m	J	F_B/N	$F_1-F_2+F_G-M_2+M_1/\text{N}$	$F_B/$其他力$/\%$	$Qn/(BJ^{0.5})/(\text{m}^2/\text{s})$	$u/(\text{m/s})$	$Hu/(\text{m}^2/\text{s})$	$Re=\rho Hu/\mu$
CD3	0.2	0.442408	0.022017	5	0.001	801.67858	974.67175	82.251136	0.061604	0.442408	0.088482	88058.16
	0.6	2.496685	0.022017	5	0.001	1954.6112	2931.9483	66.665949	0.347658	0.832228	0.499337	496947.4
	2.435	19.155	0.022017	5	0.001	4371.485	11899.637	36.736288	2.667289	1.573306	3.831	3812666
	5	48.677	0.022017	5	0.001	5268.8467	24420.662	21.575364	6.778159	1.94708	9.7354	9688810
	10	110.35	0.022017	5	0.001	5375.9461	48799.738	11.016342	15.36598	2.207	22.07	21964381
	50	610	0.022017	5	0.001	3851.4007	243855.83	1.579376	84.94108	2.44	122	1.21E+08
	500	6200	0.022017	5	0.001	1832.2254	2440497.8	0.075076	863.3355	2.48	1240	1.23E+09
CDx	0.02	0.006665	0.022017	5	0.0005	43.167108	48.596086	88.828364	0.001312	0.066645	0.001333	1326.521
	0.5	1.24936	0.022017	5	0.0005	748.0417	1237.6478	60.440595	0.246031	0.499744	0.249872	248676.2
	5	27.217	0.022017	5	0.0005	1649.236	12330.889	13.374835	5.359733	1.08868	5.4434	5417350
	50	310.9	0.022017	5	0.0005	999.34448	123149.81	0.811487	61.22427	1.2436	62.18	61882429
	500	3141.6	0.022017	5	0.0005	473.66381	1244968.4	0.038046	618.6625	1.25664	628.32	6.25E+08
Cdy	0.5	2.80895	0.022017	5	0.002	3790.3526	4897.7344	77.389917	0.276578	1.12358	0.56179	559101.5
	5	85.206	0.022017	5	0.002	15745.292	49086.436	32.076666	8.389636	3.40824	17.0412	16959647
	50	1216.2	0.022017	5	0.002	15268.864	496185.41	3.077250	119.7507	4.8648	243.24	2.42E+08
	500	12534	0.022017	5	0.002	7539.0617	4960355	0.151986	1234.135	5.0136	2506.8	2.49E+09
CDz	50	2816.45	0.022017	5	0.005	81167.949	1228076	6.609359	175.3901	11.2658	563.29	5.61E+08
	500	31248	0.022017	5	0.005	46803.01	12509129	0.374151	1945.921	12.4992	6249.6	6.22E+09

续表

模型	H/m	$Q/(\mathrm{m^3/s})$	n	B/m	J	F_B/N	$F_1-F_2+F_G-M_2+M_1/\mathrm{N}$	$F_B/$其他力$/\%$	$Qn/(BJ^{0.5})$ $/(\mathrm{m^2/s})$	$u/(\mathrm{m/s})$	Hu $/(\mathrm{m^2/s})$	$Re=\rho Hu/\mu$
CD8	0.2	1.03027	0.02565	12.5	0.001	5934.1686	6084.5261	97.528854	0.066853	0.412108	0.082422	82027.16
	1	14.8397	0.02565	12.5	0.001	28385.679	30660.249	92.581370	0.962934	1.187176	1.187176	1181495
	6.0875	274.675	0.02565	12.5	0.001	142943.23	186887.09	76.486415	17.82339	3.609692	21.974	21868840
	10	593.7	0.02565	12.5	0.001	209564.76	305731.73	68.545309	38.52461	4.7496	47.496	47268701
	24.35	2219.6	0.02565	12.5	0.001	367121.92	733679.96	50.038428	144.0277	7.29232	177.568	1.77E+08
	50	5966	0.02565	12.5	0.001	495512.51	1487197.7	33.318537	387.1279	9.5456	477.28	4.75E+08
	500	89000	0.02565	12.5	0.001	514966.69	14944649	3.445827	5775.123	14.24	7120	7.09E+09
CD4	0.2	3.221	0.032317	50	0.001	95517.404	95737.238	99.770378	0.065833	0.3221	0.06442	64111.71
	0.5	15.2457	0.032317	50	0.001	242801.86	243635.07	99.658012	0.311603	0.609828	0.304914	303454.8
	6.5	1104.01	0.032317	50	0.001	3149595.6	3196358.5	98.536994	22.5646	3.399954	22.0802	21974532
	24.35	9880.3	0.032317	50	0.001	11528421	11975807	96.264255	201.9411	8.115236	197.606	1.97E+08
	50	32396	0.032317	50	0.001	23093517	24595579	93.892961	662.1341	12.9584	647.92	6.45E+08
	100	101260	0.032317	50	0.001	44776537	49400890	90.639130	2069.629	20.252	2025.2	2.02E+09
	200	316160	0.032317	50	0.001	86914469	100501564	86.480713	6461.919	31.616	6323.2	6.29E+09

续表

模型	H/m	Q/(m³/s)	n	B/m	J	F_B/N	$F_1-F_2+F_G-M_2+M_1$/N	F_B/其他力/%	$Qn/(BJ^{0.5})$/(m²/s)	u/(m/s)	Hu/(m²/s)	$Re=\rho Hu/\mu$
CD9	0.5	33.42	0.037649	125	0.001	1544874.9	1538646.6	100.404789	0.318306	0.53472	0.26736	266080.5
	2	334.877	0.037649	125	0.001	6153931.8	6133604.5	100.331408	3.189505	1.339508	2.679016	2666195
	5	1537.92	0.037649	125	0.001	15329107	15289364	100.259937	14.64777	2.460672	12.30336	12244481
	10	4888.05	0.037649	125	0.001	30676447	30615553	100.198898	46.55577	3.91044	39.1044	38917260
	50	71446	0.037649	125	0.001	152737589	153317920	99.621486	680.4807	11.43136	571.568	5.69E+08
	60.875	99244	0.037649	125	0.001	186089885	187048443	99.487535	945.2402	13.04233	793.952	7.9E+08
	243.5	991555	0.037649	125	0.001	731996315	742788091	98.547126	9443.973	32.57676	7932.44	7.89E+09
	500	3321130	0.037649	125	0.001	1.505E+09	1.488E+09	101.109385	31631.79	53.13808	26569.04	2.64E+10
CD5	0.2	22.8737	0.047434	500	0.001	9835063.3	9811338.1	100.241814	0.068621	0.228737	0.045747	45528.47
	0.5	105.38	0.047434	500	0.001	24586573	24532035	100.222317	0.31614	0.42152	0.21076	209751.4
	2	1061.08	0.047434	500	0.001	98245354	98073240	100.175495	3.18324	1.06108	2.12216	2112004
	10	15526.8	0.047434	500	0.001	491536092	490838695	100.142083	46.5804	3.10536	31.0536	30904989
	40	156500	0.047434	500	0.001	1.969E+09	1.965E+09	100.182455	469.5	7.825	313	311502094
	50	227380	0.047434	500	0.001	2.463E+09	2.458E+09	100.199683	682.14	9.0952	454.76	452583681
	65	352234	0.047434	500	0.001	3.203E+09	3.196E+09	100.217163	1056.702	10.83797	704.468	701096668
	200	2294360	0.047434	500	0.001	9.848E+09	9.819E+09	100.297358	6883.08	22.9436	4588.72	4.567E+09
	243.5	3184500	0.047434	500	0.001	1.198E+10	1.194E+10	100.356821	9553.5	26.15606	6369	6.339E+09
	500	10634000	0.047434	500	0.001	2.48E+10	2.455E+10	101.015190	31902	42.536	21268	2.117E+10

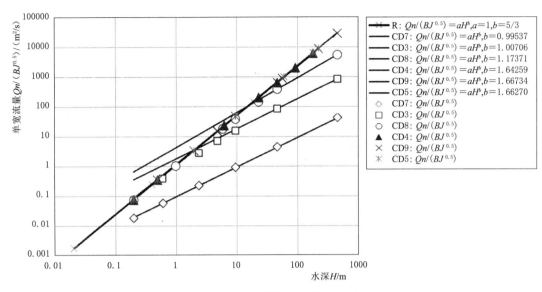

图 5.4 纯弯道明渠 CD 水深流量关系

5.3.1.5 连续弯道明渠 W 实验

为什么弯道有阻塞现象，它是数模中才特有的还是实际的弯道流动中普遍存在的呢？下面以实验来证明。

连续弯道模型，它来源于四川大学的一个实验水槽，渠道宽为 0.7m，为连续 12 个弯道组成，第一个和最后一个为半弯，其余 10 个均为全弯，弯道中心半径为 1.25m，全弯为一个 120°的弯道组成，在两个弯道之间用长 1.2m 的直道相接，第一个弯道和最后一个弯道不接直道，整个渠道沿渠道中心的坡降为 0.7‰。测量的点位在弯道中央位置如图 5.5 所示，布置测点 1~4 号。在任何一个流量条件下，均应有其对应的均匀流水深。以此为验证数模结果的桥梁。

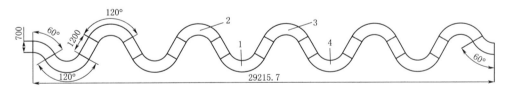

图 5.5 连续弯道尺寸、测量点位图（单位：mm）

通过实验水槽，获得一组恒定流的水深流量关系，见表 5.6。实验中，渠道除了渠道底面能提供阻力，渠道两边的立面也提供阻力，因此采用水深流量关系 Q-H [图 5.6 (a)]和水力半径流量关系 Q-R [图 5.6 (b)]来表示，并将它们与 Knight[7-8] 的直道明渠实验进行比较。可无论哪种水深流量关系，指数 b 均偏离直道明渠的 5/3 次方（或直道明渠的指数），且均比直道明渠的指数低，说明真实的渠道发生了部分阻塞[6]。实验同直道明渠的水深流量关系比较见图 5.7，实验中因未率定糙率，故糙率暂按 0.015 计，它比直道明渠的水深-流量关系高，说明糙率系数 n 估计大了，但连续弯道流动的趋势是仍然阻塞的。

表 5.6　　　　　　　　　　　　　　连续弯道实验数据

$Q/$（L/s）	H_2/cm	H_1/cm	H_3/cm	H_4/cm	平均水深 H/cm
19.8	5.4	6	5.9	5.8	5.775
31	8.2	8.2	8.2	8.5	8.275
39	9.6	9.8	9.9	9.8	9.775
50	11.3	11.5	11.6	11.7	11.525
60.53	12.7	12.8	13	12.8	12.825
69.44	14.3	14.6	14.5	14.7	14.525
83	17.7	17	16.5	16.5	16.925
89.3	16.8	16.9	17	16.9	16.9
100.28	18.5	18.7	18.8	18.2	18.55
110.05	19.8	19.7	20	20.1	19.9
122	23	21.4	21.8	22.1	22.075

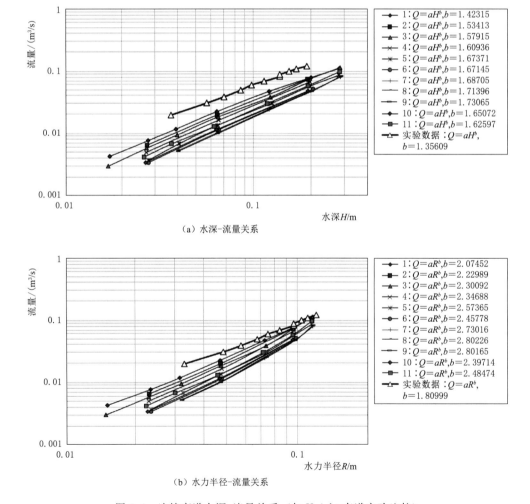

（a）水深-流量关系

（b）水力半径-流量关系

图 5.6　连续弯道水深-流量关系（与 Knight 直道实验比较）

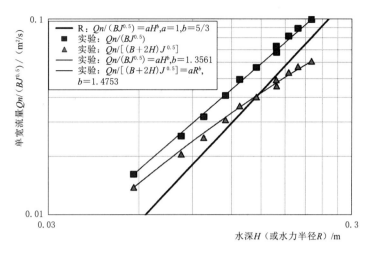

图 5.7 连续弯道 W 实验水深-流量关系

5.3.1.6 连续弯道明渠 W 数模

以实验为蓝本，为弄清数模中同样的尺度是否也要发生阻塞，进行了一组平面二维数模计算[6]，W2 与实验完全一样的尺寸，只是数模中边界立面不提供阻力，阻力仅有床面产生，糙率取 $n=0.015$；模型 W2 放大 100 倍、1000 倍为模型 W4、W5，按弗劳德数相似计算其相应的糙率。

W 的网格划分：渠道宽度方向 12 等分，120°全弯长度方向 50 等分，60°半弯长度方向 25 等分，直线段长度方向 23 等分，共计生成 9084 个八节点的四边形单元，共28791 个节点。数模的结果见表 5.7，在实验室比尺的 W2 中，SMS 计算的结果是完全阻塞（图 5.8，水深流量关系中指数 $b=1$），更大比尺的 W4 和 W5 只是有一点阻塞，水深流量关系的指数 b 也非常接近 5/3 次方。

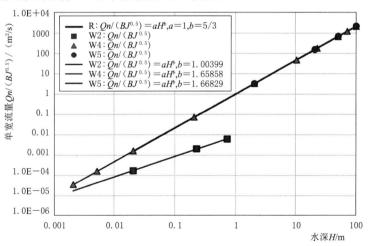

图 5.8 连续弯道 W 水深流量关系（SMS 计算）

表 5.7 连续弯道各比尺模型数模受力统计 ($v_t = 1000\mathrm{Pa} \cdot \mathrm{s}$)

模型	出口水深 H/m	Q/(m³/s)	N	B/m	J	F_B/N	$\dfrac{F_1-F_2+F_G}{-M_2+M_1}$/N	F_B/其他力/%	$Qn/(BJ)^{0.5}$ /(m²/s)	u/(m/s)	Hu /(m²/s)	$Re=\rho Hu/\mu$
W2	0.02	0.0002	0.015	0.7	0.0007	0.051745	3.494195	1.480886	0.000162	0.014286	0.000286	284.34696
	0.22075	0.0023	0.015	0.7	0.0007	0.0223741	38.772035	0.057707	0.001863	0.014884	0.003286	3269.99
	0.7	0.0071	0.015	0.7	0.0007	0.0144471	119.39341	0.012100	0.00575	0.01449	0.010143	10094.317
	0.002	0.001898	0.032317	70	0.0007	2467.9322	4615.3513	53.472249	3.31E-05	0.013557	2.71E-05	26.984526
	0.005	0.008675	0.032317	70	0.0007	7950.5339	10480.224	75.862251	0.000151	0.024786	0.000124	123.33549
	0.02	0.086	0.032317	70	0.0007	37588.876	38789.343	96.905162	0.001501	0.061429	0.001229	1222.6919
	0.2	3.939	0.032317	70	0.0007	358740.5	359190.12	99.874823	0.068733	0.281357	0.056271	56002.134
	0.2	3	0.032317	70	0.0007	319934.9	320332.24	99.875961	0.052348	0.214286	0.042857	42652.044
W4	2	179.47	0.032317	70	0.0007	3695692	3769188	98.050083	3.131622	1.281929	2.563857	2551587.4
	10	2590	0.032317	70	0.0007	17840003	19053835	93.629462	45.19364	3.7	37	36822931
	22.075	9600	0.032317	70	0.0007	38728987	42722828	90.651740	167.5131	6.212587	137.1429	136488540
	50	37000	0.032317	70	0.0007	85985494	99703866	86.240882	645.6234	10.57143	528.5714	526041874
	70	65500	0.032317	70	0.0007	1.23E+08	1.46E+08	84.094063	1142.928	13.36735	935.7143	931236291
	100	118000	0.032317	70	0.0007	174767341	215170691	81.222652	2059.015	16.85714	1685.714	1.678E+09
W4 ($v_t=100$)	10	2645	0.032317	70	0.0007	18618399	19117712	97.388217	46.15335	3.778571	37.78571	37604885
	22.075	9900	0.032317	70	0.0007	41394200	42742000	96.846660	172.7479	6.40673	141.4286	140751745
	50	38674	0.032317	70	0.0007	94637770	99041710	95.553448	674.8335	11.04971	552.4857	549841715
W5	2	1230	0.047434	700	0.0007	377063867	376557036	100.134596	3.15027	0.878571	1.757143	1748733.8
	20	57700	0.047434	700	0.0007	3.768E+09	3.805E+09	99.013619	147.781	4.121429	82.42857	82034098
	50	264400	0.047434	700	0.0007	9.346E+09	9.531E+09	98.061415	677.18	7.554286	377.7143	375906680
	100	840000	0.047434	700	0.0007	1.877E+10	1.92E+10	97.757255	2151.404	12	1200	1.194E+09

SMS 中的 W2 算例同实验尺寸完全一致，与实验中的流动进行比较，只有渠道立面不提供阻力，结果同实验比却是阻塞加剧，已经不能再现实验中的水深流量关系，计算严重偏离。

5.3.1.7　SMS 模拟流动的总结

用 SMS 进行流动的模拟，大致来说是比较成功的，现总结如下：

（1）直道模型或大比尺的弯道模型，它们的水深流量关系均在 5/3 次方附近，说明只要曲率半径足够大，那么弯道和直道就非常接近，这时可以考虑用一维的水动力学模型求解。这一点充分说明大比尺模型同曼宁公式能吻合很好。

（2）在纯弯明渠或连续弯道明渠中，随着比尺的缩小，流动逐渐向完全阻塞方向逼近。完全阻塞时，特点之一是流量增加流速却能保持不变，特点之二是床面切应力产生的阻力根本不足以支撑重力分量等驱动力，表观的动量定理不能满足。

（3）连续弯道的物模实验证实在弯道中确实存在部分阻塞现象，水深流量关系的 b 次方数较直道有减少，但还没有至完全阻塞（即 $b=1$）。而在 SMS 模型中与实验同比尺的数模计算中却完全阻塞（$b=1$）了，说明 SMS 在模拟小比尺模型中，存在非常大的偏差。

（4）即使大比尺的弯道模型中（如 R4、C5、D5、W5），均有随着流量的增加，有轻微的阻塞现象，阻力比逐渐有 100％ 减小的趋势，只是非常微小；而纯弯道模型 CD5 中却阻力比保持不变。

5.3.2　原控制方程的数学模型验证（自编代码）

由四川大学水力学及山区河流开发保护国家重点实验室开发的一维水沙数学模型（模型 CRS-1），已被列入国家电力行业标准《水电水利工程泥沙设计规范》（DL/T 5089—1999）建议采用的水库泥沙数学模型之一。本例则为由陈日东（简称 CRD）老师开发的水深平均的二维水沙数学模型 CRS-2 或 CRD-2，以后暂以 CRD 称谓，为区别修正控制方程版本，特地增加个后缀 o 即 CRD-2o，代表 Origin（原方程）。

原控制方程中，只考虑一阶对流项，忽略二阶扩散相，即式（5.19）中的 ν_t 为 0。

自编代码的恒定流计算，结果按进口断面中央处的水深与出口名义水深进行比较，只要相等就判定为均匀的恒定流结果，对弯道、直道都按此标准。

修正控制方程的原版（原控制方程）来自于本模型（CRD-2），而 CRD 的计算结果直接关系到修正控制方程的计算效果。因此评估 CRD 的计算结果，具有非常重要的价值。

5.3.2.1　纯弯道明渠 CDo

纯弯道明渠各参数见表 5.5，比尺同 SMS 计算的完全一致，只是渠道的计算范围改为从上游 270°至下游−89°，取其中的 CD1、CD2、CD7、CD8、CD5 进行计算。以 CD2 为例，网格采用三角形网格，给定网格尺寸平铺，共生成 17226 个三角形单元，8984 个节点，各比尺的网格完全一致（图 5.9），按比尺放大或缩小。

在 SMS 计算中，CD2 是计算不出恒定流结果（渠道总长太短，无从判断恒定流），而 CRD2 却可以（图 5.10 和图 5.11），甚至 CD1 都能计算出稳定的流场，计算结果及受力统计见表 5.8。

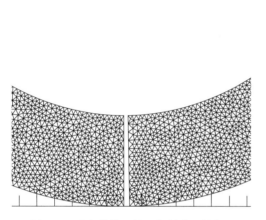

图 5.9　纯弯道模型的网格划分（局部）

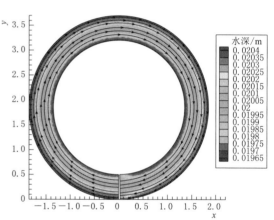

图 5.10　CD2o 典型的水深图（$H=2$m）

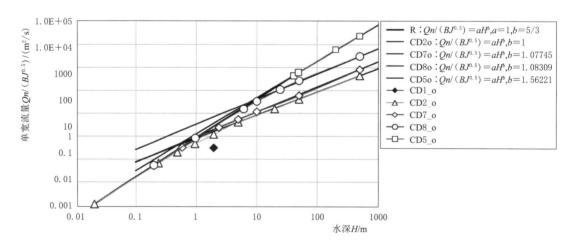

图 5.11　纯弯道 CDo 水深-流量关系

将用 CRD2 的纯弯道的计算结果同用 SMS 计算的结果进行比较（原控制方程）：

表 5.8　纯弯道模型 CDo 的各比尺模型数模受力统计

模型	H/m	$Q/(\text{m}^3/\text{s})$	n	B/m	J	F_B/N	$F_1-F_2+F_G-M_2+M_1/\text{N}$	$F_B/$其他力$/\%$	$Qn/(BJ^{0.5})/(\text{m}^2/\text{s})$	$u/(\text{m/s})$	$Hu/(\text{m}^2/\text{s})$	$Re=\rho Hu/\mu$
CD1_o	2	0.06	0.010219	0.05	0.001	0.0146844	1.6216	0.905547	0.3877982	0.6	1.2	1194257.23
	0.02	0.00156	0.015	0.5	0.001	0.9785554	0.9874055	99.103709	0.0014799	0.156	0.00312	3105.06879
	0.2435	0.09	0.015	0.5	0.001	9.5425089	12.619398	75.617783	0.0853815	0.7392197	0.18	179138.584
	0.5	0.26	0.015	0.5	0.001	14.872043	27.307066	54.462252	0.2466577	1.04	0.52	517511.466
	0.976	0.6	0.015	0.5	0.001	16.724473	50.85537	32.886346	0.56921	1.2295082	1.2	1194257.23
CD2_o	2	1.5	0.015	0.5	0.001	19.617503	121.53523	16.141412	1.4230249	1.5	3	2985643.07
	5	5	0.015	0.5	0.001	25.716138	438.90691	5.859133	4.7434165	2	10	9952143.57
	20	19	0.015	0.5	0.001	14.725754	1640.7365	0.897509	18.024983	1.9	38	37818145.6
	50	50	0.015	0.5	0.001	12.031209	4457.6816	0.269898	47.434165	2	100	99521435.7
	500	500	0.015	0.5	0.001	5.5903413	46467.48	0.012031	474.34165	2	1000	995214357
	0.2	0.15	0.017475	1.25	0.001	57.286814	61.229024	93.561534	0.0663126	0.6	0.12	119425.723
	0.60875	0.9	0.017475	1.25	0.001	152.51658	200.91394	75.911397	0.3978754	1.1827515	0.72	716554.337
	2.435	6.5	0.017475	1.25	0.001	314.01859	954.33961	32.904282	2.8735446	2.1355236	5.2	5175114.66
CD7_o	5	14	0.017475	1.25	0.001	274.00929	1716.5973	15.962351	6.1891729	2.24	11.2	11146400.8
	10	30	0.017475	1.25	0.001	250.44535	3557.9204	7.039094	13.262513	2.4	24	23885144.6
	50	150	0.017475	1.25	0.001	146.98392	16144.376	0.910434	66.312567	2.4	120	119425723
	500	2000	0.017475	1.25	0.001	121.39652	279284.01	0.043467	884.16756	3.2	1600	1592342971

续表

模型	H/m	Q/(m³/s)	n	B/m	J	F_B/N	$F_1-F_2+F_G-M_2+M_1$/N	F_B/其他力/%	$Qn/(BJ^{0.5})$/(m²/s)	u/(m/s)	Hu/(m²/s)	$Re=\rho Hu/\mu$
CD8_o	0.2	1.06	0.02565	12.5	0.001	6123.6827	6138.5363	99.758027	0.0687824	0.424	0.0848	84394.1775
	1	15.2	0.02565	12.5	0.001	29700.636	30491.086	97.407603	0.9863132	1.216	1.216	1210180.66
	6.0875	280	0.02565	12.5	0.001	147866.89	195775.71	75.528719	18.168927	3.6796715	22.4	22292801.6
	10	580	0.02565	12.5	0.001	199576.46	323007.87	61.786871	37.635634	4.64	46.4	46177946.2
	24.35	1900	0.02565	12.5	0.001	263301.19	806842.1	33.377187	123.28915	6.2422998	152	151272582
	50	4500	0.02565	12.5	0.001	283128.26	1737572.1	16.294476	292.00061	7.2	360	358277168
	500	50000	0.02565	12.5	0.001	163288.39	17837509	0.915421	3244.4512	8	4000	3980857428
CD5_o	40	154700	0.047434	500	0.001	1.917E+09	1.97E+09	97.285207	464.1	7.735	309.4	307919322
	50	223000	0.047434	500	0.001	2.368E+09	2.457E+09	96.379371	669	8.92	446	443865603
	200	2070000	0.047434	500	0.001	8.015E+09	9.976E+09	80.341153	6210	20.7	4140	4120187438
	500	8000000	0.047434	500	0.001	1.411E+10	2.592E+10	54.445693	24000	32	16000	1.5923E+10

（1）在大比尺的模型 CD5 中，SMS 的动量守恒特性非常好，阻力比均在 100%附近（水深流量关系在水深的 5/3 次方线上），说明 SMS 计算的弯道明渠流动特性是最为接近直道明渠的；而 CRD2 中，大比尺的 CD5、CRD 在小流量条件下同 SMS 相当，水深 40m 时流量为 $1547000m^3/s$，只比 SMS 小 1.15%，50m 时小 1.926%，200m 时小 9.779%，500m 时小 24.77%。同样的水深、来流流量、糙率条件下，CRD 同 SMS 差异明显，似乎有个无形的阻力伴随着 CRD，它就是阻塞。在大比尺模型上，CRD 模型比 SMS 模型阻塞大（流量偏小）；在小比尺条件下，CRD 模型比 SMS 的阻塞小（流量偏大）。因此 CRD 模型更加中庸。所以，在大比尺模型上，SMS 比 CRD 更好，除非证明 CRD 模拟中的阻塞是合理的。

（2）在小比尺的 CD7 中，SMS 几乎完全阻塞，在水深为 0.2～500m，断面平均流速均在 0.15m/s 左右，属于完全阻塞，而 CRD 中只是部分阻塞。从阻力比就可以看出端倪：SMS 中阻力比均小于 10%，0.2m 水深阻力比只有不到 7%，至 500m 水深时阻力比仅不到 0.0002%，同时，CRD2 中，水深 0.2m 时阻力比却还有约 93.6%。

因此从阻塞的角度，大比尺条件下，SMS 几乎没有阻塞，而 CRD 部分阻塞程度比 SMS 大，至小比尺条件下 SMS 完全阻塞，阻塞程度非常大，而 CRD 阻塞小多了。所以 SMS 计算结果非常极端，而 CRD 则比较中庸。

（3）将纯弯道模型（CRD）中的相似点位（水深与比尺同比放大）取出，形成三组相似点位水深流量关系，它们均几乎严格满足在水深的 5/3 次方线上（图 5.12）；在 SMS 模拟中，大比尺在 5/3 次方线上，小比尺却发生了偏转（图 5.13），SMS 的模拟结果产生了严重的偏差，尤其在 CD7 中；而同时 CRD 模拟则比尺缩小至 CD2、

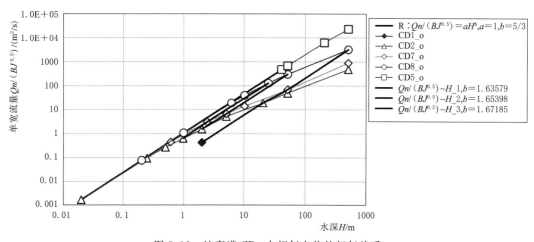

图 5.12　纯弯道 CDo 中相似点位的相似关系

CD1 均能严格满足，满足在 5/3 次方线上。故 CRD 模型在小比尺及相似点位计算中，计算准确，阻力比也能证实这点，如在表 5.8 中，CD1 的算例水深 2m 同 CD2 中水深 20m、CD7 中的水深 50m、CD8 中的水深 500m 为相似点位，阻力比均在 0.9% 左右。

（4）CRD 模拟的 CD7o 算例中，渠道水深是外围大内围小，且无论水深大小均呈现明显的弯道特征［图 5.14（a）］；而 SMS 的 CD7 算例中，低水深条件下既有弯道

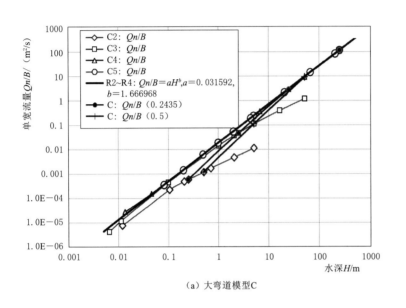

（a）大弯道模型C

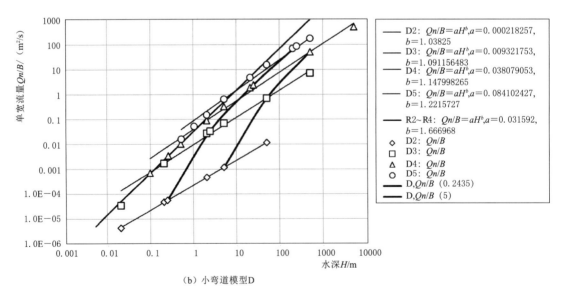

（b）小弯道模型D

图 5.13（一）　SMS 中相似点位的相似关系[6]

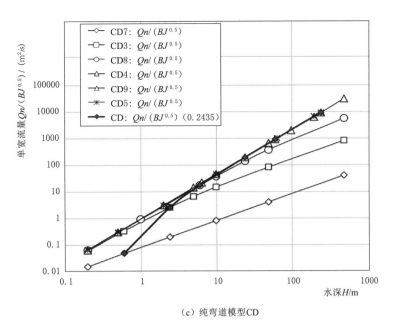

（c）纯弯道模型CD

图 5.13（二） SMS中相似点位的相似关系[6]

特征，又有水深波动特征［图 5.14（b）］，尤其在小水深条件下，大水深时波动特征逐渐淡化，逐渐与 CD7o 一样只有弯道特征了。

　　纯弯道阻塞是否真实存在，依然没法判断，但通过连续弯道便可以判断它的真实存在，因为有实验数据证明。

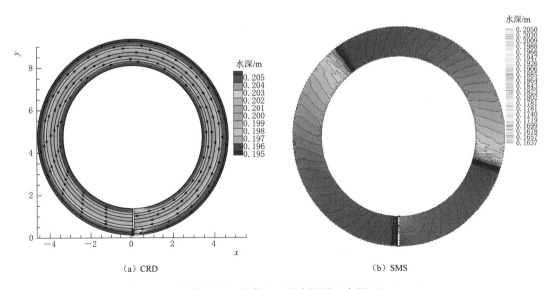

（a）CRD　　　　　　　　　　　　　　（b）SMS

图 5.14 纯弯道 CD7 的典型工况水深图 （水深 $H=0.2$m）

5.3.2.2　连续弯道明渠 Wo

连续弯道模型参数同 5.3.1.6 节，网格划分借用 SMS 生成的网格［图 5.15
（a）］，并将它的每个单元一分为二，共形成 9854 个节点、18168 个单元［图
5.15（b）］，受力统计结果见表 5.9。

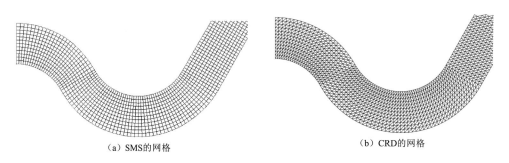

(a) SMS的网格　　　　　　　　　　(b) CRD的网格

图 5.15　连续弯道的网格划分（局部）

图 5.16 为 W2o 典型算例的部分水深图，无论流量如何，弯道特征均比较明显。

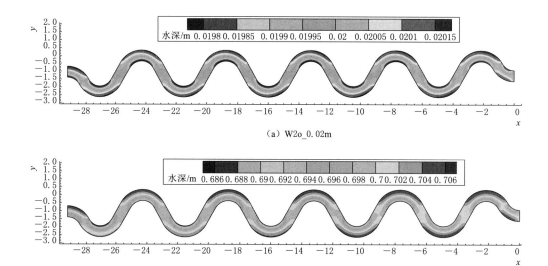

（a）W2o_0.02m

（b）W2o_0.7m

图 5.16　W2o 典型算例的部分水深图

以实验尺度的连续弯道 W2o 为例，当水深为 0.22075m 时，实验测得恒定流的流
量为 $0.122\text{m}^3/\text{s}$，SMS 计算的流量为 $0.0023\text{m}^3/\text{s}$，CRDo 计算的流量为 $0.07166\text{m}^3/\text{s}$。
CRDo 计算的效果比 SMS 的好很多，流量提高了约 31 倍，而实验实测的流量只是
CRDo 的约 1.7 倍。

CRDo 模拟的结果同实验比，阻塞现象是大致相同的，实验中的水深流量关系是
水深 H 的 1.356 次方左右（在水深为 0.058～0.221m 率定），本次 CRD 数模约为

1.238 次方（在水深 0.22075m 和 0.7m 两点锚定）。同时 SMS 计算的却是完全阻塞（图 5.8 和图 5.18）的 $b=1$，因此实验支持 CRD 计算的结果，因为它更合理，更符合实验数据。

W2o 和 W5o 之间的相似点位的关系（图 5.17）也非常吻合水深的 5/3 次方，而 SMS 模拟的相似关系（图 5.18）同样与 5/3 次方线偏差很大，偏离动量守恒。

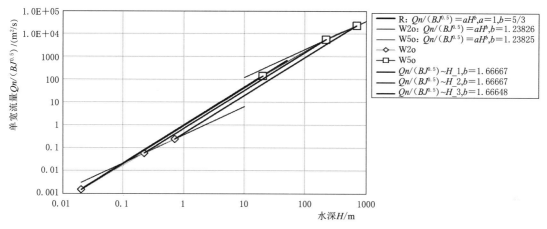

图 5.17　连续弯道明渠 Wo 水深流量关系

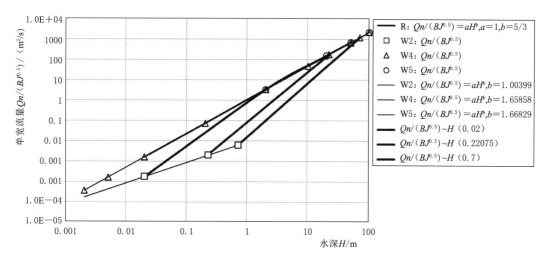

图 5.18　连续弯道明渠 W 相似点位关系（SMS）

几乎同样的控制方程，SMS 同 CRD 差异非常之大，在 SMS 中，W4 和 W5 在水深流量关系中几乎重合，大致满足流量为水深的 5/3 次方；具体按阻力比来判断，W4 有少许的阻塞，W5 有非常轻微的阻塞；而在小比尺如 W2 中发生完全阻塞，阻力比也离奇的小，几乎可以忽略不计。而在 CRDo 中，不仅 W2o 发生部分阻塞，而且 W5o 也同样阻塞，因此引入一个问题：阻塞是合理的吗？它是弯道中特有的现象还是直道中也存在？带着这个问题，增加了直道的模拟。

5.3.2.3　直道明渠 Ro

直道明渠的模型参数同 SMS 模型一致，其中 R2 宽为 0.5m，长为 20m，网格尺度为 0.05m，网格共划分了 4810 个节点、8798 个三角形单元（图 5.19），糙率系数 n 为 0.015；R5 为放大 1000 倍的模型，糙率系数 n 为 0.047434。

在表 5.10 的直道明渠受力统计中，水深为 50m 的 R2o 算例，因为流动不稳定，远没有形成稳定的流动，故将两个时刻的瞬时流场记录下来，阻力比也大致可以取其平均。

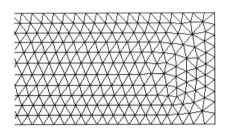

图 5.19　Ro 网格图（局部）

R2o 共计算了 4 组恒定流数据（其中一组用两个瞬时流场代替），而 R5o 只计算了一组（表 5.10 和图 5.20）。由图 5.20 可知，在小流量下，R2o 均接近水深 H 的 5/3 次方线，流量越大，偏离越多（在水深的 1.5 次方线左右），所以从 CRD2 计算结果来看，直道明渠一定也会发生阻塞现象，只是比较轻微。

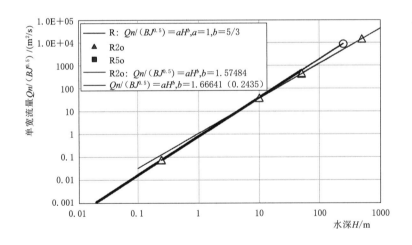

图 5.20　Ro 水深流量及相似点位关系

从 R2o 至 R5o 之间的相似点位的关系（图 5.20）看，它们严格在水深的 5/3 次方线上。

到底是 SMS 计算的结果对还是 CRD 计算的结果对呢？前者计算的结果似乎严格遵循曼宁公式，符合传统的水力学常识，不该发生阻塞，而后者也有连续弯道的实验数据支撑，说明应该有阻塞发生。可孰是孰非还需更多的实验来进行验证。这里暂且认同 CRD 模型，因为有部分实验数据支撑，且这个模型是修正控制方程的基础。

表 5.9 连续弯道 Wo 各比尺模型数模受力统计

模型	H/m	$Q/(\mathrm{m^3/s})$	N	B/m	J	F_B/N	$F_1-F_2+F_\mathrm{G}-M_2+M_1/\mathrm{N}$	$F_\mathrm{B}/$其他力$/\%$	$Qn/(BJ^{0.5})/(\mathrm{m^2/s})$	$u/(\mathrm{m/s})$	$Hu/(\mathrm{m^2/s})$	$Re=\rho Hu/\mu$
W2o	0.02	0.001792	0.015	0.7	0.0007	3.6336732	3.7894117	95.890167	0.0014514	0.128	0.00256	2547.74875
	0.22075	0.07166	0.015	0.7	0.0007	21.592575	41.327096	52.247984	0.0580391	0.4637437	0.1023714	101881.515
	0.7	0.29915	0.015	0.7	0.0007	25.41491	129.55747	19.616708	0.2422887	0.6105102	0.4273571	425311.964
W5o	20	56596	0.047434	700	0.0007	3.625E+09	3.789E+09	95.680095	144.95391	4.0425714	80.851429	80464502.5
	220.75	2266120	0.047434	700	0.0007	2.159E+10	4.137E+10	52.181490	5803.996	14.66507	3237.3143	3221821655
	700	9460000	0.047434	700	0.0007	2.541E+11	1.296E+11	19.607384	24228.991	19.306122	13514.286	1.345E+10

表 5.10 直道明渠 Ro 各比尺模型数模受力统计

模型	H/m	$Q/(\mathrm{m^3/s})$	n	B/m	J	F_B/N	$F_1-F_2+F_\mathrm{G}-M_2+M_1/\mathrm{N}$	$F_\mathrm{B}/$其他力$/\%$	$Qn/(BJ^{0.5})/(\mathrm{m^2/s})$	$u/(\mathrm{m/s})$	$Hu/(\mathrm{m^2/s})$	$Re=\rho Hu/\mu$
R2o	0.2435	0.1002	0.015	0.5	0.001	23.864275	23.837	100.114421	0.0950581	0.8229979	0.2004	199440.957
	10	46.2	0.015	0.5	0.001	881.53305	806.95993	109.241242	43.829168	9.24	92.4	91957306.6
	50	500	0.015	0.5	0.001	2389.8462	4876.0801	49.011628	474.34165	20	1000	995214357
	50	542	0.015	0.5	0.001	2822.155	2701.3552	104.471820	514.18635	21.68	1084	1078812363
	500	16500	0.015	0.5	0.001	12081.743	19298.881	62.603337	15653.274	66	33000	3.2842E+10
R5o	243.5	3163000	0.047434	500	0.001	2.378E+10	2.381E+10	99.892150	9489	25.979466	6326	6295726022

5.3.2.4　CRDo 数学模型的总结

在各种小比尺的弯道模型中，CRDo 显示出来的水深流量关系均优于 SMS 的水深流量关系，后者阻塞程度比前者大，而前者有连续弯道实验数据的支撑，应该更为合理；CRDo 中的受力分析，更符合动量定理，阻力比远远优于 SMS 的阻力比。

在大比尺的弯道模型中，SMS 的结果大致满足曼宁公式，水深流量关系沿水深 H 的 5/3 次方线的附近变化（无或较小的阻塞），而 CRDo 则依然有阻塞现象，甚至在直道明渠中依然存在。这一点期待以后的实验数据来判断，但本书倾向于信任 CRDo 模拟数据提供的观点。

在不同比尺之间相似点位的关系上，比尺较大时，SMS 能满足流量在水深的 5/3 次方线上，但在比尺小至通常的实验尺度上，则 SMS 开始发生偏差，模拟出的结果完全错误；而同时 CRDo 无论在什么样的比尺条件下，相似点位的关系均严格在水深的 5/3 次方线上。

另外，CRDo 的计算因为编程策略问题，得捕捉激波，故消耗比较长的计算时间才能得到一个均匀流，时间成本可能是其最大的弱点。

5.3.3　修正控制方程的数学模型验证（自编代码）

修正控制方程采用的网格同原控制方程一致。由于没有建立文桐糙率系数 m 的体系，故将本例的文桐糙率系数 m 设置成曼宁系数 n 大小一致，在 CD2c、W2c、R2c 中均设置 $m=0.015$，放大的比尺模型采用弗劳德数相似准则［同式（2.8）］进行糙率 m 的换算。

本 CRD 模型应当是世界上第一款采用和谐的二维水深平均的水动力模型，此软件采用文桐公式替代曼宁公式并对控制方程进行修正。

5.3.3.1　纯弯道明渠 CDc

纯弯道明渠 CDc 的网格、边界条件同 CDo 完全一致，计算结果见表 5.11 中，水深流量关系见图 5.21。修正控制方程的计算结果（表 5.11）同原控制方程的（表 5.8）非常相似，水深流量关系也非常接近，普遍来看，阻力比似乎优于原控制方程，都有一定的提高。虽然糙率 m 和 n 同样大小，但阻力特性却是 m 比 n 大，所以对应的流量更小，故不便一对一进行比较。

将 CDc 的图 5.21 与 CDo 的图 5.11 和图 5.12 进行比较，CDc 的每个比尺模型的水深流量关系的指数 b 同 CDo 的差异不大，应该均小于 CDo 的；CDc 对应的相似点位的关系指数 b 也略小于 CDo 的。起码用修正控制方程的模型计算出的流动特性并没有变坏。

表 5.11 纯弯道明渠 CDc 的各比尺模型数模受力统计

模型	H/m	Q/(m³/s)	m	B/m	J	F_B/N	$\frac{F_1-F_2+F_G}{-M_2+M_1}$/N	F_B/其他力/%	$Qm/(BJ^{5/9})$/(m²/s)	u/(m/s)	Hu/(m²/s)	$Re=\rho Hu/\mu$
CD1_c	2	0.05	0.010219	0.05	0.001	0.0321441	1.12800023	2.849650	0.4743416	0.5	1	995214.357
	0.02	0.00105	0.015	0.5	0.001	0.9590334	0.9827141	97.590281	0.0014621	0.105	0.0021	2089.95015
	0.2435	0.063	0.015	0.5	0.001	10.329959	12.0009936	86.075867	0.087726	0.5174538	0.126	125397.009
	0.5	0.19	0.015	0.5	0.001	17.871957	24.8032034	72.055035	0.265706	0.76	0.38	378181.456
	0.976	0.5	0.015	0.5	0.001	26.770457	50.8723638	52.622789	0.6962383	1.0245902	1	995214.357
CD2_c	2	1.4	0.015	0.5	0.001	40.608665	133.020107	30.528215	1.9494673	1.4	2.8	2786600.2
	5	4	0.015	0.5	0.001	43.202964	339.964253	12.708090	5.569907	1.6	8	7961714.86
	20	16.5	0.015	0.5	0.001	34.70687	1239.24672	2.800643	22.975865	1.65	33	32842073.8
	50	42	0.015	0.5	0.001	29.870986	3058.87145	0.976536	58.484019	1.68	84	83598006
	500	450	0.015	0.5	0.001	21.345973	31105.6734	0.068624	626.6145	1.8	900	895692921
CD7_c	0.2	0.103	0.017475	1.25	0.001	58.571906	61.543956	95.171562	0.0668357	0.412	0.0824	82005.663
	0.60875	0.62	0.017475	1.25	0.001	160.18349	185.739224	86.241066	0.402312	0.8147844	0.496	493625.321
	2.435	5	0.017475	1.25	0.001	428.82607	818.920845	52.364776	3.2444512	1.6427105	4	3980857.43
	5	13	0.017475	1.25	0.001	568.73047	1817.18878	31.297270	8.435573	2.08	10.4	10350229.3
	10	30	0.017475	1.25	0.001	640.36834	4472.80356	14.316934	19.466707	2.4	24	23885144.6
	50	172	0.017475	1.25	0.001	596.91758	22657.6179	2.634512	111.60912	2.752	137.6	136941496
	500	1700	0.017475	1.25	0.001	369.22738	202295.685	0.182519	1103.113	2.72	1360	1353491525

续表

模型	H/m	$Q/(\text{m}^3/\text{s})$	m	B/m	J	F_B/N	$F_1-F_2+F_\text{G}-M_2+M_1/\text{N}$	$F_\text{B}/$其他力$/\%$	$Qm/(BJ^{5/9})/(\text{m}^2/\text{s})$	$u/(\text{m}/\text{s})$	$Hu/(\text{m}^2/\text{s})$	$Re=\rho Hu/\mu$
	0.2	0.716	0.02565	12.5	0.001	6009.0091	6136.85391	97.916770	0.0681947	0.2864	0.05728	57005.8784
	1	10.35	0.02565	12.5	0.001	29716.005	30666.1327	96.901702	0.9857761	0.828	0.828	824037.488
	6.0875	195	0.02565	12.5	0.001	158744.08	185031.098	85.793190	18.572592	2.5626283	15.6	15525344
CD8_c	10	430	0.02565	12.5	0.001	243974	316702.439	77.035718	40.954947	3.44	34.4	34235373.9
	24.35	1500	0.02565	12.5	0.001	393926.12	746867.142	52.743801	142.8661	4.9281314	120	119425723
	50	4000	0.02565	12.5	0.001	541488.27	1768679.59	30.615396	380.97625	6.4	320	318468594
	500	45000	0.02565	12.5	0.001	424588.16	14795183.8	2.869773	4285.983	7.2	3600	3582771685
	40	105000	0.047434	500	0.001	1.909E+09	1969676812	96.900451	462.35677	5.25	210	208995015
	50	151800	0.047434	500	0.001	2.374E+09	2459972426	96.503893	668.43579	6.072	303.6	302147079
CD5_c	200	1460000	0.047434	500	0.001	8.749E+09	9871523195	88.630330	6428.961	14.6	2920	2906025922
	500	6100000	0.047434	500	0.001	1.835E+10	2.550E+10	71.963081	26860.727	24.4	12200	1.2142E+10
	974	15500000	0.047434	500	0.001	2.595E+10	4.909E+10	52.865549	68252.67	31.827515	31000	3.0852E+10

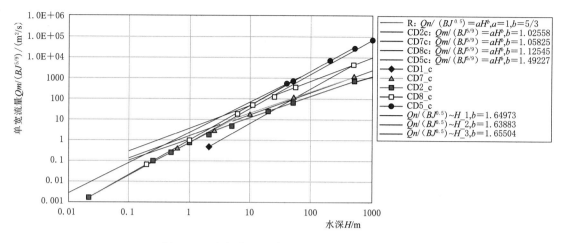

图 5.21　纯弯道 CDc 水深流量及相似点位关系

5.3.3.2　连续弯道明渠 Wc

连续弯道明渠的计算结果见表 5.12 和图 5.22，同原控制方程的连续弯道数据比较，同样的 W2 和 W5，守恒特性均有提高，水深流量关系中的指数 b 比原控制方程的 1.238 提高不少，至 1.357 左右，更加接近实验数据的 1.356。虽然糙率 m 和 n 值一样，它们代表的阻力特性却是不一样的，m 的阻力比 n 的要大，所以也不易进行量的比较。

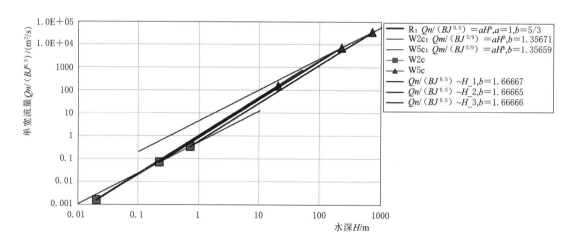

图 5.22　连续弯道明渠 Wc 水深流量及相似点位关系

但连续弯道明渠 Wc 的水深流量响应特性明显高于 Wo 的，同实验数据更加接近，因此粗略判断，修正控制方程的计算结果要略优于原控制方程的。

5.3.3.3　直道明渠 Rc

直道明渠就不再进行 Rc 的计算，仅为确定糙率系数 m 同 n 的关系而计算两个算例（见 5.3.3.4 节）。

5.3.3.4　曼宁糙率系数 n 和文桐糙率系数 m 的关系

一个渠道的恒定流流动，当采用原控制方程时，如果确定了曼宁糙率系数 n，在某个水深条件下一定有一个恒定流的解，它有某固定的流量；同样在这个水深流量条件下，本书认为流动是合理的，现实中也存在这样的流动，那么在当采用修正控制方程时，一定有一个文桐糙率系数 m 的解同上面的恒定流完全相同，此时的文桐糙率系数 m 就是等同于曼宁糙率系数 n，它们有相同的流动，应该有相同的阻力才是。按 5.2.3.3 节的表述，文桐糙率系数 m 的取值为曼宁糙率系数 n 的 0.5995～0.8799 倍。

故设计本模型中，将表 5.10 和表 5.12 中的 CRDo 算例的恒定流的解用 CRDc 来计算，增大或减小文桐糙率系数 m 直至计算出一个恒定流为止，这里用 c 和 o 表示。计算表明，用 c（修正控制方程）计算出的流动同 o（原控制方程）是完全一样的，计算结果及受力统计见表 5.13。经过比较，同一个流场的阻力 F_B 和其他力的总和在原控制方程和修正控制方程中计算结果几乎一致，稍偏小一点，因此修正控制方程完全可以替代原控制方程，即文桐糙率系数 m 完全可以替代传统的曼宁糙率系数 n。

将修正控制方程求得的文桐糙率系数 m 同曼宁糙率系数 n 比较，糙率系数比（m/n）的比值为 0.601～0.682，两个糙率系数之间的相关性并不为常数。在直道明渠 Rco 中，渠道比降 J 一致时，所有糙率系数比大致相等（在 0.681 左右，即 $J^{1/18}$），它们是严格缩尺的流动模型；在连续弯道模型 W 中，虽然坡降 J 完全一样，但糙率系数比不为常数，看来它同更多的参数有关，同一个比尺下流量增加而糙率系数比下降，但在一个缩尺流动模型中却有几乎一样的糙率系数比。

由表 5.13 得出的关系表明模型的水深 H 同糙率系数比（m/n）有一定正相关，考虑到同相似点位的糙率系数比一致，故考虑用水深 H/B 来替代，故对于连续弯道模型 W 而言，它们近似有如下的线性关系（W2co 三点锚定斜率）：

$$m/n = 0.65333 - 0.53529(H/B - 0.028571) \tag{5.22}$$

但此线性关系 [式（5.22）] 可能不对，如果说连续弯道 W5co 有少许偏差还可以接受，但不能应用到直道模型 R2co、R5co（图 5.23）中，也不能推广至纯弯道模型 CDc 中（图 5.24），因为 $H/B > 12$ 时糙率系数比都为负的了。糙率系数 m 同 n 的关系，要比线性关系复杂。

换种思路考虑糙率系数 m 和 n 的关系，在 W2o 中，固定的是糙率系数 n，采用原控制方程时它代表流动在严格二次方段上，这时如果用同期的糙率系数 m 来计算

表 5.12 连续弯道明渠 Wc 的各比尺模型数模受力统计

模型	H/m	Q/(m³/s)	m	B/m	J	F_B/N	$F_1-F_2+F_G-M_2+M_1$/N	F_B/其他力/%	$Qm/(BJ^{5/9})$/(m²/s)	u/(m/s)	Hu/(m²/s)	$Re=\rho Hu/\mu$
	0.02	0.0012	0.015	0.7	0.0007	3.6419586	3.7974738	95.904772	0.0014554	0.0857286	0.0017146	1706.3661
W2c	0.22075	0.05493	0.015	0.7	0.0007	29.317476	41.521676	70.555829	0.066608	0.3554765	0.0784714	78095.8923
	0.7	0.2629	0.015	0.7	0.0007	48.862934	130.205499	37.527550	0.3187918	0.5365306	0.3755714	373774.078
	20	37953	0.047434	700	0.0007	3.642E+09	3797403506	95.904801	145.53339	2.7109286	54.218571	53959100.7
W5c	220.75	1736860	0.047434	700	0.0007	2.931E+10	4.1545E+10	70.556438	6660.1091	11.239994	2481.2286	269354297
	700	8311600	0.047434	700	0.0007	4.884E+10	1.3014E+11	37.528974	31871.402	16.962449	11873.714	1.1817E+10

表 5.13 统一流场条件下曼宁糙率系数 n 同文桐糙率系数 m 的关系

模型	H/m	Q/(m³/s)	m	B/m	J	F_B/N	$F_1-F_2+F_G-M_2+M_1$/N	F_B/其他力/%	$Qm/(BJ^{5/9})$/(m²/s)	u/(m/s)	Hu/(m²/s)	$Re=\rho Hu/\mu$	m/n
	0.02	0.001792	0.0098	0.7	0.0007	3.4887581	3.79908002	91.831655	0.0014197	0.128	0.00256	2547.74875	0.653333
W2co	0.22075	0.07166	0.009563	0.7	0.0007	21.130736	41.3275919	51.129850	0.0553983	0.4637437	0.1023714	101881.515	0.637533
	0.7	0.29915	0.00902	0.7	0.0007	24.717525	129.561425	19.077843	0.2181327	0.6105102	0.4273571	425311.964	0.601333
	20	56596	0.03125	700	0.0007	3.544E+09	3789134540	93.519041	142.9753	4.0425714	80.851429	80464502.5	0.655808
W5co	220.75	2266120	0.03024	700	0.0007	2.113E+10	4.1328E+10	51.128534	5539.7474	14.66507	3237.3143	3221821655	0.637515
R2co	0.2435	0.1002	0.01021	0.5	0.001	23.823895	23.8076112	100.068395	0.0949708	0.8229979	0.2004	199440.957	0.680667
R5co	243.5	3163000	0.03235	500	0.001	2.383E+10	2.3813E+10	100.078019	9498.8305	25.979466	6326	6295726022	0.681998

（W2co，修正控制方程），它代表流动在二次方段上，当 n 恒定时，雷诺数越大，则 m 越小；同理如果固定糙率系数 m 来计算，它代表流动在二次方段上，这时 m 为常数，同期的糙率系数 n 却随着雷诺数的增加而增加。这就是糙率系数 m 和 n 的正确解读。

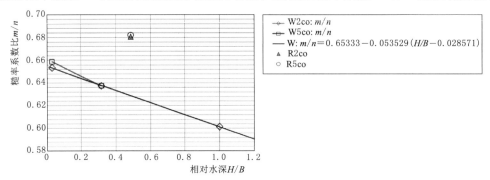

图 5.23　连续弯道 W 的糙率系数比 m/n 同水深 H/B 的关系

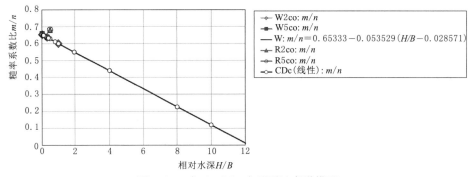

图 5.24　式（5.22）应用到纯弯道模型

5.3.3.5　CRDc 数学模型的总结

修正控制方程的 CRDc 模型同原控制方程的 CRDo 模型比较接近，均可以很好地预测流动特征，尤其是弯道特征。在连续弯道的模拟中，比 SMS 有较好的准确度。修正控制方程完全可以替代原控制方程，或两者并存，但均需要根据 CFD 的模拟所反映出的问题作必要的修正。

5.4　和谐的一维水力学数学模型

如果按河流横断面进行平均，便是一维的水力学模型，也称为圣维南方程组［式（5.23）、式（5.24）］，它们分别为

连续方程：

$$\frac{\partial Q}{\partial x} + \frac{\partial A}{\partial t} = 0 \tag{5.23}$$

动量方程：

$$\frac{\partial V}{\partial t} + V\frac{\partial V}{\partial x} + \frac{\partial z}{\partial x}g - (S_0 - S_f)g = 0 \qquad (5.24)$$

式中：Q 为断面流量；A 为断面面积；V 为断面平均流速；h 为水深；S_0 为底面坡降；S_f 为能坡。如果采用传统的曼宁公式能坡的表达式［式（5.15）］和曼宁糙率系数 n，则 S_f 有

$$S_f = \frac{(nV)^2}{R^{4/3}} \qquad (5.25)$$

如果以和谐的文桐公式替换不和谐的曼宁公式，则坡降形式为式（5.16），并采用文桐糙率系数 m，则 S_f 有：

$$S_f = \frac{(mV)^{9/5}}{R^{6/5}} \qquad (5.26)$$

式中：R 为水力半径，$R = A/P$，P 为断面湿周。

如果曼宁公式有误，则不仅二维水力学数学模型需要修正，一维水力学模型依然要修正，用式（5.26）代替式（5.25）植入动量方程式（5.24）中。

参考文献

［1］ Toro E F. Shock - Capturing Methods for Free - Surface Shallow Flows ［M］. John Wiley, 2001.

［2］ US Army Corps of Engineers - Waterways Experiment Station Hydraulics Laboratory ［R］. User Guide to RMA2 WES Version 4.2, 1997.

［3］ Toro E F. Riemann Solvers and Numerical Methods for Fluid Dynamics ［M］. Springer Berlin Heidelberg, 2013.

［4］ Zhou J G, Causon D M, Mingham C G, et al. The Surface Gradient Method for the Treatment of Source Terms in the Shallow - Water Equations ［J］. Journal of Computational Physics, 2001, 168 (1): 1 - 25.

［5］ 陈雨晴, 丁宇飞, 郑晓刚, 等. 水电站近坝区水沙输移二维数值模拟［J］. 水电能源科学, 2020, 38 (5): 66 - 70.

［6］ 周晓泉, 周文桐. 认识流动, 认识流体力学——从时间权重到相似理论 ［M］. 北京: 中国水利水电出版社, 2023.

［7］ Knight D W, Macdonald J A. Open channel flow with varing bed roughness ［J］. Hydr. Div, ASCE. 1979, 105 (9): 1167 - 1183.

［8］ Knight D W. Boundary Shear in Smooth and Rough Channel ［J］. J. Hydr. Div, ASCE. 1981, 107 (7): 839 - 851.

［9］ M Hanif Chaudhry. Open Channel Flow ［M］. Second Edition. Springer Science Business Media, LLC., 2008.

第6章

如何确定糙率系数

　　光滑壁面的糙率，按第 4 章的研究，大致分两段：第一段为阻力一次方段，阻力与雷诺数的一次方成正比，是典型的层流段；第二段为阻力二次方段，是典型的紊流段，阻力与雷诺数的 1.8 次方成正比。最终确定以阻力 1.8 次方段为标准进行文桐糙率系数 m 的率定。由第 4 章知，在小雷诺数条件下，m 非常大，应在阻力一次方段上，m 随雷诺数的增加而减小，至同二次方段相交点（一次方段和二次方段的交点）；之后雷诺数继续增大，则糙率系数 m 恒定（二次方段，$b=1.8$），应该如图 4.18 (a)、(b) 所示。也许应该还有严格二次方段，只是数模可能没能捕捉到。

　　因此光滑壁面的糙率分两段给定，一段按层流（阻力一次方段）给定，一段按紊流（阻力 1.8 次方段）给定。粗糙壁面的糙率同理也应该按两段给定。

　　可否按阻力严格二次方段 [$b=2$，图 4.17 (a)] 或按一次方段 [$b=1$，图 4.18 (c)] 为标准来定义糙率系数 m 呢？理论上是完全可以的，但以严格二次方来率定糙率，那就是曼宁糙率系数 n，它只在严格二次方段上满足，而在一次方段和二次方段上是不和谐且不唯一的 [见图 4.14 (a)]；而以一次方段来率定糙率，那将是糙率系数 m 仅在一次方段上满足，而通常的流动糙率系数 m 均在二次方段、严格二次方段上，这时都不为常数。因此以阻力二次方 ($b=1.8$) 进行糙率率定也是一种选项。

　　按阻力二次方 ($b=1.8$) 来定义的文桐糙率系数 m 同 Re 的关系到底怎样的呢？在光滑壁面上，如果将阻力响应特性中的 Re 的指数 b 固定，就能确定谢才系数 C 与 Re 的关系 [见式 (4.9b)]：

$$C=aRe^{1-b/2} \tag{6.1a}$$

　　也可以确定阻力系数 λ 与 Re 的关系 [见式 (4.8b)]：

$$\lambda=aRe^{b-2} \tag{6.1b}$$

　　其实还可以由文桐糙率系数 m 的定义 [式 (4.22)]，经过简单推导得到如下公式来确定文桐糙率系数 m 与 Re 的关系：

$$m=aRe^{5b/9-1} \tag{6.1c}$$

　　以上三种关系 [式 (6.1a)～式 (6.1c)] 只是固定水深 H 的糙率系数响应曲线。

当在阻力一次方段（$b=1$）上时，$m=aRe^{-4/9}$；二次方段（$b=1.8$）上时，$m=aRe^0$；严格二次方段（$b=2$）上时，$m=aRe^{1/9}$。因此无论固定哪段作为糙率系数的率定标准确定 m（常数），它在其他段上都不为一个常数。

优先按二次方段（$b=1.8$）为标准确定糙率系数 m_c。

6.1 光滑壁面糙率系数 m 的确定（$b=1.8$）

光滑壁面通用的受力响应关系［图 4.11（b）］可以表述如下：

$$\tau H^2 = aRe^b \tag{6.2}$$

一次方段、二次方段分别有：

$$\tau H^2 = a_1 Re^{b_1}, \quad b_1 = 1 \tag{6.3a}$$

$$\tau H^2 = a_2 Re^{b_2}, \quad b_2 = 1.8 \tag{6.3b}$$

由 A 系列［图 4.11（b）］知一次方段 $a_1 \approx 3.06787 \times 10^{-9}$、二次方段 $a_2 \approx 3.04435 \times 10^{-11}$，如果将两个曲线相交，就一定可以获得相交点的坐标：$(\tau H^2)_c$ 和 Re_c。如果将 $\tau = \rho ghJ$ 代入式（6.3b），并按糙率系数 m 的定义，只有当 $b=1.8$ 时，由式（6.3b）才有二次方段上文桐糙率系数 m 的表达式：

$$m = \frac{a_2^{5/9}}{\rho^{-4/9} g^{5/9} \mu} \tag{6.4a}$$

或反推，由文桐糙率系数 m 得到 a_2 的表达式：

$$a_2 = m^{9/5} \rho^{-4/5} g \mu^{9/5} \tag{6.4b}$$

a_2 是同糙率系数 m 的取值严格相关联的，确定其中一个就可以知道另一个，因此应该优先确定文桐糙率系数 m。表 6.1 便是光滑渠道 An 的糙率计算统计表，先计算损失 H_f，再计算坡降 J，再至系数 a_1、a_2 的确定。

表 6.1 **光滑渠道 An 的糙率计算统计**

$u/(\text{m/s})$	$Re=\rho uH/\mu$	τH^2	$H_f=f/\rho gH$	$J=H_f/L$	$m=H^{2/3}J^{5/9}/u$	$a_1=\tau H^2/Re$	$a_2=\tau H^2/Re^{9/5}$
0.00000001	0.005871765	1.7534E−11	4.3591E−15	8.7183E−15	1.0873328	2.9861E−09	
3.16228E−08	0.01856815	5.5446E−11	1.3785E−14	2.7570E−14	0.6518389	2.9861E−09	
0.0000001	0.058717647	1.7534E−10	4.3593E−14	8.7186E−14	0.390776	2.9862E−09	
3.16228E−07	0.185681504	5.5463E−10	1.3789E−13	2.7578E−13	0.2342991	2.987E−09	
0.000001	0.587176471	1.7551E−09	4.3634E−13	8.7267E−13	0.1405102	2.989E−09	
3.16228E−06	1.856815036	5.5525E−09	1.3804E−12	2.7609E−12	0.0842546	2.9903E−09	
0.00001	5.871764706	1.7564E−08	4.3667E−12	8.7334E−12	0.0505181	2.9913E−09	
3.16228E−05	18.56815036	5.5567E−08	1.3815E−11	2.7630E−11	0.0302924	2.9926E−09	
0.0001	58.71764706	1.7624E−07	4.3817E−11	8.7633E−11	0.0181898	3.0015E−09	1.1543E−10
0.000177828	104.4163828	3.1711E−07	7.8839E−11	1.5768E−10	0.0141759	3.037E−09	7.3694E−11

续表

$u/(\mathrm{m/s})$	$Re=\rho uH/\mu$	τH^2	$H_{\mathrm f}=f/\rho gH$	$J=H_{\mathrm f}/L$	$m=H^{2/3}J^{5/9}/u$	$a_1=\tau H^2/Re$	$a_2=\tau H^2/Re^{9/5}$
0.000316228	185.6815036	5.9768E−07	1.4859E−10	2.9719E−10	0.0113364	3.2189E−09	4.9282E−11
0.000421697	247.6102645	8.5090E−07	2.1155E−10	4.2309E−10	0.0103442	3.4364E−09	4.1792E−11
0.000562341	330.1935946	1.2460E−06	3.0977E−10	6.1953E−10	0.0095877	3.7735E−09	3.6452E−11
0.000649382	381.3016145	1.5231E−06	3.7867E−10	7.5734E−10	0.0092827	3.9945E−09	3.4391E−11
0.000749894	440.3202352	1.8737E−06	4.6583E−10	9.3166E−10	0.009019	4.2553E−09	3.2653E−11
0.000865964	508.473875	2.3187E−06	5.7647E−10	1.1529E−09	0.0087916	4.5601E−09	3.1186E−11
0.001	587.1764706	2.8852E−06	7.1731E−10	1.4346E−09	0.0085963	4.9138E−09	2.995E−11
0.001333521	783.012408	4.5343E−06	1.1273E−09	2.2546E−09	0.0082867	5.7908E−09	2.8036E−11
0.001778279	1044.163828	7.2489E−06	1.8022E−09	3.6044E−09	0.0080646	6.9423E−09	2.6699E−11
0.002371374	1392.414843	1.1754E−05	2.9223E−09	5.8446E−09	0.0079106		2.5788E−11
0.003162278	1856.815036	1.9284E−05	4.7942E−09	9.5884E−09	0.00781		2.52E−11
0.004216965	2476.102645	3.1937E−05	7.9401E−09	1.5880E−08	0.0077513		2.4861E−11
0.005623413	3301.935946	5.3302E−05	1.3252E−08	2.6504E−08	0.0077261		2.4715E−11
0.01	5871.764706	1.5108E−04	3.7561E−08	7.5122E−08	0.0077504		2.4856E−11
0.031622777	18568.15036	1.2660E−03	3.1474E−07	6.2949E−07	0.0079841		2.6221E−11
0.1	58717.64706	1.0835E−02	2.6939E−06	5.3877E−06	0.0083222		2.8253E−11
0.316227766	185681.5036	9.1182E−02	2.2669E−05	4.5338E−05	0.0085933		2.9931E−11
1	587176.4706	7.1790E−01	1.7848E−04	3.5696E−04	0.0085511		2.9667E−11
3.16227766	1856815.036	4.9676E+00	1.2350E−03	2.4700E−03	0.0079202		2.5844E−11
10	5871764.706	3.2291E+01	8.0281E−03	1.6056E−02	0.0070855		2.115E−11
31.6227766	18568150.36	2.7482E+02	6.8325E−02	1.3665E−01	0.0073624		2.2661E−11
100	58717647.06	2.3237E+03	5.7772E−01	1.1554E+00	0.0076224		2.4121E−11

　　从受力响应图 6.1 或文桐糙率系数 m 响应图 6.2 中，将一次方段与二次方段相交，便能求出关键的拐点处的雷诺数值 $Re_{\mathrm c}$：

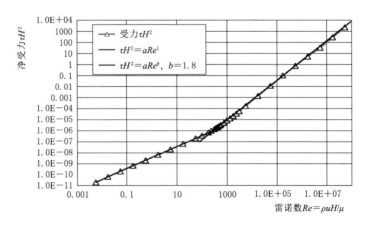

图 6.1　光滑明渠（An）受力响应

$$Re_c = \left(\frac{a_1}{a_2}\right)^{5/4} \tag{6.5}$$

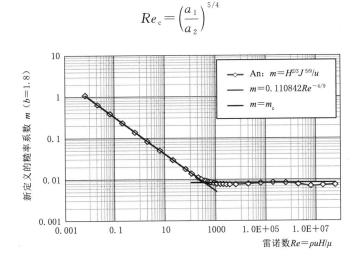

图 6.2　光滑明渠（An）文桐糙率系数响应

关键是如何确定光滑壁面的文桐糙率系数 m。将光滑壁面 An 的受力响应和文桐糙率系数 m 响应特性分别列出来（图 6.1、图 6.2），文桐糙率系数 m 的确定见表 6.1，二次方段的文桐糙率系数 m_c 的取值为 0.007726~0.0086 均可能是合理的，最终还得实验数据来确定，这里尝试取三个：0.0078、0.0082、00086。因此将文桐糙率系数的定义如下：

$$m = (m_c, Re_c) \tag{6.6}$$

式（6.6）分两段解读，用两条直线段进行近似解读，分别为层流段（一次方段）和紊流段（二次方段），它们均为非阶跃时的表达：

二次方段　　　　　　　$m = m_c, \quad Re > Re_c \tag{6.7}$

一次方段　　　　$m = m_c Re^{-4/9}/Re_c^{-4/9}, \quad Re < Re_c \tag{6.8}$

当确定了 m_c（或用实验方式获得），就确定了二次方段，拐点 Re_c 的确定必须再由一次方段参与才能求解出。a_1 的确定参见表 6.1，当锚定点位不一样，a_1 的取值就不一样，它大致为 $(2.986 \sim 3.037) \times 10^{-9}$，这里暂定 $a_1 = 3 \times 10^{-9}$。由式（6.5）确定 Re_{c1} 即可得到三个可能的糙率系数 m：$m = (0.0086, 316.58)$、$m = (0.0082, 352.39)$、$m = (0.0078, 394.36)$。

通过式（6.6）～式（6.8），就确定了两段直线拟合糙率系数 m 的基础，且仅针对光滑壁面的。对于光滑壁面，m_c 和 Re_c 均应该为一个固定的常数，因为固定水深的受力响应曲线同阶跃的受力响应曲线完全一致，为同一条响应曲线［图4.14（b）］。

当然粗糙壁面的糙率系数的确定也应当同光滑壁面的类似。

6.2 非光滑壁面的糙率系数 m（$b=1.8$）

6.2.1 粗糙高度 1m 时的糙率系数确定

按同一粗糙高度 $k=1$m 时考虑（见 4.3.4 节），它们是 W2 系列模型，有 W2、W2a、W2c、W2h、W2g、W2f 等，它们均有一样的粗糙壁面，按理，它们应该共享一个粗糙高度和糙率系数 m。

6.2.1.1 糙率系数 m_c

非光滑壁面糙率系数按 4.3 节的数模数据，同光滑壁面一样，它也有阻力一次方段、阻力二次方段和阻力严格二次方段，其中与文桐糙率系数 m 最为相关的还是阻力二次方段（图 6.3）和阻力一次方段（图 6.4）。在阻力二次方段上，根据锚定点的位置不同而系数稍有不同，按 W2g 第 11 点的 C 点［图 6.3（a）］、或 W2 第 6 点的 A 点［图 6.3（b）］与锚定，a_2 值相差较大，如果暂按以 C 点锚定的值 $a_2 \approx 2.5 \times 10^{-10}$ 确定［式（6.3b）］，通过式（6.4a）便可以确定糙率系数 $m \approx 0.027943$。故圆整后暂将此非光滑壁面糙率系数 m 取为 0.028，按式（6.4b）反推得 $a_2 = 2.50912 \times 10^{-10}$。于是阻力二次方段上受力响应公式为

$$\tau H^2 = a_2 Re^{b_2}，a_2 = 2.50912 \times 10^{-10}，b_2 = 1.8 \qquad (6.9a)$$

或

$$m_c = 0.028 \qquad (6.9b)$$

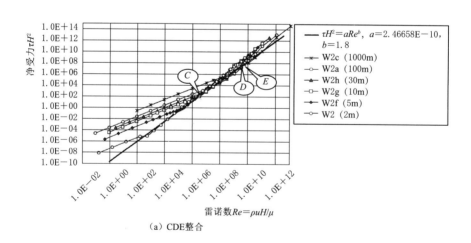

（a）CDE整合

图 6.3（一） W2 系列受力响应特性（阻力二次方段）

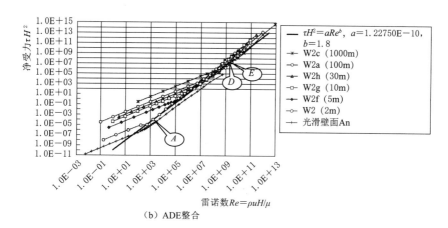

（b）ADE整合

图 6.3（二）　W2 系列受力响应特性（阻力二次方段）

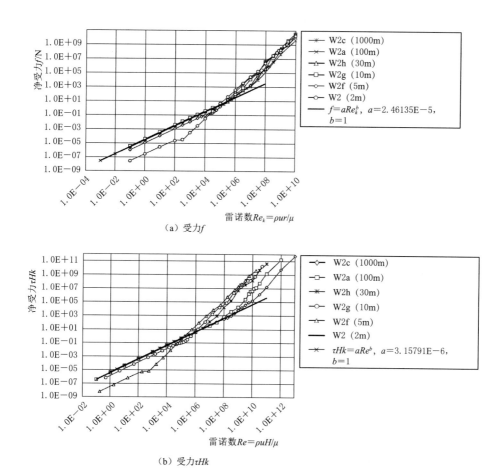

（a）受力 f

（b）受力 τHk

图 6.4　W2 系列受力响应特性（阻力一次方段）

6.2.1.2　文桐糙率系数 m 的两段确定方法

阻力一次方段上，阶跃曲线按式（4.45）给定，其受力特性与 Re_k 一次方成正比 [图 6.4（a）]，经过变形，可以写成如下的阶跃形式 [图 6.4（b）]：

$$\tau Hk = a_3 Re^{b_3}, a_3 = 3.030793 \times 10^{-6}, b_3 = 1 \tag{6.10}$$

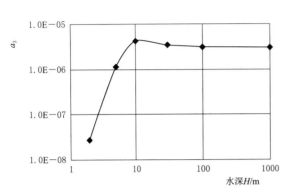

图 6.5　系数 a_3 随水深 H 的变化图

阻力一次方段上的系数 a_3 同样跟锚定点位相关，按每个 W 算例速度最小的几组来定，见表 6.2，在同一个水深条件下，a_3 均比较恒定，它与水深的关系见图 6.5，随着水深 H 的降低，a_3 的值是先缓慢上升，至 10m 以下时，再迅速降低，再逐渐缓慢降低。a_3 的确定比较困难，但可以忽略 W2f、W2 的数据，因为水深只有粗糙高度的 2 倍、5 倍（分别对应模型 W2、W2f），且在平常的流动中是少见的，故大致可以取 $a_3 \approx 3.5 \times 10^{-6}$（约 W2c、W2a、W2h、W2g 的平均，见表 6.2）。

由阶跃的阻力一次方段 [式（6.10）] 和阶跃的阻力二次方段 [式（6.9）] 便可求得拐点处雷诺数 Re_c 的值：

$$Re_c = [(H/k)(a_3/a_2)]^{5/4} \tag{6.11}$$

或

$$Re_c = 126632(H/k)^{5/4}, a_3 = 3.030793 \times 10^{-6} \tag{6.12a}$$

$$Re_c = 151594(H/k)^{5/4}, a_3 = 3.5 \times 10^{-6} \tag{6.12b}$$

所以 Re_{c1} 不是固定的，它不仅与糙率系数相关（指 a_2），还是水深 H 与粗糙高度 k 比值的函数。于是可以最终确定糙率系数为 $(0.028, Re_c)$。Re_c 来源于式（6.11）的计算结果，它随着水深的增加而增加，按水深的 5/4 次方变化。

如果将糙率系数 m 写成一般的形式为 $[m_c, a_c(H/k)^{5/4}]$，其中 m_c、a_c 为待定系数，须由实验确定，本节只给出可能的值 $[0.028, 1.5 \times 10^5 (H/k)^{5/4}]$，虽然当 $H/k < 10$ 以后便不再近似满足了（W2、W2f 均不在阶跃曲线上），Re_c 的值将比 $1.5 \times 10^5 (H/k)^{5/4}$ 更小，这时的 a_c 便不为常数了，而是可变的常数。

用这种方法，按 $b = 1.8$ 的二次方段来确定糙率系数 m，它在二次方段上是和谐的，但在一次方段上并不和谐（因为阶跃），通过确定一次方段上阶跃表达式，最终给出了在一次方段、二次方段均和谐的表达式，如果将粗糙高度 k 并入系数中，可以写成一般的通式：$(m_c, a_c H^{5/4})$，其中 m_c、a_c 为常数。

表 6.2　W2 系数 a_3、a_2、a_4 的确定

模型	$u/(\text{m/s})$	Re	Re_d	τH^2	τHk	m	$a_3=\tau Hk/Re$	$a_2=\tau H^2/Re^{1.8}$	$a_4=\tau H^2/Re_d^2$	n
	0.0000001	99.4946932	31.4643939	0.30225745	0.00030234	31.208872	3.03874E-06	7.66191E-05	0.000305308	175.72861
	0.000001	994.946932	314.643939	3.02287064	0.00302368	11.216498	3.03994E-06	1.21445E-05	3.05338E-05	55.572989
	0.00001	9949.46932	3146.43939	30.2287776	0.0302369	4.0310055	3.03905E-06	1.92478E-06	3.05339E-06	17.573743
	0.0001	99494.6932	31464.3939	302.291306	0.30237256	1.4486777	3.03908E-06	3.0506E-07	3.05342E-07	5.5573379
	0.001	994946.932	314643.939	3023.03565	3.02384819	0.5206395	3.03921E-06	4.83508E-08	3.05355E-08	1.7574202
	0.01	9949469.32	3146439.39	30115.9615	30.1240561	0.1867144	3.0277E-06	7.63408E-09	3.04199E-09	0.5546926
	0.0316228	31462984.6	9949914.98	92018.2029	92.0429358	0.1098159	2.92544E-06	2.93653E-09	9.29469E-10	0.3066132
	0.1	99494693.2	31464393.9	238010.607	238.07458	0.0588783	2.39284E-06	9.56217E-10	2.40413E-10	0.1559381
	0.1778279	176929364	55952483.7	371938.531	372.038502	0.0424291	2.10275E-06	5.3019E-10	1.18804E-10	0.1096199
	0.3162278	314629846	99499149.8	739492.227	739.69099	0.0345523	2.35099E-06	3.74019E-10	7.46956E-11	0.0869202
W2c	0.5623413	559499776	176937289	1790899.03	1791.38039	0.0321282	3.20175E-06	3.21389E-10	5.72048E-11	0.0760658
	1	994946932	314643939	4866922.94	4868.23109	0.0314847	4.89296E-06	3.09895E-10	4.91604E-11	0.070515
	1.7782794	1769293643	559524837	12507762.6	12511.1244	0.0299113	7.07125E-06	2.82579E-10	3.99522E-11	0.0635688
	3.1622777	3146298456	994991498	28875965.9	28883.7273	0.0267732	9.18022E-06	2.31471E-10	2.91674E-11	0.0543153
	5.6234133	5594997762	1769372894	65782212.1	65799.8932	0.0237876	1.17605E-05	1.87098E-10	2.10121E-11	0.0461008
	10	9949469319	3146439385	120499496	120531.885	0.0187238	1.21144E-05	1.21603E-10	1.21716E-11	0.035087
	31.622777	3.1463E+10	9949914977	1040325851	1040605.47	0.0196108	3.3074E-05	1.32169E-10	1.05083E-11	0.0326016
	100	9.9495E+10	3.1464E+10	1.3105E+10	13108319.2	0.0253368	0.000131749	2.096E-10	1.32371E-11	0.0365906
	1000	9.9495E+11	3.1464E+11	4.3055E+12	4306619493	0.0633662	0.004328492	1.09139E-09	4.34892E-11	0.066323
	10000	9.9495E+12	3.1464E+12	4.0856E+14	4.0867E+11	0.0794913	0.041074187	1.64139E-09	4.1268E-11	0.0646071

续表

模型	u/(m/s)	Re	Re_d	τH^2	τHk	m	$a_3=\tau Hk/Re$	$a_2=\tau H^2/Re^{1.8}$	$a_4=\tau H^2/Re_d^2$	n
W2a	1E−09	0.09925401	0.0460903	3.1259E−05	3.1344E−07	191.08209	3.15791E−06	0.001999091	0.014714995	1219.982
	1E−08	0.99254011	0.46090296	0.00031264	3.1349E−06	68.677528	3.15842E−06	0.000316886	0.001471738	385.82345
	0.0000001	9.9254010 6	4.60902955	0.00312701	3.1354E−05	24.683921	3.159E−06	5.02322E−05	0.000147201	122.0192
	0.000001	99.2540106	46.0902955	0.03127309	0.00031357	8.8714193	3.1593E−06	7.96204E−06	1.47215E−05	38.587729
	0.00001	992.540106	460.902955	0.31273046	0.00313573	3.1882205	3.1593E−06	1.2619E−06	1.47215E−06	12.202504
	0.0001	9925.40106	4609.02955	3.12728819	0.03135714	1.1457837	3.15928E−06	1.99996E−07	1.47214E−07	3.8587603
	0.001	99254.0106	46090.2955	31.2743047	0.31358569	0.4117837	3.15943E−06	3.16987E−08	1.47221E−08	1.2202749
	0.01	992540.106	460902.955	311.470978	3.1231019	0.1476527	3.14658E−06	5.00347E−09	1.46622E−09	0.3850992
	0.1	9925401.06	4609029.55	2431.60323	24.3815482	0.0462446	2.45648E−06	6.19079E−10	1.14465E−10	0.1075995
	0.3162278	31386874.1	14575031.2	7721.74789	77.4255298	0.0277876	2.46681E−06	2.47497E−10	3.63493E−11	0.0606348
	1	99254010.6	46090295.5	51837.0004	519.766674	0.0253078	5.23673E−06	2.09167E−10	2.44017E−11	0.0496803
	3.1622777	313868741	145750312	309322.061	3101.55483	0.0215893	9.88169E−06	1.57132E−10	1.4561E−11	0.0383768
	10	992540106	460902955	1351818.99	13554.6126	0.0154908	1.36565E−05	8.64514E−11	6.36355E−12	0.0253702
	31.622777	3138687405	1457503118	18786309.2	188369.261	0.0211365	6.00153E−05	1.5125E−10	8.84347E−12	0.0299078
	56.234133	5581463187	2591847786	125949229	1262885.8	0.0342072	0.000226264	3.5979E−10	1.87489E−11	0.0435473
	74.989421	7443000783	3456284571	285661584	2864312.56	0.0404301	0.000384833	4.86077E−10	2.39129E−11	0.0491801
	100	9925401063	4609029551	308361823	3091926.58	0.031634	0.000311517	3.12546E−10	1.45158E−11	0.0383172
	133.35214	1.3236E+10	6146239688	724132032	7260830.97	0.038118	0.000548578	4.37191E−10	1.9169E−11	0.0440324
	177.82794	1.765E+10	8196142351	1022708207	10254637.4	0.034628	0.000580995	3.67794E−10	1.52241E−11	0.039241
	316.22777	3.1387E+10	1.4575E+10	4227126304	42385156.6	0.0428363	0.00135041	5.39385E−10	1.98988E−11	0.0448628
	1000	9.9254E+10	4.609E+10	1.1129E+11	1115943869	0.0833565	0.011243313	1.78783E−09	5.23908E−11	0.0727949
	10000	9.9254E+11	4.609E+11	1.1487E+13	1.1518E+11	0.1095686	0.116048358	2.92464E−09	5.40754E−11	0.0739559

续表

模型	$u/(\mathrm{m/s})$	Re	Re_d	τH^2	τHk	m	$a_3=\tau Hk/Re$	$a_2=\tau H^2/Re^{1.8}$	$a_4=\tau H^2/Re_d^2$	n
W2h	0.0000001	2.9589056	1.68110464	0.00030855	1.0378E-05	22.869154	3.50734E-06	4.37811E-05	0.000109177	105.08466
	0.000001	29.5890056	16.8110464	0.00308568	0.00010379	8.2190534	3.50757E-06	6.9393E-06	1.09185E-05	33.2318
	0.00001	295.890056	168.110464	0.03085681	0.00103786	2.9537763	3.50757E-06	1.09981E-06	1.09185E-06	10.508823
	0.0001	2958.90056	1681.10464	0.30856101	0.01037833	1.0615187	3.50749E-06	1.74304E-07	1.09182E-07	3.3231437
	0.0003162	9356.86515	5316.11966	0.97575877	0.03281926	0.6363649	3.50751E-06	6.93917E-08	3.45265E-08	1.8687441
	0.001	29589.0056	16811.0464	3.08559544	0.10378277	0.381489	3.50748E-06	2.76251E-08	1.09182E-08	1.0508678
	0.0031623	93568.6515	53161.1966	9.75319245	0.32804472	0.2286404	3.50593E-06	1.09929E-08	3.4511E-09	0.5908157
	0.01	295890.056	168110.464	30.6909866	1.03227904	0.1366923	3.48873E-06	4.35488E-09	1.08598E-09	0.3314241
	0.0316228	935686.515	531611.966	92.7643862	3.12009298	0.0799129	3.33455E-06	1.65709E-09	3.2824E-10	0.1822088
	0.1	2958900.56	1681104.64	234.261685	7.87929797	0.0422793	2.66291E-06	5.26825E-10	8.28918E-11	0.0915649
	0.3162278	9356865.15	5316119.66	781.110231	26.2723298	0.0261029	2.80781E-06	2.21145E-10	2.7639E-11	0.0528731
	1	29589005.6	16811046.4	5522.45034	185.745406	0.0244675	6.2775E-06	1.96833E-10	1.95408E-11	0.0444574
	3.1622777	93568651.5	53161196.6	33470.9271	1125.78123	0.0210538	1.20316E-05	1.50187E-10	1.18435E-11	0.0346109
	10	295890056	168110464	168247.252	5658.92894	0.0163279	1.91251E-05	9.50415E-11	5.95331E-12	0.0245388
	31.622777	935686515	531611966	5014426.75	168658.236	0.0340386	0.000180251	3.56604E-10	1.77432E-11	0.0423632
	100	2958900565	1681104643	38402701.3	1291659.48	0.033355	0.000436534	3.43817E-10	1.35885E-11	0.0370731
	316.22777	9356865154	5316119658	3062272284	102998302	0.12013	0.011007779	3.45151E-09	1.08356E-10	0.1046889
	1000	2.9589E+10	1.6811E+10	2.7737E+10	929929156	0.1292196	0.031529588	3.93575E-09	9.81461E-11	0.0996345
	3162.2777	9.3569E+10	5.3161E+10	3.7025E+11	1.2453E+10	0.1724125	0.133091738	6.61394E-09	1.3101E-10	0.1151135
	10000	2.9589E+11	1.6811E+11	3.3601E+12	1.1301E+11	0.1855562	0.381948035	7.55638E-09	1.18894E-10	0.1096611

续表

模型	$u/(\text{m/s})$	Re	Re_d	τH^2	τHk	m	$a_3=\tau Hk/Re$	$a_2=\tau H^2/Re^{1.8}$	$a_4=\tau H^2/Re_d^2$	n
	0.0000001	0.96847185	0.66281441	4.088E-05	4.2009E-06	22.731274	4.33769E-06	4.33071E-05	9.30534E-05	97.015118
	0.000001	9.68471851	6.62814408	0.00041095	4.223E-05	8.1929567	4.36043E-06	6.89969E-06	9.35411E-06	30.75917
	0.00001	96.8471851	66.2814408	0.00408822	0.00042011	2.9359267	4.33788E-06	1.0887E-06	9.30574E-07	9.7017195
	0.0001	968.471851	662.814408	0.0408819	0.00420108	1.0551125	4.33784E-06	1.72415E-07	9.30566E-08	3.0679405
	0.0003162	3062.5769	2096.0032	0.12927641	0.01328461	0.6325138	4.33772E-06	6.86377E-08	2.94263E-08	1.7252063
	0.001	9684.71851	6628.14408	0.40874913	0.0420036	0.3791518	4.3371E-06	2.73212E-08	9.30407E-09	0.9700851
	0.0031623	30625.769	20960.032	1.291174	0.13268273	0.2271583	4.33239E-06	1.0865E-08	2.93901E-09	0.5452225
	0.01	96847.1851	66281.4408	4.04399819	0.41556655	0.1354527	4.29095E-06	4.28405E-09	9.20507E-10	0.3051314
	0.0316228	306257.69	209600.32	11.8363361	1.2163174	0.0777861	3.97155E-06	1.57856E-09	2.69422E-10	0.1650783
W2g	0.1	968471.851	662814.408	27.1815563	2.79321232	0.0390382	2.88414E-06	4.56371E-10	6.18715E-11	0.0791077
	0.3162278	3062576.9	2096003.2	116.694879	11.9917186	0.0277353	3.91556E-06	2.46658E-10	2.65624E-11	0.0518331
	1	9684718.51	6628144.08	991.119953	101.848784	0.0287862	1.05164E-05	2.63736E-10	2.25602E-11	0.0477688
	3.1622777	30625769	20960032	6817.95647	700.622136	0.0265753	2.28769E-05	2.28401E-10	1.55192E-11	0.0396195
	10	96847185.1	66281440.8	124723.255	12816.725	0.0422428	0.00013234	5.26006E-10	2.83899E-11	0.0535865
	31.622777	306257690	209600320	1108238.91	113884.081	0.0449573	0.000371857	5.88406E-10	2.52261E-11	0.0505124
	100	968471851	662814408	37802653.5	3884650.18	0.1010195	0.004011113	2.52677E-09	8.60475E-11	0.0932916
	316.22777	3062576898	2096003196	257073198	26417178.5	0.0926668	0.008625801	2.16322E-09	5.85158E-11	0.0769325
	1000	9684718507	6628144083	1143844117	117542919	0.0671578	0.012136947	1.21174E-09	2.60365E-11	0.0513174
	3162.2777	3.0626E+10	2.096E+10	3.6287E+10	3728875173	0.144943	0.121756132	4.8394E-09	8.2597E-11	0.091402
	10000	9.6847E+10	6.6281E+10	3.1339E+11	3.2204E+10	0.1518394	0.332527643	5.26173E-09	7.13348E-11	0.0849423

续表

模型	$u/(\mathrm{m/s})$	Re	Re_d	τH^2	τHk	m	$a_3=\tau Hk/Re$	$a_2=\tau H^2/Re^{1.8}$	$a_4=\tau H^2/Re_d^2$	n
	0.0000001	0.47086467	0.36341222	2.7046E−06	5.7164E−07	10.341501	1.21402E−06	1.04927E−05	2.04786E−05	45.511783
	0.000001	4.70864672	3.63412222	2.7046E−05	5.7165E−06	3.7165845	1.21404E−06	1.66301E−06	2.0479E−06	14.392235
	0.00001	47.0864672	36.3412222	0.00027046	5.7165E−05	1.335674	1.21405E−06	2.63571E−07	2.04791E−07	4.5512329
	0.0001	470.864672	363.412222	0.00270466	0.00057165	0.4800176	1.21405E−06	4.17734E−08	2.04792E−08	1.4392295
	0.0003162	1489.00483	1149.21035	0.0085512	0.00180737	0.2877315	1.21381E−06	1.6627E−08	6.47482E−09	0.8092587
	0.001	4708.64672	3634.12222	0.02697218	0.00570081	0.1722456	1.21071E−06	6.60242E−09	2.04229E−09	0.4544979
	0.0031623	14890.0483	11492.1035	0.0833356	0.01761372	0.1019349	1.18292E−06	2.56813E−09	6.31003E−10	0.2526324
	0.0056234	26478.6664	20436.171	0.14193073	0.02999832	0.0770536	1.13292E−06	1.5519E−09	3.39842E−10	0.185401
	0.01	47086.4672	36341.2222	0.22835966	0.04826584	0.0564337	1.02505E−06	8.85944E−10	1.7291E−10	0.1322463
	0.0177828	83732.8952	64624.8471	0.33342544	0.07047243	0.0391616	8.41634E−07	4.58972E−10	7.98362E−11	0.0898614
	0.0237137	111659.61	86178.6186	0.39765399	0.08404771	0.0323865	7.52714E−07	3.26056E−10	5.35434E−11	0.0735913
	0.0316228	148900.483	114921.035	0.52036952	0.10998472	0.0282005	7.38646E−07	2.54155E−10	3.94015E−11	0.0631291
	0.0421697	198561.986	153249.663	0.76456878	0.16159841	0.0261874	8.13844E−07	2.22435E−10	3.2555E−11	0.0573828
W2f	0.0562341	264786.664	204361.71	1.21070829	0.25589396	0.025351	9.66416E−07	2.0981E−10	2.89895E−11	0.0541494
	0.1	470864.672	363412.222	3.64442644	0.77028194	0.0262953	1.63589E−06	2.24087E−10	2.7595E−11	0.0528309
	0.3162278	1489004.83	1149210.35	39.3128092	8.30911182	0.0311683	5.58031E−06	3.04313E−10	2.9767E−11	0.0548707
	1	4708646.72	3634122.22	454.890302	96.1451105	0.0384128	2.04188E−05	4.43296E−10	3.44435E−11	0.0590238
	3.1622777	14890048.3	11492103.5	5826.78419	1231.54265	0.0500918	8.27091E−05	7.14852E−10	4.41194E−11	0.0668018
	10	47086467.2	36341222.2	57145.238	12078.1542	0.0563155	0.00025651	8.82606E−10	4.32694E−11	0.0661552
	31.622777	148900483	114921035	263028.759	55593.4673	0.0415886	0.00037336	5.11435E−10	1.99161E−11	0.0448823
	100	470864672	363412222	7972365.48	1685030.34	0.0875138	0.003578587	1.95153E−09	6.03654E−11	0.0781389
	316.22777	1489004834	1149210350	67083351.8	14178662.9	0.0903609	0.009522241	2.06729E−09	5.07944E−11	0.0716772
	1000	4708646723	3634122215	557702223	117875324	0.0926774	0.025033801	2.16366E−09	4.22283E−11	0.0653544
	3162.2777	1.489E+10	1.1492E+10	1940884104	410223115	0.0585951	0.027550153	9.47953E−10	1.4696E−11	0.0385544
	10000	4.7086E+10	3.6341E+10	6.3149E+10	1.3347E+10	0.1282523	0.283459639	3.88288E−09	4.78154E−11	0.0695436

续表

模型	$u/(\mathrm{m/s})$	Re	Re_d	τH^2	τHk	m	$a_3=\tau Hk/Re$	$a_2=\tau H^2/Re^{1.8}$	$a_4=\tau H^2/Re_d^2$	n
	0.0000001	0.17230037	0.15723815	9.5915E-09	5.5401E-09	1.2301633	3.21536E-08	2.27284E-07	3.87944E-07	6.2640871
	0.000001	1.72300365	1.57238154	9.5925E-08	5.5406E-08	0.4421231	3.21569E-08	3.60259E-08	3.87984E-08	1.9809806
	0.00001	17.2300365	15.7238154	9.5451E-07	5.5133E-07	0.1584545	3.19981E-08	5.68152E-09	3.86068E-09	0.6248925
	0.0001	172.300365	157.238154	7.8277E-06	4.5213E-06	0.0510037	2.62409E-08	7.38448E-10	3.16606E-10	0.1789506
	0.0003162	544.861596	497.230702	1.0441E-05	6.0308E-06	0.0189281	1.10685E-08	1.24002E-10	4.22308E-11	0.0653564
	0.001	1723.00365	1572.38154	0.00010191	5.8862E-05	0.021223	3.41623E-08	1.52366E-10	4.1218E-11	0.0645679
	0.0031623	5448.61596	4972.30702	0.00093793	0.00054175	0.0230327	9.94297E-08	1.76546E-10	3.79364E-11	0.0619443
W2	0.01	17230.0365	15723.8154	0.01045909	0.00604121	0.0278093	3.50621E-07	2.47844E-10	4.23037E-11	0.0654127
	0.0316228	54486.1596	49723.0702	0.12112844	0.06996431	0.0342897	1.28407E-06	3.61352E-10	4.89926E-11	0.0703945
	0.1	172300.365	157238.154	1.39607691	0.80638006	0.0421674	4.68008E-06	5.24317E-10	5.64668E-11	0.0755736
	1	1723003.65	1572381.54	119.610076	69.0872968	0.0499789	4.0097E-05	7.11955E-10	4.83784E-11	0.0699519
	10	17230036.5	15723815.4	9047.21146	5225.70844	0.0552758	0.000303291	8.53492E-10	3.65931E-11	0.0608377
	100	172300365	157238154	731403.737	422461.96	0.0634361	0.002451892	1.09356E-09	2.95829E-11	0.0547008
	316.22777	544861596	497230702	8824504.09	5097071.7	0.0800181	0.009354801	1.66102E-09	3.56923E-11	0.0600842
	562.34133	968916157	884215120	24730062.2	14284190.8	0.0797661	0.01474243	1.65162E-09	3.16307E-11	0.0565624
	749.89421	1292070461	1179119813	49477847	28578618.3	0.0879314	0.022118467	1.96832E-09	3.55873E-11	0.0599958
	1000	1723003652	1572381542	57085894.9	32973059.7	0.0713927	0.019136964	1.35274E-09	2.30894E-11	0.0483259
	1778.2794	3063981918	2796133721	204324026	118018441	0.0815296	0.038517995	1.71793E-09	2.61339E-11	0.0514133
	3162.2777	5448615957	497307023	931675957	538140060	0.1065114	0.098766377	2.79939E-09	3.76833E-11	0.0617373
	10000	1.723E+10	1.5724E+10	5474766151	3162248593	0.0900895	0.1835311 6	2.05613E-09	2.21437E-11	0.0473258

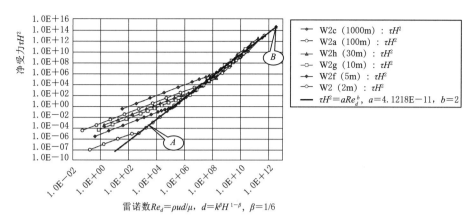

图 6.6 W2 系列受力响应特性（阻力严格二次方段）

糙率系数（m_c，Re_c）中，如果 Re_c 是个恒定的数值，那就是光滑壁面，在一次方段上、二次方段上均和谐，但对于粗糙壁面，则它只能在二次方段上和谐（因取 $b=1.8$）而在一次方段上不和谐，但如果是通过函数 $a_c H^{5/4}$，加上通过阶跃的概念，便将和谐的范围扩展至一次方段。当然，如果 a_c 不为常数，那（m_c，$a_c H^{5/4}$）就可以适用于所有的线簇，包括如 W2、W2f 等，这里不再讨论，可以留给实验来确定。

6.2.1.3 文桐糙率系数 m 的三段确定方法

先从 W2 系列的文桐糙率系数 m 的响应图（图 4.27）来看，糙率系数 m_c 并不能代表大多数的流动形态，现将其拆分为三组［图 6.7（a）、（b）］，进行单独说明。

第一组，模型 W2 和 W2f 均有长长的一次方段和长长的严格二次方段，但没有二次方段，模型 W2 甚至糙率系数 m 的值比 m_c 还低；第二组模型 W2g 有长长的一次方段和长长的严格二次方段，有个相对稳定的二次方段，非常明显［图 6.7（a）］；第三组，模型 W2h、W2a、W2c 有一次方段和严格二次方段，但二次方段的糙率系数不稳定且不为常数，随着雷诺数的增加有下降的趋势。

这里暂时不考虑 m_c 不恒定的问题，在 W2 中没有二次方段，它的最低 m 比确定的 m_c 还低，可以认为是一次方段、严格二次方段之间过渡段的探底。如图 6.8 所示，文桐糙率系数 m 的一次方段和二次方段相交，但有很多点位在二次方段以下，认为是一次方段的延伸或过渡，同样二次方段与严格二次方段也能相交，其中 $k/d=1/252$ 时有许多点位在严格二次方段以下，也认为是二次方段的延伸或过渡段。在随雷诺数增加的过程中有低于 m_c 的部分（图 6.7），是一次方段或二次方段的过渡部分；但都不能忽略严格二次方段的存在及其影响，因此糙率系数 m 应该分三段来进行确定，它们分别是一次方段、二次方段、严格二次方段。

如果将严格二次方段加入文桐糙率系数 m 的三段表达式，则应该表示为

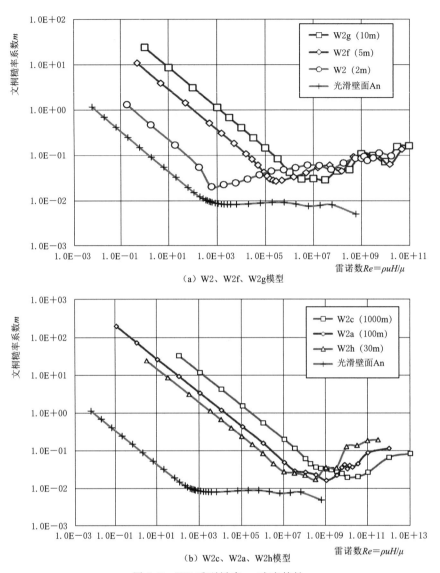

图 6.7 W2 系列糙率 m 响应特性

$$m = (m_c, Re_{c1}, Re_{c2}) \tag{6.13}$$

具体含义如下（非阶跃时的表达式）：

二次方段 $\qquad m = m_c$, $\qquad\qquad Re_{c1} < Re < Re_{c2}$ (6.14a)

一次方段 $\qquad m = m_c Re^{-4/9} / Re_{c1}^{-4/9}$, $\quad Re < Re_{c1}$ (6.14b)

严格二次方段 $\qquad m = m_c Re^{1/9} / Re_{c2}^{1/9}$, $\qquad Re > Re_{c2}$ (6.14c)

式 (6.14a)、式 (6.14b) 按前面的式 (6.7) 确定（锚定 W2 第 6 点的 A 点），这里需确定严格二次方段（图 6.6），它的阶跃曲线为

$$\tau H^2 = a_4 (\rho u k^{1/6} H^{5/6} / \mu)^2, \quad a_4 = 4.1218 \times 10^{-11} \tag{6.15}$$

由二次方段 [式 (6.9)] 和严格二次方段 [式 (6.15)] 可以求得拐点雷诺数 Re_{c2}：

$$Re_{c2} = \left(\frac{a_2}{a_4}\right)^5 \left(\frac{H}{k}\right)^{5/3} \qquad (6.16a)$$

或 $$Re_{c2} = 8360(H/k)^{5/3} \qquad (6.16b)$$

因此文桐糙率系数 m 可以写成（0.028，Re_{c1}，Re_{c2}），其中 Re_{c1}、Re_{c2} 分别按式（6.12）、式（6.16）确定。糙率系数 m 的两段确定方法，是三段确定方法的特例，写成三段更为普适，且记为（m_c，Re_{c1}，—）❶。

文桐糙率系数 m 写成一般的形式为 $[m_c, a_{c1}(H/k)^{5/4}, a_{c2}(H/k)^{5/3}]$，其中 m_c、a_{c1}、a_{c2} 为待定系数，需由实验确定，本节给出可能的值 $[0.028, 1.5 \times 10^5 (H/k)^{5/4}, 8360(H/k)^{5/3}]$。

如果将粗糙高度 k 并入系数，则有三段糙率系数 m 的通式：（m_c，$a_{c1}H^{5/4}$，$a_{c2}H^{5/3}$）。于是，一次方段、二次方段、严格二次方段全部可改造成和谐的形式。

6.2.1.4 糙率系数 m_c 的有效范围

糙率系数由上节可推荐为 $[0.028, 1.5 \times 10^5 (H/k)^{5/4}, 8360(H/k)^{5/3}]$，当 $m_c = 0.028$ 的有效范围是雷诺数在 Re_{c1} 和 Re_{c2} 之间，即它存在的条件是 $Re_{c1} > Re_{c2}$，于是代入有

$$H/k > (a_{c1}/a_{c2})^{12/5} = 1021.7 \qquad (6.17)$$

显然，本模型中最大的 W2c 中 H/k 才为 1000，都不够二次方段成立的条件，因此，如果按 0.028 给定糙率 m_c，则本粗糙高度 1m 时的糙率系数 m 响应特性只有两段：一次方段和严格二次方段，而没有二次方段（$b=1.8$）。以上同样的情形可以见图 6.8，当 $k/d=1/3$ 时的严格二次方段只能与一次方段相交，而完全没有二次方段

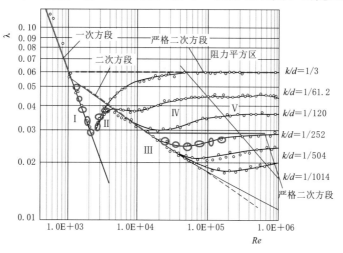

图 6.8 阻力系数响应图

---

❶ （m_c，Re_{c1}，—）中的"—"表示没有第三段，两段的仅用三段的表达方式。

的踪影，只有一次方段与严格二次方段的过渡段，两种情况如出一辙。

　　数模提供的整合数据不能代表实验，因数模提供的是在不同控制水深情况下的阻力与雷诺数的关系，是没有阶跃的变化，为一堆固定水深的响应曲线。而实际的流动却只有一条响应曲线，即则一堆固定水深响应曲线的阶跃曲线，数模提供的结论只是猜测，本书坚信，实验中一定有一个较为明显的阻力二次方（$b=1.8$）段，即 m 值比较恒定，当然这还需要实验来进一步证实。

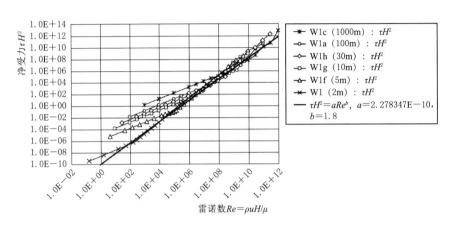

图 6.9　W1 系列阻力响应特性（二次方段）

6.2.2　粗糙高度 0.1m 时的糙率确定

6.2.2.1　糙率系数 m_c 的确定

　　将 W2 系列缩小 10 倍，便是 W1 系列，包括有 W1、W1a、W1c、W1h、W1g、W1f。

　　锚定 W1g 第 11 号点，便可以获得二次方段上的系数 $a_2=2.27835\times10^{-10}$（图 6.7，表 6.3），通过式（6.4a）求得 $m_c=0.026539$，圆整取 $m_c=0.0265$（图 6.9），按式（6.4b）反推得 $a_2=2.27237\times10^{-10}$。

$$\tau H^2=a_2Re^{b_2}, \ a_2=2.27237\times10^{-10}, \ b_2=1.8 \tag{6.18}$$

　　比较式（6.18）与式（6.9a），它们对应的糙率系数 m_c 显然不成比例（按 $\lambda_m=\lambda_l^{1/6}$ 计），物理上的缩尺 λ 与粗糙高度 k 的缩尺是不同的。

6.2.2.2　糙率系数 m 的三段确定方法

　　阻力一次方段上，同式（6.10）一样，受力响应特性曲线可以改写，其中 a_3 按 W1c、W1a、W1h、W1g 平均的 3.04744×10^{-6}，圆整为 $a_3=3.05\times10^{-6}$（图 6.10），于是一次方段上的阶跃曲线为

$$\tau Hk=a_3Re^{b_3}, a_3=3.030793\times10^{-6}, b_3=1 \tag{6.19}$$

表6.3　W1系数 a_3、a_2、a_4 的确定

模型	$u/(\mathrm{m/s})$	Re	Re_d	τH^2	τHk	m	$a_3=\tau Hk/Re$	$a_2=\tau H^2/Re^{1.8}$	$a_4=\tau H^2/Re_d^2$
W1c	0.00001	994.9469319	314.6439385	2.730471977	0.00273121	10.60014	2.74508E−06	1.09698E−05	2.75803E−05
	0.0001	9949.469319	3146.439385	27.30465052	0.02731199	3.809489	2.74507E−06	1.73859E−06	2.75802E−06
	0.001	99494.69319	31464.39385	273.047843	0.27312123	1.369063	2.74508E−06	2.75549E−07	2.75804E−07
	0.01	994946.9319	314643.9385	2730.341185	2.73107505	0.492002	2.74495E−06	4.36694E−08	2.7579E−08
	0.031623	3146298.456	994991.4977	8628.783091	8.63110236	0.294847	2.74326E−06	1.73744E−08	8.71587E−09
	0.1	9949469.319	3146439.385	27116.41976	27.1237082	0.176143	2.72615E−06	6.87373E−09	2.73901E−09
	0.316228	31462984.56	9949914.977	81319.88696	81.3417444	0.102528	2.58532E−06	2.59512E−09	8.21406E−10
	1	99494693.19	31464393.85	198852.835	198.906283	0.053283	1.99916E−06	7.98899E−10	2.0086E−10
	3.162278	314629845.6	99499149.77	700038.3655	700.226524	0.033904	2.22556E−06	3.54064E−10	7.07104E−11
	10	994946931.9	314643938.5	4698566.791	4699.82969	0.030875	4.7237E−06	2.99175E−10	4.74599E−11
	31.62278	3146298456	994991497.7	28956589.72	28964.3728	0.026815	9.20586E−06	2.32117E−10	2.92488E−11
	100	9949469319	3146439385	114406833	114437.584	0.018192	1.15019E−05	1.15455E−10	1.15562E−11
	316.2278	31462984557	9949914977	743917156.4	744117.109	0.016277	2.36506E−05	9.45115E−11	7.51425E−12
	1000	99494693187	31464393853	2007996245	20085359.6	0.032115	0.000201874	3.21161E−10	2.02826E−11
	3162.278	3.1463E+11	99499149772	77996915304	78017879.6	0.021583	0.000247967	1.5705E−10	7.87841E−12
	10000	9.94947E+11	3.14644E+11	1.01008E+13	1.0104E+10	0.101765	0.010154843	2.56045E−09	1.02028E−10
W1a	0.00001	99.25401063	46.09029551	0.028126143	0.00028202	8.363805	2.84139E−06	7.16084E−06	1.32401E−05
	0.0001	992.5401063	460.9029551	0.281261539	0.00282019	3.005796	2.84139E−06	1.13492E−06	1.32401E−06
	0.001	9925.401063	4609.029551	2.812618946	0.02820197	1.080228	2.84139E−06	1.79872E−07	1.32401E−07
	0.01	99254.01063	46090.29551	28.12426851	0.28200045	0.388199	2.8412E−06	2.85059E−08	1.32392E−08

续表

模型	$u/(\text{m/s})$	Re	Re_d	τH^2	τHk	m	$a_3=\tau Hk/Re$	$a_2=\tau H^2/Re^{1.8}$	$a_4=\tau H^2/Re_d^2$
W1a	0.031623	313868.7405	145750.3118	88.87570767	0.8911517	0.23263	2.83925E−06	1.13406E−08	4.18373E−09
	0.1	992540.1063	460902.9551	279.1969413	2.79949196	0.138947	2.82053E−06	4.48502E−09	1.31429E−09
	0.316228	3138687.405	1457503.118	833.5829553	8.3582892	0.080679	2.66299E−06	1.68579E−09	3.92401E−10
	1	9925401.063	4609029.551	2018.481414	20.2391991	0.0417	2.03913E−06	5.139E−10	9.5018E−11
	1.333521	13235735.04	6146239.688	2533.641976	25.4046849	0.03548	1.9194E−06	3.84237E−10	6.70697E−11
	1.778279	17650136.35	8196142.351	3403.880168	34.1305141	0.031349	1.93373E−06	3.07488E−10	5.06705E−11
	2.371374	23536835.1	10929731.49	4877.145663	48.902864	0.028707	2.07772E−06	2.62433E−10	4.08269E−11
	3.162278	31386874.05	14575031.18	7316.971717	73.366862	0.026969	2.3375E−06	2.34523E−10	3.44439E−11
	5.623413	55814631.87	25918477.86	18165.36485	182.143087	0.025134	3.26336E−06	2.06584E−10	2.70411E−11
	10	99254010.63	46090295.51	50182.26868	503.174773	0.024856	5.06957E−06	2.0249E−10	2.36228E−11
	17.78279	176501363.5	81961423.51	131151.9182	1315.05287	0.023835	7.45067E−06	1.87771E−10	1.95234E−11
	31.62278	313868740.5	145750311.8	305653.6351	3064.77173	0.021447	9.7645E−06	1.55268E−10	1.43883E−11
	56.23413	558146318.7	259184778.6	628846.1668	6305.40499	0.018006	1.1297E−05	1.13344E−10	9.36107E−12
	100	992540106.3	460902955.1	1256214.077	12595.9876	0.014872	1.26907E−05	8.03373E−11	5.9135E−12
	177.8279	1765013635	819614235.1	2116694.867	21223.9798	0.011175	1.20248E−05	4.80299E−11	3.15093E−12
	316.2278	3138687405	1457503118	14314036.17	143526.032	0.018173	4.5728E−05	1.15243E−10	6.73819E−12
	562.3413	5581463187	2591847786	66224886.69	664033.197	0.023934	0.000118971	1.8918E−10	9.8583E−12
	1000	9925401063	4609029551	219713800.7	2203057.87	0.026204	0.000221962	2.22695E−10	1.03428E−11
	3162.278	31386874050	14575031184	7912985246	79343056	0.060686	0.002527906	1.0097E−09	3.72496E−11
	10000	99254010631	46090295510	78772152857	789843926	0.068794	0.007957804	1.2654E−09	3.70812E−11

续表

模型	$u/(\mathrm{m/s})$	Re	Re_d	τH^2	τHk	m	$a_3=\tau Hk/Re$	$a_2=\tau H^2/Re^{1.8}$	$a_4=\tau H^2/Re_d^2$
W1h	0.00001	29.58900565	16.81104643	0.002732536	9.1908E−05	7.682402	3.10615E−06	6.14513E−06	9.66889E−06
	0.0001	295.8900565	168.1104643	0.027325335	0.00091908	2.76091	3.10614E−06	9.73937E−07	9.66888E−07
	0.000316	935.6865154	531.6119658	0.086906748	0.00292307	1.660398	3.12399E−06	3.89959E−07	3.07513E−07
	0.001	2958.900565	1681.104643	0.273253504	0.00919077	0.99222	3.10614E−06	1.54359E−06	9.66888E−08
	0.003162	9356.865154	5316.119658	0.864089238	0.0290633	0.594815	3.10609E−06	6.14503E−08	3.05752E−08
	0.01	29589.00565	16811.04643	2.732219798	0.09189712	0.356563	3.10579E−06	2.44614E−08	9.66777E−09
	0.031623	93568.65154	53161.19658	8.63240316	0.29034742	0.213649	3.10304E−06	9.72965E−09	3.05451E−09
	0.1	295890.0565	168110.4643	27.08005897	0.91082694	0.12751	3.07826E−06	3.84251E−09	9.58209E−10
	0.316228	935686.5154	531611.9658	80.05736728	2.69269749	0.073633	2.87778E−06	1.4301E−09	2.83277E−10
	1	2958900.565	1681104.643	189.7076974	6.38074244	0.037604	2.15646E−06	4.26629E−10	6.71267E−11
	3.162278	9356865.154	5316119.658	737.0303252	24.7897199	0.025274	2.64936E−06	2.08666E−10	2.60793E−11
	10	29589005.65	16811046.43	5380.809236	180.981364	0.024117	6.11651E−06	1.91784E−10	1.90396E−11
	31.62278	93568651.54	53161196.58	32304.82604	1086.55989	0.020643	1.16124E−05	1.44955E−10	1.14308E−11
	100	295890056.5	168110464.3	152739.9995	5137.34872	0.015474	1.73624E−05	8.62816E−11	5.4046E−12
	316.2278	935865515.4	531611965.8	5443461.072	183088.633	0.035627	0.000195673	3.87115E−10	1.92613E−11
	1000	2958900565	1681104643	67371985.92	2266029.77	0.045581	0.000765835	6.03177E−10	2.38391E−11
	3162.278	9356865154	5316119658	2958500500	99507979.7	0.117851	0.010663756	3.33455E−09	1.04684E−10
	10000	29589005646	16811046432	12708832009	427456476	0.083757	0.014446463	1.80331E−09	4.49693E−11
	31622.78	93568651541	53161196576	2.06131E+11	6933125295	0.124527	0.074096668	3.68221E−09	7.29379E−11
	100000	2.9589E+11	1.6811E+11	2.42952E+12	8.1716E+10	0.15505	0.276170111	5.46369E−09	8.59669E−11

续表

模型	$u/(\mathrm{m/s})$	Re	Re_d	τH^2	τHk	m	$a_3=\tau Hk/Re$	$a_2=\tau H^2/Re^{1.8}$	$a_4=\tau H^2/Re_d^2$
W1g	0.00001	9.68471857	7.959983174	0.000329588	3.3869E-05	7.247871	3.49715E-06	5.5337E-06	5.20173E-06
	0.0001	96.84718507	79.59983174	0.003295881	0.00033869	2.604748	3.49715E-06	8.77031E-07	5.20172E-07
	0.000316	306.2576898	251.7167697	0.010422453	0.00107102	1.561502	3.49714E-06	3.49151E-07	1.64492E-07
	0.001	968.4718507	795.9983174	0.03295828	0.00338684	0.93609	3.49709E-06	1.38998E-07	5.20164E-08
	0.003162	3062.576898	2517.167697	0.104218135	0.01070959	0.561156	3.49692E-06	5.53333E-08	1.64482E-08
	0.01	9684.718507	7959.983174	0.329482823	0.03385809	0.336356	3.49603E-06	2.2023E-08	5.20006E-09
	0.031623	30625.76898	25171.67697	1.040041262	0.106876	0.201439	3.48974E-06	8.75173E-09	1.64144E-09
	0.1	96847.18507	79599.83174	3.238425742	0.33278487	0.119726	3.43619E-06	3.43066E-09	5.11104E-10
	0.316228	306257.6898	251716.7697	9.108068894	0.93595709	0.067249	3.05611E-06	1.2147E-09	1.43748E-10
	1	968471.8507	795998.3174	20.83132736	2.14065448	0.033674	2.21034E-06	3.49752E-10	3.2877E-11
	3.162278	3062576.898	2517167.697	107.7895261	11.0765929	0.026539	3.61676E-06	2.27835E-10	1.70119E-11
	10	9684718.507	7959983.174	992.35908	101.976119	0.028806	1.05296E-05	2.64066E-10	1.56619E-11
	31.62278	30625768.98	25171676.97	7166.574094	736.446539	0.027322	2.40466E-05	2.40079E-10	1.13106E-11
	100	96847185.07	79599831.74	122832.6853	12622.4476	0.041886	0.000130334	5.18033E-10	1.93861E-11
	316.2278	306257689.8	251716769.7	1212568.594	124605.137	0.047261	0.000406864	6.43798E-10	1.91374E-11
	1000	968471850.7	795998317.4	35851822.35	3684180.22	0.098089	0.003804117	2.39637E-09	5.65831E-11
	3162.278	3062576898	2517167697	351112345.9	36080764.5	0.11019	0.011781178	2.95454E-09	5.54143E-11
	10000	9684718507	7959983174	1306997670	134308792	0.072322	0.013868115	1.38458E-09	2.06277E-11

续表

模型	$u/(\text{m/s})$	Re	Re_d	τH^2	τHk	m	$a_3 = \tau Hk/Re$	$a_2 = \tau H^2/Re^{1.8}$	$a_4 = \tau H^2/Re_d^2$
W1f	0.00001	4.708646723	3.634122215	1.48197E−05	3.1323E−06	2.660693	6.65219E−07	9.11228E−07	1.12212E−06
	0.0001	47.08646723	36.34122215	0.000148198	3.1323E−05	0.956205	6.65221E−07	1.4442E−07	1.12213E−07
	0.000316	148.9004834	114.921035	0.000468649	9.9053E−05	0.573234	6.6523E−07	5.74956E−08	3.54853E−08
	0.001	470.8646723	363.4122215	0.001481939	0.00031322	0.343637	6.65204E−07	2.28885E−08	1.1221E−08
	0.003162	1489.004834	1149.21035	0.004681433	0.00099946	0.205886	6.64513E−07	9.10261E−09	3.5447E−09
	0.01	4708.646723	3634.122215	0.014649346	0.00309627	0.122708	6.57571E−07	3.58596E−09	1.10922E−09
	0.031623	14890.04834	11492.1035	0.043257938	0.00914295	0.070814	6.14031E−07	1.33307E−09	3.27542E−10
	0.056234	26478.66638	20436.17102	0.069950035	0.0148456	0.052009	5.58357E−07	7.64848E−10	1.6749E−10
	0.1	47086.46723	36341.22215	0.1002463	0.02118795	0.035719	4.4998E−07	3.88916E−10	7.59048E−11
	0.177828	83732.89516	64624.84709	0.156591475	0.033097	0.025734	3.95269E−07	2.15554E−10	3.74946E−11
	0.237137	111659.6103	86178.61864	0.23220541	0.04907868	0.02402	4.39538E−07	1.90397E−10	3.12661E−11
	0.316228	148900.4834	114921.035	0.371730641	0.07856858	0.023394	5.27658E−07	1.81558E−10	2.81468E−11
	0.562341	264786.6638	204361.7102	1.137524561	0.24042593	0.024488	9.07999E−07	1.97128E−10	2.72372E−11
	1	470864.6723	363412.2215	3.693990785	0.7807578	0.026493	1.65814E−06	2.27134E−10	2.79703E−11
	3.162278	1489004.834	1149210.35	40.59780709	8.58070755	0.03173	5.76271E−06	3.1426E−10	3.074E−11
	10	4708646.723	3634122.215	457.0737947	96.6066111	0.038515	2.05169E−05	4.45424E−10	3.46089E−11
	31.62278	14890004.83	11492103.5	5853.126199	1237.11027	0.050217	8.3083E−05	7.18083E−10	4.43189E−11
	100	47086467.23	36341222.15	57096.8733	12067.9319	0.056289	0.000256293	8.81859E−10	4.32328E−11
	316.2278	148900483.4	114921035	344633.6295	72841.3823	0.048325	0.000489195	6.70108E−10	2.60951E−11
	1000	470864672.3	363412221.5	8058751.465	1703288.79	0.088039	0.003617364	1.97267E−09	6.10195E−11
	3162.278	1489004834	1149210350	106029101.3	22410193.4	0.116528	0.01505045	3.26747E−09	8.02834E−11
	10000	4708646723	3634122215	481153182.1	101696004	0.085379	0.021597714	1.86668E−09	3.64321E−11

续表

模型	$u/(\mathrm{m/s})$	Re	Re_d	τH^2	τHk	m	$a_3 = \tau Hk/Re$	$a_2 = \tau H^2/Re^{1.8}$	$a_4 = \tau H^2/Re_d^2$
W1	0.000001	0.172300365	0.157238154	1.00187E−09	5.7868E−10	0.350689	3.35858E−09	2.37409E−08	4.05224E−08
	0.00001	1.723003652	1.572381542	1.00491E−08	5.8044E−09	0.126243	3.36877E−09	3.77408E−09	4.06453E−09
	0.0001	17.23003652	15.72381542	1.0408E−07	6.0117E−08	0.046263	3.48908E−09	6.19514E−10	4.20969E−10
	0.000316	54.48615957	49.72307023	3.51875E−07	2.0324E−07	0.028783	3.7302E−09	2.63677E−10	1.42322E−10
	0.001	172.3003652	157.2381542	1.38641E−06	8.0079E−07	0.019497	4.64767E−09	1.3079E−10	5.60757E−11
	0.001778	306.3981918	279.6113721	3.34632E−06	1.9329E−06	0.017888	6.3083E−09	1.12009E−10	4.28008E−11
	0.003162	544.8615957	497.2307023	1.03727E−05	5.9913E−06	0.018859	1.09961E−08	1.23191E−10	4.19544E−11
	0.005623	968.9161569	884.21512	3.3863E−05	1.9559E−05	0.020464	2.01869E−08	1.42695E−10	4.33121E−11
	0.01	1723.003652	1572.381542	0.000101548	5.8655E−05	0.021181	3.40421E−08	1.5183E−10	4.1073E−11
	0.017783	3063.981918	2796.133721	0.000301799	0.00017432	0.021815	5.68933E−08	1.60104E−10	3.86012E−11
	0.031623	5448.615957	4972.307023	0.000937909	0.00054174	0.023032	9.94272E−08	1.76541E−10	3.79354E−11
	0.056234	9689.161569	8842.1512	0.003066118	0.001771	0.025011	1.82782E−07	2.04773E−10	3.92169E−11
	0.1	17230.03652	15723.81542	0.010227805	0.00590762	0.027466	3.42868E−07	2.42364E−10	4.13682E−11
	0.316228	54486.15957	49723.07023	0.121139687	0.06997081	0.034291	1.28419E−06	3.61386E−10	4.89971E−11
	1	172300.3652	157238.1542	1.396073243	0.80637794	0.042167	4.68007E−06	5.24316E−10	5.64667E−11
	1.333521	229766.2298	209680.4486	2.443216519	1.41121242	0.043152	6.14195E−06	5.46571E−10	5.55707E−11
	1.778279	306398.1918	279613.3721	4.220423639	2.43773494	0.043842	7.9561E−06	5.62394E−10	5.39809E−11
	2.371374	408588.5555	372870.4244	7.22204602	4.171485	0.04431	1.02095E−05	5.73251E−10	5.19451E−11
	3.162278	544861.5957	497230.7023	12.40468727	7.16500099	0.044876	1.31501E−05	5.86504E−10	5.0173E−11
	10	1723003.652	1572381.542	119.6100763	69.0872971	0.049979	4.0097E−05	7.11955E−10	4.83784E−11
	100	17230036.52	15723815.42	9047.210686	5225.708	0.055276	0.000303291	8.53492E−10	3.65931E−11
	1000	172300365.2	157238154.2	839024.961	484624.444	0.068463	0.002812672	1.25447E−09	3.39359E−11
	10000	1723003652	1572381542	37766095.27	21813859.9	0.056751	0.012660368	8.94926E−10	1.52752E−11

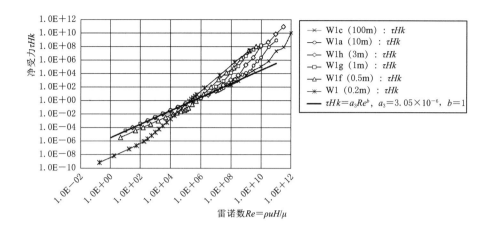

图 6.10 W1 系列阻力响应特性（一次方段）

严格二次方段，按 W1 第 5 点进行锚定（图 6.11），有 $a_4 \approx 5.607571 \times 10^{-11}$，圆整为 5.6×10^{-11}，于是有严格二次方段的阶跃曲线：

$$\tau H^2 = a_4 (\rho u k^{1/6} H^{5/6}/\mu)^2, \quad a_4 = 5.6 \times 10^{-11} \tag{6.20}$$

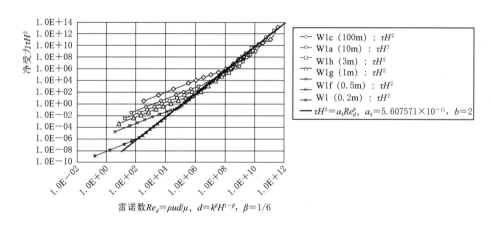

图 6.11 W1 系列阻力响应特性（严格二次方段）

由式（6.19）、式（6.20）和二次方段 [式（6.18）] 可以解得 $Re_{c1} = 144469(H/k)^{5/4}$、$Re_{c2} = 1100(H/k)^{5/3}$，因此糙率系数 m 可以写成 $[0.0265, 144469(H/k)^{5/4}, 1100(H/k)^{5/3}]$，$m_c$ 能存在的条件是：

$$H/k > (a_{c1}/a_{c2})^{12/5} = 121372 \tag{6.21}$$

显然在 W1 系列中，貌似也只有一次方段和严格二次方段，而没有二次方段。但这仅为数模的近似解，不代表实验模型的数据也不存在二次方段。

6.3　其他方法确定糙率系数

6.3.1　阻力响应指数不为 1.8 时

按受力响应的指数 $b=1.8$ 的二次方段为准进行文桐糙率系数 m 的确定，光滑壁面是可以满足和满意的，但粗糙壁面就有可能淹没在一次方段和严格二次方段之间，也可能完全显示不出来。如果在大多数实验结论中，糙率系数 m（$b=1.8$）也没有二次方段的话，那么就可以更换糙率系数的定义，用严格二次方段 $b=2$ 时糙率系数的表达式［式（4.17）］进行重新定义，或按本构关系确定的糙率系数式（4.16）进行定义（当然还须区分是光滑壁面还是粗糙壁面，是按本构关系还是阶跃本构关系）。

6.3.2　阻力响应指数 b 的极限

以图 6.12 为例说明阻力响应指数 b 在阶跃中的取值范围。已知阻力系数同雷诺数的关系 $\lambda = aRe^{b-2}$［式（4.8b）］，二次方段比较明显，它是光滑壁面的阻力系数阶跃曲线，这里可以认为在很长的范围内指数 $b \approx 1.8$，雷诺数非常大时 $b > 1.8$。当为非光滑壁面时（图 6.12 中虚线所示），它一定如图 6.12 中一样，在线簇中阶跃，直至 k/d 非常小，但阻力系数仍然是下降的，极限情况下才能达到水平。阶跃曲线是水平时即相当于严格二次方段（$b=2$），受力响应指数永远在逼近 2 但小于 2。所以脱离层流区的阻力指数 b 是有限定的，大致为 $1.8 < b < 2$。

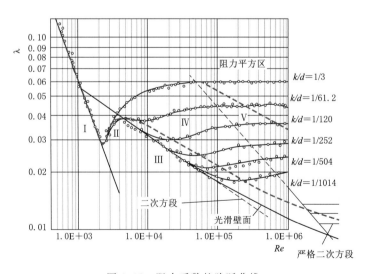

图 6.12　阻力系数的阶跃曲线

因此如果糙率系数 m 不锚定 $b=1.8$，那么可以锚定任何在 $1.8<b<2$ 的取值，用式（4.16）进行定义，均是合理的，但锚定的后果是必须将一次方段、二次方段、严格二次方段均配成和谐的，糙率系数的定义才是成功的。

图 6.12 所示的阻力系数阶跃曲线（固定圆管半径或水深 H）在高雷诺数条件均无异议，它有多组严格二次方段即阻力平方区；在低雷诺数条件下数据严重不足，仅一组约为 $k/d=1/3$ 的曲线，别的都欠缺，所以一次方段及其过渡段只有唯一的曲线。按前面关于粗糙壁面的 W 系列数模计算，在一次方段也应该有一簇平行的直线，按 k/d 数值的不同而位置不一，应该类似图 4.19（b）而不是只有一组。

在没有实验数据支持的情况下，这里依然推荐按 $b=1.8$ 确定糙率系数 m，它不光来源于对光滑壁面受力响应的判断，还基于糙管的实验（图 6.12）数据即基于阶跃后的阻力响应的判断。

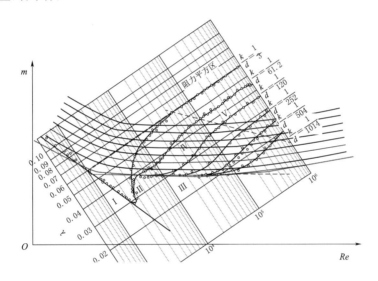

图 6.13 理想的糙率系数 m 的阶跃曲线示意图

6.3.3 理想中的糙率系数 m 响应曲线

理想中的糙率系数 m 响应曲线如图 6.13 所示的类似，它可以设想为将阻力系数 λ 响应曲线作某种角度的旋转，将阻力指数 1.8 次方线转为水平线，这时的 λ 阶跃曲线大致就是糙率系数 m 的响应曲线。它有三个阶段：阻力一次方段、阻力二次方段以及阻力严格二次方段。

在二次方段上，糙率系数响应曲线可以近似为一条直线，两头高、中间低（数模的结果可以证实这点，此圆管阻力系数的各个 k/d 的包络线即光滑壁面也证实这点），但可以近似成一条直线，所以二次方段的糙率系数近似成 m_c 也仅为简化和近似而已。

6.3.4　曼宁公式的实质

谈到曼宁公式，这里不得不提到受力，其核心就是渠道或河道流动所受的阻力及其响应特性，它们可以用糙管管流的谢才系数响应曲线 ［图 4.19 （a）］和阻力系数响应曲线 ［图 4.19 （b）］来描述。

对于光滑壁面的明渠流动（外边界模型 A 系列），它们有同样的谢才系数响应特性（图 4.13）和阻力系数响应特性（图 4.12），且它们同糙管管流中的响应都能一一对应，有一次方段、二次方段，均无严格二次方段，这里的光滑壁面的响应，分别代表一组固定水深的响应特性和它们的阶跃响应特性。而对于非光滑壁面的明渠流动，它们也有同样的谢才系数响应特性 ［图 4.24 （a）］和阻力系数响应特性 ［图 4.24 （b）］，且完全能和糙管中的特性一一对应，也有一次方段、二次方段、严格二次方段。

在糙管或固定水深（没有阶跃）的非光滑壁面的严格二次方段上，谢才系数和阻力系数均为常数，受力响应指数 $b=2$，它们有统一的和谐的本构关系 ［式（4.15）］：

$$u = a(HJ)^{1/2} \tag{6.22}$$

这里 a 为常数，即谢才系数 C，且在没有阶跃时，见图 4.19 （b）中的水平段的完全紊流。

糙管是严格限制管径的，对应渠道或河流就是限制水深 H 的，所以每一个水深皆有一个阻力响应特性曲线、谢才系数响应特性曲线、阻力系数响应特性曲线，但渠道或河流是要根据来流条件而改变水深条件的，所以渠道或河流的响应特性是一簇响应曲线中的阶跃线而已，阶跃中的谢才系数 C 按式（4.41）变化，随着水深的增加而增加。由式（4.36）的阶跃曲线在严格二次方段上可以表达为

$$u = aH^{2/3}k^{-1/6}J^{1/2} \tag{6.23}$$

这里 a 为某常数，对于固定的粗糙高度为 k 的表面，式（6.23）中糙率系数 $n=k^{1/6}/a$ 也是常数，因此式（6.23）就是曼宁公式，即

$$u = \frac{1}{n}H^{2/3}J^{1/2} \tag{6.24}$$

换句话说曼宁公式 ［式（6.24）］其实就是或等效于谢才公式的阶跃表达式。

本书提出的阶跃现象，终于将谢才公式和曼宁公式紧紧联系到一起，它们反映的是同一个现象，就是紊流充分发展后，阻力在严格二次方段上，谢才公式是没有阶跃时的表达方式，而曼宁公式则是阶跃的表达方式。因此曼宁公式或曼宁糙率系数 n 是合理的和谐的，但仅在严格二次方段上，而在二次方段上和一次方段上均是不和谐

的，因此需要对它进行改造。

文桐公式与曼宁公式同样有意义，前者以受力的二次方为基准建立起来的本构关系（和阶跃本构关系相同），后者则以严格二次方段为基准建立起来的阶跃本构关系，它们适用的范围严格限制在它们定义的范围上（前者二次方段，后者严格二次方段），但前者经过改造将糙率系数 m 改成（m_c，$a_1 H^{5/4}$，$a_2 H^{5/3}$）后便在所有段上均能和谐。曼宁系数 n 同样需要改造。

6.4 曼宁系数 n 的改造

如果以严格二次方段为准进行糙率系数的确定，它在严格二次方段上的阶跃曲线为式（6.23），其实就是曼宁公式［式（6.24）］，这时的糙率系数就是曼宁糙率系数 n，但它只在严格二次方段上成立且和谐，在二次方段上和一次方段上是不和谐的。

一次方段上的阶跃见式（6.10）和图 6.4（b），二次方段上的阶跃见式（6.9a）和图 6.3（a），严格二次方段的阶跃见式（6.15）和图 6.6。

将糙率系数 n 同样写成这样的形式：

$$n=(n_c, Re_{c1}, Re_{c2}) \tag{6.25}$$

式（6.25）分三段，用三条直线段进行近似解读，分别为一次方段（层流段）、二次方段和严格二次方段的表达，将非阶跃的严格二次方段近似为阶跃便有

一次方段 $\qquad n=n_c(Re/Re_{c3})^{-1/2}, Re<Re_{c1}$ $\qquad$ (6.26a)

二次方段 $\qquad n=n_c(Re/Re_{c2})^{-1/10}, Re_{c1}<Re<Re_{c2}$ $\qquad$ (6.26b)

严格二次方段 $\qquad n=n_c, Re>Re_{c2}$ $\qquad$ (6.26c)

如果忽略二次方段，则糙率系数 n 有如下表达：

$$n=(n_c, Re_{c3}, -) \tag{6.27}$$

意义如下：

一次方段 $\qquad n=n_c(Re/Re_{c3})^{-1/2}, Re<Re_{c3}$ $\qquad$ (6.28a)

严格二次方段 $\qquad n=n_c, Re>Re_{c3}$ $\qquad$ (6.28b)

6.4.1 n_c 的确定

糙率系数 n_c 的确定，可以基于 W2（表 6.2）的结果，为 $0.05\sim0.06$，可以暂定 $n_c=0.06$。

6.4.2 Re_{c1} 的确定

一次方段和二次方段的交点，按式（6.12b）确定 Re_{c1}，即 $Re_{c1}=151594(H/k)^{5/4}$。

6.4.3 Re_{c2} 的确定

二次方段 [式 (6.9)] 和严格二次方段 [式 (6.15)] 的交点，同样按式 (6.16a) 可以求出 Re_{c2}，即 $Re_{c2}=8360(H/k)^{5/3}$。

6.4.4 Re_{c3} 的确定

一次方段 [式 (6.10)] 和严格二次方段 [式 (6.15)] 的交点，可以求出 Re_{c3} 的表达式：

$$Re_{c3}=\frac{a_4}{a_3}\left(\frac{H}{k}\right)^{4/3} \tag{6.29a}$$

或

$$Re_{c3}=0.164272(H/k)^{4/3} \tag{6.29b}$$

6.4.5 糙率系数 n 的确定

糙率系数 n 最终确定为 $[0.06,0.164272(H/k)^{4/3},8360(H/k)^{5/3}]$。如果将 k 并入到系数中，最终可以表示为统一的形式 $(n_c,a_{c1}H^{4/3},a_{c2}H^{5/3})$，这样的形式可以将二次方段和一次方段都整合成和谐的形式，如果忽略二次方段，可以写成 $(n_c,a_{c3}H^{4/3},—)$。

6.4.6 糙率系数 m、n 的图像化解读

以 W2 系列响应曲线为例进行说明并解读，图 6.14 (a) 为曼宁糙率系数 n 的示意图。一次方段以 $1a$、$1b$ 表示两条固定水深的响应曲线，二次方段固定以 $2a$、$2b$ 表示两条固定水深的响应曲线，而 $3a$ 就是唯一的严格二次方段上的糙率，且 $n=n_c$。

如果以 $1a$、$2a$ 和 $3a$ 直线来确定三角区域，顶点分别为 Re_{c1} [图 6.14 (a) 中的 D 点]、Re_{c2}（B 点）、Re_{c3}（A 点）。式 (6.25) 和式 (6.26) 解读如下：当雷诺数大于 B 点的 Re_{c2} 时，按式 (6.26c) 确定糙率系数 $n=n_c$，它的范围在 B 点及以上；当雷诺数小于 D 点的 Re_{c1} 时，按式 (6.26a) 确定糙率系数 n，它的基点在雷诺数为 Re_{c3} 的 A 点（一次方与严格二次方的交点），它的范围从最大的雷诺数为 Re_{c1} 的 D 点以下；图 6.14 (a) 中 DB 线段就是二次方段应该的位置，但二次方段的数据点位似乎在 n_c 以下即 B 点以上（在 $2a$ 和 $3a$ 线形成的夹角之间，大于 B 点）。同理如果按 $1b$、$2b$、$3a$ 确定三角区域，同样，二次方段似乎在三角区域之外。因此 W2 系列的糙率系数 n 表示的似乎只有两段：一次方段和严格二次方段，可以用 $(n_c,a_{c3}H^{4/3},—)$ 表示。

同样，给出文桐糙率系数 m 的示意图 [图 6.14 (b)]，一次方段以 $1a$、$1b$ 表示两条固定水深的糙率响应曲线，二次方段固定以 $2a$ 表示唯一的二次方段糙率响应曲

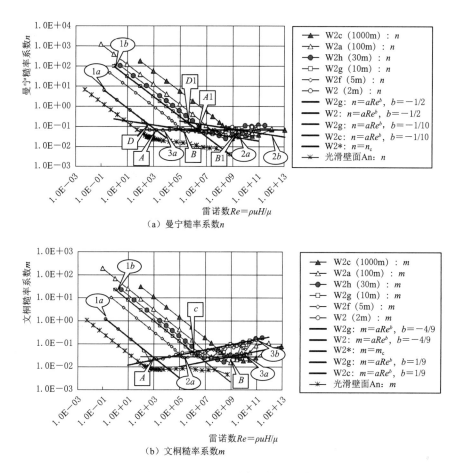

图 6.14　W2 系列糙率系数响应曲线

线，且 $m=m_c$，用 $3a$、$3b$ 表示严格二次方段上的两条糙率响应曲线。

如果按 A（$1a$、$2a$ 的交点）、B（$2a$、$3a$ 的交点）两点决定糙率 m 的拐点，则固定水深的一次方段和严格二次方段的曲线为 $1a$、$3a$，这时有非常明显的二次方段 AB；如果以 $1b$、$3b$ 确定一次方段和严格二次方段，则二次方段已经不可见，被完全掩盖了。按糙率系数 m 的理解，二次方段的所有点，均在 $2a$ 和 $3b$ 之间的夹角区域，只要不被掩盖，均会出现在 $m=m_c$ 的线段上。

因此文桐糙率系数 m 要优于曼宁糙率系数 n，n 的二次方段可能被完全淹没成不可见 [图 6.14（a）]，而 m 却能合理的存在 [图 6.14（b）]，因此从这点上，糙率系数 m 比 n 更有存在的价值和其合理性。

6.4.7　完整的糙率系数响应图

以 An（表 4.4）为例，统计其受力特性，如果将光滑壁面的糙率系数作相应改造，将玻璃或有机玻璃的糙率系数 $n=0.01$ 作为光滑壁面的参数嫁接到响应曲线［图 6.15（a）］上，凡是 $n<0.01$ 糙率系数的均按 0.01 强行给定，然后反过来修正受力等参数，于是便有完整的光滑壁面糙率系数响应（图 6.15），它们有对应糙率系数 n 和 m，有非常明显的一次方段、二次方段、严格二次方段。糙率系数 n 在严格二次方段上、m 在一次方段和二次方段上同时是响应曲线也是阶跃响应曲线（严格二次方段为阶跃只是假设）；但如果是非光滑壁面，则只是固定水深 H 的响应曲线，而不是阶跃曲线。

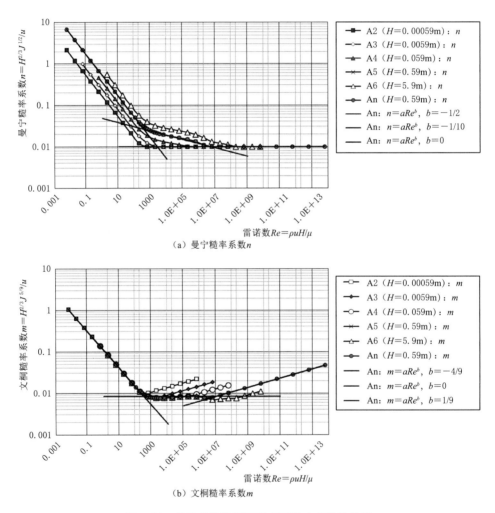

图 6.15　完整的光滑壁面糙率系数响应特性曲线

在本节中，糙率系数 n 的定义基础是在严格二次方段上，假设糙率系数 n 的定义是在阶跃曲线上，即图 6.15 中的严格二次方段上，虽然它可能不是严格二次方段上的阶跃曲线，但和此非常接近，可作为近似使用，严格的还需进一步推导。

仿照图 4.16（b），也有统一的水深流量响应曲线［图 6.16（a）］，其中流量就是单宽流量 uH，换一种表达就是雷诺数，水深 $HJ^{1/3}$ 的换一种表达就是受力 τH^2，于是水深流量关系就是受力响应关系［图 6.16（b）］。它们均应有明显的一次方段、二次方段和严格二次方段。

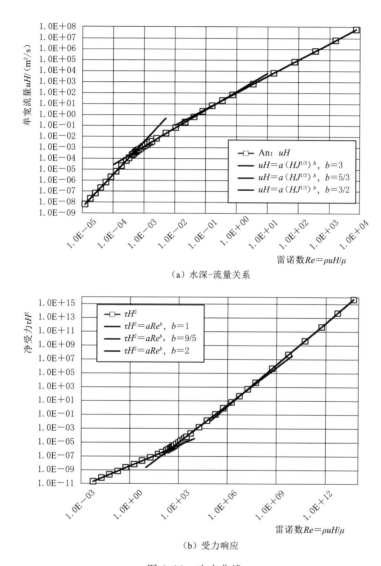

（a）水深-流量关系

（b）受力响应

图 6.16　响应曲线

6.4.8　明渠流动的相似理论

如果以 W2 系列至光滑壁面的糙率系数（m 和 n）来确定相似关系的话，如图 6.17 所示，按相似理论[1] 的解读，任何一个流动，当流速（雷诺数）逐渐增大时，在低雷诺数范围内，流动属于极限段，为标准的层流，受力与雷诺数的一次方成正比，它是雷诺数相似；当流速继续增大时，流动属于刚性段，这时受力与雷诺数的 b 次方成正比，对于圆柱绕流 b 约为 1.86 次方，对于明渠流动 $b=1.8$，一般的腔体流动受力指数 $b=2$，这里可以通称为二次方段，对于明渠，有固定的糙率系数 m 来定义；在流速极大时，流动将接近或发生空化，这时是欧拉数（或空化数）相似（图 7.2），阻力最终会与雷诺数的严格二次方成正比，相当于光滑壁面的糙率系数 n 一定有个定值［见图 6.17（a）中的 3 号线段］，或接近于玻璃或有机玻璃的 $n=0.01$；对于糙率系数 m 或 n，图 6.17 中线段 1、2、3 分布代表光滑壁面的一次方段、二次方段和严格二次方段。

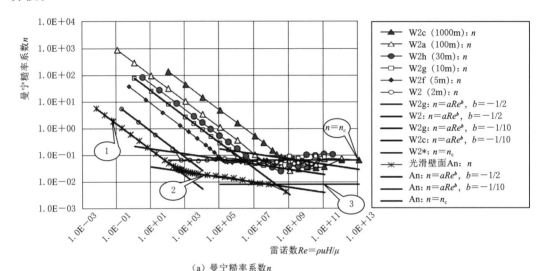

（a）曼宁糙率系数 n

（b）文桐糙率系数 m

图 6.17　W2 系列相似关系

图 6.17 可以非常清晰地表明相似关系。在某个糙率高度 k 的条件下，糙率系数为 n_c 或 m_c，如果流动需要进行缩尺实验，则糙率的缩尺 λ_m 或 λ_n 将按 $\lambda_l^{1/6}$ 同比进行缩小（弗劳德数相似准则），则每缩尺一点，糙率响应曲线就要向光滑壁面靠近一点，直至最终为光滑壁面的响应曲线（图 6.15）。因此随着缩尺，二次方段将逐渐延展，无论 W2 的糙率系数是两段还是三段，缩尺的结果它必然有三段，一定有更加明显的二次方段，而且是因为缩尺而延展出来的（关于延展的描述及定义请详见文献［1］第 10.4 节图 10.16）。

因此明渠流动就是相似关系。在相似理论[1] 中受力关系有一次方段、二次方段，对于圆柱绕流约为 $b=1.86$ 次方变化，对腔体则按 $b=2$ 次方变化，在空化段变为严格二次方段（阻力系数恒定）；这同明渠流动本质完全相同，受力响应一次方段、二次方段（$b=1.8$）、严格二次方段（$b=2$）。它们的缩尺是均存在卷席消失段和延展段，对于明渠和河流来说，延展段集中在二次方段，哪怕原型中有很少一段甚至没有，但因为缩尺，模型中就延展出来了或将二次方段延展范围更宽。所以二次方段或糙率系数 m 的意义不言而喻，且完全不能或不该被忽略。

6.4.9　明渠流动中的相似关系

以直道模型 R 系列为例，它们为模型 R2、R3、R4、RR2、RR4，它们有非常统一的水深流量关系（图 2.1），数据均在 $Hun/J^{0.5}=H^{5/3}$ 曲线上，它既是每个模型的阶跃曲线，也是不同模型之间的相似关系曲线。

当换一种水深流量方式［图 6.16（b）］即受力响应来重新看待直道模型 R，它有另外一种不一样的表达［图 6.18（a）］，每一个单一模型的阶跃曲线均严格在 $b=1.8$ 次方上（固定坡降 J 时），但每个模型之间的相似点位却在 $b=2$ 次方上。这说明了，相似变换按 $b=2$ 次方即按弗劳德数变化，此为相似线；而阶跃曲线在 $b=1.8$ 次方上，说明在严格二次方段上，阶跃曲线是同 $b=1.8$ 次方平行的，所以图 6.18 反映了 5 组阶跃曲线。在图 6.18 中，受力为 $\rho g H^3 J$ 的形式，当然写成 $\rho g H^3 J^{0.9}$ 的形式也一样，均在 1.8 次方上，所以图 6.18 只能表示 u 同 $H^{2/3}$ 成正比，但 R2 同 RR2 不在一条线上，R4 和 RR4 不在一条线上，但在同一个 $\rho g H^3 J^{0.9}=a Re^{1.8}$（即曼宁公式 $Hun/J^{0.5}=H^{2/3}$）线上。

而粗糙壁面模型（图 6.19）中（类似于图 6.18 中从 R4 至 R3 再至 R2 的缩尺相似点位，糙率系数 n 从 0.032317 降至 0.022017 从再降至 0.015），它要从原型 A 点，沿 WX 线（严格二次方段，$b=2$）缩尺，朝着 C 点下降，至 C 点（二次方段与严格二次方段交点）后，如果还需继续缩尺，则必须按光滑壁面的 An 线按二次方段（$b=1.8$）进行继续缩尺了，朝着 B 点方向移动。因此相似的点位是先沿 AC 线段逐渐降低糙率系数（m 和 n），C 至 B 点区间保持糙率系数 m 不变，AC 段是弗劳德数相似原则或重力相似

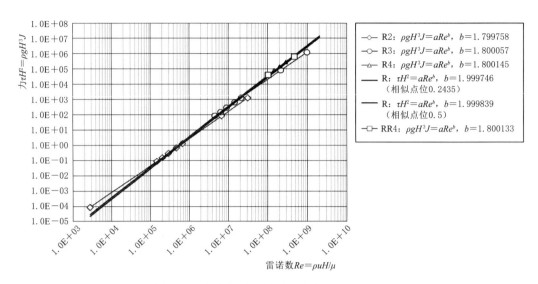

图 6.18　直道模型 R 的受力响应曲线（SMS）

原则（阻力沿雷诺数的 2 次方变化），CB 段为阻力相似或损失相似原则[1]（阻力沿雷诺数的 1.8 次方变化）。图 6.19 中的 WY 线段，即为 W2 系列的阶跃曲线，它大致在 1.8 次方和 2 次方之间。

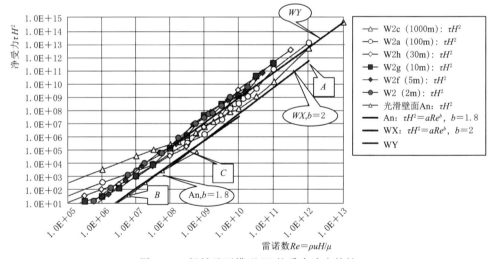

图 6.19　粗糙壁面模型 W 的受力响应特性

　　按已有的光滑壁面 An 数据（没有严格二次方段），倾向认为光滑壁面的糙率系数 m 的变化应该如图 6.20 的形式，由 A-O 为一次方段，O-B 为二次方段，假设还有个 B-C 为严格二次方段，对于光滑壁面，糙率系数响应曲线即是固定水深 H 的响应曲线，也是不同水深 H 的阶跃曲线，是所有响应曲线的极限。当壁面糙率系数增加时，则曲线上移，二次方段将变短或消失部分，一次方段、严格二次方段发生阶跃，

一、二次方之间有过渡段，二次方段与严格二次方段也有过渡段，随着糙率系数的增加，过渡段的范围将增加并延展。

所以完整的响应曲线，对于光滑壁面则为 A-O-B-C 三线段，对于有糙率的粗糙壁面，则大致按 H-G-I-J 线段变化；H-G 为一次方段的阶跃曲线，G-H 间为二次方段，它有大致较为恒定的糙率系数 m；I-J 为严格二次方段的阶跃曲线，它有较为恒定的糙率系数 n。

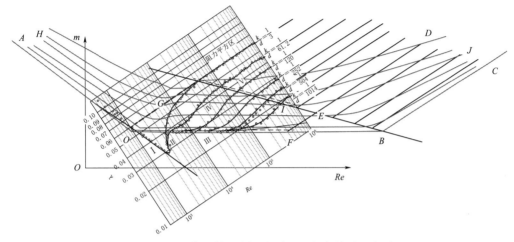

图 6.20　糙率系数 m 同 n 的关系及相似关系示意图

故传统的糙率系数 n 的定义是严格二次方段上的表达方式，是完全忽略二次方段的存在，将二次方段看成严格二次方段的合理延伸，n 的确可以完全掩盖 m，这也是图 6.17（a）所反映的在非常粗糙时出现的状况。

图 6.20 同时也反映了相似关系，如在 D 点有个原型流动，则在缩尺实验时，它的糙率系数逐渐降低，相似点位沿 D-E 变化，符合重力相似准则（按阻力的 2 次方变化）；当越过严格二次方区域的 E 点后，它将沿 E-F 移动，这时的相似准则还是为重力相似准则，糙率继续减小；当与 O-B 相交后，糙率不再下降，按 F-O 移动，这时为阻力相似准则（按阻力的 1.8 次方变化）。

参考文献

[1]　周晓泉，周文桐. 认识流动，认识流体力学——从时间权重到相似理论 [M]. 北京：中国水利水
　　　电出版社，2023.

第7章

修正水深平均数学模型的改进 ─

修正版的水深平均的平面二维数学模型仍然继承 5.2.3.2 节的表述（以标定阻力 1.8 次方为基准进行糙率系数 m 的率定），它们完整的表达式如下。

水流连续方程：

$$\frac{\partial z}{\partial t}+\frac{\partial}{\partial x}(HU)+\frac{\partial}{\partial y}(HV)=0 \tag{7.1}$$

水流动量方程：

$$\frac{\partial U}{\partial t}+U\frac{\partial U}{\partial x}+V\frac{\partial U}{\partial y}+\frac{gm^{9/5}U^{9/10}(U^2+V^2)^{9/20}}{H^{6/5}}+g\frac{\partial z}{\partial x}-fV=\nu_t\left(\frac{\partial^2 U}{\partial x^2}+\frac{\partial^2 U}{\partial y^2}\right) \tag{7.2}$$

$$\frac{\partial V}{\partial t}+U\frac{\partial V}{\partial x}+V\frac{\partial V}{\partial y}+\frac{gm^{9/5}V^{9/10}(U^2+V^2)^{9/20}}{H^{6/5}}+g\frac{\partial z}{\partial y}+fU=\nu_t\left(\frac{\partial^2 V}{\partial x^2}+\frac{\partial^2 V}{\partial y^2}\right) \tag{7.3}$$

其中 $\qquad\qquad\qquad\qquad\qquad f=2\omega\sin\varphi$

式中：U、V 为 x、y 方向的速度分量；z 为水位；H 为水深；m 为文桐糙率系数；f 为柯氏力系数；ω 为地球自转角速度；φ 为当地纬度；g 为重力加速度。

为了方便以后的表述，将三项拿出来单列，以式（7.2）为例，$\left(U\dfrac{\partial U}{\partial x}+V\dfrac{\partial U}{\partial y}\right)$ 为对流项、$\left[\dfrac{gm^{9/5}V^{9/10}(U^2+V^2)^{9/20}}{H^{6/5}}\right]$ 为床面阻力项、$\left[\nu_t\left(\dfrac{\partial^2 U}{\partial x^2}+\dfrac{\partial^2 U}{\partial y^2}\right)\right]$ 为扩散项，本章中，凡提到对流项、阻力项、扩散项均特指它们。

关键问题是如何确定系数，尤为关键的是糙率系数 m 或 n，其次是涡黏系数 ν_t 的确定。

通过对原控制方程（SMS 和 CRDo）和修正控制方程（CRDc）的一系列渠道计算总结出三个要点：①SMS 在低雷诺数情况下，阻力偏低，这牵涉到在低雷诺数条件下如何修正涡黏系数 ν_t；②到高雷诺数情况下，CRDo 及 CRDc 阻力偏低，这也牵涉到高雷诺数条件下如何设置涡黏系数 ν_t；③通过前几章的论述，已经确定糙率系数 m 或者 n 一定不为常数，它分为三段，因此糙率系数它一定要和涡黏系数 ν_t 相协调，如何协调，就是对糙率系数进行分段处理。

这三个要点均与涡黏系数 ν_t 有关，即与阻力和糙率系数有关，它们是彼此相联系的，一旦理顺了阻力关系，平面二维数学模型所暴露出的问题就可以迎刃而解了。

按完整的 N-S 方程，以式（7.2）为例，它在 x 方向的涡黏系数控制项本应该有三项，它们为 $\nu_t\left(\dfrac{\partial^2 U}{\partial x^2}+\dfrac{\partial^2 U}{\partial y^2}+\dfrac{\partial^2 U}{\partial z^2}\right)$，其中第三项 $\nu_t\dfrac{\partial^2 U}{\partial z^2}$ 作为阻力项的一部分，已经并入到糙率系数 m 或 n 所控制的床面阻力项中了，但它们彼此之间应该是和谐和一致的，也就是说用糙率系数 m 或者 n 计算出的床面阻力项应给同扩散项的设置同步，如果不同步，可能就会出错误。

7.1 低雷诺数条件下涡黏系数 ν_t 的确定

如前例，在平面二维明渠流动的数模计算中，以 SMS 计算的，均按固定的涡黏系数 ν_t（相当于 $\rho\nu$）给定，大比尺下 ν_t 取值 1000Pa·s，小比尺条件下取值 100Pa·s 以方便计算。在纯弯道 CD 的计算中，小比尺条件下，均是阻力不足以抵消重力及其他力的总和，严重违背动量定理，而数模本身又是严格遵守动量定理的，问题一定出在某个力被高估或者低估了。

首先怀疑的是涡黏系数 ν_t。众所周知，涡黏系数是与流速关联非常高的一个量，在任何情况下均为同一个涡黏系数可能不合理，因此当流速小的时候，理应该这样：床面阻力项用糙率系数 m 表示，扩散项用 ν_t 表达，虽然它们都是由涡黏引起的，但扩散项因为涡黏系数的固定而可能高估了，所以动量方程就得重新分配，高估的扩散项就需要改变流场去代偿，相当于改变了对流项以匹配动量定理，因此计算的结果出现了偏差，虽然仍然满足"动量方程"式（7.1）、式（7.2），但计算结果的阻力核算严重偏离。

在纯弯道的 SMS 计算中，受力统计的验证表明，在 CD7 中，0.2m 水深条件下阻力占比仅为 6.86% 左右，可能被高估的扩散项破坏了力的平衡。而在 CRD 的计算中，CD7_o 中，因为忽略了黏性项（$\nu_t=0$），同样的 0.2m 水深条件下，阻力占比提高到约 93.6%，非常接近满足动量定理。

因此，推荐涡黏系数 ν_t 的设置应该非人为设定，应该来源于紊流模型或经验公式。

为了验证上述猜测，用 SMS 特设计两款算例，一个为小比尺的模型 CD7，水深为 0.2m，涡黏系数 ν_t 设置为 0.01Pa·s（相当于为 0 了，因设置为 0 便计算不了）；另一个为大比尺的模型 CD5，水深为 500m，涡黏系数 $\nu_t=0.1$Pa·s。此两例均以调整流量至均匀流为止，表 7.1 为纯弯道的受力统计。

表 7.1 表明，在大比尺条件下，减小甚至取消涡黏系数对流动的影响不大（CD5），估计原因为扩散项占比很小。在小比尺条件下，减小甚至取消涡黏系数对流

动的影响巨大，大的涡黏系数（如 $1000Pa \cdot s$）可以彻底改变流场特性，让其流量严重偏小（23%左右），减小涡黏系数到几乎为 0 的 $0.01Pa \cdot s$ 时，阻力比也回到 100% 附近，表观的动量定理（阻力比）能得到满足。

表 7.1 改变涡黏系数的纯弯道 CD 的受力统计

模型	ν_t	H/m	$Q/(m^3/s)$	n	B/m	J	F_B
CD7	1000	0.2	0.036358	0.017475	1.25	0.001	54.151987
	0.01	0.2	0.15572	0.017475	1.25	0.001	9.81E+02
CD5	1000	500	10634000	0.047434	500	0.001	2.48E+10
	0.1	500	10606500	0.047434	500	0.001	2.47E+10

模型	$F_1-F_2-F_3+F_4+$ $F_G-M_2+M_1/N$	$F_B/$其他力/%	$Qn/(BJ^{0.5})$	$u/(m/s)$	Hu	$Re=\rho Hu/\mu$
CD7	789.13766	6.862172	0.0334418	0.145432	0.0290864	28947.203
	9.37E+02	104.697710	0.6134494	0.62288	0.124576	123979.82
CD5	2.46E+10	101.015190	7.152E+12	42.536	21268	2.117E+10
	2.42E+10	101.941516	7.115E+12	42.426	21213	2.111E+10

因此涡黏系数的取值非常重要，特建议一定要非人为的设定，甚至取消都比人为设定的要好（只针对小比尺）。因此涡黏系数最好由紊流模型或经验公式来确定，以使得有涡黏系数影响的扩散项和阻力项能从核心上协调一致。

这样一来，SMS 和 CRD 的最大分歧点位得以查明，它是涡黏系数。或干脆忽略它，或按紊流模型或经验公式来标定它，而不是人为设定涡黏系数（像 SMS 一样）。

7.2 高雷诺数条件下涡黏系数 ν_t 的确定

如果彻底忽略涡黏系数 ν_t，也是非常不妥的。在高雷诺数情况下，由涡黏系数引起的 $\nu_t \dfrac{\partial^2 U}{\partial z^2}$ 已经并入床面阻力项，而扩散项 $\nu_t \left(\dfrac{\partial^2 U}{\partial x^2} + \dfrac{\partial^2 U}{\partial y^2} \right)$ 的忽略，则会引起动量方程的不平衡，它将改变流场（对流项）而代偿扩散项的缺位，导致流场计算产生偏离，阻力比均远离 100% 的点位，这是 CRD 在高雷诺数条件下阻力比出现偏差的主要原因（表 5.8、表 5.9 和表 5.10）。

解决方案是添加涡黏系数 ν_t 的设置，不能忽略，依然推荐采用紊流模型或经验公式进行，它不能来源于人为的设定（如 SMS 中预先设定涡黏系数，在 CRD 中设置涡黏系数为 0），而应该根据流动的具体参数（如 H、u 或雷诺数）通过数学模型计算出，流动中既可以出现 CD5 的状态也能出现 CD7 的状态，它们的涡黏系数是变化的，而不能人为固定。这就如同三维水力学模型中涡黏系数 ν_t 不是预设项。

7.3　一般情况下糙率系数同涡黏系数的匹配

通过第 6 章的研究，已经知道糙率系数 m 或者 n 它是有三段的：一次方段、二次方段和严格二次方段。如果以二次方段为标准，可以确定糙率系数 m，以严格二次方段为标准，可以确定糙率系数 n。

如果以糙率系数 m 来进行数模计算［修正控制方程，见图 6.15 (b)］，则在一次方段上和严格二次方段上，糙率系数被低估了；同样，如果以糙率系数 n 来进行数模计算［原控制方程，见图 6.15 (a)］，则在一次方段上糙率一定会被低估，光滑壁面时二次方段会被低估；非光滑壁面时部分会被高估，部分会被低估（因为二次方段至严格二次方的过渡段，参见图 6.20 的趋势，按严格二次方段顺延）。

因此由糙率系数计算得出的床面阻力项同涡黏系数引起的扩散项相匹配、协调一致（即涡黏系数变化的同时，糙率系数也是变化的）。这就牵涉到糙率系数的确定问题。

7.4　糙率系数 m 的确定

7.4.1　糙率系数 n 的图像

传统的水深平均的平面二维水动力学模型，通常是将糙率系数 n 视为恒定的，但也有按水深给定糙率系数 n 作为选项的，如 SMS 中就有三种模型可供选用，它们有统一的糙率经验公式：

$$n = Ro/H^{Rd} + Rme^{(-H/Do)} \tag{7.4}$$

这三种按水深给定糙率系数 n 的取值见表 7.2，软件 SMS 中的这种理念同本书相同，糙率系数不是一成不变的，在低水深条件下，糙率系数要提高，它们的图像如图 7.1 所示。

图 7.1 有两段：一次方段和二次方段。一次方段在低水深条件下用的指数函数（$n = ae^{-H/Do}$）近似，二次方段用 $n = aH^{-1/6}$ 近似，二次方段同图 4.17 展示的完全一致，它就是阻力的 1.8 次方段，而且糙率系数 n 完全没有严格二次方段或者它的阶跃段。

表 7.2　　　　　　　软件 SMS 中按水深给定糙率系数 n 的参数设置

IRUFF	应用的项目	曼宁糙率系数 n，无植被 Ro	无植被水深 Do	曼宁糙率系数 n，无植被 Rm	糙率指数 Rd
1	密西西比河三角洲项目	0.02	2	0.026	0.08
2	S-型河流测试	0.04	4	0.04	0.166667
3	三番湾河口项目	0.04	2	0.04	0.166667

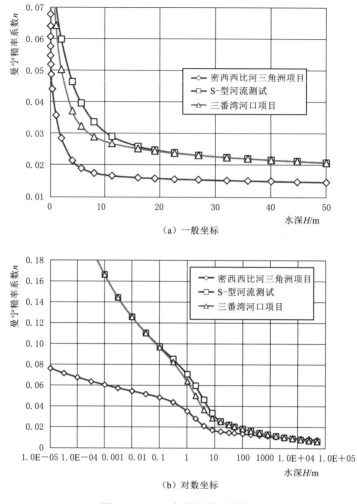

图 7.1 SMS 中的糙率系数设置

显然，SMS 提供的三个按水深定义糙率系数的方案 [图 7.1（b）]均离理想的状态比较远，一是一次方段不为直线（图 4.17），二是没有稳定的严格二次方段或者它的阶跃段（即 $n=$ 常数），而严格二次方段可能是存在的，只是在通常的河流中还没有来得及出现。如果将 SMS 中按水深定义糙率系数的方案按二次方段为标准进行糙率系数率定，便几乎完全是文桐糙率系数 m 的翻版。

7.4.2 糙率系数 m

因此确定糙率系数 m 有四种方案：方案一，一段直线方案，阻力均在二次方段（$b=1.8$），糙率系数 m 为恒定值，表示为 $m=m_c$，SMS 中的按水深决定糙率系数的二次方段支持这点；方案二，两段直线方案，阻力分一次方段（$b=1$）和二次方段两个直线段上，表示为 $m=(m_c, Re_{c1}, -)$，SMS 的式（7.4）支持两段，水深低时，糙率系数上升快；方案三，三段直线方案，阻力分一次方段、二次方段和严格二次方段（$b=2$）；方案四，曲线方案，按实验数据，将各个阻力段用拟合曲线无缝连接，如式（7.4）一样，可以分段拟合或者给定实验点插值，总体也会有三段特点。

7.4.3 三段方案

一段方案是糙率系数 m 均在阻力二次方段上，阻力指数 $b=1.8$ 时，$m=m_c$。第 5 章中改造的第一款修正控制方程的软件就如此设置，无论在何种流动状态下，固定糙率系数 m 均保持为常数。

糙率系数 m 应当来源于实验，按式（4.19）确定；如果有以前率定糙率系数 n 的实验数据，则可以根据数据进行重新计算 m〔按式（4.40）〕，进而确定糙率系数 m_c。

这里重新整理糙率系数 m 的计算步骤：

当光滑壁面时，假定二次方段有恒定的糙率系数 m_s（表示 Smooth），一次方段、二次方段、严格二次方段上水深 H 及其阶跃的受力响应公式分别如下：

$$\tau H^2 = a_1 Re^1 \tag{7.5a}$$

$$\tau H^2 = a_2 Re^{1.8} \tag{7.5b}$$

$$\tau H^2 = a_3 Re^2 \tag{7.5c}$$

参见图 6.20（其中假设严格二次方段存在），光滑壁面的一次方段与二次方段相交于 O 点，二次方段与严格二次方段相较于 B 点，由式（6.14），解得一次方段的糙率系数 m 表达式为

$$m = m_s Re^{-4/9} \left(\frac{a_1}{a_2}\right)^{5/9}, \qquad Re < Re_O \tag{7.6a}$$

在严格二次方段上的表达式为

$$m = m_s Re^{1/9} \left(\frac{a_2}{a_3}\right)^{-5/9}, \quad Re > Re_B \tag{7.6b}$$

二次方段上的糙率系数 m 为

$$m = m_s, \qquad Re_O < Re < Re_B \tag{7.6c}$$

因此可以写成统一的形式：

$$m = m_s \max\left[1, Re^{-4/9}\left(\frac{a_1}{a_2}\right)^{5/9}, Re^{1/9}\left(\frac{a_2}{a_3}\right)^{-5/9}\right] \tag{7.7}$$

参见图 6.20，粗糙壁面的一次方段、二次方段相交于 G 点，二次方段与严格二次方段相交于 I 点，二次方段上的糙率系数为 m_c，一次方段、二次方段、严格二次方段上，它们的阶跃受力响应公式如下：

$$\tau H k = d_1 Re \tag{7.8a}$$

$$\tau H^2 = d_2 Re^{1.8} \tag{7.8b}$$

$$\tau H^2 = d_3 (\rho u k^{1/6} H^{5/6}/\mu)^2 \tag{7.8c}$$

在一次方段上，阶跃的糙率系数 m 表达式为

$$m = m_c Re^{-4/9} \left(\frac{d_1}{d_2}\frac{H}{k}\right)^{5/9}, \quad Re < Re_G \tag{7.9a}$$

严格二次方段上，阶跃的糙率系数 m 表达式为

$$m = m_c Re^{1/9} \left(\frac{d_2}{d_3}\right)^{-5/9} \left(\frac{H}{k}\right)^{-5/27}, \quad Re > Re_I \tag{7.9b}$$

在二次方段上，糙率系数 m 表达式为

$$m = m_c, \quad Re_G < Re < Re_I \tag{7.9c}$$

因此在粗糙壁面上，完整的糙率系数 m 的表达式（见图 6.20 的 H-G-I-J 段）可以为

$$m = m_c \max\left[1, Re^{-4/9}\left(\frac{d_1}{d_2}\frac{H}{k}\right)^{5/9}, Re^{1/9}\left(\frac{d_2}{d_3}\right)^{-5/9}\left(\frac{H}{k}\right)^{-5/27}\right] \tag{7.10}$$

7.5 糙率系数 n 的确定

严格二次方段的阶跃曲线就是曼宁公式，它由不阶跃的谢才公式阶跃至曼宁公式。如果以阶跃的严格二次方段为基准，则一次方段、二次方段的雷诺数的指数均可能不为常数，一次方段不为 $1/2$，二次方段不为 $-1/10$，而是非常接近。

以严格二次方段近似它的阶跃曲线，以此为基准率定糙率系数 n（曼宁系数），依然按照光滑壁面的三段［式 (7.5)］和粗糙壁面的三段［式 (7.8)］来进行定义，依然参考图 6.20，只是假定严格二次方段与一次方段相交于 X 点（图中并没有标出）。在光滑壁面的严格二次方段上糙率系数为 n_s，则光滑壁面在一次方段上有 n 的近似表达式：

$$n = n_s Re^{-1/2} \left(\frac{a_1}{a_3}\right)^{1/2}, \quad Re < Re_O \tag{7.11a}$$

在二次方段上有近似表达式：

$$n = n_s Re^{-1/10} \left(\frac{a_2}{a_3}\right)^{1/2}, \quad Re_O < Re < Re_B \tag{7.11b}$$

在严格二次方段上有：

$$n = n_s, \quad Re > Re_B \tag{7.11c}$$

因此光滑壁面的糙率系数有统一的近似表达式：

$$n = n_s \max\left[1, Re^{-1/2}\left(\frac{a_1}{a_3}\right)^{1/2}, Re^{-1/10}\left(\frac{a_2}{a_3}\right)^{1/2}\right] \tag{7.12}$$

粗糙壁面在一次方段上有 n 的近似表达式：

$$n = n_c Re^{-1/2} \left(\frac{d_1}{d_3}\right)^{1/2} \left(\frac{H}{k}\right)^{2/3}, \quad Re < Re_G \tag{7.13a}$$

在二次方段上有近似表达式：

$$n = n_c Re^{-1/10} \left(\frac{d_2}{d_3}\right)^{1/2} \left(\frac{H}{k}\right)^{2/15}, \quad Re_I < Re < Re_G \tag{7.13b}$$

在严格二次方段上有

$$n = n_c, \quad Re > Re_I \tag{7.13c}$$

因此粗糙壁面也有统一的糙率系数 n 的近似表达式：

$$n = n_c \max \left[1, Re^{-1/2} \left(\frac{d_1}{d_3}\right)^{1/2} \left(\frac{H}{k}\right)^{2/3}, Re^{-1/10} \left(\frac{d_2}{d_3}\right)^{1/2} \left(\frac{H}{k}\right)^{2/15} \right] \tag{7.14}$$

这里式（7.11）～式（7.14）仅为尝试。

7.6 糙率系数的采信

到底该如何采信糙率系数，是曼宁糙率系数 n 还是文桐糙率系数 m，现具体说明如下：

（1）糙率系数 n 不和谐，在一次方段和二次方段上，糙率系数不唯一，同样的壁面，坡降不一样则糙率系数不一样；而糙率系数 m 是和谐的。因此文桐糙率系数 m 优于曼宁糙率系数 n。

（2）在对光滑壁面的一维计算（4.2节）中，只有阻力一次方段和二次方段，没有严格二次方段，而严格二次方段只在粗糙壁面的一维计算（4.3节）中出现。

（3）SMS 提供的按水深给定糙率的公式表明，在一般河流中，通过某种实验数据的拟合而得到的经验公式也只有阻力一次方段和二次方段，根本就没有严格二次方段。而严格二次方段只在流速极高（在粗糙壁面 W2 系列中流速均大于 10m/s）或者粗糙高度极大（1m）时才大量出现。因此在真实的河流中，二次方段和严格二次方段它们所占的比例如何，是决定采信何种糙率系数的关键，由于没有更多的数据进行参考，本书仍然采信 SMS 提供的数据，在大量的河流流动中，阻力在二次方段上。

（4）如果以二次方段为基准，则有非常大的优势，它固定水深 H 的受力响应同阶跃受力响应完全一致，都是指数 $b = 1.8$，易于确定稳定的参数 m（常数），它来源于恒定。而以严格二次方段为基准的糙率系数 n，在光滑壁面中可能不存在，即使存在，它须同时满足严格二次方段的受力响应和阶跃响应；在粗糙壁面中，它只是严格二次方段的阶跃响应曲线。

（5）基于光滑壁面的计算（A 系列）和 SMS 提供的真实河流的糙率数据，可以判断，在一般的天然河流或其缩尺的实验中，极端的流速条件应当很少，应当低于 10%，流动均在阻力二次方段上，因此糙率系数的采信应当基于以二次方段为基准的糙率系数 m。

7.7　如何理解曼宁公式和文桐公式

曼宁公式来源于实验统计，Hanif[2]基于实验观察得出了式（4.1），即谢才系数 C 正比于 $R^{1/6}$，显然，文桐公式和曼宁公式均满足。而通常的实验均多在二次方段上，少有在严格二次方段上的，传统观点认为曼宁公式［式（4.2）］反映了河流流动的本质。其实不然，Gauckler 和 Hagen 得出的式（4.1）实际上应该反映的是文桐公式，只是推导的失误，少于考虑坡降 J 的因素，导致误以为在二次方段上应当是曼宁公式，因此曼宁公式是不精准的。

在严格二次方段上，虽然这样的流动极少出现，通常伴随着空化现象而产生，当然流速极大时也能产生，但空化能让严格二次方段提前发生（图 7.2），这里的相似准则是欧拉数相似准则，严格二次方段的阶跃曲线正好是曼宁公式，纯属巧合。

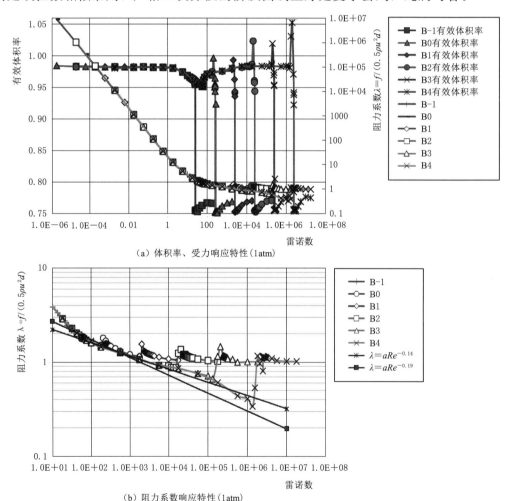

（a）体积率、受力响应特性（1atm）

（b）阻力系数响应特性（1atm）

图 7.2　模型 B[2]　阻力系数 λ 响应图及其细部

虽然曼宁公式可以延伸至阻力二次方段上，在大部分情况下也能比较好的吻合实际，但只是二次方段和严格二次方段阻力响应比较接近而已，在某些情况下，二次方段可以被完全掩盖。

因此，基于实验观察得出的经验式（4.1）一定在二次方段上，它一定指向的是文桐公式，且还能通过阶跃思想，将二次方段、严格二次方段均纳入糙率系数 m 的延展定义中（m 的三段处理方式）。

因此，当以文桐糙率系数 m 替代曼宁糙率系数 n 来研究河流或渠道问题时，用三段方法将一次方段、二次方段、严格二次方段都统一起来，并将涡黏系数同糙率系数统一起来。二次方段上的正位由曼宁公式让位于文桐公式，而曼宁公式却被挤去了严格二次方段的偏位，且这个偏位在流动的极限上，也许在真实的流动中永远达不到，为一种理想的极限状态。

参考文献

［1］ 周晓泉，周文桐. 认识流动，认识流体力学——从时间权重到相似理论 ［M］. 北京：中国水利水电出版社，2023.

［2］ HANIF CHAUDHRY M. Open Channel Flow ［M］. Second Edition. Springer Science Business Media，LLC，2008.

第8章

水力学 ——

　　水力学实际上就是 N‑S 方程的简化，可以同 N‑S 方程一样在三个笛卡尔坐标方向上采用动量方程，但在实际应用中很难量化和代数化，根据对明渠稳定流的受力分析及其水深流量关系，最终得出的代数化的动量定理应该如下：

　　定义渠道或河流的上游为断面 1‑1（法向 $\vec{n}_1$），下游为断面 2‑2（法向 $\vec{n}_2$），它们不一定平行，因为河流可能是弯曲的。如果沿上、下游断面积分，则有

$$F_1 = \int \left(\frac{1}{2}\rho g h_1^2 \right) \mathrm{d}b \cdot \vec{n}_1 \tag{8.1a}$$

$$F_2 = \int \left(\frac{1}{2}\rho g h_2^2 \right) \mathrm{d}b \cdot \vec{n}_2 \tag{8.1b}$$

$$M_1 = \iint_{1\text{-}1} \rho \vec{u}(\vec{u} \cdot \vec{n}_1) \mathrm{d}s \tag{8.1c}$$

$$M_2 = \iint_{2\text{-}2} \rho \vec{u}(\vec{u} \cdot \vec{n}_2) \mathrm{d}s \tag{8.1d}$$

式中：F_1 为上游断面水压力；F_2 为下游断面水压力；M_1 为上游断面动量换算的当量力；M_2 为下游断面动量换算的当量力；u 为断面微元上的速度矢量；h 为垂向水深。

　　通常情况下，进出口流速习惯上按断面法线的垂向平均流速 u_1、u_2 给定，则 M_1、M_2 又为

$$M_1 = \int \rho h_1 u_1^2 \mathrm{d}b \cdot \vec{n}_1 \tag{8.1e}$$

$$M_2 = \int \rho h_2 u_2^2 \mathrm{d}b \cdot \vec{n}_2 \tag{8.1f}$$

　　如果按断面法线的平均流速 u_1、u_2 给定，其中 S_1、S_2 为断面面积，则 M_1、M_2 可为

$$M_1 = \rho u_1^2 S_1 \cdot \vec{n}_1 \tag{8.1g}$$

$$M_2 = \rho u_2^2 S_2 \cdot \vec{n}_2 \tag{8.1h}$$

　　对每个接触流体的边界单元进行积分，均存在两个力，阻力 F_B 和重力分量 F_G，它们分别为

$$\boldsymbol{F}_{\mathrm{B}} = \int \vec{\tau} \, \mathrm{d}s \tag{8.1i}$$

$$\boldsymbol{F}_{\mathrm{G}} = \rho g \int \vec{J} h \, \mathrm{d}s \tag{8.1j}$$

式中：$\boldsymbol{F}_{\mathrm{G}}$ 为整个水体重力的沿流速方向的水平分量；$\boldsymbol{F}_{\mathrm{B}}$ 为所有与水流的接触表面所产生的阻力总和。因此进出口的动量方程应为

$$\int \left(\frac{1}{2} \rho g h_1^2 \right) \mathrm{d}b \cdot \vec{n}_1 - \int \left(\frac{1}{2} \rho g h_2^2 \right) \mathrm{d}b \cdot \vec{n}_2 + \rho g \int h \vec{J} \, \mathrm{d}s - \int \vec{\tau} \, \mathrm{d}s \tag{8.2a}$$

$$= \iint_{2\text{-}2} \rho \vec{u} (\vec{u} \cdot \vec{n}_2) \, \mathrm{d}s - \iint_{1\text{-}1} \rho \vec{u} (\vec{u} \cdot \vec{n}_1) \, \mathrm{d}s$$

或

$$\int \left(\frac{1}{2} \rho g h_1^2 \right) \mathrm{d}b - \int \left(\frac{1}{2} \rho g h_2^2 \right) \mathrm{d}b + \rho g J \int h \, \mathrm{d}s - \int \tau \, \mathrm{d}s = \int \rho h_2 u_2^2 \, \mathrm{d}b - \int \rho h_1 u_1^2 \, \mathrm{d}b$$

$$\tag{8.2b}$$

或

$$\boldsymbol{F}_1 - \boldsymbol{F}_2 + \boldsymbol{F}_{\mathrm{G}} - \boldsymbol{F}_{\mathrm{B}} = \boldsymbol{M}_2 - \boldsymbol{M}_1 \tag{8.2c}$$

虽然式（8.2）同式（5.20）几乎完全相同，但内涵却不一样，$\boldsymbol{F}_{\mathrm{G}}$ 为整条河流的重力水平分量，是河流流动的驱动力，$\boldsymbol{F}_{\mathrm{B}}$ 是所有的阻力项，包括所有接触流体的表面，是消耗驱动力的阻力项。因此式（8.2）一定是平衡的，动量守恒是一定要满足的。

水力学皆应当以如此的动量守恒式 ［式（8.2）］来全面替代能量方程，能量方程作为粗略的预估是可以的。

显然，动量定理或动量守恒定理是水力学或流体力学中最为重要的定理，它一定牵涉到受力，因此没有进行受力分析的流动是不严格和不完善的。

8.1 受力分析的必要性

8.1.1 通用的切应力表达式（按曼宁公式）

如果流动采用曼宁公式确定阻力，即采用曼宁糙率系数 n，那么通过受力分析将得到均匀流河床切应力表达式为 $\tau_{\mathrm{c}} = \rho g (n u_{\mathrm{c}})^2 / H_{\mathrm{c}}^{1/3}$；同时对非均匀流的算例通过受力分析，仍然可得到通用的切应力表达式为 $\tau = \rho g (n u)^2 / h^{1/3}$，它同均匀流的完全一致，公式不仅对整个算例成立，而且对算例中的每个单元节点也均满足。

这一切来源于受力分析。

依然采用传统的曼宁公式定义阻力，采用非均匀流的数模数据（表 2.3）。表 2.3 为 9 个算例的统计数据，它们的结果有 8 个指向同一个表达式，即

$$\tau = \tau_{\mathrm{c}} (h/h_{\mathrm{c}})^{-7/3} \tag{8.3a}$$

或

$$\tau = \tau_{\mathrm{c}} (u/u_{\mathrm{c}})^{7/3} \tag{8.3b}$$

式（8.3）即式（2.15），对 8 个算例中的每个计算网格上的数据均满足（见图

8.1，第 7 例除外），且整个计算域也满足，公式的来源是动量定理，是受力分析。同时将这 8 个算例的平均值也给出，平均水深按 $\sum(h\,\mathrm{d}L)/L$ 给定，平均切应力按 $\sum(\tau\,\mathrm{d}L)/L/\tau_c$ 给定。由图 8.1 可见，8 个算例的所有沿程计算点位上均满足式（8.3）（只有第 7 算例有偏差），而且每个算例的平均值也满足。

8 个算例中，每个算例在整个计算域、1000 个网格单元、3221 个节点上均满足动量定理，即满足式（8.3）。

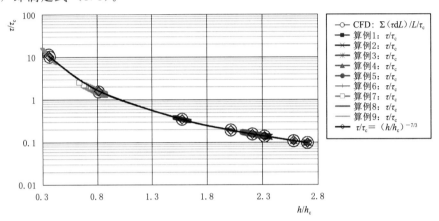

图 8.1 非恒定流床面切应力（数模）

8.1.2 非均匀流验证

无论采用曼宁公式还是文桐公式，推导公式的数据来源均是数模结果，为了验证公式的合理性，急需找到相关的非恒定流的实验资料，实验资料应该有详尽的实验数据可供后续的研究或验证使用。

有非恒定流数据的相关文献较少，即使有也大部分聚焦于对流速的测量[1]，而少于关注切应力[2]。其中文献［2］比较详尽，但没有切应力资料，只有图及拟合的公式，因此只能采用已有的数模数据，用已有的拟合公式进行后处理，进而判断拟合公式的优劣，以及如何去做好一个实验。

文献［2］中的实验在长为 8.0m、宽为 0.3m、高为 0.4m 的矩形水槽中进行，用普雷斯顿管（Preston）实测均匀流和非均匀流的床面切应力，沿程布置两个 Preston 管，位置分别为距水槽进口 2.3m 和 3.9m，文献［2］中处理数据的方法是将非均匀流同均匀流数据进行比较而得到的相对值，用相对水深（h/h_0）和相对切应力（τ/τ_0）进行表达，这里的 h_0 和 τ_0 即为本书中的 h_c、τ_c，如图 8.2 所示。文献［2］中，在相对水深相同条件下，其相对底壁切应力大致相同，并根据缓坡、陡坡分别对非均匀流进行了拟合（图 8.3），得到两个拟合方程：

缓坡 $$\frac{\tau}{\tau_0}=6.6134\mathrm{e}^{-\frac{h}{0.4859h_0}}+0.1735 \qquad (8.4)$$

陡坡 $$\frac{\tau}{\tau_0} = 5.3907 e^{-\frac{h}{0.5354h_0}} + 0.1089 \tag{8.5}$$

在同样思路条件下，何建京[3] 也将相对水深（h/h_0）和相对切应力（τ/τ_0）进行数据统计，但未建立任何关系［图8.4（a）］，他将非均匀流的平均 R 替代 $\tau_0 = \rho g R J$ 中的 R 为 J_1 方法，将水面坡度 J 代替 $\tau_0 = \rho g R J$ 中的 J 为 J_2 方法。金中武[4] 拟合出式（8.6），张小峰[5] 也根据实验结果拟合出关系［图8.4（b）］和式（8.7）。

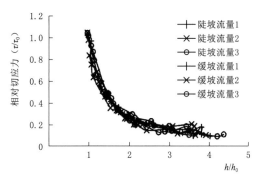

图 8.2 非均匀流底壁切应力变化规律[2]

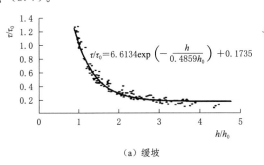

（a）缓坡

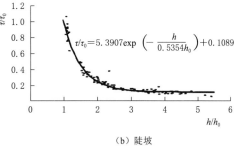

（b）陡坡

图 8.3 非均匀流相对水深与相对切应力关系[2]

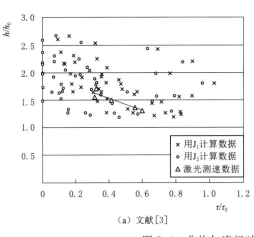

（a）文献[3]

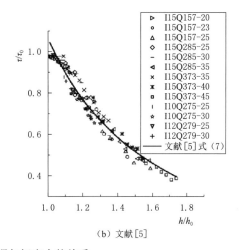

（b）文献[5]

图 8.4 非均匀流相对水深与切应力的关系

$$\frac{\tau}{\tau_0} = 11.14 e^{-2.63\frac{h}{h_0}} + 0.19 \tag{8.6}$$

$$\frac{\tau}{\tau_0}=1.05\left(\frac{h}{h_0}\right)^{-1.75} \tag{8.7}$$

由于一个非恒定流沿程数据非常多，一般的文献或实验均不能提供或干脆没有严格的沿程测量数据，仅以个别数据来代替。但现有完整的非恒定流的 CFD 数据，将 8 个严格满足式（8.3）的算例数据（图 8.1）作平均，求得相对水深（h/h_0），再按式（8.4）～式（8.7）的计算值与相对切应力（τ/τ_0）比较（图 8.5）。

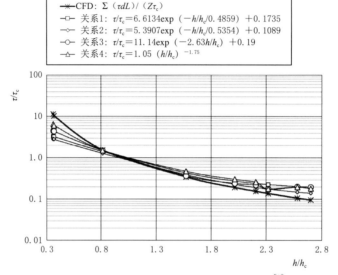

图 8.5　非均匀流相对水深与切应力的关系[3]

由图 8.5 可见，式（8.4）～式（8.7）均是实验数据拟合的结果，均将满足完美关系［式（8.3）］的数据给整体变了样，偏离了初衷，脱离了此流动的本质。究其原因是，在一般的水力学流动中没有进行受力分析，没有进行动量定理分析。切应力只能代表实验中具体的点位，不能进行换位替代，也不能进行平均。在同一个相对水深（h/h_0）条件下一个非均匀流的相对切应力是不定的，这时可用动量定理［式（8.2）］进行核算，壅水（$h_1<h_2$）和跌水（$h_1>h_2$）其切应力是不一样的，整个沿程 h 的变化趋势不同，结果也不同。

8.1.3　通用的切应力表达式（按文桐公式）

如果流动采用文桐公式确定阻力，采用文桐糙率系数 m，则通用的床面阻力公式为 $\tau=\rho g(mu)^{9/5}/h^{1/5}$，与之相应的非恒定流的切应力表达可修正如下：

$$\tau=\tau_c(h/h_c)^{-2} \tag{8.8a}$$

或

$$\tau=\tau_c(u/u_c)^{2} \tag{8.8b}$$

显然，张小峰[5] 实验结果拟合出关系［式（8.7）］的指数 -1.75 是接近式（8.8a）（指数为 -2），而远离式（8.3a）（指数为 $-7/3$）的。

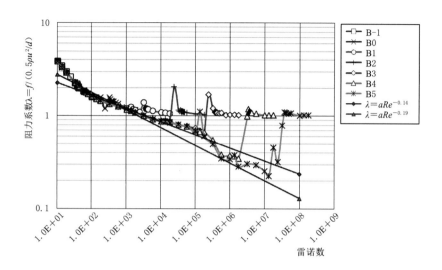

图 8.6　圆柱绕流阻力系数响应图[7]（2atm）

8.2　均匀流验证

如果非均匀流很难提供最原始的数据，那么均匀流被认为或许可以。实际上，均匀流也是很少去测量切应力或阻力的，所以导致原始实验数据的缺失，无法对已有的实验进行数据分析。通过文献［6］的表 1（亚临界流）和表 2（超临界流）的原始数据可以重构它的原始数据，表中给定流量、水深、水力坡降、温度、黏性系数、阻力系数、雷诺数、弗劳德数，黏性系数的变化都能通过温度测量精确地反映出来，可以利用此文献已有数据重构水力学计算（图 8.7）。

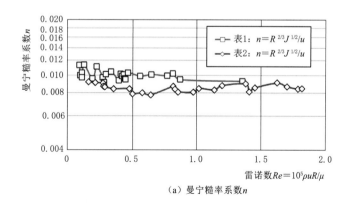

（a）曼宁糙率系数 n

图 8.7（一）　糙率系数-雷诺数响应图

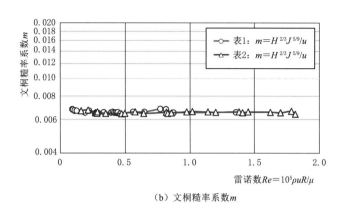

（b）文桐糙率系数 m

图 8.7（二）　糙率系数-雷诺数响应图

　　图 8.7 是利用文献［6］的数据（见后表 8.7 和表 8.8）重构糙率系数响应，在这里因为是有限宽度的明渠流，故用水力半径 R 作为特征长度，显然采用文桐糙率系数 m［图 8.7（b）］似乎比曼宁糙率系数 n［图 8.7（a）］更加合理和稳定，更接近一个常数，而曼宁糙率系数 n 有随雷诺数增加而降低的趋势。虽然此文献的数据是远远不够证明 m 比 n 更合理，但数据非常完备，可以供研究者验证或参考，它最大的特点是有阻力值，虽然是按阻力系数给定的，但已经不妨碍通过数据重构其中的关系。

　　从图 8.7 来看，暂无法分辨曼宁糙率系数 n 和文桐糙率系数 m 的优劣的。

8.3　非均匀流验证

　　非均匀流验证采用 Song 等［8］的数据，在底坡 $J = 0.006$、长为 18m、宽为 0.6m、高为 0.8m 的水槽中进行非均匀流实验，当流量为 150m³/h 时，测得距进口 5m、7m、9m、11m、13m 处 的 水 深 分 别 为 15.60cm、16.80cm、18.00cm、19.20cm、20.40cm。显然从 5～13m 处水位大致一样，相当于库水位。

　　将数据作简化处理，对于 Song 等［8］的数据，对无穷宽渠道仍然适用，且单宽流量 uH 为 0.069444m²/s。对 5～13m 的范围进行受力分析，即进行动量定理分析，按式（8.2）可以精确到每个点位，当然也可以是整个范围，并可以将长度延伸到无穷远。

　　如果将水流方向定为 x，则水深显然有关系：

$$h = 0.156 + (x - 5)J \tag{8.9}$$

8.3.1　按垂向平均流速给定

在 x 处，如果按断面平均流速给定，则流速有

$$u=(uh)/[0.156+(x-5)J] \tag{8.10}$$

对 x 至 $x+\mathrm{d}x$ 的水体进行受力分析，有

$$F_1=\frac{1}{2}\rho gh^2 \tag{8.11a}$$

$$F_2=\frac{1}{2}\rho g(h+J\mathrm{d}x)^2 \tag{8.11b}$$

$$M_1=\rho hu^2 \tag{8.11c}$$

$$M_2=\rho(hu)^2/(h+J\mathrm{d}x) \tag{8.11d}$$

$$F_\mathrm{G}=\rho ghJ\mathrm{d}x \tag{8.11e}$$

$$F_\mathrm{B}=\tau\mathrm{d}x \tag{8.11f}$$

因为分析的水体与水位一样，水体本身满足静力平衡，则有

$$F_1-F_2+F_\mathrm{G}=0 \tag{8.12}$$

于是根据式（8.2b）的 $F_1-F_2+F_\mathrm{G}-F_\mathrm{B}=M_2-M_1$，当 $\mathrm{d}x\to0$ 时，将式（8.12）代入可以求得任意位置处的通用切应力表达式：

$$\tau=\rho u^2J \tag{8.13}$$

显然切应力的表达式满足文桐公式［式（8.8）］，切应力为速度的 2 次方成正比，而不是 7/3 次方［式（8.3）］，也不是 1.75 次方［式（8.7）[5]］。如果将切应力表示成糙率系数的形式［式（2.16）、式（5.9）］，分别有

$$n=\frac{[\tau h^{1/3}/(\rho g)]^{1/2}}{u} \tag{8.14}$$

$$m=\frac{[\tau h^{1/5}/(\rho g)]^{5/9}}{u} \tag{8.15}$$

糙率系数计算见表 8.1 和图 8.8。可以发现，曼宁糙率系数 n 是不合理的（水深越深，糙率 n 越大），而文桐糙率系数 m 是合理的（糙率 m 恒定），表明流动在阻力二次方段上（$b=1.8$）。可以这么理解，将同一个 Re 上的沿程阻力响应看成阶跃响应，随着水深 h 的增加，相对糙率 k/h 发生变化，即是各自的谢才系数响特性应（图 4.19）、阻力系数响应特性（图 4.19）、糙率系数 n 响应特

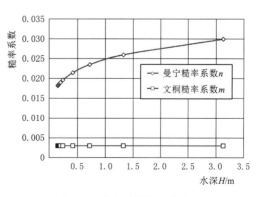

图 8.8　糙率系数沿程变化图

性（图 8.8）中的阶跃点位，但这些阶跃只是二次方段上的阶跃响应特性的一个点位（图 8.8、表 8.1），即 $m=0.01219$。曼宁糙率系数 n 的定义，在这里有偏差，本该在严格二次方段上符合的，但在二次方段上了，是曼宁公式越位了，越位至文桐公式的领域，所以导致的偏差。

表 8.1   糙率系数、谢才系数、阻力系数计算表

距离 /m	Q /(m³/h)	uH /(m²/s)	$Re=\rho uH/\mu$	H/m	u/(m/s)	$\tau=\rho u^2 J$	n	m	C	λ
5	150	0.069444	69112.11	0.156	0.445157	1.186847	0.01814521	0.01219005	45.29803	0.00956182
7	150	0.069444	69112.11	0.168	0.41336	1.023353	0.01837071	0.01219005	45.86099	0.00932851
9	150	0.069444	69112.11	0.18	0.385802	0.891454	0.01858317	0.01219005	46.39138	0.00911642
11	150	0.069444	69112.11	0.192	0.36169	0.783504	0.01878414	0.01219005	46.89308	0.0089224
13	150	0.069444	69112.11	0.204	0.340414	0.694038	0.01897490	0.01219005	47.36929	0.0087439
20	150	0.069444	69112.11	0.246	0.282294	0.47728	0.01957629	0.01219005	48.87061	0.00821492
50	150	0.069444	69112.11	0.426	0.163015	0.159157	0.02145241	0.01219005	53.55419	0.00684088
100	150	0.069444	69112.11	0.726	0.095654	0.054799	0.02344574	0.01219005	58.53038	0.00572712
200	150	0.069444	69112.11	1.326	0.052371	0.016427	0.02592179	0.01219005	64.71165	0.00468526
500	150	0.069444	69112.11	3.126	0.022215	0.002956	0.02990469	0.01219005	74.65462	0.00352035

如果将表 8.1 中的单宽流量（uH）逐渐减小，切应力的计算用推导出的 $\tau=\rho u^2 J$ ［式（8.13）］，可以得到此流动的响应特性，计算结果见表 8.2，图 8.9 即为 $x=5$m 处设想的糙率系数响应图，图 8.10 为不同流量条件下糙率系数沿程变化图。

表 8.2   不同流量条件下糙率系数计算表 （按 $x=5$m 断面平均流速计）

流量 Q/(m³/h)	雷诺数 Re	$\tau=\rho u^2 J$	曼宁糙率系数 n	文桐糙率系数 m
0.00015	0.069112108	1.18685E-12	0.018145205	0.002626266
0.000474	0.218551676	1.18685E-11	0.018145205	0.002984656
0.0015	0.691121081	1.18685E-10	0.018145205	0.003391953
0.004743	2.185516756	1.18685E-09	0.018145205	0.003854832
0.015	6.911210812	1.18685E-08	0.018145205	0.004380876
0.15	69.11210812	1.18685E-06	0.018145205	0.005658119
1.5	691.1210812	0.000118685	0.018145205	0.007307742
15	6911.210812	0.011868467	0.018145205	0.009438311
150	69112.10812	1.186846723	0.018145205	0.012190048

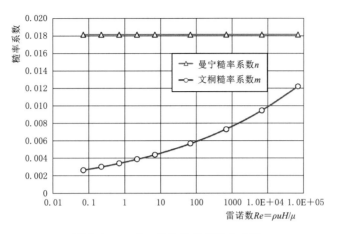

图 8.9 $x=5$m 处的糙率系数响应图

图 8.9 中，对于同一点位 $x=5$m 处，当雷诺数减小时，曼宁糙率系数 n 保持不变，而文桐糙率系数 m 反而降低，这同阻力系数响应特性不符（图 4.12），究其原因可能在于动能不能取断面平均计算，而该是断面积分。图 8.10 中，在不同流量条件下糙率系数沿程变化反映了同样的问题。

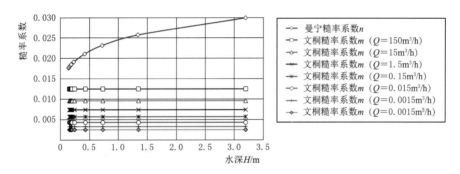

图 8.10 不同流量条件下糙率系数沿程变化图

8.3.2 按垂线断面分布给定

此模型为恒定水位，故也对光滑壁面同样适用，因此用光滑壁面的断面垂线流速分布来近似或替代本模型真实的流速分布，所以断面垂线流速分布应该如图 4.10 所示，在阻力一次方段上为抛物线型分布，为标准的层流，随着流速的增加逐渐过渡到二次方段、严格二次方段（虽然在所有模型 A 中均没有出现过，数据见表 4.3）。

表 4.3 为可能出现的不同雷诺数时的垂线流速分布状况，暂以它为准进行受力分析，研究的范围为 x（断面 1，水深 h_1）至 $x+\mathrm{d}x$（断面 2，水深 h_2）的水体，有

$$M_1 = \int_0^{h_1} \rho u^2 \mathrm{d}y \qquad (8.16\mathrm{a})$$

$$M_2 = \int_0^{h_2} \rho u^2 \, \mathrm{d}y \tag{8.16b}$$

$$F_G = \rho g \left[(h_1 + h_2)/2\right] J \, \mathrm{d}x \tag{8.16c}$$

$$F_B = \tau \, \mathrm{d}x \tag{8.16d}$$

当取 $\mathrm{d}x$ 为 $1 \times 10^{-10} \mathrm{m}$，将流量调整至雷诺数同表 4.3 完全一致，并将断面流速分布加载于本模型中，计算结果见表 8.3 和图 8.11，其中切应力按式（8.18）计算，曼宁糙率系数、文桐糙率系数按式（8.14）、式（8.15）计算。

$$\tau = \frac{F_1 - F_2 + F_G - M_2 + M_1}{\mathrm{d}x} \tag{8.17}$$

考虑到式（8.12），故床面切应力可以简化为

$$\tau = \frac{-M_2 + M_1}{\mathrm{d}x} \tag{8.18}$$

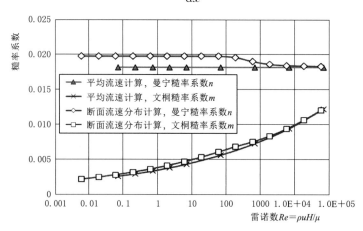

图 8.11　不同流量条件下糙率系数响应图（$x = 5\mathrm{m}$）

表 8.3　　　　　　　　不同流量条件下糙率系数计算（按真实流速分布计）

标记	流量 $Q/(\mathrm{m}^3/\mathrm{h})$	平均流速/(m/s)	雷诺数 Re	床面切应力 τ	曼宁糙率系数 n	文桐糙率系数 m
A2_a	1.2744E−05	3.7821E−08	0.00587176	1.0293E−14	0.01988918	0.00221129
A2_j	4.03E−05	1.196E−07	0.01856815	1.0294E−13	0.01989006	0.00251318
A2_b	0.00012744	3.7821E−07	0.05871765	1.0294E−12	0.01989022	0.00285616
A2_k	0.000403	1.196E−06	0.1856815	1.0293E−11	0.01988959	0.00324581
A2_c	0.0012744	3.7821E−06	0.58717647	1.0293E−10	0.01988979	0.00368878
A2_l	0.00403001	1.196E−05	1.85681504	1.0294E−09	0.01989011	0.00419224
A2_d	0.012744	3.7821E−05	5.87176471	1.0294E−08	0.01988992	0.00476428
A2_m	0.04030007	0.0001196	18.5681504	1.0294E−07	0.01989074	0.00541468
A2_e	0.12744	0.00037821	58.7176471	1.0288E−06	0.01988427	0.00615136
A2_n	0.40300067	0.00119599	185.681504	1.0097E−05	0.01969926	0.00691857

续表

标记	流量 Q/(m³/h)	平均流速/(m/s)	雷诺数 Re	床面切应力 τ	曼宁糙率系数 n	文桐糙率系数 m
A2 _ f	1.2744	0.00378205	587.176471	9.4599E−05	0.01906746	0.00758301
A2 _ o	4.03000665	0.0119599	1856.81504	0.00090455	0.01864521	0.00840603
A2 _ g	12.744	0.03782051	5871.76471	0.00886569	0.01845892	0.00944715
A2 _ p	40.3000665	0.11959896	18568.1504	0.08788525	0.01837842	0.01068433
A2 _ h	127.44	0.37820513	58717.6471	0.87474916	0.01833546	0.01211082
A2 _ x	150	0.4451567	69112.1081	1.2112622	0.01833089	0.01232873

从表8.3和图8.11［按式（8.18）计算］来看，按断面平均流速计算的糙率系数响应明显有偏差，而应用恰当的断面流速分布（表4.3）和动量定理得出的糙率响应特性更为合理，但计算的结果表明改进效果有限：虽然曼宁糙率系数相对稳定，而文桐糙率系数相对变化大，前者接近于一个常数，后者明显是个变数，但均随着流量的增加糙率系数变小，依然不符合阻力系数响应特性（图4.12），只能说明实验数据的精密程度决定了分析的准确度。

如果采用式（8.17）计算切应力（表8.4），本来不该存在的微小的舍入误差（$F_1-F_2+F_G$）可以将分析结果变得面目全非（表8.4、图8.12），虽然不合理但糙率系数响应特性却貌似合理，有明显的一次方段、二次方段。

因此可以推论，验证实验必须数据非常精密，一点微小的误差，可以完全掩盖流动的真相。如果这个微小的误差不是由于舍入导致，而是由水位差即重力而导致，这便逼近流动的核心真相了。同时可以断言：①本实验（Song 等[8]）中的水位不一定是水平的，而可能在上下游有微小的差异，差异的存在将决定不同流量条件下的糙率系数响应特性的走向；②床面的糙率响应特性同第4章、第6章中的糙率系数响应特性（如一次方段、二次方段等）一致。

表 8.4　　不同流量条件下糙率系数计算（按真实流速分布计，含 $F_1-F_2+F_G$）

流量 Q/(m³/h)	平均流速/(m/s)	雷诺数 Re	F_1-F_2 $+F_G$/N	$-M_2+$ M_1/N	床面切应力 τ	曼宁糙率系数 n	文桐糙率系数 m
1.2744E−05	3.7821E−08	0.00587176	1.9925E−14	1.0293E−24	0.00019925	2767.28936	1147.03501
4.03E−05	1.196E−07	0.01856815	1.9925E−14	1.0294E−23	0.00019925	875.093731	362.72432
0.00012744	3.7821E−07	0.05871765	1.9925E−14	1.0294E−22	0.00019925	276.728936	114.703502
0.000403	1.196E−06	0.1856815	1.9925E−14	1.0293E−21	0.00019925	87.5093754	36.272433
0.0012744	3.7821E−06	0.58717647	1.9925E−14	1.0293E−20	0.00019926	27.6729007	11.4703534
0.00403001	1.196E−05	1.85681504	1.9925E−14	1.0294E−19	0.00019926	8.75095992	3.62725361
0.012744	3.7821E−05	5.87176471	1.9925E−14	1.0294E−18	0.00019927	2.76736084	1.14706793
0.04030007	0.0001196	18.5681504	1.9925E−14	1.0294E−17	0.00019936	0.87531976	0.36282842
0.12744	0.00037821	58.7176471	1.9925E−14	1.0288E−16	0.00020028	0.27744241	0.11503214

续表

流量 $Q/(\text{m}^3/\text{h})$	平均流速 $/(\text{m/s})$	雷诺数 Re	$F_1-F_2+F_G/\text{N}$	$-M_2+M_1/\text{N}$	床面切应力 τ	曼宁糙率系数 n	文桐糙率系数 m
0.40300067	0.00119599	185.681504	1.9925E−14	1.0097E−15	0.00020935	0.08969923	0.03728237
1.2744	0.00378205	587.176471	1.9925E−14	9.4599E−15	0.00029385	0.03360591	0.01423348
4.03000665	0.0119599	1856.81504	1.9925E−14	9.0455E−14	0.00110381	0.02059667	0.0093891
12.744	0.03782051	5871.76471	1.9925E−14	8.8657E−13	0.00906494	0.0186652	0.00956452
40.3000665	0.11959896	18568.1504	1.9925E−14	8.7885E−12	0.08808451	0.01839924	0.01069778
127.44	0.37820513	58717.6471	1.9925E−14	8.7475E−11	0.87494842	0.01833755	0.01211235
150	0.4451567	69112.1081	1.9925E−14	1.2113E−10	1.21084213	0.01832772	0.01232636

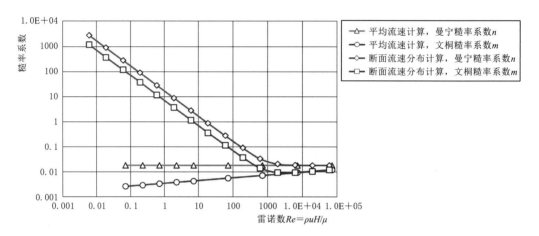

图 8.12　不同流量条件下糙率系数响应图

8.3.3　本算例[8]　水位的重构

8.3.1 节和 8.3.2 节中的流动分析是考虑到水位沿程处处一样，即研究的水体本身是满足静力平衡的，或者说重力不参与到动量定理的计算中。如果按水位恒定考虑，通过计算前两节的计算，切应力为 $\tau=\rho u^2 J$（平均流速考虑）或 $\tau=\beta\rho u^2 J$［断面流速分布考虑，β 为断面非均匀动量系数，参见式（8.19）解读］，它们应只相差一个系数如图 8.11 所示，因此如何处理动量项，对计算结果的定性影响不大。

8.3.1 节和 8.3.2 节的动量分析结果尤其是糙率系数响应特性确实不尽人意，按式（8.18）数值解（图 8.11）的糙率系数响应特性同第 4 章、第 6 章的研究结论不符，而按式（8.17）计算（图 8.12）似乎响应特性更加合理，但那只是数值计算 $F_1-F_2+F_G$ 的值时残留的舍入误差，但这一点点误差就会导致结论完全不同。

因此断定，重力因素是一定会参与此流动的，它是此流动的唯一驱动力量，虽然它可能非常微小，以至于测量手段都没能测出水位差异（不够精密），甚至比式

（8.17）中的舍入误差还小，但它的存在足以让流动特性展示出其本来的真实面目。因此根据流动的受力响应特性，动量定理对此流动进行重构，将微小的且正确的流动特性给完整地展现出来。

同 8.3.1 节和 8.3.2 节，假定流动是稳定的恒定流或者是一个时均的流动，且是非均匀流，对光滑壁面依然适用；断面流速分布符合 4.2.1 节的描述，只同断面雷诺数有关；断面的阻力 τH^2 是雷诺数或单宽流量 uH 的函数，它是抵御重力和动量变化关键的因素；假定床面为光滑壁面，床面的受力响应特性参见表 4.2 和表 4.4，图形见图 6.1。一个来流条件在整个研究河段为同一个单宽流量 uH（或同一个雷诺数），根据受力响应特性，切应力均是处处可以确定的，已知床面的粗糙高度 k（这里假定为光滑壁面），对本流动区域应用动量定理，唯一未知的参数是水深（或水位），可以由已知参数反推求得水深（或水位）的变化。

固定表 8.1 中的下游处（$x = 13\mathrm{m}$ 处）水深为 $0.204\mathrm{m}$，由下游向上游倒推水深（或水位）。先定义断面非均匀流的动量系数 β，即

$$\beta = \frac{\int_0^h \rho u^2 \mathrm{d}y}{\rho u^2 h} \tag{8.19}$$

由此可以求得式（8.16a）、式（8.16b）中的动量项 M，即

$$M = \beta \rho u^2 h \tag{8.20}$$

其中 β 按表 4.3 断面流速分布计算，并增加 A2_x 算例（对应本模型中的流量为 $150\mathrm{m}^3/\mathrm{h}$），将 A5 的四个算例（表 4.2）添加进来，$\beta$ 的计算结果见表 8.5。

统一将下游 x_2 处水深设定为 h_2，到上游 x_1 处距离 $\mathrm{d}x$ 的水深为 h_1，如果水位 x_1 处比 x_2 处高 $\mathrm{d}h$，则 h_1 有

$$h_1 = h_2 + \mathrm{d}h - J\mathrm{d}x \tag{8.21}$$

如果忽略高阶小量，平均水深按 $h = (h_1 + h_2)/2$ 计，可近似如下：

$$F_1 - F_2 = \frac{1}{2}\rho g[2h_2(\mathrm{d}h - J\mathrm{d}x) + (\mathrm{d}h - J\mathrm{d}x)^2] \approx \rho g h_2(\mathrm{d}h - J\mathrm{d}x) \tag{8.22a}$$

$$M_2 - M_1 = \beta\rho(uH)^2\left[\frac{\mathrm{d}h - J\mathrm{d}x}{h_2(h_2 + \mathrm{d}h - J\mathrm{d}x)}\right] \approx \beta\rho(uH)^2\left(\frac{\mathrm{d}h - J\mathrm{d}x}{h_2^2}\right) \tag{8.22b}$$

$$F_G = \rho g J\left(\frac{h_1 + h_2}{2}\right)\mathrm{d}x = \rho g J\left(h_2 + \frac{\mathrm{d}h - J\mathrm{d}x}{2}\right)\mathrm{d}x \approx \rho g J h_2 \mathrm{d}x \tag{8.22c}$$

$$F_B = \frac{\tau H^2}{\left(\frac{h_1 + h_2}{2}\right)^2}\mathrm{d}x = \frac{\tau H^2}{\left(h_2 + \frac{\mathrm{d}h - J\mathrm{d}x}{2}\right)^2}\mathrm{d}x \approx \frac{\tau H^2}{h_2^2}\mathrm{d}x \tag{8.22d}$$

由式（8.2c）的 $F_1 - F_2 + F_G - F_B = M_2 - M_1$，有

$$\rho g h_2(\mathrm{d}h - J\mathrm{d}x) + \rho g J h_2 \mathrm{d}x - \left(\frac{\tau H^2}{h_2^2}\right)\mathrm{d}x = \beta\rho(uH)^2\left(\frac{\mathrm{d}h - J\mathrm{d}x}{h_2^2}\right) \tag{8.23}$$

整理可以得

$$dh - J\,dx = \frac{\left(\rho g h_2 J - \dfrac{\tau H^2}{h_2^2}\right)dx}{\dfrac{\beta \rho (uH)^2}{h_2^2} - \rho g h_2} \tag{8.24}$$

进而求得上游断面水深 h_1［式（8.21）］或水深增加 dh 的近似表达式：

$$h_1 = \frac{\left(\rho g h_2 J - \dfrac{\tau H^2}{h_2^2}\right)dx}{\dfrac{\beta \rho (uH)^2}{h_2^2} - \rho g h_2} + h_2 \tag{8.25}$$

$$dh = \frac{\left(\rho g h_2 J - \dfrac{\tau H^2}{h_2^2}\right)dx}{\dfrac{\beta \rho (uH)^2}{h_2^2} - \rho g h_2} + J\,dx \tag{8.26}$$

即使式（8.22）不近似处理或其他的处理方式，也能得水位变化 dh 同渠道流动参数的函数关系：

$$dh - J\,dx = f(uH, \tau H^2, h_2, dx) \tag{8.27}$$

只要知道了渠道的受力响应特性，如 $\tau H^2 = f(uH)$，即受力是单宽流量（或雷诺数）的函数，于是就能通过式（8.27）唯一确定水位的变化，可以解方程式（8.27）求得，或通过某种近似简化［式（8.26）］得以唯一确定。本算例针对光滑壁面，对粗糙壁面同样适用，只是受力响应特性略有变化。

表 8.5 是以式（8.26）的近似方式求得的结果（详见图 8.13），其中取 $dx = 0.02m$，由 $x = 13m$ 反推沿程的水深。显然，在文献［8］的测量中（即算例 A2_x，流量为 150m³/h 时）是没有测量出 5m 同 13m 的水位差的，但水位差在 1.4mm 左右，实验的精度严重制约研究者得出正确的结论，也极大地限制了研究者的想象力。当流量继续下降时，在 5m 同 13m 之间依然有水位差，水位差的存在充分表明流动是重力驱动的，或是水位差所驱动的，其中的受力关系应严格按动量定理进行精细的计算。

当然，A2_x 之后的算例，13m 处的水深或水位条件（水深为 0.204m）已经不一定能保证，所以这部分的结果仅为参考，如 A5_o 中，平均流速已过 9m/s，显然已经不是库水位的流动条件，但也列出以供参考。

仔细分析此模型数据，可以将 $F_1 - F_2 + F_G$ 称为重力项，F_B 称为阻力项，$M_2 - M_1$ 称为动量项，根据动量定理有 $F_1 - F_2 + F_G - F_B = M_2 - M_1$，它表明重力项和阻力项的合力严格等于动量的变化，地表上的河流流动，全是重力驱动的流动，重力项是一定参与到流动中的，是不可忽略的。

表8.5 不同流量条件下水位预估

算例	流量 Q/(m³/h)	uH /(m²/s)	Re = ρuH/μ	τH²/N	非均匀动量系数 β	13m处流速 /(m/s)	与13m处的相对水位/m			
							11m处	9m处	7m处	5m处
A2_a	1.27E−05	5.9E−09	0.005872	1.75416E−11	1.2015702	2.89216E−08	4.61975E−13	1.01936E−12	1.7E−12	2.54443E−12
A2_j	4.03E−05	1.86574E−08	0.018568	5.54714E−11	1.201570253	9.1458E−08	1.46088E−12	3.22348E−12	5.377E−12	8.04613E−12
A2_b	0.000127	0.000000059	0.058718	1.75416E−10	1.201570091	2.89216E−07	4.61963E−12	1.01934E−11	1.7E−11	2.54437E−11
A2_k	0.000403	1.86574E−07	0.185682	5.54719E−10	1.201570595	9.1458E−07	1.46078E−11	3.22326E−11	5.377E−11	8.04563E−11
A2_c	0.001274	0.00000059	0.587176	1.75431E−09	1.201573966	2.89216E−06	4.61885E−11	1.01917E−10	1.7E−10	2.54401E−10
A2_l	0.00403	1.86574E−06	1.856815	5.55022E−09	1.20159951	9.1458E−06	1.4604E−10	3.22252E−10	5.376E−10	8.04424E−10
A2_d	0.012744	0.0000059	5.871765	1.75634E−08	1.201669545	2.89216E−05	4.61245E−10	1.01785E−09	1.698E−09	2.54117E−09
A2_m	0.0403	1.86574E−05	18.56815	5.55675E−08	1.201688947	9.1458E−05	1.45037E−09	3.20124E−09	5.342E−09	7.99587E−09
A2_e	0.12744	0.000059	58.71765	1.76243E−07	1.200932038	0.000289216	4.51106E−09	9.96335E−09	1.664E−08	2.4922E−08
A2_n	0.403001	0.000186574	185.6815	5.97685E−07	1.178543671	0.00091458	1.44602E−08	3.20006E−08	5.355E−08	8.03916E−08
A2_f	1.2744	0.00059	587.1765	2.88524E−06	1.104271501	0.002892157	6.39882E−08	1.4207E−07	2.385E−07	3.59446E−07
A2_o	4.030007	0.001865744	1856.815	1.92836E−05	1.055879067	0.009145803	3.93137E−07	8.75867E−07	1.476E−06	2.23236E−06
A2_g	12.744	0.0059	5871.765	0.00015108	1.034903252	0.028921569	2.85465E−06	6.38105E−06	1.079E−05	1.63786E−05
A2_p	40.30007	0.018657438	18568.15	0.001265987	1.025883134	0.09145803	2.22113E−05	4.98172E−05	8.453E−05	0.00012875
A2_h	127.44	0.059	58717.65	0.010835472	1.021143669	0.289215686	0.00017576	0.000395423	0.0006727	0.00102675
A2_x	150	0.069444444	69112.11	0.014679045	1.020610175	0.340413943	0.000235469	0.0005299	0.0009016	0.001375778
A2_q	403.0007	0.186574382	185681.5	9.12E−02	1.017559803	0.914580304	0.001406891	0.003155554	0.0053313	0.008037009
A2_i	1274.4	0.59	587176.5	7.18E−01	1.013789024	2.892156863	0.027140609	0.044065206	0.0585085	0.071858066
A5_o	4030.007	1.86574382	1855815	4.97E+00	1.009530811	9.145803037	−0.00268696	−0.006665722	−0.012299	−0.020186906
A5_g	12744	5.9	5871765	3.23E+01	1.006216963	28.92156863	0.002770244	0.00507172	0.0068276	0.007936778
A5_p	40300.07	18.65743819	18568150	2.75E+02	1.005295792	91.45803037	0.004143161	0.007957482	0.0113981	0.014408729
A5_h	127440	59	58717647	2.32E+03	1.005771586	289.2156863	0.005377186	0.010524356	0.0154158	0.020020431

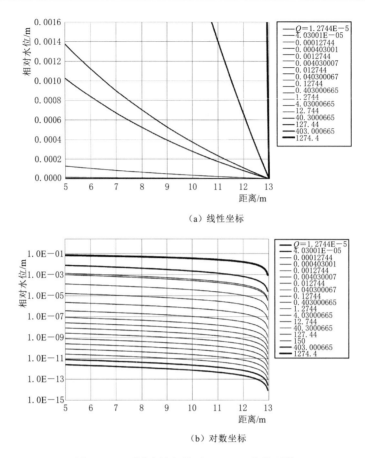

（a）线性坐标

（b）对数坐标

图 8.13 不同流量条件下 5～13m 水位预估

8.3.4 小结

总之，在这组不严格的实验数据中，曼宁公式是不严谨的。①如果认为水位恒定且断面流速按断面平均流速计，则曼宁糙率系数 n 沿程不为常数，而文桐糙率系数却是常数，且切应力同流速的平方成正比（$\tau=\rho u^2 J$），正是文桐公式的应用范围而非曼宁公式的；②如果认为水位恒定且按断面流速分布响应特性计，则同①相比，动量项只差一个非均匀流的动量系数 β，切应力仍与速度的平方成正比（$\tau=\beta\rho u^2 J$），同①相比无实质性的变化，也适用于文桐公式而非曼宁公式；③如果假定水位不恒定，这个不恒定量是可以唯一求解出的，它应严格满足动量定理，满足壁面切应力响应特性，对于光滑壁面受力响应特性有一次方段（$b=1$）和二次方段（$b=1.8$），而无严格二次方段（$b=2$），对于非光滑壁面则有严格二次方段，而在二次方段上是文桐公式而非曼宁公式。

水力学的实验也不严谨，水位或水深的测量误差太大，一般可能是由于水面波浪的影响导致水位波动较大，乃至于掩盖了上、下游的水位差值，而使得流动的响应特性被掩盖（在二次方段上满足文桐公式）；即使上、下游水位没有差异，流动仍然满足文桐公式（$\tau \propto u^2$）而不是曼宁公式（$\tau \propto u^{7/3}$）。但水位无差异的结果因其无一次方段的响应特性而不真实，正是这点才导致应用动量定理去揭示水位是一定有差异的，流动是重力驱动的，哪怕是实验没有测出，也可以根据动量定理进行还原。

8.4 水力学验证

关于糙管，有非常成熟的研究（图 4.19），对于明渠也有相应的研究。图 8.14（a）来源于吴持恭的水力学[9]，数据引用自蔡可士大的矩形明渠流试验；图 8.14（b）引用自 Chow[10]，数据源自 Chow[11] 和 Henderson[12]。

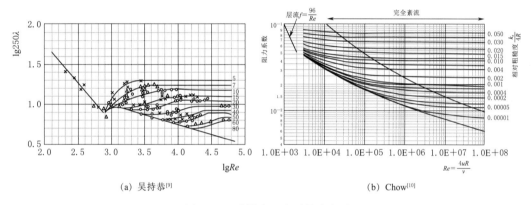

(a) 吴持恭[9]   (b) Chow[10]

图 8.14 明渠流阻力系数响应图

8.4.1 无穷宽明渠

光滑壁面无穷宽明渠数据采用 4.2 节的模型 A，粗糙壁面数据采用 6.2 节的模型 W［增加模型 W2i（3m）、W2j（7m）］，最终统计的穆迪（Moody）图如图 8.15 所示。

图 8.15（a）为标准的穆迪图，其中光滑壁面是一条阶跃曲线 An，对于粗糙壁面则固定粗糙高度 $k=1\mathrm{m}$，可见各个相对糙率高度 k/H 的曲线彼此是交错的，相对粗糙高度大时，一次方段偏小，二次方段偏大，相对粗糙高度小时，一次方段偏大，二次方段偏小，同经典的图 8.14 不一样（相对粗糙高度大时偏大，小时偏小）。同时，对于同一个相对粗糙高度［图 8.15（b）］，阻力系数响应特性也不是唯一的一条，而是一簇，但有共同的相对稳定的二次方段和严格二次方段，数模的数据支持蔡可士大的实验数据[9]［图 8.14（a）］而不支持 Chow[10] 的［图 8.14（b）］，二次方段上应该满足文桐公式，随着雷诺数的增加，阻力系数有抬升至稳定的严格二次方段上，这时才应该满足曼宁公式。

在经典明渠流的穆迪图［图 8.14（a）、（b）］上，同一个相对粗糙高度对应同一条

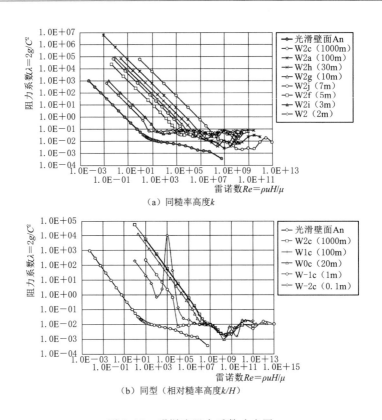

图 8.15　明渠流阻力系数响应图

响应特性，这正是相似理论[7] 中所展示的内容，它们只在没有空化或没有激波产生时才满足的，详细讨论请详见文献［7］。

8.4.2　Emmett 的实验验证

数模计算结果与经典的穆迪图是有出入的，为此，特地引入明渠均匀流实验数据进行对比研究，数据来自 William W. Emmett[13]（见表 8.6、图 8.16）。由图 8.16 可知，明渠均匀流数据有明显的阻力系数响应规律，在低流速区域有明显的一次方段，高流速区域有明显的二次方段，二次方段引用 Tracy 等[6] 的光滑矩形明渠的实验数据进行比较，显然它不是水平的（受力特性指数 $b=2$ 时为水平），且与光滑壁面数模数据平行。文献［13］中明确指出，阻力系数响应特性的指数为 -0.2（即受力指数 $b=1.8$），光滑壁面的线性关系如 Tracy 等[6] 的数据也标于图中，大致可以推知受力指数也在 $b=1.8$，便以光滑壁面的数模数据 An 替代，它的受力特性指数 $b=1.8$。分析中将所有参数换算成国际单位制，阻力系数计算中的特征长度采用水深 H。

类似文献［13］的展示方式，给出水深响应特性（图 8.17）、阻力系数响应特性（图 8.18）、谢才系数响应特性（图 8.19）、糙率系数响应特性（图 8.20）。

表 8.6　明渠流数据[13] 及计算（已换算至国际单位制）

实验组号	水深 H/m	坡降 J	平均速度 u/(m/s)	温度/℃	$\upsilon=\mu/\rho$ /(m²/s)	雷诺数 $Re=\rho uH/\mu$	谢才系数 $C=u/(HJ)^{0.5}$	阻力系数 $\lambda=2g/C^2$	曼宁糙率系数 n	文桐糙率系数 m
1－1	0.013259	0.0033	0.3221736	13.5	1.19845E－06	3564.302	48.70582	0.008271	0.009989	0.007272
1－2	0.010881	0.0033	0.2645664	14.0	1.18916E－06	2420.906	44.15055	0.010065	0.010662	0.007762
1－3	0.008717	0.0033	0.2215896	15.0	1.14271E－06	1690.423	41.31444	0.011495	0.010981	0.007994
1－4	0.006248	0.0033	0.19812	16.0	1.11484E－06	1110.417	43.63017	0.010307	0.009837	0.007161
1－5	0.00445	0.0033	0.1618488	17.0	1.08697E－06	662.6154	42.23462	0.010999	0.009603	0.006991
1－6	0.003962	0.0033	0.1115568	11.5	1.28206E－06	344.7826	30.85034	0.020615	0.012894	0.009387
1－7	0.00317	0.0033	0.0667512	11.5	1.26348E－06	167.4706	20.63849	0.046062	0.018571	0.01352
1－8	0.002713	0.0033	0.042672	12.5	1.22632E－06	94.39394	14.2621	0.096457	0.026185	0.019063
2－1	0.008504	0.0170	0.5388864	10.0	1.30993E－06	3498.383	44.8191	0.009767	0.01008	0.008038
2－2	0.006919	0.0170	0.490728	10.0	1.30993E－06	2591.986	45.24764	0.009583	0.009647	0.007693
2－3	0.005669	0.0170	0.4325112	11.0	1.28206E－06	1912.565	44.05639	0.010108	0.009585	0.007643
2－4	0.004999	0.0170	0.3880104	12.0	1.2449E－06	1558	42.09102	0.011074	0.009824	0.007834
2－5	0.003505	0.0170	0.3477768	12.0	1.2449E－06	979.2164	45.05259	0.009666	0.008651	0.006899
2－6	0.002804	0.0170	0.2999232	12.0	1.2449E－06	675.5821	43.43944	0.010398	0.008645	0.006894
2－7	0.002316	0.0170	0.1969008	12.5	1.22632E－06	371.9394	31.37681	0.019929	0.011593	0.009245
2－8	0.001981	0.0170	0.1246632	11.0	1.28206E－06	192.6449	21.48076	0.042521	0.016498	0.013156
2－9	0.001615	0.0170	0.0905256	11.0	1.28206E－06	114.0652	17.27434	0.06575	0.01983	0.015813
2－10	0.001341	0.0170	0.0688848	11.0	1.28206E－06	72.05797	14.42664	0.094269	0.023019	0.018356
3－1	0.006797	0.0342	0.6952488	11.0	1.28206E－06	3685.964	45.60026	0.009435	0.009544	0.007912
3－2	0.005669	0.0342	0.5934456	11.0	1.28206E－06	2624.217	42.61906	0.010802	0.009908	0.008214
3－3	0.004267	0.0342	0.5007864	11.0	1.28206E－06	1666.812	41.45415	0.011417	0.009715	0.008054
3－4	0.002896	0.0342	0.4200144	11.0	1.28206E－06	948.6232	42.20674	0.011014	0.008945	0.007415

续表

实验组号	水深 H/m	坡降 J	平均速度 u/(m/s)	温度/℃	υ=μ/ρ /(m²/s)	雷诺数 Re=ρuH/μ	谢才系数 C=u/(HJ)^0.5	阻力系数 λ=2g/C²	曼宁糙率系数 n	文桐糙率系数 m
3-5	0.002438	0.0342	0.31242	11.0	1.28206E-06	594.2029	34.21159	0.016763	0.010724	0.00889
3-6	0.001951	0.0342	0.2039112	11.0	1.28206E-06	310.2609	24.96494	0.03148	0.014159	0.011738
3-7	0.001494	0.0342	0.1411224	12.0	1.2449E-06	169.306	19.74592	0.05032	0.017122	0.014194
3-8	0.001097	0.0342	0.1039368	12.0	1.2449E-06	91.61194	16.96671	0.068156	0.018929	0.015692
3-9	0.000945	0.0342	0.0682752	12.0	1.2449E-06	51.8209	12.01051	0.136012	0.026082	0.021622
4-1	0.005883	0.0550	0.8013192	12.0	1.2449E-06	3786.545	44.54901	0.009886	0.009537	0.008118
4-2	0.004755	0.0550	0.6906768	15.0	1.14271E-06	2873.951	42.70943	0.010756	0.009601	0.008172
4-3	0.003719	0.0550	0.5769864	15.0	1.14271E-06	1877.61	40.34566	0.012053	0.009756	0.008304
4-4	0.002469	0.0550	0.5175504	15.5	1.13342E-06	1127.361	44.41415	0.009946	0.008277	0.007046
4-5	0.002103	0.0550	0.4066032	16.0	1.11484E-06	767.05	37.80571	0.013727	0.009468	0.008059
4-6	0.001859	0.0550	0.245364	16.5	1.10555E-06	412.6471	24.2637	0.033326	0.014452	0.012301
4-7	0.001676	0.0550	0.195072	14.5	1.16129E-06	281.6	20.31537	0.047539	0.016966	0.014441
4-8	0.001524	0.0550	0.1484376	14.0	1.17987E-06	191.7323	16.21325	0.074638	0.020923	0.017809
4-9	0.001067	0.0550	0.1176528	16.0	1.11484E-06	112.5833	15.35958	0.083165	0.020811	0.017714
4-10	0.000884	0.0550	0.0789432	16.0	1.11484E-06	62.59167	11.3221	0.153054	0.027362	0.02329
5-1	0.005456	0.0775	0.8391144	16.0	1.11484E-06	4106.558	40.80716	0.011782	0.010282	0.00892
5-2	0.00445	0.0775	0.742188	16.0	1.11484E-06	2962.583	39.96494	0.012284	0.010148	0.008804
5-3	0.003505	0.0775	0.6848856	16.0	1.11484E-06	2153.375	41.5538	0.011363	0.009379	0.008137
5-4	0.002408	0.0775	0.5382768	16.0	1.11484E-06	1162.617	39.40341	0.012637	0.009291	0.008061
5-5	0.002103	0.0775	0.3913632	16.0	1.11484E-06	738.3	30.6547	0.020879	0.011677	0.01013
5-6	0.001737	0.0775	0.214884	16.0	1.11484E-06	334.875	18.51861	0.057211	0.018723	0.016243
5-7	0.001494	0.0775	0.1389888	16.0	1.11484E-06	186.2	12.91884	0.117558	0.02617	0.022704
5-8	0.00128	0.0775	0.0859536	16.0	1.11484E-06	98.7	8.62941	0.263473	0.038185	0.033128

续表

实验组号	水深 H/m	坡降 J	平均速度 u/(m/s)	温度/℃	$\upsilon=\mu/\rho$ /(m²/s)	雷诺数 $Re=\rho uH/\mu$	谢才系数 $C=u/(HJ)^{0.5}$	阻力系数 $\lambda=2g/C^2$	曼宁糙率系数 n	文桐糙率系数 m
6－1	0.006858	0.0775	0.6839712	15.0	1.14271E－06	4104.878	29.668	0.022291	0.014692	0.012746
6－2	0.005669	0.0775	0.6001512	15.0	1.14271E－06	2977.512	28.63162	0.023934	0.014748	0.012795
6－3	0.004389	0.0775	0.5123688	15.0	1.14271E－06	1968	27.78069	0.025422	0.014565	0.012636
6－4	0.0032	0.0775	0.3651504	16.0	2.04387E－06	571.7727	23.18562	0.036497	0.016557	0.014364
6－5	0.002774	0.0775	0.2913888	16.0	1.11484E－06	724.9667	19.87439	0.049672	0.01886	0.016362
6－6	0.002164	0.0775	0.1877568	16.5	1.10555E－06	367.5294	14.498	0.093343	0.024807	0.021521
6－7	0.001768	0.0775	0.1213104	17.0	1.08697E－06	197.2991	10.36396	0.182662	0.033552	0.029108
6－8	0.001036	0.0775	0.1075944	21.5	9.56901E－07	116.5243	12.00582	0.136118	0.026497	0.022987
6－9	0.001097	0.0775	0.086868	17.5	1.06838E－06	89.21739	9.419986	0.221105	0.034093	0.029578
7－1	0.007315	0.0550	0.6477	21.0	9.66192E－07	4903.846	32.29085	0.018817	0.013645	0.011614
7－2	0.005486	0.0550	0.5123688	20.5	9.84772E－07	2854.528	29.49562	0.022552	0.014238	0.012119
7－3	0.004938	0.0550	0.4727448	20.5	9.84772E－07	2370.396	28.68669	0.023842	0.014385	0.012244
7－4	0.003932	0.0550	0.3928872	19.0	1.03122E－06	1498.027	26.71679	0.027487	0.01487	0.012657
7－5	0.00317	0.0550	0.3038856	19.5	1.02193E－06	942.6182	23.01466	0.037042	0.016653	0.014175
7－6	0.002225	0.0550	0.2785872	20.0	1.00335E－06	617.7963	25.1832	0.030937	0.014348	0.012212
7－7	0.00189	0.0550	0.2033016	20.0	1.00335E－06	382.9074	19.94142	0.049339	0.017632	0.015008
7－8	0.001615	0.0550	0.161544	20.0	1.00335E－06	260.0926	17.13816	0.066799	0.019987	0.017013
7－9	0.001372	0.0550	0.1487424	19.0	1.03122E－06	197.8378	17.12536	0.066899	0.019464	0.016567
7－10	0.001189	0.0550	0.1374648	19.0	1.03122E－06	158.4595	17.00084	0.067883	0.019144	0.016295
7－11	0.001097	0.0550	0.0917448	19.0	1.03122E－06	97.62162	11.80977	0.140675	0.027194	0.023147
7－12	0.000884	0.0550	0.0966216	18.5	1.04051E－06	82.08036	13.85755	0.102171	0.022355	0.019028
8－1	0.008382	0.0342	0.559308	18.0	1.05909E－06	4426.535	33.03423	0.017979	0.013644	0.011311
8－2	0.007163	0.0342	0.4965192	18.0	1.05909E－06	3358.026	31.72354	0.019496	0.01384	0.011473

续表

实验组号	水深 H/m	坡降 J	平均速度 u/(m/s)	温度/℃	$v=\mu/\rho$ /(m²/s)	雷诺数 $Re=\rho u H/\mu$	谢才系数 $C=$ $u/(HJ)^{0.5}$	阻力系数 $\lambda=2g/C^2$	曼宁糙率 系数 n	文桐糙率 系数 m
8-3	0.006005	0.0342	0.4447032	18.5	1.04051E-06	2566.277	31.03249	0.020374	0.013738	0.011389
8-4	0.005121	0.0342	0.4075176	18.5	1.04051E-06	2005.5	30.79436	0.02069	0.013482	0.011177
8-5	0.004084	0.0342	0.3151632	19.0	1.03122E-06	1248.252	26.66629	0.027591	0.014993	0.012429
8-6	0.003261	0.0342	0.2788824	19.5	1.02193E-06	888.1	26.34956	0.028259	0.014615	0.012116
8-7	0.002499	0.0342	0.24384	19.5	1.02193E-06	596.3636	26.37409	0.028206	0.013968	0.011579
8-8	0.001981	0.0342	0.1917192	20.0	1.00335E-06	378.5648	23.29101	0.036168	0.015216	0.012614
8-9	0.001737	0.0342	0.1627632	20.0	1.00335E-06	281.8333	21.11535	0.044005	0.01642	0.013613
8-10	0.001524	0.0342	0.1331976	19.0	1.03122E-06	196.8468	18.44977	0.057639	0.018387	0.015243
8-11	0.001341	0.0342	0.103632	19.0	1.03122E-06	134.7748	15.30196	0.083792	0.021702	0.017991
8-12	0.001189	0.0342	0.0728472	19.5	1.02193E-06	84.73636	11.4251	0.150307	0.028487	0.023616
9-1	0.010363	0.0170	0.4696968	17.0	1.08697E-06	4478.12	35.3872	0.015668	0.013195	0.010522
9-2	0.008443	0.0170	0.4261104	17.0	1.08697E-06	3309.795	35.56725	0.01551	0.012687	0.010117
9-3	0.00701	0.0170	0.3803904	17.0	1.08697E-06	2453.333	34.84446	0.01616	0.012555	0.010012
9-4	0.005913	0.0170	0.3057144	17.5	1.06838E-06	1692.017	30.4918	0.021102	0.013946	0.011121
9-5	0.004846	0.0170	0.2587752	17.5	1.06838E-06	1173.835	28.50967	0.024139	0.014429	0.011506
9-6	0.003993	0.0170	0.22098	18.0	1.05909E-06	833.114	26.82164	0.027273	0.01485	0.011842
9-7	0.002896	0.0170	0.2203704	22.5	9.56901E-07	666.8447	31.40939	0.019887	0.01202	0.009585
9-8	0.002316	0.0170	0.1679448	21.5	9.75482E-07	398.819	26.76257	0.027393	0.013592	0.010838
9-9	0.002103	0.0170	0.1258824	21.5	9.75482E-07	271.4	21.05274	0.044267	0.017002	0.013558
9-10	0.00192	0.0170	0.1048512	22.0	9.66192E-07	208.3846	18.35148	0.058258	0.019211	0.01532
9-11	0.001524	0.0170	0.0856488	20.0	1.00335E-06	130.0926	16.82691	0.069293	0.02016	0.016076
9-12	0.001311	0.0170	0.0600456	19.5	1.02193E-06	77.00909	12.72082	0.121246	0.026006	0.020738

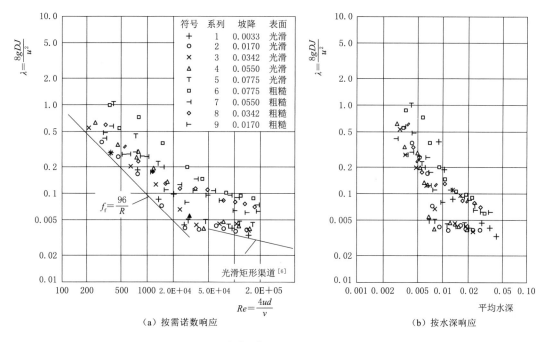

图 8.16　文献[13] 的阻力系数响应特性图

由图 8.17 可见，明渠流动是阶跃的，随着流速或雷诺数的增大，水深是增加的，这是明渠流动或河流区别于管流的重要特征，因为明渠或河流参数一旦固定，它的坡降 J 就固定了，明渠流或河流的阶跃是沿固定的坡降 J 变化的。

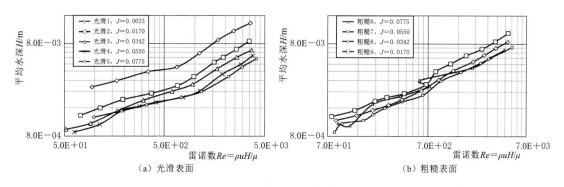

图 8.17　水深 H 的响应特性

由图 8.18 可见，在二次方段，光滑壁面的实验数据是同 An 吻合的，粗糙壁面的阻力系数是比光滑壁面的要高，粗糙同光滑的关系是和谐的。

由图 8.19 可见，在二次方段，光滑壁面的实验数据是同 An 吻合的，粗糙壁面的谢才系数是比光滑壁面的要低，粗糙同光滑的关系也是和谐的。总之阻力系数响应、谢才系数响应均来源于受力响应特性，它们有相同的物理机制（受力响应机制）。

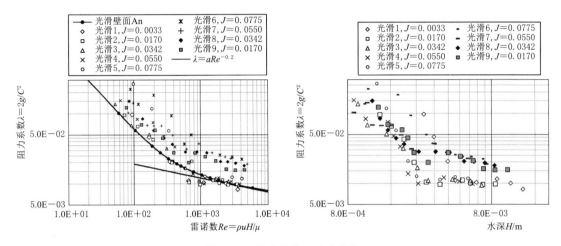

图 8.18　阻力系数 λ 响应特性

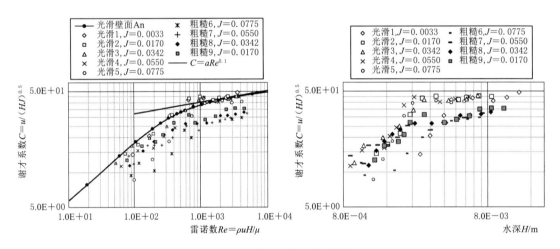

图 8.19　谢才系数 C 响应特性

　　图 8.20（a）中光滑壁面数值模拟 An 的数据同光滑壁面实验数据分离（曼宁糙率系数 n），展示出明显的不和谐，而实验数据中的光滑同粗糙的关系尚可；图 8.20（b）中所有数据均是和谐的。

　　实验的阻力系数响应特性（图 8.18）、谢才系数响应特性（图 8.19）同文桐糙率系数 m 响应特性［图 8.20（b）］是完全和谐的，它们来源于共同的物理受力机制，即本构关系；而与曼宁糙率系数 n 的响应特性［图 8.20（a）］是不和谐的，因为它缺乏物理机制，仅为经验公式，无论光滑或粗糙壁面实验值均低于数模（An）的值，这同在黄河下游实测糙率系数极小[14-15]时一样，它们均源于机理的混乱。

194

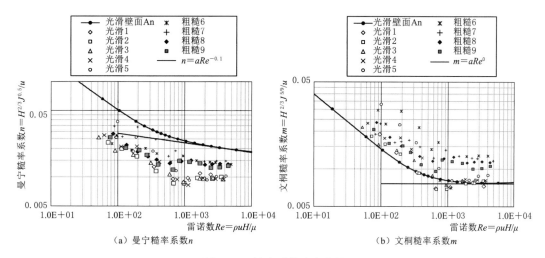

（a）曼宁糙率系数n （b）文桐糙率系数m

图 8.20　糙率系数响应特性

8.4.3　Tracy 的实验验证

Tracy 的实验数据来源于文献 [6]（见图 8.16 的引用、表 8.7 和表 8.8），为明渠流，宽为 3.5ft（1.0668m），采用水力半径 R 为特征长度统计雷诺数值及各种响应特性等参数（图 8.21）。

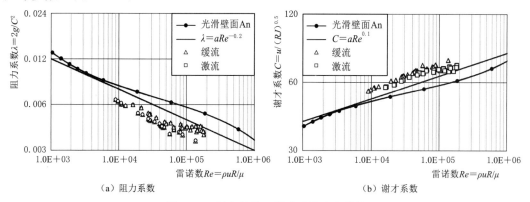

（a）阻力系数   （b）谢才系数

图 8.21　阻力系数、谢才系数响应特性

在 Tracy 实验中，阻力系数响应特性几乎按阻力系数指数为 -0.2 次方变化，按谢才系数指数为 0.1 次方变化，说明同受力响应指数 1.8 次方变化，同文献 [13] 的响应特性（图 8.16）完全一致，说明此段是二次方段（受力指数 $b=1.8$），满足文桐公式而非曼宁公式。

图 8.22（同图 8.7）为糙率系数响应特性，文桐糙率系数 m 几乎为一恒定的常数，而曼宁糙率系数 n 则变化大得多，且随雷诺数的增加而逐渐降低，这正是曼宁糙率系数不恒定的一个典型特征。

表 8.7　　Tracy 缓流数据计算（已换算至国际单位制）

流量 /(m³/s)	速度 /(m/s)	水深 H /m	水力半径 R /m	坡降 J	υ=μ/ρ	雷诺数 Re=uH/μ	雷诺数 ρuR/μ	谢才系数 C	阻力系数 λ	文桐糙率系数 m	曼宁糙率系数 n
0.034263	0.351245714	0.09144	0.078059	0.00038	9.34E-07	34399.43	29365.37	64.50096	0.004716	0.006544	0.010135
0.084384	0.515935246	0.153314	0.119086	0.000468	9.46E-07	83637.38	64964.68	69.11023	0.004108	0.006629	0.010149
0.056351	0.649065811	0.081382	0.070609	0.001321	1.03E-06	51501.04	44683.6	67.20601	0.004344	0.006619	0.009566
0.056917	0.577697313	0.092354	0.078724	0.00092	1.03E-06	52018.63	44341.26	67.90021	0.004256	0.006538	0.009642
0.056634	0.49340348	0.107594	0.089534	0.000606	1.05E-06	50390.53	41932.2	67.00068	0.004371	0.006614	0.009983
0.056351	0.434337272	0.121615	0.099035	0.00043	1.05E-06	50138.57	40829.46	66.5964	0.004424	0.006639	0.010214
0.014102	0.138558101	0.095402	0.080928	7.16E-05	8.98E-07	14714.14	12481.7	57.56878	0.00592	0.006723	0.011424
0.042475	0.320054721	0.124054	0.100646	0.000242	9.59E-07	41528.24	33692.36	64.99328	0.004645	0.006608	0.010494
0.056634	0.434342715	0.122225	0.099439	0.000419	9.98E-07	53205.64	43286.78	67.30553	0.004331	0.006565	0.010113
0.073624	0.563240938	0.12253	0.099641	0.000628	9.98E-07	69167.33	56246.67	71.21964	0.003868	0.006347	0.00956
0.100242	0.74644898	0.125882	0.101847	0.001107	9.84E-07	95507.89	77271.76	70.29963	0.00397	0.00666	0.009721
0.113551	0.835439508	0.127406	0.102842	0.001316	9.84E-07	108188.3	87329.13	71.81283	0.003804	0.006594	0.009531
0.029166	0.209086913	0.130759	0.105015	0.00011	9.84E-07	27789.02	22317.94	61.49031	0.005189	0.006732	0.01117
0.161123	1.09144871	0.138379	0.109875	0.001922	8.86E-07	170410.3	135307.6	75.10658	0.003478	0.00651	0.009214
0.099109	0.614516129	0.151181	0.117794	0.00065	8.86E-07	104821.8	81673.27	70.24483	0.003976	0.00663	0.009967
0.056067	0.342802613	0.153314	0.119086	0.000215	8.75E-07	60054.6	46646.93	67.79508	0.004269	0.006471	0.010346
0.041343	0.617209431	0.062789	0.056176	0.001564	8.75E-07	44282.68	39618.96	65.84738	0.004525	0.006564	0.009398
0.028317	0.596477495	0.044501	0.041074	0.002114	8.75E-07	30330.6	27995.02	64.01147	0.004788	0.006517	0.009176
0.028317	0.405049834	0.065532	0.058362	0.000694	8.75E-07	30330.6	27011.99	63.65417	0.004842	0.006532	0.009784
0.010477	0.301137517	0.032614	0.030734	0.000953	9.59E-07	10243.63	9653.396	55.63658	0.006338	0.006835	0.01006
0.010534	0.14527303	0.06797	0.060288	0.000116	9.84E-07	10036.42	8902.047	55.0051	0.006485	0.00688	0.011384
0.011327	0.348342857	0.03048	0.028832	0.001295	9.21E-07	11532.36	10908.99	57.00742	0.006037	0.006714	0.009714
0.019822	0.411891892	0.04511	0.041593	0.001102	8.98E-07	20682.52	19069.77	60.83916	0.005301	0.006627	0.009675
0.01127	0.234189961	0.04511	0.041593	0.000413	8.98E-07	11759.49	10842.52	56.49095	0.006148	0.006759	0.01042

表 8.8　　Tracy 激流数据计算（已换算至国际单位制）

流量 /(m³/s)	速度 /(m/s)	水深 H /m	水力半径 R /m	坡降 J	$\upsilon=\mu/\rho$	雷诺数 $Re=uH/\mu$	雷诺数 $\rho uR/\mu$	谢才系数 C	阻力系数 λ	文桐糙率系数 m	曼宁糙率系数 n
0.207562	1.871959782	0.103937	0.086987	0.006612	8.98E-07	216575.6	181256.5	71.40776	0.003848	0.006453	0.008528
0.065129	2.103961585	0.029017	0.02752	0.03305	8.98E-07	67956.86	64450.74	67.94009	0.004251	0.006517	0.007876
0.050404	1.787918932	0.026426	0.025179	0.02765	8.98E-07	52592.7	50110.1	66.1429	0.004485	0.006546	0.00799
0.02254	0.698088908	0.030267	0.028641	0.00468	9.34E-07	22629.71	21414.58	58.65509	0.005703	0.006809	0.009174
0.016905	0.556044614	0.028499	0.027053	0.003304	9.34E-07	16972.28	16111.47	57.30286	0.005975	0.006783	0.009316
0.141584	2.341013825	0.056693	0.051246	0.01956	8.54E-07	155448.5	140513.9	70.30004	0.00397	0.006624	0.008242
0.127426	2.041071429	0.058522	0.052736	0.01487	9.46E-07	126298.1	113811.3	69.19021	0.004098	0.00665	0.008402
0.112701	1.777441758	0.059436	0.053477	0.01156	9.34E-07	113148.5	101804.6	67.80968	0.004267	0.006702	0.008586
0.203315	1.371218045	0.138989	0.110259	0.002984	9.34E-07	204122.2	161928.3	67.33133	0.004328	0.006632	0.00916
0.203315	1.76631477	0.107899	0.089745	0.005946	9.34E-07	204122.2	169778.5	69.73431	0.004035	0.006583	0.008751
0.198501	2.347964835	0.079248	0.068997	0.01415	9.1E-07	204581.9	178118.6	70.11634	0.003991	0.006727	0.008523
0.161123	1.380272185	0.109423	0.090797	0.003832	9.1E-07	166058.7	137791.7	67.4058	0.004318	0.006651	0.00906
0.155176	1.849727575	0.078638	0.068534	0.00903	8.75E-07	166211.7	144855.8	69.41392	0.004072	0.006624	0.008604
0.127992	1.410850998	0.085039	0.073346	0.005104	8.64E-07	138863.3	119768.7	67.71989	0.004278	0.006618	0.008873
0.099392	2.247579932	0.041453	0.038464	0.02611	8.86E-07	105121.3	97540.97	68.31794	0.004204	0.00669	0.008192
0.085234	1.524	0.052426	0.047734	0.009581	8.75E-07	91295.12	83125.11	67.99983	0.004243	0.006528	0.008452
0.085234	1.927411765	0.041453	0.038464	0.01905	8.64E-07	92473.12	85804.86	68.58831	0.004171	0.006548	0.00816
0.085234	1.304119403	0.061265	0.054953	0.006249	8.75E-07	91295.12	81889.52	66.65099	0.004417	0.006609	0.008762
0.056917	1.904703871	0.028011	0.026614	0.0298	8.75E-07	60964.51	57922.74	65.9256	0.004514	0.006646	0.008079
0.028317	0.907142857	0.029261	0.027739	0.007433	8.75E-07	30330.6	28753.28	61.51068	0.005186	0.006633	0.008709
0.025967	0.644012903	0.037795	0.035294	0.002937	8.33E-07	29208.47	27275.79	61.12576	0.005251	0.006549	0.009054
0.034178	1.020509293	0.031394	0.029649	0.008265	8.54E-07	37525.26	35439.4	63.35333	0.004888	0.006538	0.008534
0.046525	1.153885714	0.037795	0.035294	0.01905	8.54E-07	51080.37	47700.45	65.28645	0.004603	0.006495	0.008477
0.027581	0.815591209	0.031699	0.029921	0.00551	8.54E-07	30281.36	28582.73	61.71242	0.005152	0.00657	0.008772
0.025967	0.790669307	0.030785	0.029105	0.005345	8.33E-07	29208.47	27614.71	61.63861	0.005164	0.006542	0.008749

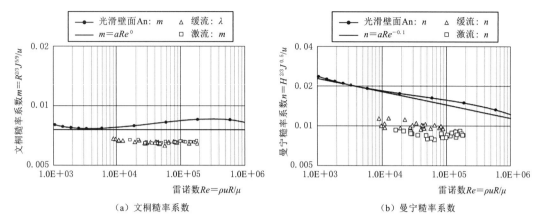

(a) 文桐糙率系数   (b) 曼宁糙率系数

图 8.22　糙率系数响应特性

8.4.4　黄河水利委员会水槽的实验验证

黄河水利委员会黄河水利科学院联合武汉水利电力大学对高含沙明渠水槽实验研究，结果认为在湍流光滑区上阻力系数（图 8.23 来源于陈立[16]）皆低于清水时的阻力系数值（即均在 Blasius 曲线下方），但是随着雷诺数越来越大，阻力系数逐渐在该曲线附近变化。

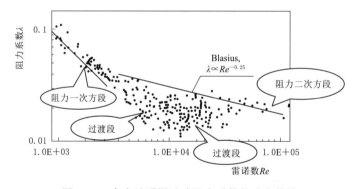

图 8.23　高含沙明渠试验阻力系数的响应特性

由图 8.23 可知，阻力一次方段和阻力二次方段，以及大量的一次方段至二次方段的过渡段，至雷诺数较大时，才非常接近 Blasius 曲线（$\lambda = aRe^{-0.25}$），由于二次方段上数据点偏少，不能精确证明 $\lambda = aRe^{-0.2}$（即在阻力 1.8 次方段上），但完全可能就是在后者附近。

8.4.5　阶跃验证计算

明渠流或河流流动是按阶跃响应的，8.4.2 节的 Emmett 实验数据就是按阶跃变化的，8.4.3 节和 8.4.4 节中也是按阶跃变化的。明渠流动最为显著的特征为同一个

渠道或河流坡降 J 是固定的。同理，可以将经典的尼古拉兹人工加糙管实验、穆迪自
然材料管道实验比拟成明渠流并做阶跃变换，以此发现它们阶跃的规律，是否同明渠
一致或有不同。

8.4.5.1 Nikuradse 数据阶跃验证

经典的 Nikuradse 实验，数据来自 1950 年 NACA 的翻译稿[17]（1932 年的原
文[18]），现将数据改造成特征长度为糙管直径 d 的 1/4，即当量水深 H，以此当量成
明渠的统计数据，后以此统计见图 8.25，图及表中的 r 即糙管半径，k 为粗糙高度，
相应的原始数据及计算见表 8.9a~表 8.9f。表中原始数据[17] 有数据错误，根据判断作
了相应的调整，如表 8.9f 中的原 dp/dx 数据，根据受力特性进行的反推；原始数据[18]
中大量的速度值，根据雷诺数反推后将差异大的进行了适当调整，不便于调整的作为无
效数据予以剔除。所有的调整均以标准的 $\lambda - Re$[17] 关系（图 8.24）为准。

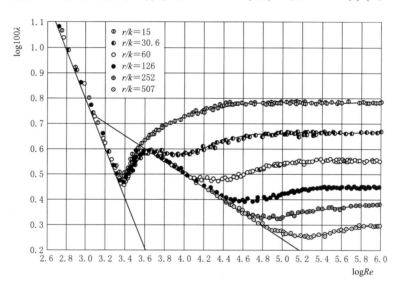

图 8.24　尼古拉兹人工糙管实验图[17]

图 8.25 为原始数据统计出的糙管实验的响应特性图（特征长度为 H，即 $d/4$），
与文献 [17] 中的图 8.24 稍有不同，并无低流速区域的实验数据。

如果以尼古拉兹实验数据当量成明渠数据，则水力半径相当于水深 H，根据损失
可以计算水力坡降 J，就可以将数据转换成糙率系数 n（曼宁糙率系数）或 m（文桐
糙率系数），如图 8.26 所示。其中图 8.26（a）为曼宁糙率系数响应特性，它同光滑
壁面（如 An）的关系错位且彼此错位（$r/k = 507$ 的糙率比 252 的还高），如图
8.20（a）一样，来源于机理的混乱；而图 8.26（b）的文桐糙率系数响应特性同谢才
响应［图 8.25（a）］、阻力系数响应［图 8.25（b）］关系完全一致，它们来源同一个
受力机理。

表 8.9a

Nikuradse 糙管实验数据及计算（$r/k=507$）

原始速度 /(cm/s)	修正速度 /(m/s)	μ/ρ /(m²/s)	雷诺数 $Re=\rho uH/\mu$	坡降 $J=\mathrm{d}p/(\rho g\,\mathrm{d}x)$	受力 τH^2	阻力系数 $\lambda=2g/C^2$	谢才系数 $C=u/(HJ)^{0.5}$	曼宁糙率系数 n	文桐糙率系数 m
				$r/k=507$，$k=0.01\text{cm}$，$d=9.94\text{cm}$					
15.45	0.1545	1.18E-06	3253.665	0.000358	5.39E-05	0.007144	51.76724	0.010435	0.006715
20.2	0.2016	1.18E-06	4245.559	0.000586	8.81E-05	0.006854	52.82198	0.010227	0.006764
25	0.2492	1.18E-06	5247.983	0.000858	0.000129	0.00653	53.97448	0.010008	0.006761
27.3	0.273	1.18E-06	5749.195	0.000996	0.00015	0.006382	54.88333	0.009843	0.006704
27.3	0.273	1.18E-06	5749.195	0.000986	0.000148	0.006323	55.1384	0.009797	0.00667
34.4	0.344	1.18E-06	7244.407	0.001557	0.000234	0.006011	55.29726	0.009769	0.006821
36.8	0.368	1.18E-06	7749.831	0.001705	0.000256	0.005997	56.52879	0.009556	0.006707
40.4	0.4041	1.18E-06	8510.072	0.001991	0.000299	0.005807	57.44492	0.009404	0.006657
44	0.439	1.18E-06	9245.042	0.002349	0.000353	0.005793	57.46199	0.009401	0.006716
46.4	0.4629	1.18E-06	9748.36	0.002563	0.000385	0.005675	58.00032	0.009314	0.006686
50	0.5	1.18E-06	10529.66	0.00291	0.000437	0.005558	58.79328	0.009188	0.006643
55.9	0.559	1.18E-06	11772.16	0.003544	0.000532	0.005382	59.56994	0.009068	0.006628
58.4	0.584	1.18E-06	12298.64	0.003799	0.000571	0.005272	60.1065	0.008987	0.006594
61.8	0.617	1.18E-06	12993.6	0.004187	0.000629	0.005223	60.48857	0.008931	0.006588
69	0.688	1.18E-06	14488.81	0.005065	0.000761	0.005069	61.32361	0.008809	0.006568
76	0.76	1.18E-06	16005.08	0.006097	0.000916	0.005023	61.74567	0.008749	0.00659
84.4	0.844	1.18E-06	17774.07	0.007332	0.001102	0.004897	62.52595	0.00864	0.006575
94	0.94	1.18E-06	19795.76	0.008966	0.001347	0.00483	62.97391	0.008578	0.006602
103.5	1.035	1.18E-06	21796.4	0.011101	0.001668	0.004742	62.31688	0.008669	0.006751
106	1.06	1.12E-06	23518.75	0.01108	0.001665	0.004698	63.88091	0.008456	0.006585
114	1.152	1.12E-06	25560	0.012816	0.001926	0.004698	64.55215	0.008368	0.006569
119.8	1.198	1.12E-06	26580.63	0.014072	0.002115	0.004677	64.06374	0.008432	0.006654
126	1.26	1.12E-06	27956.25	0.015471	0.002325	0.004655	64.26053	0.008406	0.006669

续表

r/k=507, k=0.01cm, d=9.94cm

原始速度 /(cm/s)	修正速度 /(m/s)	μ/ρ /(m²/s)	雷诺数 $Re=\rho uH/\mu$	坡降 $J=\mathrm{d}p/(\rho g\,\mathrm{d}x)$	受力 τH^2	阻力系数 $\lambda=2g/C^2$	谢才系数 $C=u/(HJ)^{0.5}$	曼宁糙率系数 n	文桐糙率系数 m
147	1.47	1.16E-06	31490.95	0.020628	0.0031	0.00457	64.92646	0.00832	0.006706
162	1.62	1.16E-06	34704.31	0.02502	0.00376	0.004549	64.96988	0.008315	0.006774
184	1.845	1.16E-06	39524.35	0.032066	0.004818	0.004497	65.35994	0.008265	0.006827
201	2.01	1.16E-06	43059.05	0.037989	0.005709	0.004477	65.41912	0.008258	0.006886
217	2.172	1.16E-06	46529.48	0.044422	0.006675	0.004497	65.37253	0.008263	0.006951
223	2.23	1.16E-06	47771.98	0.046771	0.007028	0.004477	65.41121	0.008259	0.006966
234	2.344	1.16E-06	50214.14	0.051162	0.007688	0.004446	65.73836	0.008217	0.006966
248	2.473	1.16E-06	52977.63	0.057698	0.00867	0.004466	65.31004	0.008271	0.007059
287	2.875	1.20E-06	59536.46	0.077612	0.011663	0.004497	65.4653	0.008252	0.007159
325	3.249	1.20E-06	67281.38	0.099568	0.014962	0.004477	65.31719	0.00827	0.007276
375	3.755	1.20E-06	77759.79	0.133778	0.020103	0.004528	65.126	0.008295	0.007418
412	4.129	1.20E-06	85504.71	0.161861	0.024323	0.004549	65.1044	0.008297	0.007499
445	4.45	1.18E-06	93713.98	0.188923	0.028389	0.00457	64.94627	0.008318	0.007582
481	4.81	1.18E-06	101295.3	0.23692	0.035501	0.004875	62.68753	0.008617	0.007955
516	5.16	1.20E-06	106855	0.261429	0.039284	0.004677	64.01914	0.008438	0.007832
551	5.51	1.18E-06	116036.9	0.298192	0.044809	0.004677	64.00889	0.008439	0.007891
607	6.07	1.18E-06	127830.1	0.361507	0.054323	0.004677	64.04233	0.008435	0.007971
602	6.02	1.05E-06	142473.3	0.359465	0.054016	0.004742	63.69499	0.008481	0.008012
655	6.549	1.05E-06	154993	0.427885	0.064297	0.004753	63.51087	0.008506	0.008114
720	7.2	1.05E-06	170400	0.520815	0.078262	0.004797	63.28889	0.008535	0.008232
835	7.35	8.60E-07	212380.8	0.551451	0.082865	0.004863	62.78712	0.008604	0.008324
798	7.98	9.10E-07	217915.4	0.647445	0.09729	0.00483	62.9127	0.008586	0.008382
779	7.79	8.60E-07	225094.8	0.61783	0.09284	0.004852	62.86948	0.008592	0.008366
845	8.45	9.10E-07	230750	0.725056	0.108953	0.004852	62.95172	0.008581	0.008429
840	8.4	8.60E-07	242720.9	0.714844	0.107418	0.00483	63.02464	0.008571	0.008413

表 8.9b Nikuradse 糙管实验数据及计算 （r/k＝252）

原始速度 /(cm/s)	修正速度 /(m/s)	μ/ρ /(m²/s)	雷诺数 $Re=\rho u H/\mu$	坡降 $J=\mathrm{d}p/(\rho g\,\mathrm{d}x)$	受力 τH^2	阻力系数 $\lambda=2g/C^2$	谢才系数 $C=u/(HJ)^{0.5}$	曼宁糙率 系数 n	文桐糙率 系数 m
				$r/k=252,\ k=0.01\mathrm{cm},\ d=4.94\mathrm{cm}$					
43.4	0.4334	1.32E−06	4054.917	0.005617	0.000104	0.007056	52.03761	0.009239	0.006928
51	0.508	1.32E−06	4752.879	0.007434	0.000137	0.006805	53.01611	0.009069	0.006907
78.2	0.78	1.32E−06	7297.727	0.015563	0.000287	0.006008	56.26158	0.008545	0.006781
86	0.8587	1.32E−06	8034.049	0.018126	0.000334	0.005775	57.3921	0.008377	0.006704
94.8	0.946	1.32E−06	8850.833	0.021752	0.000401	0.0057	57.71798	0.00833	0.006734
104	1.04	1.30E−06	9880	0.026041	0.00048	0.005677	57.99266	0.00829	0.006769
116	1.16	1.30E−06	11020	0.031453	0.00058	0.005512	58.85623	0.008169	0.00674
121	1.21	1.17E−06	12772.22	0.033598	0.00062	0.005433	59.40147	0.008094	0.006703
158	1.58	1.30E−06	15010	0.056064	0.001034	0.005292	60.04554	0.008007	0.006823
174	1.74	1.30E−06	16530	0.068217	0.001258	0.005323	59.94747	0.00802	0.006909
214	2.14	1.28E−06	20647.66	0.102121	0.001884	0.00525	60.25923	0.007978	0.007029
282	2.518	1.28E−06	24294.77	0.140416	0.00259	0.00522	60.46641	0.007951	0.00713
296	2.96	1.28E−06	28559.38	0.194029	0.003579	0.005235	60.46788	0.007951	0.007259
322	3.22	1.26E−06	31561.11	0.231303	0.004266	0.005257	60.24647	0.00798	0.007357
382	3.8	1.26E−06	37246.03	0.322701	0.005952	0.00522	60.19354	0.007987	0.007501
407	4.07	1.24E−06	40535.89	0.37274	0.006875	0.005315	59.98709	0.008015	0.007587
468	4.661	1.20E−06	47969.46	0.500391	0.00923	0.005372	59.29129	0.008109	0.007803
486	4.86	1.19E−06	50437.82	0.541239	0.009983	0.005379	59.44402	0.008088	0.007817
555	5.55	1.18E−06	58086.86	0.716887	0.013223	0.00549	58.984	0.008151	0.008002

续表

原始速度 /(cm/s)	修正速度 /(m/s)	μ/ρ /(m²/s)	雷诺数 $Re=\rho uH/\mu$	坡降 $J=\mathrm{d}p/(\rho g\mathrm{d}x)$	受力 τH^2	阻力系数 $\lambda=2g/C^2$	谢才系数 $C=u/(HJ)^{0.5}$	曼宁糙率 系数 n	文桐糙率 系数 m
\multicolumn 10	$r/k=252$, $k=0.01\text{cm}$, $d=4.94\text{cm}$								
735	7.325	1.16E-06	77985.99	1.283656	0.023678	0.005602	58.1768	0.008264	0.00838
854	8.502	1.20E-06	87499.75	1.760559	0.032474	0.005677	57.65836	0.008338	0.008605
664	6.62	8.60E-07	95066.28	1.058991	0.019533	0.005677	57.88665	0.008306	0.008332
734	7.308	8.60E-07	104946.3	1.307144	0.024111	0.00573	57.51795	0.008359	0.008484
879	8.765	8.60E-07	125869.5	1.889231	0.034848	0.005775	57.38202	0.008379	0.00868
1104	11.04	8.90E-07	153195.5	2.987028	0.055097	0.005808	57.47989	0.008364	0.008889
\multicolumn 10	$r/k=252$, $k=0.02\text{cm}$, $d=9.94\text{cm}$								
72.3	0.721	1.28E-06	13997.54	0.005923	0.00089	0.005388	59.4294	0.00909	0.006836
95.5	0.9525	1.28E-06	18491.89	0.010069	0.001513	0.005257	60.21527	0.005629	0.006949
116	1.158	1.28E-06	22481.48	0.014705	0.00221	0.005235	60.57695	0.005595	0.007054
175.5	1.755	1.28E-06	34071.68	0.033802	0.005079	0.005235	60.55405	0.005597	0.007391
231.7	2.317	1.28E-06	44982.38	0.060149	0.009038	0.005338	59.93058	0.005655	0.007711
309	3.09	1.18E-06	65073.31	0.11029	0.016573	0.005512	59.02374	0.005742	0.008097
454	4.515	1.18E-06	95082.84	0.242536	0.036445	0.005663	58.15754	0.005828	0.008586
666	6.645	1.18E-06	139939.2	0.53307	0.080103	0.005738	57.73509	0.00587	0.009035
833	8.308	1.18E-06	174960.8	0.845559	0.12706	0.005815	57.31409	0.005914	0.009338
697	6.97	9.10E-07	190334.6	0.595363	0.089464	0.005844	57.30316	0.005915	0.009159
770	7.686	9.10E-07	209886.9	0.734247	0.110334	0.005897	56.90049	0.005957	0.009332
850	8.485	9.10E-07	231705.8	0.890492	0.133812	0.005867	57.03924	0.005942	0.00941
880	8.77	8.90E-07	244870.2	0.833304	0.125219	0.005882	60.94451	0.005561	0.008774

表 8.9c　Nikuradse 糙管实验数据及计算（$r/k=126$）

原始速度 /(cm/s)	修正速度 /(m/s)	μ/ρ /(m²/s)	雷诺数 $Re=\rho uH/\mu$	坡降 $J=\mathrm{d}p/(\rho g\mathrm{d}x)$	受力 τH^2	谢才系数 $C=u/(HJ)^{0.5}$	阻力系数 $\lambda=2g/C^2$	曼宁糙率系数 n	文桐糙率系数 m
				$r/k=126,\ k=0.01\mathrm{cm},\ d=2.474\mathrm{cm}$					
22.8	0.2276	1.32E−06	1066.444	0.004309	9.98E−06	44.08486	0.009816	0.009719	0.007181
25.2	0.2524	1.32E−06	1182.647	0.005167	1.2E−05	44.64651	0.009681	0.009596	0.007162
27.7	0.277	1.32E−06	1297.913	0.006107	1.41E−05	45.07156	0.009418	0.009506	0.007161
30.7	0.307	1.32E−06	1438.481	0.007302	1.69E−05	45.68344	0.009203	0.009378	0.007136
34.4	0.3445	1.32E−06	1614.191	0.008884	2.06E−05	46.47325	0.008911	0.009219	0.007091
36.3	0.363	1.32E−06	1700.875	0.010171	2.36E−05	45.76678	0.009161	0.009361	0.007255
41.8	0.419	1.32E−06	1963.269	0.012357	2.86E−05	47.9286	0.00851	0.008939	0.007003
44.8	0.449	1.32E−06	2103.837	0.013837	3.21E−05	48.53445	0.008184	0.008828	0.006959
47.5	0.475	1.32E−06	2225.663	0.015114	3.5E−05	49.1288	0.00796	0.008721	0.006909
49.2	0.492	1.32E−06	2305.318	0.016033	3.71E−05	49.40703	0.007869	0.008672	0.006893
55.2	0.552	1.32E−06	2586.455	0.019914	4.61E−05	49.73879	0.007744	0.008614	0.00693
68.8	0.688	1.32E−06	3223.697	0.029513	6.84E−05	50.92288	0.007395	0.008414	0.006918
83.7	0.837	1.32E−06	3921.852	0.041665	9.65E−05	52.13973	0.007062	0.008217	0.006887
98.2	0.982	1.32E−06	4601.265	0.054328	0.000126	53.57092	0.006807	0.007998	0.006803
114	1.14	1.32E−06	5341.591	0.072812	0.000169	53.71969	0.006637	0.007975	0.006895
129.5	1.298	1.32E−06	6081.917	0.091909	0.000213	54.4411	0.0065	0.00787	0.006892
157.5	1.575	1.32E−06	7379.83	0.131429	0.000305	55.24141	0.00628	0.007756	0.006929
167	1.672	1.32E−06	7834.333	0.146237	0.000339	55.59532	0.006222	0.007706	0.006926
173	1.73	1.32E−06	8106.098	0.158287	0.000367	55.2909	0.00628	0.007749	0.006995
189	1.8932	1.32E−06	8870.789	0.186166	0.000431	55.7926	0.006179	0.007679	0.006994
223	2.23	1.32E−06	10448.9	0.258365	0.000599	55.78508	0.006165	0.00768	0.007124
266	2.66	1.32E−06	12463.71	0.367634	0.000852	55.78325	0.006151	0.00768	0.007265

续表

原始速度 /(cm/s)	修正速度 /(m/s)	μ/ρ /(m²/s)	雷诺数 $Re=\rho uH/\mu$	坡降 $J=\mathrm{d}p/(\rho g\,\mathrm{d}x)$	受力 τH^2	阻力系数 $\lambda=2g/C^2$	谢才系数 $C=u/(HJ)^{0.5}$	曼宁糙率系数 n	文桐糙率系数 m
\multicolumn{10}{c}{$r/k=126$，$k=0.01\mathrm{cm}$，$d=2.474\mathrm{cm}$}
307	3.07	1.32E-06	14384.81	0.498349	0.001155	0.00628	55.29704	0.007748	0.007454
352	3.52	1.32E-06	16493.33	0.659699	0.001528	0.006323	55.10612	0.007775	0.007597
420	4.2	1.28E-06	20294.53	0.949722	0.0022	0.006396	54.80009	0.007818	0.007796
500	5	1.28E-06	24160.16	1.36331	0.003159	0.006485	54.45062	0.007868	0.008005
590	5.9	1.28E-06	28508.98	1.936207	0.004486	0.006606	53.91459	0.007947	0.008244
683	6.83	1.28E-06	33002.77	2.609182	0.006045	0.006637	53.76488	0.007969	0.008405
755	7.55	1.28E-06	36481.84	3.231096	0.007486	0.006729	53.40749	0.008022	0.008562
\multicolumn{10}{c}{$r/k=126$，$k=0.04\mathrm{cm}$，$d=9.92\mathrm{cm}$}
124	1.24	1.17E-06	26283.76	0.021037	0.003142	0.0065	54.28821	0.009947	0.008027
132	1.32	1.17E-06	27979.49	0.024815	0.003706	0.00676	53.20939	0.010149	0.008265
149	1.485	1.17E-06	31476.92	0.03084	0.004606	0.006606	53.69581	0.010057	0.00829
159	1.59	1.17E-06	33702.56	0.035436	0.005293	0.006606	53.63519	0.010068	0.008363
178	1.78	1.17E-06	37729.91	0.044933	0.006711	0.006729	53.32257	0.010127	0.008524
185	1.85	1.17E-06	39213.68	0.048507	0.007245	0.006729	53.33869	0.010124	0.008558
198	1.98	1.17E-06	41969.23	0.055962	0.008359	0.006807	53.14866	0.010161	0.008657
198	1.98	1.17E-06	41969.23	0.055554	0.008298	0.006729	53.34371	0.010123	0.008622
210	2.097	1.17E-06	44449.23	0.063315	0.009457	0.006822	52.92002	0.010204	0.008754
222	2.22	1.17E-06	47056.41	0.071076	0.010616	0.006854	52.87688	0.010213	0.008818
230	2.3	1.17E-06	48752.14	0.076284	0.011394	0.006854	52.87921	0.010212	0.008852
181	1.81	8.80E-07	51009.09	0.046975	0.007016	0.006822	53.02945	0.010183	0.008592
190	1.897	8.80E-07	53460.91	0.052082	0.007779	0.00687	52.78368	0.010231	0.008682
199	1.99	8.80E-07	56081.82	0.057188	0.008542	0.00687	52.84167	0.01022	0.008718

续表

原始速度 /(cm/s)	修正速度 /(m/s)	μ/ρ /(m²/s)	雷诺数 $Re=\rho uH/\mu$	坡降 $J=dp/(\rho g\,dx)$	受力 τH^2	阻力系数 $\lambda=2g/C^2$	谢才系数 $C=u/(HJ)^{0.5}$	曼宁糙率系数 n	文桐糙率系数 m
							$r/k=126$, $k=0.04$cm, $d=9.92$cm		
206	2.06	8.80E-07	58054.55	0.062191	0.009289	0.006949	52.45369	0.010295	0.008823
219	2.19	8.80E-07	61718.18	0.070157	0.010479	0.006949	52.50289	0.010286	0.008874
235	2.35	8.80E-07	66227.27	0.081084	0.012111	0.006981	52.40528	0.010305	0.008962
253	2.529	8.80E-07	71271.82	0.094972	0.014185	0.007046	52.11045	0.010363	0.009093
265	2.6545	8.80E-07	74808.64	0.104674	0.015634	0.007078	52.10006	0.010365	0.009144
281	2.812	8.80E-07	79247.27	0.116418	0.017388	0.006997	52.33357	0.010319	0.009157
350	3.5	8.90E-07	97528.09	0.178711	0.026693	0.007046	52.57345	0.010272	0.009335
371	3.71	8.90E-07	103379.8	0.205262	0.030659	0.007095	51.9988	0.010385	0.009511
406	4.054	8.90E-07	112965.4	0.243047	0.036302	0.006997	52.2171	0.010342	0.00956
424	4.24	8.90E-07	118148.3	0.266535	0.03981	0.007046	52.15105	0.010355	0.009622
458	4.58	8.90E-07	127622.5	0.307383	0.045912	0.006965	52.45654	0.010295	0.009642
488	4.885	8.90E-07	136121.3	0.354359	0.052928	0.007078	52.10954	0.010363	0.009783
511	5.11	8.90E-07	142391	0.381931	0.057046	0.006965	52.50523	0.010285	0.00975
535	5.35	8.90E-07	149078.7	0.418695	0.062537	0.006965	52.50242	0.010286	0.0098
538	5.38	8.50E-07	156969.4	0.428907	0.064063	0.007046	52.1645	0.010352	0.009877
581	5.81	8.50E-07	169515.3	0.500391	0.07474	0.007046	52.15495	0.010354	0.009963
586	5.86	8.50E-07	170974.1	0.504476	0.07535	0.006981	52.39038	0.010308	0.009923
642	6.42	8.50E-07	187312.9	0.610681	0.091213	0.007046	52.16772	0.010352	0.010072
672	6.72	8.50E-07	196065.9	0.663784	0.099144	0.006997	52.37572	0.01031	0.010078
738	7.38	8.50E-07	215322.4	0.807774	0.120651	0.007046	52.14175	0.010357	0.010235
783	7.83	8.50E-07	228451.8	0.895598	0.133769	0.006949	52.53871	0.010278	0.010216
800	8	8.50E-07	233411.8	0.946658	0.141395	0.00703	52.21167	0.010343	0.010311

表8.9d

Nikuradse糙管实验数据及计算 ($r/k=60$)

原始速度 /(cm/s)	修正速度 /(m/s)	μ/ρ /(m²/s)	雷诺数 $Re=\rho uH/\mu$	坡降 $J=\mathrm{d}p/(\rho g\,\mathrm{d}x)$	受力 τH^2	阻力系数 $\lambda=2g/C^2$	谢才系数 $C=u/(HJ)^{0.5}$	曼宁糙率系数 n	文桐糙率系数 m
				$r/k=60$, $k=0.02$cm, $d=2.434$cm					
23.8	0.238	1.28E−06	1131.43	0.004759	1.05E−05	0.009794	44.22797	0.009661	0.007178
26.3	0.263	1.28E−06	1250.277	0.005596	1.23E−05	0.009439	45.06906	0.009481	0.007107
28.9	0.289	1.28E−06	1373.879	0.006638	1.46E−05	0.00931	45.47306	0.009396	0.007111
32	0.32	1.28E−06	1521.25	0.007965	1.76E−05	0.009077	45.96377	0.009296	0.007107
37.5	0.375	1.28E−06	1782.715	0.010518	2.32E−05	0.008749	46.87331	0.009116	0.007078
39	0.39	1.28E−06	1854.023	0.01107	2.44E−05	0.008491	47.51853	0.008992	0.007001
42.7	0.427	1.28E−06	2029.918	0.012663	2.79E−05	0.008127	48.64408	0.008784	0.006891
46.8	0.468	1.28E−06	2224.828	0.015318	3.38E−05	0.008127	48.47449	0.008814	0.006988
52	0.52	1.28E−06	2472.031	0.018586	4.1E−05	0.008034	48.89682	0.008738	0.007003
60	0.6	1.28E−06	2852.344	0.0241	5.32E−05	0.007797	49.54596	0.008624	0.007012
64.6	0.646	1.28E−06	3071.023	0.027573	6.08E−05	0.007726	49.87279	0.008567	0.007018
76.2	0.762	1.28E−06	3622.477	0.038704	8.54E−05	0.007797	49.65333	0.008605	0.007183
90.4	0.9055	1.28E−06	4304.662	0.053715	0.000119	0.007673	50.0851	0.008531	0.007252
102.5	1.025	1.28E−06	4872.754	0.069034	0.000152	0.007673	50.01077	0.008544	0.007365
129	1.294	1.28E−06	6151.555	0.107737	0.000238	0.007567	50.53835	0.008455	0.00747
135.6	1.358	1.28E−06	6455.805	0.121524	0.000268	0.007708	49.93894	0.008556	0.007611
171	1.71	1.28E−06	8129.18	0.193008	0.000426	0.007726	49.89743	0.008563	0.007815
182.5	1.825	1.28E−06	8675.879	0.218742	0.000483	0.007673	50.02258	0.008542	0.00785
188	1.88	1.28E−06	8937.344	0.23835	0.000526	0.007869	49.36515	0.008655	0.007993
187	1.875	1.28E−06	9507.813	0.232835	0.000514	0.007779	49.81348	0.008578	0.00791
200	2	1.20E−06	10141.67	0.274704	0.000606	0.008034	48.91779	0.008735	0.00813
214	2.19	1.18E−06	11293.35	0.312693	0.00069	0.007979	50.20587	0.008511	0.007978

续表

原始速度 /(cm/s)	修正速度 /(m/s)	μ/ρ /(m²/s)	雷诺数 $Re=\rho uH/\mu$	坡降 $J=dp/(\rho g\,dx)$	受力 τH^2	阻力系数 $\lambda=2g/C^2$	谢才系数 $C=u/(HJ)^{0.5}$	曼宁糙率系数 n	文桐糙率系数 m
\multicolumn{10}{	} r/k=60, k=0.02cm, d=2.434cm

原始速度 /(cm/s)	修正速度 /(m/s)	μ/ρ /(m²/s)	雷诺数 $Re=\rho uH/\mu$	坡降 $J=dp/(\rho g\,dx)$	受力 τH^2	阻力系数 $\lambda=2g/C^2$	谢才系数 $C=u/(HJ)^{0.5}$	曼宁糙率系数 n	文桐糙率系数 m
224	2.24	1.18E-06	11551.19	0.345168	0.000762	0.008034	48.87679	0.008742	0.00824
242	2.42	1.18E-06	12479.41	0.405419	0.000894	0.008071	48.7229	0.00877	0.008341
262	2.62	1.16E-06	13743.71	0.484052	0.001068	0.008221	48.27531	0.008851	0.008501
280	2.8	1.16E-06	14687.93	0.555536	0.001226	0.008278	48.15835	0.008872	0.008587
302	3.05	1.14E-06	16280.04	0.658678	0.001453	0.008432	48.17625	0.008869	0.008666
332	3.31	1.14E-06	17667.85	0.793477	0.001751	0.008393	47.63547	0.0897	0.008855
399	3.99	1.14E-06	21297.5	1.189705	0.002625	0.008729	46.89461	0.009111	0.0092
421	4.21	1.14E-06	22471.8	1.296932	0.002861	0.008549	47.39071	0.009016	0.009147
508	5.07	1.14E-06	27062.24	1.93008	0.004258	0.008729	46.78321	0.009133	0.009473
566	5.66	1.14E-06	30211.49	2.410047	0.005317	0.008769	46.73836	0.009142	0.0096
671	6.71	1.14E-06	35816.1	3.36998	0.007435	0.008729	46.85744	0.009119	0.009755
717	7.17	1.14E-06	38271.45	3.91122	0.008629	0.00887	46.47643	0.009193	0.009917
795	7.975	1.14E-06	42568.31	4.666912	0.010297	0.008609	47.32445	0.009029	0.009835
\multicolumn{10}{	} r/k=60, k=0.08cm, d=9.8cm
101	1.01	1.32E-06	18746.21	0.018586	0.002677	0.008569	47.33103	0.011386	0.009125
113	1.13	1.32E-06	20973.48	0.023181	0.003338	0.008549	47.41609	0.011366	0.009221
121	1.21	1.32E-06	22458.33	0.02696	0.003882	0.008708	47.08078	0.011447	0.009365
145	1.45	1.32E-06	26912.88	0.038806	0.005588	0.008668	47.02583	0.0146	0.009567
131	1.31	1.14E-06	28153.51	0.031249	0.0045	0.008569	47.34464	0.011383	0.009389
157	1.57	1.14E-06	33741.23	0.046159	0.006647	0.008769	46.68643	0.011543	0.00973
192	1.917	1.27E-06	36981.5	0.069544	0.010015	0.00887	46.44177	0.011604	0.010007
203	2.035	1.27E-06	39257.87	0.077101	0.011103	0.008809	46.82213	0.01151	0.009983
220	2.2	1.27E-06	42440.94	0.095279	0.013721	0.009246	45.53466	0.011835	0.010386
235	2.35	1.27E-06	45334.65	0.104572	0.015059	0.008891	46.4278	0.011608	0.010239

续表

原始速度 /(cm/s)	修正速度 /(m/s)	μ/ρ /(m²/s)	雷诺数 $Re=\rho uH/\mu$	坡降 $J=\mathrm{d}p/(\rho g\,\mathrm{d}x)$	受力 τH^2	阻力系数 $\lambda=2g/C^2$	谢才系数 $C=u/(HJ)^{0.5}$	曼宁糙率系数 n	文桐糙率系数 m
				$r/k=60$, $k=0.08\text{cm}$, $d=9.8\text{cm}$					
249	2.487	1.27E-06	47977.56	0.118256	0.01703	0.008973	46.20423	0.011664	0.010359
266	2.658	1.27E-06	51276.38	0.133778	0.019265	0.008891	46.42796	0.011608	0.01038
272	2.72	1.19E-06	56000	0.141233	0.020339	0.008973	46.24002	0.011655	0.010454
311	3.11	1.19E-06	64029.41	0.182387	0.026265	0.00887	46.52431	0.011584	0.010539
358	3.58	1.19E-06	73705.88	0.245089	0.035295	0.008973	46.19954	0.011665	0.010789
371	3.72	1.16E-06	78568.97	0.255302	0.036765	0.008729	47.0363	0.011458	0.010621
387	3.875	1.16E-06	81842.67	0.283895	0.040883	0.008891	46.46325	0.011599	0.010815
418	4.19	1.16E-06	88495.69	0.32985	0.047501	0.00887	46.60935	0.011563	0.010872
424	4.24	1.16E-06	89551.72	0.345168	0.049707	0.009035	46.10709	0.011689	0.011018
445	4.45	1.16E-06	93987.07	0.373761	0.053824	0.008891	46.50287	0.011589	0.010972
471	4.71	1.16E-06	99478.45	0.419716	0.060442	0.00887	46.44728	0.011603	0.011057
495	4.95	1.16E-06	104547.4	0.47384	0.068236	0.009077	45.94164	0.011731	0.011254
499	4.99	1.16E-06	105392.2	0.463628	0.066766	0.008729	46.82016	0.011511	0.011029
514	5.14	1.15E-06	109504.3	0.4912	0.070736	0.008729	46.85445	0.011502	0.011057
531	5.31	1.15E-06	113126.1	0.532048	0.076619	0.00887	46.50888	0.011588	0.011188
535	5.35	1.15E-06	113978.3	0.54226	0.07809	0.008891	46.4159	0.011611	0.011223
548	5.48	1.15E-06	116747.8	0.579024	0.083384	0.009077	46.00969	0.011713	0.011363
576	5.76	1.15E-06	122713	0.640296	0.092207	0.008932	45.98847	0.011719	0.011432
609	6.09	1.15E-06	129743.5	0.703611	0.101325	0.008891	46.38397	0.011619	0.011394
656	6.56	1.15E-06	139756.5	0.827177	0.11912	0.009035	46.08097	0.011695	0.011573
670	6.7	1.15E-06	142739.1	0.847601	0.122061	0.00887	46.4939	0.011591	0.011485
721	7.21	1.15E-06	153604.3	0.986485	0.142061	0.008891	46.37746	0.01162	0.011612

$r/k=60$, $k=0.08\text{cm}$, $d=9.8\text{cm}$

原始速度 /(cm/s)	修正速度 /(m/s)	μ/ρ /(m²/s)	雷诺数 $Re=\rho uH/\mu$	坡降 $J=\mathrm{d}p/(\rho g\,\mathrm{d}x)$	受力 τH^2	阻力系数 $\lambda=2g/C^2$	谢才系数 $C=u/(HJ)^{0.5}$	曼宁糙率系数 n	文桐糙率系数 m
840	8.4	1.20E-06	171500	1.317356	0.189709	0.009014	46.75679	0.011526	0.011704
896	8.96	1.20E-06	182933.3	1.536915	0.221327	0.008973	46.17427	0.011672	0.011954
770	7.7	9.20E-07	205054.3	1.123327	0.161767	0.008932	46.4146	0.011611	0.011686
774	7.74	9.20E-07	206119.6	1.128433	0.162503	0.00887	46.55004	0.011577	0.011655
836	8.27	9.20E-07	220233.7	1.325526	0.190886	0.008891	45.89109	0.011744	0.011929
860	8.6	9.20E-07	229021.7	1.409265	0.202945	0.008973	46.28275	0.011644	0.011868

表 8.9e　Nikuradse 糙管实验数据及计算（$r/k=30.6$）

$r/k=30.6$, $k=0.04\text{cm}$, $d=2.434\text{cm}$

原始速度 /(cm/s)	修正速度 /(m/s)	μ/ρ /(m²/s)	雷诺数 $Re=\rho uH/\mu$	坡降 $J=\mathrm{d}p/(\rho g\,\mathrm{d}x)$	受力 τH^2	阻力系数 $\lambda=2g/C^2$	谢才系数 $C=u/(HJ)^{0.5}$	曼宁糙率系数 n	文桐糙率系数 m
24.9	0.249	1.29E-06	1174.547	0.005178	1.14E-05	0.009771	44.36172	0.009632	0.00719
27	0.27	1.29E-06	1273.605	0.006076	1.34E-05	0.009726	44.40361	0.009623	0.007247
29.6	0.296	1.29E-06	1396.248	0.007353	1.62E-05	0.009771	44.25257	0.009655	0.007349
30.7	0.307	1.29E-06	1448.136	0.007965	1.76E-05	0.009884	44.09649	0.00969	0.007408
32.3	0.323	1.29E-06	1523.609	0.008568	1.89E-05	0.009571	44.73367	0.009552	0.007332
35.5	0.355	1.29E-06	1674.554	0.010416	2.3E-05	0.009615	44.59039	0.009582	0.007436
39.2	0.392	1.29E-06	1849.085	0.012867	2.84E-05	0.009861	44.30103	0.009645	0.007573
40.2	0.403	1.29E-06	1900.973	0.013071	2.88E-05	0.009461	45.18695	0.009456	0.007431
45	0.45	1.29E-06	2122.674	0.016441	3.63E-05	0.009461	44.98965	0.009497	0.007559
45.5	0.4564	1.29E-06	2152.864	0.016544	3.65E-05	0.009571	45.48845	0.009393	0.007479
48	0.48	1.23E-06	2374.634	0.018739	4.13E-05	0.009461	44.95067	0.009505	0.007621

续表

原始速度 /(cm/s)	修正速度 /(m/s)	μ/ρ /(m²/s)	雷诺数 $Re=\rho uH/\mu$	坡降 $J=dp/(\rho g\,dx)$	受力 τH^2	阻力系数 $\lambda=2g/C^2$	谢才系数 $C=u/(HJ)^{0.5}$	曼宁糙率 系数 n	文桐糙率 系数 m
			$r/k=30.6$, $k=0.04$cm, $d=2.434$cm						
51.6	0.516	1.23E-06	2552.732	0.021854	4.82E-05	0.009615	44.74616	0.009549	0.007722
56.6	0.5656	1.23E-06	2798.111	0.026347	5.81E-05	0.009571	44.66965	0.009565	0.007816
60.8	0.6062	1.23E-06	2998.965	0.030943	6.83E-05	0.009771	44.17816	0.009672	0.007973
67.4	0.6725	1.23E-06	3326.961	0.037785	8.34E-05	0.009726	44.3511	0.009634	0.008031
68.4	0.6818	1.23E-06	3372.97	0.039827	8.79E-05	0.00993	43.79633	0.009756	0.008157
78.5	0.7828	1.23E-06	3872.633	0.05249	0.000116	0.00993	43.80082	0.009755	0.008282
94.2	0.941	1.23E-06	4655.272	0.077203	0.00017	0.010161	43.41519	0.009842	0.008536
98.7	0.987	1.23E-06	4882.841	0.085781	0.000189	0.010374	43.20067	0.009891	0.008629
103	1.03	1.23E-06	5095.569	0.093134	0.000205	0.010232	43.2666	0.009875	0.008655
202	2.02	1.28E-06	9602.891	0.379889	0.000838	0.010888	42.01389	0.01017	0.009638
237	2.37	1.28E-06	11266.76	0.530006	0.001169	0.011014	41.73281	0.010238	0.009884
300	3	1.16E-06	15737.07	0.857813	0.001893	0.01109	41.52356	0.01029	0.010203
379	3.79	1.16E-06	19881.16	1.39701	0.003082	0.011322	41.10637	0.010394	0.010589
440	4.4	1.16E-06	23081.03	1.879019	0.004146	0.011322	41.14876	0.010384	0.010754
470	4.7	1.07E-06	26728.5	2.124109	0.004686	0.011219	41.34083	0.010335	0.010777
515	5.15	1.07E-06	29287.62	2.542803	0.00561	0.011167	41.40193	0.01032	0.010869
598	5.98	1.07E-06	34007.76	3.421041	0.007548	0.011167	41.44687	0.010309	0.011038
664	6.593	1.07E-06	37493.84	4.227794	0.009328	0.011167	41.10512	0.010395	0.011262
			$r/k=30.6$, $k=0.08$cm, $d=4.87$cm						
70	0.7	1.28E-06	6658.203	0.022671	0.000401	0.010838	42.13377	0.011384	0.009224
72.5	0.724	1.28E-06	6886.484	0.023998	0.000424	0.010664	42.35585	0.011324	0.009205

续表

原始速度 /(cm/s)	修正速度 /(m/s)	μ/ρ /(m²/s)	雷诺数 $Re=\rho u H/\mu$	坡降 $J=\mathrm{d}p/(\rho g\,\mathrm{d}x)$	受力 τH^2	阻力系数 $\lambda=2g/C^2$	谢才系数 $C=u/(HJ)^{0.5}$	曼宁糙率系数 n	文桐糙率系数 m
\multicolumn{10}{c}{$r/k=30.6,\ k=0.08\mathrm{cm},\ d=4.87\mathrm{cm}$}
95.4	0.954	1.28E−06	9074.18	0.042176	0.000745	0.010838	42.10001	0.011393	0.009555
113.2	1.137	1.28E−06	10814.82	0.060762	0.001074	0.01109	41.80332	0.011474	0.00982
144	1.445	1.28E−06	13744.43	0.100385	0.001774	0.01127	41.33328	0.011604	0.010213
146	1.46	1.05E−06	16929.05	0.103142	0.001823	0.01127	41.20036	0.011642	0.010261
154	1.544	1.05E−06	17903.05	0.115907	0.002048	0.011454	41.10155	0.01167	0.010353
211	2.11	1.05E−06	24465.95	0.216496	0.003826	0.011349	41.09825	0.01167	0.010719
272	2.7144	1.05E−06	31474.11	0.35538	0.00628	0.011219	41.26606	0.011623	0.010974
374	3.747	1.05E−06	43447.36	0.67706	0.011965	0.011349	41.27012	0.011622	0.011373
406	4.06	1.05E−06	47076.67	0.800626	0.014149	0.011349	41.12224	0.011664	0.01152
454	4.536	1.05E−06	52596	0.978316	0.017289	0.01109	41.56225	0.01154	0.011526
640	6.4	1.05E−06	74209.52	1.986246	0.035102	0.011349	41.1556	0.011654	0.012107
\multicolumn{10}{c}{$r/k=30.6,\ k=0.16\mathrm{cm},\ d=9.64\mathrm{cm}$}
99	0.99	1.11E−06	21494.59	0.023998	0.003289	0.011322	41.16575	0.013056	0.010612
135	1.347	1.11E−06	29245.68	0.044525	0.006103	0.011349	41.12057	0.01307	0.010995
171	1.703	1.11E−06	36975.05	0.072097	0.009882	0.011401	40.85517	0.013155	0.011367
193	1.924	1.11E−06	41773.33	0.092215	0.01264	0.011322	40.81276	0.013169	0.011535
207	2.07	1.11E−06	44943.24	0.104163	0.014277	0.011219	41.31474	0.013009	0.011473
246	2.4623	1.08E−06	54945.77	0.149096	0.020436	0.011349	41.07706	0.013084	0.011771
248	2.474	1.08E−06	55206.85	0.151139	0.020716	0.011349	40.99242	0.013111	0.011804
269	2.7755	1.08E−06	61934.77	0.178711	0.024496	0.011401	42.29188	0.012708	0.011549
300	3	1.08E−06	66944.44	0.222623	0.030515	0.011401	40.95697	0.013122	0.012072

续表

r/k=30.6, k=0.16cm, d=9.64cm

原始速度 /(cm/s)	修正速度 /(m/s)	μ/ρ /(m²/s)	雷诺数 $Re=\rho uH/\mu$	坡降 $J=\mathrm{d}p/(\rho g\,\mathrm{d}x)$	受力 τH^2	阻力系数 $\lambda=2g/C^2$	谢才系数 $C=u/(HJ)^{0.5}$	曼宁糙率 系数 n	文桐糙率 系数 m
312	3.114	1.08E-06	69488.33	0.241005	0.033034	0.011454	40.85991	0.013153	0.012154
368	3.676	1.08E-06	82029.26	0.331892	0.045492	0.011349	41.10253	0.013076	0.012299
390	3.8935	1.08E-06	86882.73	0.374783	0.051371	0.011401	40.96773	0.013119	0.012423
406	4.06	1.08E-06	90598.15	0.402355	0.05515	0.011349	41.22994	0.013035	0.012392
603	6.03	9.00E-07	161470	0.89764	0.123038	0.011401	40.99753	0.013109	0.013031
682	6.82	9.00E-07	182624.4	1.143751	0.156772	0.011349	41.07808	0.013084	0.013182
769	7.695	9.00E-07	206055	1.460325	0.200165	0.011401	41.01808	0.013103	0.013381
855	8.554	9.00E-07	229057.1	1.756475	0.240757	0.011167	41.57572	0.012927	0.013338

表8.9f　Nikuradse 糙管实验数据及计算（r/k=15）

r/k=15, k=0.08cm, d=2.412cm

原始速度 /(cm/s)	修正速度 /(m/s)	μ/ρ /(m²/s)	雷诺数 $Re=\rho uH/\mu$	坡降 $J=\mathrm{d}p/(\rho g\,\mathrm{d}x)$	受力 τH^2	阻力系数 $\lambda=2g/C^2$	谢才系数 $C=u/(HJ)^{0.5}$	曼宁糙率 系数 n	文桐糙率 系数 m
30.8	0.308	1.26E-06	1474	0.010161	2.18E-05	0.012415	39.3481	0.010842	0.008402
34.5	0.345	1.26E-06	1651.071	0.012867	2.76E-05	0.012501	39.16683	0.010893	0.008553
37.4	0.374	1.26E-06	1789.857	0.015369	3.3E-05	0.012733	38.84973	0.010982	0.008708
42	0.4196	1.26E-06	2008.086	0.019607	4.21E-05	0.012881	38.58953	0.011056	0.008886
46.6	0.471	1.26E-06	2254.071	0.024427	5.24E-05	0.01303	38.80833	0.010993	0.008945
51	0.51	1.23E-06	2500.244	0.030126	6.47E-05	0.013426	37.83936	0.011275	0.009281
56	0.56	1.23E-06	2745.366	0.036763	7.89E-05	0.01355	37.61157	0.011343	0.009441
60.6	0.606	1.23E-06	2970.878	0.043095	9.25E-05	0.013613	37.59248	0.011349	0.00953
61.2	0.612	1.23E-06	3000.293	0.044831	9.63E-05	0.013866	37.22235	0.011462	0.009646

续表

原始速度 /(cm/s)	修正速度 /(m/s)	μ/ρ /(m²/s)	雷诺数 $Re=\rho u H/\mu$	坡降 $J=\mathrm{d}p/(\rho g \mathrm{d}x)$	受力 τH^2	阻力系数 $\lambda=2g/C^2$	谢才系数 $C=u/(HJ)^{0.5}$	曼宁糙率系数 n	文桐糙率系数 m
					$r/k=15$，$k=0.08$cm，$d=2.412$cm				
66.4	0.664	1.23E−06	3255.22	0.053715	0.000115	0.014091	36.89435	0.011564	0.00983
69.4	0.6926	1.23E−06	3395.429	0.057085	0.000123	0.013739	37.33028	0.011429	0.009748
77	0.7701	1.23E−06	3775.368	0.070974	0.000152	0.013866	37.2254	0.011461	0.009894
80	0.8	1.23E−06	3921.951	0.078327	0.000168	0.014189	36.81094	0.01159	0.010061
95	0.95	1.23E−06	4657.317	0.112026	0.000241	0.014386	36.55148	0.011672	0.010336
99.5	0.995	1.23E−06	4877.927	0.121728	0.000261	0.014254	36.72566	0.011617	0.010334
105	1.0508	1.23E−06	5151.483	0.139905	0.0003	0.014687	36.17799	0.011793	0.010572
111.5	1.115	1.23E−06	5466.22	0.155836	0.000335	0.014486	36.37326	0.011729	0.010578
118	1.185	1.23E−06	5809.39	0.180243	0.000387	0.014995	35.94435	0.011869	0.010791
124	1.2403	1.23E−06	6080.495	0.197093	0.000423	0.014789	35.97764	0.011858	0.010835
131	1.3106	1.23E−06	6425.137	0.219253	0.000471	0.014789	36.04448	0.011836	0.010879
133.4	1.3348	1.21E−06	6651.937	0.232835	0.0005	0.015134	35.62324	0.011976	0.011045
149	1.4912	1.23E−06	7310.517	0.28798	0.000618	0.015238	35.78458	0.011922	0.011126
169	1.69	1.23E−06	8285.122	0.371719	0.000798	0.015064	35.69609	0.011952	0.011312
196.5	1.968	1.22E−06	9727.082	0.503455	0.001081	0.015099	35.71793	0.011944	0.011498
214	2.14	1.21E−06	10664.63	0.5923	0.001272	0.01496	35.80836	0.011914	0.011573
266	2.66	1.21E−06	13256.03	0.919086	0.001973	0.015064	35.73099	0.01194	0.011884
325	3.22	1.20E−06	16180.5	1.378628	0.00296	0.015099	35.31617	0.01208	0.012298
365	3.65	1.20E−06	18341.25	1.715626	0.003684	0.01496	35.88582	0.011889	0.01225
375	3.75	1.18E−06	19163.14	1.813662	0.003894	0.014926	35.85869	0.011898	0.012298
447	4.47	1.17E−06	23037.69	2.593864	0.005569	0.015029	35.74171	0.011937	0.012586

续表

原始速度 /(cm/s)	修正速度 /(m/s)	μ/ρ /(m²/s)	雷诺数 $Re=\rho uH/\mu$	坡降 $J=\mathrm{d}p/(\rho g\,\mathrm{d}x)$	受力 τH^2	阻力系数 $\lambda=2g/C^2$	谢才系数 $C=u/(HJ)^{0.5}$	曼宁糙率系数 n	文桐糙率系数 m
\multicolumn{10}{c}{$r/k=15$，$k=0.08$cm，$d=2.412$cm}
484	4.8508	1.17E-06	25000.28	3.045237	0.006538	0.015099	35.7968	0.011918	0.012679
538	5.35	1.17E-06	27573.08	3.687575	0.007917	0.015064	35.87771	0.011891	0.012785
560	5.611	1.08E-06	31328.08	4.104228	0.008812	0.015099	35.66694	0.011962	0.012938
640	6.4	1.08E-06	35733.33	5.208151	0.011182	0.014995	36.11433	0.011813	0.012948
675	6.762	1.08E-06	37754.5	5.932187	0.012737	0.015099	35.75272	0.011933	0.013173
788	7.831	9.80E-07	48184.62	8.067529	0.017321	0.015029	35.5049	0.012016	0.013494
\multicolumn{10}{c}{$r/k=15$，$k=0.16$cm，$d=4.82$cm}
75.5	0.7543	1.32E-06	6885.845	0.035838	0.000614	0.014892	36.29773	0.013191	0.010964
86.5	0.866	1.32E-06	7905.53	0.047456	0.000813	0.01496	36.21425	0.013222	0.011162
95	0.9496	1.32E-06	8668.697	0.057192	0.00098	0.014995	36.17258	0.013237	0.011291
108	1.0803	1.32E-06	9861.83	0.074361	0.001274	0.015064	36.08939	0.013267	0.011484
128.5	1.286	1.28E-06	12106.48	0.105618	0.00181	0.015099	36.04786	0.013283	0.011723
150	1.4	1.28E-06	13179.69	0.124025	0.002125	0.01496	36.21425	0.013222	0.011774
184	1.84	1.27E-06	17458.27	0.21325	0.003654	0.014892	36.29773	0.013191	0.012106
193.5	1.935	1.26E-06	18505.36	0.237474	0.004069	0.014995	36.17258	0.013237	0.012221
212	2.12	0.0000012	21288.33	0.286369	0.004907	0.015064	36.08939	0.013267	0.012377
218	2.18	1.18E-06	22261.86	0.302111	0.005176	0.015029	36.13096	0.013252	0.0124
246	2.46	1.18E-06	25121.19	0.382934	0.006561	0.01496	36.21425	0.013222	0.012535
248	2.476	1.18E-06	25284.58	0.386149	0.006616	0.014892	36.29773	0.013191	0.012512
254	2.54	9.8E-07	31231.63	0.409187	0.007011	0.014995	36.17258	0.013237	0.012596
280	2.8	9.8E-07	34428.57	0.503002	0.008618	0.015168	35.96495	0.013313	0.012815

续表

原始速度 /(cm/s)	修正速度 /(m/s)	μ/ρ /(m²/s)	雷诺数 $Re=\rho uH/\mu$	坡降 $J=\mathrm{d}p/(\rho g\mathrm{d}x)$	受力 τH^2	阻力系数 $\lambda=2g/C^2$	谢才系数 $C=u/(HJ)^{0.5}$	曼宁糙率 系数 n	文桐糙率 系数 m
				$r/k=15,\ k=0.16\mathrm{cm},\ d=4.82\mathrm{cm}$					
291	2.912	9.8E-07	35805.71	0.545302	0.009343	0.015203	35.92357	0.013329	0.012887
337	3.37	9.8E-07	41437.24	0.718644	0.012313	0.01496	36.21425	0.013222	0.012981
350	3.493	9.8E-07	42949.64	0.777412	0.01332	0.015064	36.08939	0.013267	0.013083
406	4.067	9.6E-07	51049.32	1.049065	0.017974	0.014995	36.17258	0.013237	0.013272
456	4.56	9.6E-07	57237.5	1.309736	0.02244	0.014892	36.29773	0.013191	0.01339
512	5.12	9.6E-07	64266.67	1.670298	0.028618	0.015064	36.08939	0.013267	0.013651
556	5.562	9.6E-07	69814.69	1.971133	0.033773	0.015064	36.08939	0.013267	0.013777
568	5.68	9.6E-07	71295.83	2.041506	0.034978	0.01496	36.21425	0.013222	0.013756
652	6.52	9.6E-07	81839.58	2.714871	0.046515	0.015099	36.04786	0.013283	0.01404
750	7.5	9.6E-07	92219.39	3.567603	0.061126	0.014995	36.17258	0.013237	0.014206
834	8.34	9.8E-07	102548	4.43186	0.075934	0.015064	36.08939	0.013267	0.014411
996	9.96	9.8E-07	122467.3	6.379294	0.1093	0.015203	35.92357	0.013329	0.014774
976	9.7895	7.6E-07	155215.1	6.106256	0.104622	0.015064	36.08939	0.013267	0.01467
1018	10.18	7.2E-07	170373.6	6.618347	0.113396	0.015099	36.04786	0.013283	0.014753
1130	11.3	7.6E-07	179164.5	8.07999	0.138439	0.01496	36.21425	0.013222	0.014849
1135	11.385	7.2E-07	190540.6	8.202005	0.14053	0.01496	36.21425	0.013222	0.014861
1342	13.42	7.6E-07	212777.6	11.42244	0.195707	0.014995	36.17258	0.013237	0.015155
1360	13.6	7.2E-07	227611.1	11.73091	0.200992	0.014995	36.17258	0.013237	0.015177
1526	15.303	7.6E-07	242633.1	14.92132	0.255655	0.015064	36.08939	0.013267	0.015417
1520	15.2	7.2E-07	254388.9	14.72113	0.252225	0.015064	36.08939	0.013267	0.015405

图 8.25 中同一个粗糙高度 k 时，也会有阶跃，从一个 H（$d/4$）阶跃至更大的 H 上。

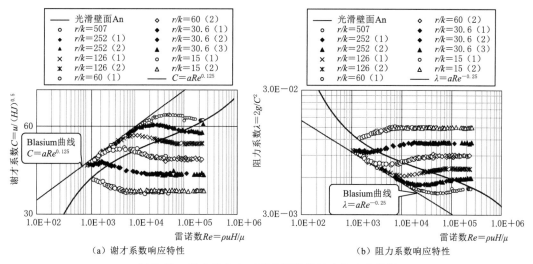

（a）谢才系数响应特性   （b）阻力系数响应特性

图 8.25 尼古拉兹人工糙管实验统计出的响应特性

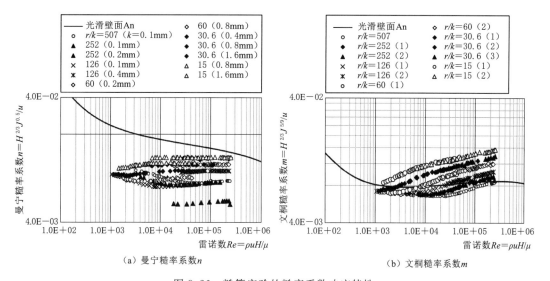

（a）曼宁糙率系数 n （b）文桐糙率系数 m

图 8.26 糙管实验的糙率系数响应特性

如果以尼古拉兹实验数据当量成明渠数据，则它应当有阶跃关系，如果将坡降 J 固定，同时假定糙率高度 $k=0.001\text{m}$，则在每个固定水深 H 的响应曲线上可以插值得到其响应的点位，连接这些点位便是明渠流的阶跃曲线，同 8.4.2 节的实验数据表达一致。图 8.27 便是阶跃响应特性。

由图 8.27 可见，阶跃在不同渠道或河流条件（对应不同渠道坡降 J）下，它的阶跃响应是不同的，但在 $J=0.03162$ 时，受力响应特性指数 b 非常接近 1.8，正是阻力系数响应指数为 -0.2 [图 8.27（a）]，这便是文桐公式响应特性，它有恒定的文桐

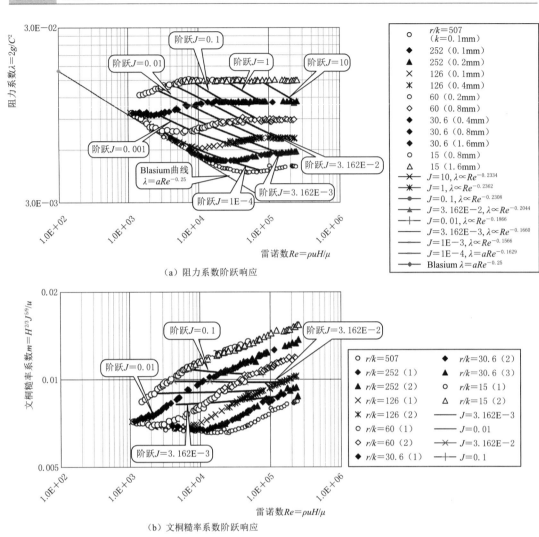

（a）阻力系数阶跃响应

（b）文桐糙率系数阶跃响应

图 8.27 尼古拉兹人工糙管阶跃统计

糙率系数 ［图 8.27 （b）］。因此可以断定，在阻力二次方段向严格二次方段的过渡段上，它的阶跃曲线可能就是文桐公式，在阻力指数 1.8 次方上。

8.4.5.2 Moody 数据阶跃验证

尼古拉兹人工糙管实验的雷诺数范围不够大，需要将其范围延展，可以考虑的参数是标准的穆迪图，它来源于自然材料糙管实验，因为苦于找不到原始实验数据，故将穆迪图数值化，穆迪图来自文献 ［19］。

图 8.28 中有两组数据，一组是尼古拉兹类型的 ［图 4.19 （a） 中的铺沙表面、图 8.14 （a）］，属于人工加糙表面的管道，另一组是自然粗糙表面，这里称为穆迪类型 ［图 4.19 （a） 中的商用表面］。图 8.28 中的曲线数值化后，改用直径 d 的 1/4 为当量水深 H （水力半径），用糙率高度 k 进行统计分析，图 8.29 为数值化后的穆迪图 （穆迪类型）。

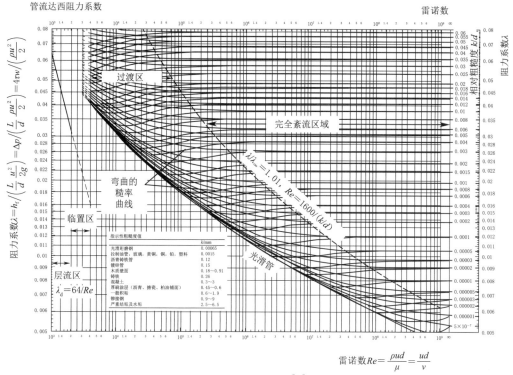

图 8.28 穆迪图[19]

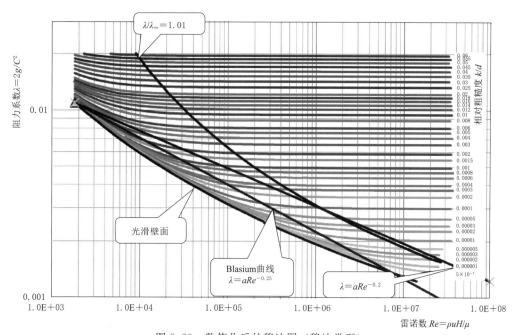

图 8.29 数值化后的穆迪图（穆迪类型）

同样如果固定坡降 J，并且固定粗糙高度 $k=0.001\mathrm{m}$，则在每个固定水深 H 的响应曲线可以插值得到其响应的点位，连接这些点位便是阶跃曲线（图 8.30）。

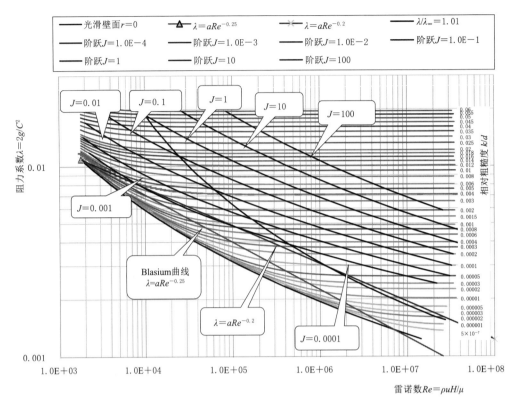

图 8.30　阻力系数阶跃响应图（穆迪类型）

仔细分析这些阶跃响应（图 8.31），它们均在文桐公式（$\lambda=aRe^{-0.2}$）附近，也可以看成 Blasium 曲线（$\lambda=aRe^{-0.25}$）附近。

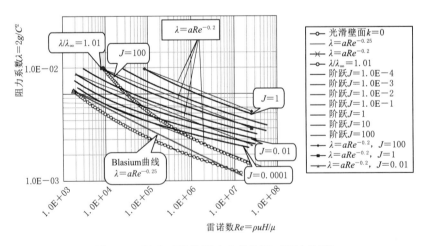

图 8.31　阻力系数阶跃响应趋势图（穆迪类型）

如果换成文桐糙率系数 m（图 8.32），阶跃时的糙率系数 m 也接近为常数。另一组为尼古拉兹类型，图 8.33 为数值化后的穆迪图。

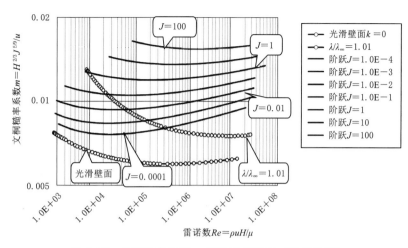

图 8.32 文桐糙率系数 m 的阶跃响应图（穆迪类型）

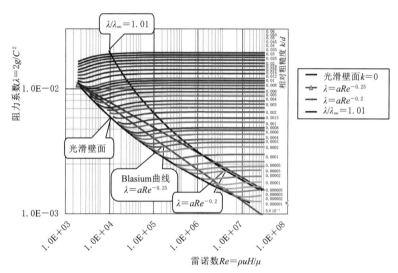

图 8.33 数值化后的穆迪图（尼古拉兹类型）

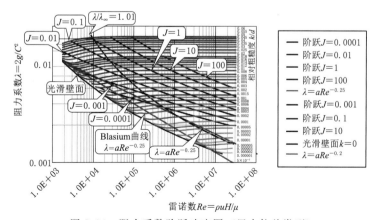

图 8.34 阻力系数阶跃响应图（尼古拉兹类型）

尼古拉兹类型的阶跃响应见图 8.34，它们的趋势见图 8.35，阶跃均在文桐公式附近（即 $\lambda = aRe^{-0.2}$）附近，也可以看成 Blasium 曲线（$\lambda = aRe^{-0.25}$）附近。

同时也有相应的文桐糙率系数（图 8.36），它们的阶跃曲线非常接近常数。

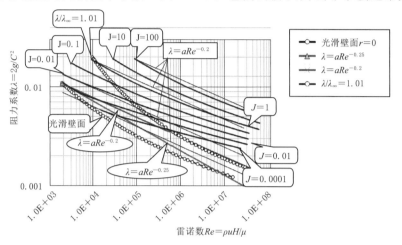

图 8.35 阻力系数阶跃响应趋势（尼古拉兹类型）

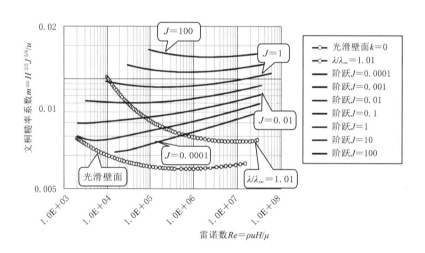

图 8.36 文桐糙率系数 m 的阶跃响应图（尼古拉兹类型）

8.4.5.3 数模数据 W 系列阶跃验证

数模数据 W 系列，是在固定水深 H 的条件下计算出来的，所以为了对比 8.4.2 节的实验数据，必须做出阶跃曲线。一般的河流或明渠，它的响应特性是在固定坡降 J 的情况下形成的阶跃曲线，故可以用插值将这些阶跃曲线给展示出来。图 8.37（a）为较小 J 时的阶跃响应（起始位置均在一次方段上），当 $J < 10^{-8}$ 时，阶跃均在一次方段上变换，当 $J \geqslant 10^{-7}$ 后，阶跃逐渐过渡到二次方段上，图 8.37（b）为一次方段

向二次方段阶跃的响应；图 8.38 为坡降 J 较大时的阶跃响应。可见在阶跃的很大范围上，均接近文桐公式。

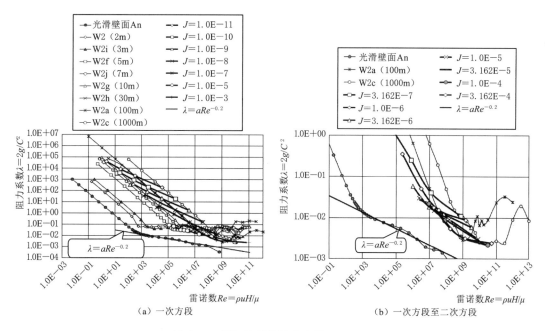

图 8.37　W2 系列阶跃响应图 （$k=1\text{m}$）

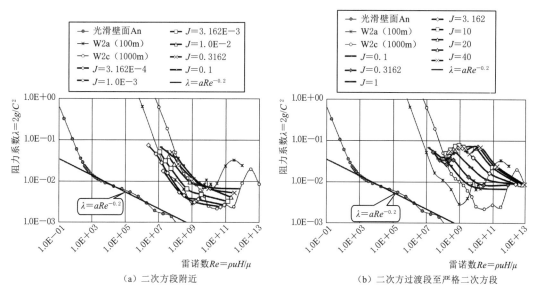

图 8.38　W2 系列阶跃响应图 （$k=1\text{m}$）

8.4.5.4　阶跃的结论

无论按糙管实验数据（8.4.5.1 节）还是穆迪图数据（8.4.5.2 节）或数模的 W2 系列

数据，阶跃均接近按 $\lambda=aRe^{-0.2}$（文桐公式）变化，也很接近按 $\lambda=aRe^{-0.25}$（Blasium 曲线）变化，但明渠流的实验[6,13] 甚至黄河水利委员会的数据（8.4.4 节）均支持按 $\lambda=aRe^{-0.2}$ 变化。

故明渠流同管流是有细微差异的，它们不尽相同且应当有机理的不同，所以不能等同和互换。

8.5　理解河流阻力

8.5.1　河流阻力

圆柱绕流流动（图 8.6，用阻力系数响应特性表示）为内边界流动[7]，阻力在层流区为一次方段（$b=1$），紊流段为二次方段（$b=1.86$），空化发生后为严格二次方段（$b=2$）。

河流的阻力完全类似，典型的河流为明渠流，为外边界流动[7]，阻力在层流区为一次方段（$b=1$），紊流段为二次方段（$b=1.8$），严格二次方段（$b=2$）为充分发展的紊流。

因此河流的阻力应该分段进行，如果排除讨论层流段，区分流动是在二次方段还是严格二次方段就变得非常重要，它们所适用的公式或规律是不一样的。在二次方段适合文桐公式［式（4.22）］和采用文桐糙率系数 m，它的阻力是同流速 2 次方成正比［式（8.8b）］；在严格二次方段上适合曼宁公式［式（2.2）］和采用曼宁糙率系数 n，它的阻力同流速的 7/3 次方成正比［式（8.3b）］。

因此理解河流流动，可以从三方面进行解读：一是有效体积率响应特性，它最为直观；二是受力响应特性，它最为基本，是所有特性的基础；三是糙率系数响应特性（包括曼宁糙率系数 n 和文桐糙率系数 m），它最为便利，使用最广且最易混淆。将 Gauckler 和 Hagen 基于对明渠流的实验观察而独立导出的关系 $C\propto R^{1/6}$［式（5.3）]解读成 $C=\dfrac{1}{n}R^{1/6}$ 或 $C=\dfrac{1}{m}R^{1/6}J^{1/18}$，对于无限宽明渠前者就是曼宁公式 $u=\dfrac{1}{n}H^{2/3}J^{1/2}$，后者便是文桐公式 $u=\dfrac{1}{m}H^{2/3}J^{5/9}$，它们都是紊流，都符合观测资料［式（5.3）］，本书只是通过受力分析或动量定理分析而将其细化，细化到阻力的二次方段和严格二次方段。

8.5.2　典型的流动现象

明渠或河流的流动，是同管流不同的流动形式，虽然非常近似，但其原理性不同，现以已经研究过的响应特性[7]（表 8.10）来说明。表 8.10 中管流的受力响应指数为 1.75，相应的谢才系数响应指数为 0.125 ［图 8.25 (a)］，阻力系数响应指数为 －0.25 ［图 8.25 (b)］，就是经典的 Blasium 曲线；而明渠流动，它的受力响应指数为 1.8（第 4 章、图 8.16），相应的谢才系数响应的指数为 0.1 ［图 8.19、图 8.21 (b)］，阻力系数响应指数为－0.2 ［图 8.18、图 8.21 (a)］。

表 8.10   几种典型的流动现象

典型流动现象	管流	明渠流	圆柱绕流	腔体流
受力响应 $fd=aRe^b$ 中的指数 b	1.75	1.8	1.86	2
谢才系数响应 $C=aRe^{1-b/2}$ 中的指数	0.125	0.1	0.06	0
阻力系数响应 $\lambda=aRe^{b-2}$ 中的指数	－0.25	－0.2	－0.14	0
适用范围	各种管流	无穷宽明渠	圆柱绕流	一般常见的流动模式
		无穷宽平板间流动（外边界模型 A）	（内边界模型 B）	
		河流流动		

明渠流同管流为何有此不同，在于其受力机制不同，即壁面边界对流场中流体质点的影响不同。以光滑壁面为例，无穷宽明渠宽度 db 的作用范围是整个水深，不同水深处作用的宽度依然是 db；而管流则不同，一段 db 弧长管道作用的宽度是收缩的，在管壁为 db 宽，在管道中心为 0。这两种流动均是黏性力起作用（假设光滑），壁面黏性力的拖拽作用，导致能量损失，形成能坡 J。因为作用机制的不同，导致明渠同管流的微小差异，以至于它们的数据是不可以替换的。

圆柱绕流的受力响应指数为 1.86，腔体流的指数为 2，详见文献 [7]，总之是除了黏性阻力外，压差阻力参与进来了。

8.5.3　明渠流动的穆迪图

标准明渠流的穆迪图是固定水深的阻力系数响应特性（$\lambda - Re$，图 8.14），它有横坐标雷诺数 Re、纵坐标阻力系数 λ，同时还有等相对糙率（表 8.9 的 k/r、或第 4 章粗糙壁面中的 k/H 表述），除此之外应当还有等坡降参数 J，它的出现将无穷宽明渠流同无穷宽平板间的流动彻底区分开，如同图 8.15 中小雷诺数部分是明渠流，而大雷诺数部分则应当为无穷宽平板间流动的数据或者是管流数据的直接引用，理由是图中隐藏的坡降参数 J。如果将现实中的明渠流动坡降 J 进行定位，如为 0.0001～1，那么图中有限的区域才是真实河流阻力数据范围（图 8.39）。如果再将流速范围（如剔除小于 0.001m/s 的）、水深范围（剔除大于 50m 水深的）给予限制，则明渠流的穆迪图范围非常有限，它一定在阻力响应的指数 1.8 次方阶跃变化（不计一次方段时），而可能非常难达到严格二次方段，因此断言曼宁公式在真实的河道或明渠中出现的概率非常低，而绝大部分是以文桐公式的形式出现，它们的阶跃形式均在阻力系数的 -0.2 次方上变化。

文桐糙率系数 m 一定可以替代曼宁糙率系数 n，不仅因为前者是和谐的，还因为它有受力响应机制和实验数据支撑。后者不仅不和谐，还根本没有受力或理论依据，在比较粗糙的情况下，把明渠流动及河流流动当成黑箱时，可以近似，但经不起推敲，也一定经不起严密的实验检验。

因此推荐的明渠流穆迪图，为图 8.39 中的固定坡降 J 的系列曲线，也可以通过传统的方式（固定水深 H）来表达。前者是 Emmett 实验[13] 和 Tracy 实验[6] 的呈现，代表的是真实明渠流或河流流动响应特性或阶跃特性；后者是无穷宽平板间的流动，虽然响应特性同前者，但范围更宽泛，可以至坡降 J 大于 14（表 8.9f 类比），或至 10^5 以上（表 8.11 中 W2 和 W2i 最大流速处），显然坡降大的不属于一般的河流或明渠流动，应当从明渠流中予以剔除。

真实河流或明渠流动的响应特性如何，须有大量的实验数据进行对比和验证，如同图 8.39 中的当量阶跃曲线，它满足文桐公式还是曼宁公式，如若有数据，可以一目了然。

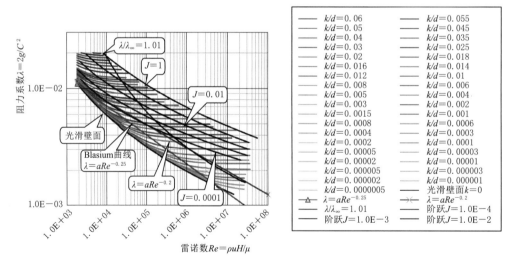

图 8.39 管流类比的明渠流穆迪图

表 8.11 W2 系列当量坡降统计表

断面平均流速 /(m/s)	坡降 J							
	W2 (2m)	W2i (3m)	W2f (5m)	W2j (7m)	W2g (10m)	W2h (30m)	W2a (100m)	W2c (1000m)
1E−09							3.218E−15	
1E−08							3.219E−14	3.089E−14
1E−07	1.888E−13	1.893E−13	2.608E−12	5.066E−12	4.530E−12	1.199E−12	3.219E−13	3.089E−13
0.000001	1.888E−12	1.893E−12	2.608E−11	5.063E−11	4.554E−11	1.199E−11	3.220E−12	3.089E−12
0.00001	1.878E−11	1.893E−11	2.608E−10	5.063E−10	4.530E−10	1.199E−10	3.220E−11	3.090E−11
0.0001	1.540E−10	1.795E−10	2.608E−09	5.063E−09	4.530E−09	1.199E−09	3.219E−10	3.090E−10
0.000316	2.055E−10	4.862E−10	8.245E−09	1.601E−08	1.433E−08	3.792E−09		
0.001	2.005E−09	1.164E−09	2.601E−08	5.061E−08	4.530E−08	1.199E−08	3.220E−09	3.078E−09
0.003162	1.846E−08	7.827E−09	8.035E−08	1.600E−07	1.431E−07	3.790E−08		
0.005623			1.369E−07					
0.01	2.058E−07	8.558E−08	2.202E−07	4.953E−07	4.481E−07	1.193E−07	3.207E−08	
0.017783			3.215E−07					
0.023714			3.834E−07					
0.031623	2.384E−06	1.018E−06	5.017E−07	1.351E−06	1.312E−06	3.605E−07		9.405E−09
0.04217			7.372E−07					
0.056234			1.167E−06					
0.1	2.747E−05	1.408E−05	3.514E−06	3.161E−06	3.012E−06	9.103E−07	2.503E−07	2.433E−08
0.177828								3.801E−08
0.316228	2.441E−04	1.373E−04	3.791E−05	1.987E−05	1.293E−05	3.035E−06	7.949E−07	7.558E−08

断面平均流速 /(m/s)	坡 降 J							
	W2 (2m)	W2i (3m)	W2f (5m)	W2j (7m)	W2g (10m)	W2h (30m)	W2a (100m)	W2c (1000m)
0.562341								1.830E−07
1	2.354E−03	1.337E−03	4.386E−04	1.977E−04	1.098E−04	2.146E−05	5.337E−06	4.974E−07
1.778279								1.278E−06
3.162278	2.301E−02	1.288E−02	5.618E−03	2.068E−03	7.555E−04	1.301E−04	3.184E−05	2.951E−06
5.623413								6.723E−06
10	1.780E−01	9.736E−02	5.510E−02	3.872E−02	1.382E−02	6.538E−04	1.392E−04	1.232E−05
31.62278	1.013E+00	4.988E−01	2.536E−01	2.107E−01	1.228E−01	1.948E−02	1.934E−03	1.063E−04
56.23413							1.297E−02	
74.98942							2.941E−02	
100	1.439E+01	1.075E+01	7.687E+00	5.938E+00	4.189E+00	1.492E−01	3.175E−02	1.339E−03
133.3521							7.455E−02	
177.8279							1.053E−01	
316.2278	1.737E+02	1.098E+02	6.468E+01	4.633E+01	2.849E+01	1.190E+01	4.352E−01	1.194E−02
562.3413	4.867E+02							
749.8942	9.737E+02							
1000	1.123E+03	7.335E+02	5.377E+02	3.968E+02	1.268E+02	1.078E+02	1.146E+01	4.400E−01
1778.279	4.021E+03							
3162.278	1.833E+04	2.427E+03	1.871E+03	2.263E+03	4.021E+03	1.439E+03	1.606E+02	9.581E+00
10000	1.077E+05	1.047E+05	6.089E+04	4.728E+04	3.473E+04	1.306E+04	1.183E+03	4.176E+01

8.6 从计算流体力学角度重构连续弯道流动

连续弯道流动的实验见 5.3.1.5 节，根据实验数据，连续弯道有部分阻塞现象，原因不明，本节寄希望于计算流体力学进行解读并寻找导致阻塞的原因。连续弯道尺寸如图 5.5 所示，取其中的循环节为周期段，每一段内部是局部非均匀流，但在大尺度上的每个周期段之间是均匀流动。连续弯道宽为 0.7m，水深固定为 0.4m，底部水平，顶部为对称边界，流动以能量损失决定了能坡 J，数值模拟中左右岸的压力差在真实弯道中反映出水位差，它们的机理相同。

基本网格划分如图 8.40 所示，渠道断面为宽 0.7m、水深 0.4m，最大网格尺度0.05m，边界层最小 0.005m，增长因子为 1.5，增长层数为 6，最终形成断面 22×16个四边形单元。2 个直道长度方向 12 等分，2 个弯道长度方向 36 等分，命名为模型 MZ2。

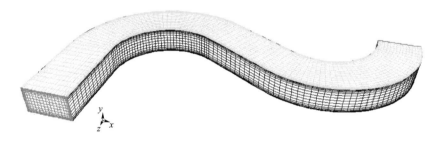

图 8.40 连续弯道周期段网格划分示意图

进口、出口设置为周期边界（因进口、出口方向一致，为 translational 类型），并定义流量，将流量从极小至极大形成序列，最终获得连续弯道（固定水深 H）的流动响应特性。

显然本连续弯道为直道和弯道的连续组合，它既有直道特性，又有弯道特性（弯道特性最为典型的是弯道环流），只有当直道和弯道的特性均完全掌握的情况下，才可以推知本连续弯道的流动特性。

以后的流动参数统一采用标准 k-ε 紊流模型，标准的壁函数，压力速度耦合采用 SIMPLEC；收敛准则：压力采用标准格式，动量、k、ε 采用二阶迎风格式；欠松弛因子：压力为 0.3，密度为 1，体积率为 1，动量为 0.7，k 和 ε 为 0.8，涡黏系数为1。迭代步数暂定为 16000 步，应当是非常大的迭代步数了。流动的介质为单一的水，不可压不可拉，固壁为光滑壁面。

8.6.1　纯直道特性

直道断面采用宽 0.7m、水深 0.4m，断面网格最大尺度为 0.05m，为了提高近壁附近对流动的分辨率，特将边界层最小尺度设置为 0.0001m，增长因子为 1.5 倍，逐步过渡到 0.05m 左右；流动方向长度为 0.1m，5 等分（图 8.41）。流动的进出口为周期边界，流量从极小至极大。将固壁分为底面、左立面、右立面，顶部为对称边界，以此模拟自由水面。本次的计算结果采用曼宁糙率系数 n 和文桐糙率系数 m 进行统计并分析。模型命名为 MLQQ。

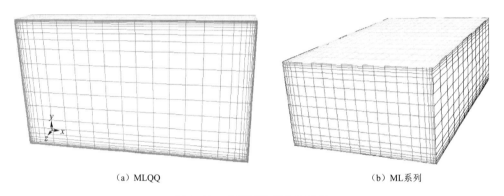

(a) MLQQ　　　　　　　　　　　　　　　　(b) ML 系列

图 8.41　直道网格划分示意图

直道明渠的计算结果见表 8.12，在固定来流流量情况下，测量两个周期边界之间的压力梯度 $\dfrac{\partial P}{\partial L}$，从而求得总受力：

$$F_{驱} = \frac{\partial P}{\partial L} V \tag{8.28}$$

式中：V 为液体体积。

为了与光滑壁面的已有数据对比，特将一维光滑壁面 An（4.2 节）、二维光滑壁面 Q 系列（4.4 节）的数据合并到一起，参见图 8.42 和图 8.43。

由图 8.42 可见，作为样本的 Q 系列、An 系列是几乎吻合的，而 MLQQ 的响应特性在低流速段同样本差异较大，故而继续增加迭代步数至 32000 步（表 8.13），发现还是有偏差继而增加至 64000 步（表 8.14），明渠响应特性如图 8.43 所示，终于响应特性趋于一致。

图 8.43 表明，当得步数至 64000 步时，明渠流动的响应特性同 An、Q 系列的一致。导致流动求解的偏差的原因值得细究。现以 MLQQ _ 01（流速极低，流量 0.00001kg/s，同理论解为标准的层流分布）为例，将 16000 步、32000 步、64000 步速度分布列于图 8.44 中，至 64000 步后速度分布为层流分布，而 16000 步、32000 步为没有收敛时的中间状态。

表 8.12　直道明渠计算结果统计

模型	流量/(kg/s)	平均流速/(m/s)	雷诺数 $Re=\rho uR/\mu$	压力梯度 $\Delta P/L$ /(Pa/m)	驱动力 $F=$压力梯度×体积/N	迭代步数	坡降 $J=\Delta P/(\rho gL)$	曼宁糙率系数 $n=R^{2/3}J^{1/2}/u$	文桐糙率系数 $m=R^{2/3}J^{5/9}/u$
MLQQ_01	0.00001	3.57787E-08	0.006647	-3.36641E-07	9.42596E-09	16000	3.4378E-11	53.52547	14.03598
MLQQ_02	0.0001	3.57787E-07	0.066467	-3.36641E-06	9.42596E-08	16000	3.4378E-10	16.92624	5.04427
MLQQ_03	0.001	3.57787E-06	0.664673	-3.36641E-05	9.42596E-07	16000	3.4378E-09	5.352548	1.812817
MLQQ_04	0.003162	1.13142E-05	2.101879	-0.000106455	2.98075E-06	16000	1.08713E-08	3.00996	1.086756
MLQQ_05	0.01	3.57787E-05	6.646726	-0.000336641	9.42596E-06	16000	3.4378E-08	1.692624	0.651493
MLQQ_06	0.031623	0.000113142	21.01879	-0.001064544	2.98072E-05	16000	1.08712E-07	0.951828	0.390558
MLQQ_07	0.1	0.000357787	66.46726	-0.00336604	9.42491E-05	16000	3.43742E-07	0.535225	0.23412
MLQQ_08	0.316228	0.001131421	210.1879	-0.01063298	0.000297723	16000	1.08585E-06	0.300818	0.140268
MLQQ_09	1	0.003577869	664.6726	-0.03327769	0.000931775	16000	3.39834E-06	0.168288	0.083606
MLQQ_10	3.162278	0.011314214	2101.879	-0.09772866	0.002736402	16000	9.98011E-06	0.091199	0.048102
MLQQ_11	10	0.035778687	6646.726	-0.2524346	0.007068169	16000	2.57788E-05	0.04635	0.02577
MLQQ_12	31.62278	0.113142144	21018.79	-0.7201411	0.020163951	16000	7.35413E-05	0.024756	0.01459
MLQQ_13	100	0.357786874	66467.26	-3.106016	0.086968448	16000	0.000317188	0.016258	0.010392
MLQQ_14	316.2278	1.131421437	210187.9	-17.84969	0.49979132	16000	0.001822821	0.012325	0.008682
MLQQ_15	1000	3.577868735	664672.6	-104.0764	2.9141392	16000	0.010628346	0.009411	0.007312
MLQQ_16	3162.278	11.31421437	2101879	-682.9808	19.1234624	16000	0.06974642	0.007624	0.006576
MLQQ_17	10000	35.77868735	6646726	-5789.065	162.09382	16000	0.591182886	0.007019	0.006817
MLQQ_18	31622.78	113.1421437	21018795	-49717.68	1392.09504	16000	5.077200122	0.006505	0.007119
MLQQ_19	100000	357.7868735	66467265	-380032.4	10640.9072	16000	38.8091429	0.005687	0.006969

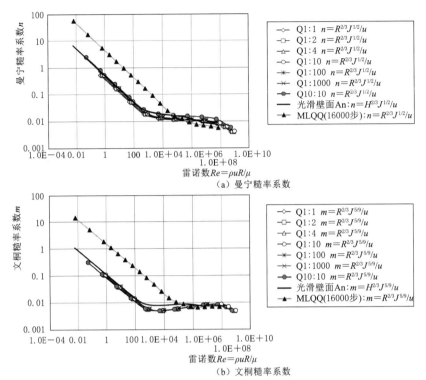

图 8.42 直道明渠的响应特性（16000 步）

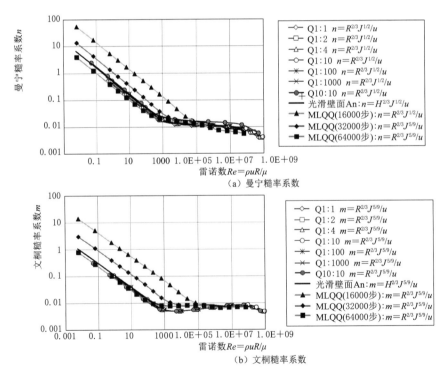

图 8.43 直道明渠的响应特性

表 8.13 直道明渠计算结果统计（32000 步）

模型	流量/(kg/s)	平均流速/(m/s)	雷诺数 $Re = \rho u R / \mu$	压力梯度 $\Delta P/L$ /(Pa/m)	驱动力 $F=$ 压力 梯度×体积/ N	迭代步数	坡降 $J = \Delta P/(\rho g L)$	曼宁糙率系数 $n = R^{2/3} J^{1/2}/u$	文桐糙率系数 $m = R^{2/3} J^{5/9}/u$
MLQQ_01	0.00001	3.57787E-08	0.006647	-2.16435E-08	6.06018E-10	32000	2.21025E-12	13.5719	3.055692
MLQQ_02	0.0001	3.57787E-07	0.066467	-2.16435E-07	6.06018E-09	32000	2.21025E-11	4.291811	1.098159
MLQQ_03	0.001	3.57787E-06	0.664673	-2.16435E-06	6.06017E-08	32000	2.21024E-10	1.357188	0.394657
MLQQ_04	0.003162	1.13142E-05	2.101879	-6.84402E-06	1.91633E-07	32000	6.98916E-10	0.76319	0.236586
MLQQ_05	0.01	3.57787E-05	6.646726	-2.16536E-05	6.06301E-07	32000	2.21128E-09	0.429281	0.141869
MLQQ_06	0.031623	0.000113142	21.01879	-6.81494E-05	1.90818E-06	32000	6.95946E-09	0.240828	0.084824
MLQQ_07	0.1	0.000357787	66.46726	-0.000208619	5.84134E-06	32000	2.13043E-08	0.133246	0.049941
MLQQ_08	0.316228	0.001131421	210.1879	-0.000581256	1.62752E-05	32000	5.93582E-08	0.070333	0.027905
MLQQ_09	1	0.003577869	664.6726	-0.001679359	4.70221E-05	32000	1.71497E-07	0.037805	0.01591
MLQQ_10	3.162278	0.011314214	2101.879	-0.006492626	0.000181794	32000	6.63031E-07	0.023506	0.010664
MLQQ_11	10	0.035778687	6646.726	-0.03540022	0.000991206	32000	3.61509E-06	0.017357	0.008653
MLQQ_12	31.62278	0.113142144	21018.79	-0.2554208	0.007151782	32000	2.60837E-05	0.014744	0.008203
MLQQ_13	100	0.357786874	66467.26	-2.047191	0.057321348	32000	0.00020906	0.013199	0.008244
MLQQ_14	316.2278	1.131421437	210187.9	-15.48691	0.43363348	32000	0.001581533	0.01148	0.008023
MLQQ_15	1000	3.577868735	664672.6	-101.6752	2.8469056	32000	0.010383134	0.009302	0.007217
MLQQ_16	3162.278	11.31421437	2101879	-682.5308	19.1108624	32000	0.069700466	0.007621	0.006573
MLQQ_17	10000	35.77868735	6646726	-5789.098	162.094744	32000	0.591186256	0.007019	0.006817
MLQQ_18	31622.78	113.1421437	21018795	-49679.49	1391.02572	32000	5.073300136	0.006502	0.007116
MLQQ_19	100000	357.7868735	66467265	-371075.2	10390.1056	32000	37.89442812	0.00562	0.006877

表 8.14

直道明渠计算结果统计（64000 步）

模型	流量/(kg/s)	平均流速/(m/s)	雷诺数 $Re=\rho uR/\mu$	压力梯度 $\Delta P/L$ /(Pa/m)	驱动力 $F=$ 压力 梯度×体积/N	迭代步数	坡降 $J=\Delta P/(\rho gL)$	曼宁糙率系数 $n=R^{2/3}J^{1/2}/u$	文桐糙率系数 $m=R^{2/3}J^{5/9}/u$
MLQQ_01	0.00001	3.57787E−08	0.006647	−1.82163E−09	5.10056E−11	64000	1.86026E−13	3.937376	0.772611
MLQQ_02	0.0001	3.57787E−07	0.066467	−1.82208E−08	5.10182E−10	64000	1.86072E−12	1.245261	0.2777
MLQQ_03	0.001	3.57787E−06	0.664673	−1.82415E−07	5.10763E−09	64000	1.86284E−11	0.39401	0.099863
MLQQ_04	0.003162	1.13142E−05	2.101879	−5.77054E−07	1.61575E−08	64000	5.89291E−11	0.221608	0.059878
MLQQ_05	0.01	3.57787E−05	6.646726	−1.82552E−06	5.11145E−08	64000	1.86423E−10	0.124644	0.035904
MLQQ_06	0.031623	0.000113142	21.01879	−5.78734E−06	1.62046E−07	64000	5.91007E−10	0.07018	0.021554
MLQQ_07	0.1	0.000357787	66.46726	−1.90914E−05	5.34559E−07	64000	1.94963E−09	0.040308	0.013228
MLQQ_08	0.316228	0.001131421	210.1879	−8.13203E−05	2.27697E−06	64000	8.30448E−09	0.026307	0.009357
MLQQ_09	1	0.003577869	664.6726	−0.000490476	1.37333E−05	64000	5.00877E−08	0.020431	0.00803
MLQQ_10	3.162278	0.011314214	2101.879	−0.003649222	0.000102178	61868	3.72661E−07	0.017623	0.007743
MLQQ_11	10	0.035778687	6646.726	−0.02979211	0.000834179	57229	3.04239E−06	0.015923	0.007862
MLQQ_12	31.62278	0.113142144	21018.79	−0.2498513	0.006995836	51776	2.5515E−05	0.014582	0.008103
MLQQ_13	100	0.357786874	66467.26	−2.046222	0.057294216	49425	0.000208961	0.013196	0.008242
MLQQ_14	316.2278	1.131421437	210187.9	−15.48741	0.43364748	44860	0.001581584	0.011481	0.008023
MLQQ_15	1000	3.577868735	664672.6	−101.6747	2.8468916	40469	0.010383083	0.009302	0.007217
MLQQ_16	3162.278	11.31421437	2101879	−682.5302	19.1108456	64000	0.069700405	0.007621	0.006573
MLQQ_17	10000	35.77868735	6646726	−5789.097	162.094716	64000	0.591186153	0.007019	0.006817
MLQQ_18	31622.78	113.1421437	21018795	−49679.41	1391.02348	64000	5.07329966	0.006502	0.007116
MLQQ_19	100000	357.7868735	66467265	−370997.2	10387.9216	49260	37.88646271	0.005619	0.006876

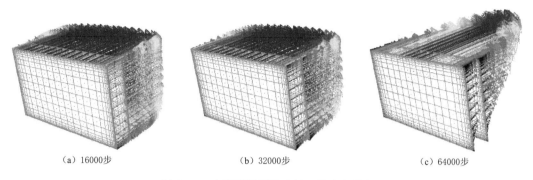

| (a) 16000步 | (b) 32000步 | (c) 64000步 |

图 8.44   直道明渠周期边界上的速度分布

因此检测迭代过程的中间状况是判断流场合理与否的关键。

8.6.2 网格敏感收敛性准则

如何判断流场合理与否，或流场是否收敛，它的关键是什么？为探求原因，特将本算例改变为最小边界层厚度 Δ 并做成 ML 系列，直接将连续弯道中的 1.2m 直段取出 [图 8.41（b）]，断面中央的网格依然为 0.05m，所有 ML 系列均反映同一个流动现象，它们（低流速区域的一次方段）有理论解与之对应且彼此 CFD 的计算结果应该完全一致。所有算例均按 16000 迭代步计，以是否收敛到抛物线型分布为准进行核验，计算结果见表 8.15。如果以 16000 步为准，则最小网格在 0.0005m 及以上则均是收敛的，最小网格在 0.0002m 或以下的则结果不是抛物线型分布如图 8.44（a）、（b）所示。

表 8.15   直道明渠 ML 系列计算结果统计

编号	最小网格尺度/m	层数	其余尺度/m	压力梯度 $\Delta P/L$ /(Pa/m)	驱动力 F=压力梯度×体积/N	迭代步数	坡降 $J=\Delta P/(\rho g L)$	曼宁糙率系数 $n=R^{2/3}J^{1/2}/u$	文桐糙率系数 $m=R^{2/3}J^{5/9}/u$	是否抛物线型分布
MLo	0.005	6	0.05	$-1.82314E-09$	$5.1048E-11$	6183	$1.8618E-13$	3.93901	0.772967	是
MLa	0.002	8	0.05	$-1.81467E-09$	$5.08106E-11$	16000	$1.85315E-13$	3.929842	0.770969	是
MLb	0.001	10	0.05	$-1.80927E-09$	$5.06594E-11$	16000	$1.84763E-13$	3.923991	0.769693	是
MLc	0.0005	12	0.05	$-1.81623E-09$	$5.08544E-11$	16000	$1.85474E-13$	3.931533	0.771337	是
MLd	0.0002	14	0.05	$-2.26317E-08$	$6.33687E-10$	16000	$2.31116E-12$	13.87827	3.13243	否
MLe	0.0001	15	0.05	$-3.25252E-07$	$9.10706E-09$	16000	$3.3215E-11$	52.61226	13.77015	否
MLf	0.00005	17	0.05	$-1.13876E-06$	$3.18851E-08$	16000	$1.1629E-10$	98.44462	27.62344	否
MLg	0.00002	19	0.05	$-2.50768E-06$	$7.02151E-08$	16000	$2.56086E-10$	146.0875	42.82977	否
MLh	0.00001	21	0.05	$-3.28554E-06$	$9.19951E-08$	16000	$3.35521E-10$	167.2169	49.76584	否
MLi	0.000005	23	0.05	$-3.60557E-06$	$1.00956E-07$	16000	$3.68203E-10$	175.1717	52.40319	否
MLj	0.000002	25	0.05	$-3.49894E-06$	$9.79702E-08$	16000	$3.57313E-10$	172.5618	51.53641	否
MLk	0.000001	27	0.05	$-3.23203E-06$	$9.04968E-08$	16000	$3.30057E-10$	165.8496	49.3139	否

由此得出数值模拟（CFD）的收敛性是同网格最小尺度相关的，最小网格较大则容易收敛，最小网格越小收敛迭代步数将越大，最后不能收敛至流动应该的模样。因此网格越细或者越密不一定是最好的，它一定有一个准则在制约。这里将表 8.15 的成果细化，导出中间结果并继续追踪各个 ML 系列直至最终收敛，计算统计结果见表 8.16。

表 8.16 　　　　　　　　　　　直道明渠 ML 系列计算结果统计

最小网格尺度 Δ/m	压力梯度 $\Delta P/L$/(Pa/m)	驱动力 $F=$ 压力梯度× 体积/N	迭代步数	坡降 $J=\Delta P/(\rho gL)$	是否抛物线型分布	曼宁糙率系数 $n=R^{2/3}J^{1/2}/u$	文桐糙率系数 $m=R^{2/3}J^{5/9}/u$
MLo 0.005	$-7.1113E-07$	$1.9912E-08$	100	$7.26207E-11$	—	77.7948	21.2655
	$-4.6980E-08$	$1.3154E-09$	600	$4.79758E-12$	—	19.9955	4.70001
	$-2.6358E-09$	$7.3801E-11$	1100	$2.69164E-13$	—	4.73619	0.94863
	$-1.8254E-09$	$5.1110E-11$	1500	$1.86408E-13$	抛物分布	3.94142	0.77349
	$-1.8235E-09$	$5.1058E-11$	2000	$1.86215E-13$	抛物分布	3.93938	0.77305
	$-1.8231E-09$	$5.1048E-11$	6183	$1.8618E-13$	抛物分布	3.93901	0.77297
MLa 0.002	$-1.0533E-06$	$2.9492E-08$	100	$1.07563E-10$	—	94.6787	26.4518
	$-2.0520E-07$	$5.7457E-09$	600	$2.09554E-11$	—	41.7896	10.6612
	$-1.0183E-07$	$2.8512E-09$	1100	$1.03986E-11$	—	29.438	7.22337
	$-4.2449E-08$	$1.1886E-09$	1500	$4.33488E-12$	—	19.0068	4.44252
	$-9.2604E-09$	$2.5929E-10$	2000	$9.45673E-13$	—	8.8775	1.90667
	$-1.8370E-09$	$5.1436E-11$	3000	$1.87596E-13$	—	3.95396	0.77623
	$-1.8226E-09$	$5.1034E-11$	4000	$1.86129E-13$	抛物分布	3.93847	0.77285
	$-1.8165E-09$	$5.0863E-11$	5000	$1.85505E-13$	抛物分布	3.93186	0.77141
	$-1.8147E-09$	$5.0811E-11$	16000	$1.85315E-13$	抛物分布	3.92984	0.77097
MLb 0.001	$-1.3231E-06$	$3.7046E-08$	100	$1.35114E-10$	—	106.113	30.0245
	$-5.0648E-07$	$1.4181E-08$	600	$5.17217E-11$	—	65.6533	17.6114
	$-2.5273E-07$	$7.0765E-09$	1400	$2.58091E-11$	—	46.3774	11.9694
	$-1.5376E-07$	$4.3053E-09$	2000	$1.5702E-11$	—	36.1741	9.08182
	$-3.9131E-08$	$1.0957E-09$	3000	$3.99606E-12$	—	18.2489	4.24613
	$-8.0007E-09$	$2.2402E-10$	4000	$8.17035E-13$	—	8.25164	1.75792
	$-2.6181E-09$	$7.3308E-11$	5000	$2.67365E-13$	—	4.72033	0.9451
	$-1.8318E-09$	$5.1291E-11$	6000	$1.87065E-13$	—	3.94836	0.77501
	$-1.8195E-09$	$5.0945E-11$	7000	$1.85806E-13$	抛物分布	3.93505	0.7721
	$-1.8093E-09$	$5.0659E-11$	16000	$1.84763E-13$	抛物分布	3.92399	0.76969
MLc 0.0005	$-6.7917E-07$	$1.9017E-08$	1000	$6.93571E-11$	—	76.0266	20.7292
	$-4.9026E-07$	$1.3727E-08$	2000	$5.00654E-11$	—	64.5935	17.2958
	$-1.7779E-07$	$4.9781E-09$	4000	$1.81561E-11$	—	38.8983	9.84487

续表

最小网格尺度 Δ/m	压力梯度 $\Delta P/L$ /(Pa/m)	驱动力 $F=$ 压力梯度× 体积/N	迭代步数	坡降 $J=\Delta P/(\rho gL)$	是否抛物线型分布	曼宁糙率系数 $n=R^{2/3}J^{1/2}/u$	文桐糙率系数 $m=R^{2/3}J^{5/9}/u$
MLc 0.0005	$-7.4026E-09$	$2.0727E-10$	8000	$7.55962E-13$	—	7.93725	1.68366
	$-2.5890E-09$	$7.2491E-11$	10000	$2.64386E-13$	—	4.69396	0.93924
	$-1.9375E-09$	$5.4251E-11$	11000	$1.97863E-13$	—	4.06071	0.79955
	$-1.8331E-09$	$5.1327E-11$	12000	$1.87199E-13$	—	3.94977	0.77531
	$-1.8193E-09$	$5.0939E-11$	14000	$1.85784E-13$	抛物分布	3.93482	0.77205
	$-1.8162E-09$	$5.0854E-11$	16000	$1.85474E-13$	抛物分布	3.93153	0.77134
MLd 0.0002	$-1.5608E-06$	$4.3701E-08$	1000	$1.59385E-10$	—	115.251	32.9105
	$-1.0719E-06$	$3.0014E-08$	3000	$1.09468E-10$	—	95.5131	26.711
	$-7.2270E-07$	$2.0236E-08$	5000	$7.38027E-11$	—	78.4253	21.4571
	$-3.3416E-07$	$9.3566E-09$	8000	$3.4125E-11$	—	53.3282	13.9785
	$-9.0115E-08$	$2.5232E-09$	12000	$9.20259E-12$	—	27.6933	6.7493
	$-2.2632E-08$	$6.3369E-10$	16000	$2.31116E-12$	—	13.8783	3.13243
	$-6.7367E-09$	$1.8863E-10$	20000	$6.87958E-13$	—	7.57183	1.59775
	$-2.9512E-09$	$8.2632E-11$	24000	$3.01374E-13$	—	5.01156	1.01011
	$-2.1706E-09$	$6.0777E-11$	26000	$2.21662E-13$	—	4.298	0.85163
	$-1.8748E-09$	$5.2495E-11$	28000	$1.91458E-13$	—	3.99445	0.78506
	$-1.8402E-09$	$5.1525E-11$	29000	$1.87921E-13$	—	3.95738	0.77697
	$-1.8270E-09$	$5.1156E-11$	30000	$1.86576E-13$	抛物分布	3.94319	0.77388
	$-1.8218E-09$	$5.1011E-11$	31000	$1.86045E-13$	抛物分布	3.93757	0.77265
MLe 0.0001	$-3.2525E-07$	$9.1071E-09$	16000	$3.3215E-11$	—	52.6123	13.7702
	$-2.8318E-08$	$7.9291E-10$	30000	$2.89187E-12$	—	15.5242	3.54784
	$-2.4379E-09$	$6.8262E-11$	50000	$2.48963E-13$	—	4.55499	0.90839
	$-1.8272E-09$	$5.1163E-11$	60000	$1.866E-13$	抛物分布	3.94344	0.77393
	$-1.8247E-09$	$5.1091E-11$	61000	$1.86337E-13$	抛物分布	3.94067	0.77333
MLf 0.00005	$-1.1388E-06$	$3.1885E-08$	16000	$1.1629E-10$	—	98.4446	27.6234
	$-3.5595E-07$	$9.9666E-09$	30000	$3.63497E-11$	—	55.039	14.4777
	$-2.5361E-08$	$7.1011E-10$	60000	$2.58987E-12$	—	14.6913	3.33697
	$-5.9563E-09$	$1.6678E-10$	80000	$6.08259E-13$	—	7.11975	1.49212
	$-1.8157E-09$	$5.0839E-11$	179900	$1.8542E-13$	抛物分布	3.93095	0.77121
	$-1.8147E-09$	$5.0812E-11$	217100	$1.85321E-13$	抛物分布	3.92991	0.77098
MLg 0.00002	$-2.5077E-06$	$7.0215E-08$	16000	$2.56086E-10$	—	146.088	42.8298
	$-1.5183E-06$	$4.2511E-08$	30000	$1.55046E-10$	—	113.671	32.4097
	$-5.3527E-07$	$1.4987E-08$	60000	$5.46618E-11$	—	67.4935	18.1607
	$-4.8115E-07$	$1.3472E-08$	63000	$4.91358E-11$	—	63.991	17.1167

最小网格尺度 Δ/m	压力梯度 $\Delta P/L$ /(Pa/m)	驱动力 $F=$ 压力梯度× 体积/N	迭代步数	坡降 $J=\Delta P/(\rho g L)$	是否抛物线型分布	曼宁糙率系数 $n=R^{2/3}J^{1/2}/u$	文桐糙率系数 $m=R^{2/3}J^{5/9}/u$
MLg 0.00002	$-4.0336E-08$	$1.1294E-09$	132500	$4.11916E-12$	—	18.5278	4.31831
	$-1.6429E-08$	$4.6002E-10$	159600	$1.67775E-12$	—	11.8245	2.62181
	$-7.5085E-09$	$2.1024E-10$	187900	$7.66771E-13$	—	7.99379	1.69699
	$-4.2516E-09$	$1.1904E-10$	215200	$4.34172E-13$	—	6.01521	1.23724
	$-2.3827E-09$	$6.6715E-11$	248000	$2.4332E-13$	—	4.50307	0.89689
	$-1.8989E-09$	$5.3169E-11$	270000	$1.93917E-13$	—	4.02002	0.79065
	$-1.8187E-09$	$5.0923E-11$	310000	$1.85726E-13$	抛物分布	3.9342	0.77192
MLh 0.00001	$-3.2855E-06$	$9.1995E-08$	16000	$3.35521E-10$	—	167.217	49.7658
	$-2.4249E-06$	$6.7896E-08$	31000	$2.4763E-10$	—	143.655	42.0382
	$-1.4062E-06$	$3.9373E-08$	60000	$1.43601E-10$	—	109.395	31.0581
	$-4.3555E-07$	$1.2195E-08$	124500	$4.44788E-11$	—	60.8831	16.1955
	$-9.3135E-08$	$2.6078E-09$	210000	$9.51099E-12$	—	28.1535	6.87404
	$-3.2559E-08$	$9.1164E-10$	270000	$3.32492E-12$	—	16.646	3.83382
	$-1.98886E-08$	$6.682563E-09$	300000	$2.03103E-12$	—	13.01	2.91546
	$-9.76874E-09$	$3.282296E-09$	350000	$9.9759E-13$	—	9.11793	1.96413
MLi 0.000005	$-3.6056E-06$	$1.0096E-07$	16000	$3.68203E-10$	—	175.172	52.4032
	$-3.0911E-06$	$8.6550E-08$	30000	$3.1566E-10$	—	162.192	48.1071
	$-2.2612E-06$	$6.3314E-08$	60000	$2.30918E-10$	—	138.723	40.4376
	$-1.4478E-06$	$4.0538E-08$	105200	$1.47849E-10$	—	111.002	31.5652
	$-8.2452E-07$	$2.3087E-08$	165200	$8.42006E-11$	—	83.7679	23.0873
	$-7.8881E-07$	$2.2087E-08$	170000	$8.05533E-11$	—	81.9336	22.5262
	$-5.9898E-07$	$2.0126E-07$	200000	$6.11684E-11$	—	71.3976	19.3316
MLj 0.000002	$-3.4989E-06$	$9.7970E-08$	16000	$3.57313E-10$	—	172.562	51.5364
	$-3.2815E-06$	$9.1882E-08$	30000	$3.3511E-10$	—	167.114	49.7319
	$-2.4602E-06$	$6.8886E-08$	95000	$2.51239E-10$	—	144.698	42.3775
	$-1.8715E-06$	$5.2402E-08$	160000	$1.91119E-10$	—	126.204	36.4036
MLk 0.000001	$-3.2320E-06$	$9.0497E-08$	16000	$3.30057E-10$	—	165.85	49.3139
	$-3.1296E-06$	$8.7630E-08$	30000	$3.196E-10$	—	163.201	48.4397
	$-3.0584E-06$	$8.5636E-08$	40000	$3.12327E-10$	—	161.334	47.8242
	$-2.8560E-06$	$7.9968E-08$	70000	$2.91655E-10$	—	155.903	46.039
	$-2.8044E-06$	$7.8523E-08$	78000	$2.86388E-10$	—	154.489	45.5752

将受力特性同迭代步数制成响应图如图 8.45 所示，受力 F 同样可用坡降 J 表示，它们均是压力梯度 $\dfrac{\partial P}{\partial L}$ 乘以某常数，图 8.45 中的最小网格尺度用 Δ 表示。

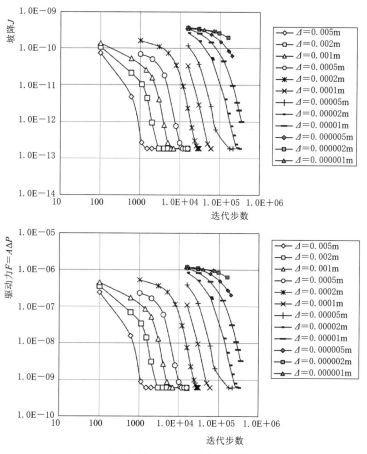

图 8.45 ML 系列收敛情况

显然，如图 8.45 所示，同一个流动现象，如果最大网格一致（0.05m），最小网格越小，则流动的分辨率越高，但收敛的代价也越大。归纳此现象即为网格的敏感收敛性原则：细部如果减少最小网格分辨尺度 Δ 一个量级，则迭代收敛的步数将增加一个量级。换成一般的说法为，最小尺度 Δ 如果缩尺为原来的 10%，则迭代收敛的步数将扩大约 10 倍，此为由图 8.45 和表 8.16 研判后得出的结论。

至此引出计算流体力学中的网格检查标准，通常只进行网格敏感性检查，而忽视收敛性检查，网格的敏感收敛性检查是网格敏感性检查的扩充，是对流动是否收敛的一个必要的检查项目，而可能被所有的数值模拟研究者所忽略。

由网格敏感收敛性原则可知，一个计算域中的流动问题，是不可以无限增加网格数量或降低网格最小分辨尺度 Δ 来求解流动问题的，因为在 CFD 计算中也许永远不能将流动收敛，但永远在收敛的路上。

网格敏感收敛性检查的实施方法有三种，方法一为监控受力，本例为流体运动的驱动力 $F_{驱} = \dfrac{\partial P}{\partial L} V$，为进、出口的能量损失换算得来，即压力梯度 $\dfrac{\partial P}{\partial L}$，也可以监控

所有壁面阻力 $F_{阻}$，两种受力（驱动力、阻力）监控均推荐；方法二为监控流速分布，如果已知流动的流场分布如层流则比较容易进行比较，但对紊流状态或事先未知流场状态情况下，则方法二难以实现；方法三详见 8.6.3.1 节。

8.6.3　粗糙壁面响应特性

8.6.3.1　敏感收敛性检查

由直道明渠的收敛特性（图 8.43）大致可以判断，粗糙壁面的 W2 系列的阻力响应特性［图 4.24（b）］在低流速状态下为非收敛的，没有如图 8.43 一样在低雷诺数阶段靠近光滑壁面的响应特性曲线，因此图 4.24（b）中的大部分数据均是没有收敛的（图 4.24 中模型 W2 中前 5 个点位计算至 13000 步，随后才 16000 步），因此需要重新进行评估，将流速最小的 W2_01、W2i_01、W2f_01、W2j_01 做敏感收敛性检查，结果见表 8.17。

表 8.17　　　　　　　　　　　　　粗糙壁面明渠流收敛统计

模型	迭代步数	驱动力＝压力梯度×体积		阻　　力			压力占比/%	驱阻比/%
		压力梯度/(Pa/m)	驱动力/N	压力/N	黏性力/N	总阻力/N		
W2_01	1000	−2.54842E−06	3.43886E−05	3.3301E−05	1.5644E−06	3.4866E−05	95.5130	98.6314
	2000	−1.43768E−06	1.94001E−05	1.8216E−05	9.8871E−07	1.9205E−05	94.8517	101.0179
	3000	−8.05096E−07	1.0864E−05	9.9409E−06	7.5265E−07	1.0694E−05	92.9616	101.5940
	4000	−4.52509E−07	6.10618E−06	5.4375E−06	5.6197E−07	5.9995E−06	90.6331	101.7779
	5000	−2.55275E−07	3.4447E−06	2.9799E−06	4.0347E−07	3.3834E−06	88.0751	101.8113
	6000	−1.43536E−07	1.93688E−06	1.6311E−06	2.7343E−07	1.9045E−06	85.6429	101.6993
	7000	−7.99594E−08	1.07898E−06	8.892E−07	1.7371E−07	1.0629E−06	83.6574	101.5122
	8000	−4.41431E−08	5.95669E−07	4.8217E−07	1.0487E−07	5.8704E−07	82.1358	101.4705
	9000	−2.44986E−08	3.30586E−07	2.6003E−07	6.3504E−08	3.2353E−07	80.3717	102.1801
	10000	−1.35693E−08	1.83105E−07	1.3871E−07	3.9141E−08	1.7785E−07	77.9922	102.9546
	11000	−7.41663E−09	1.0008E−07	7.2392E−08	2.4198E−08	9.659E−08	74.9476	103.6134
	12000	−3.94597E−09	5.32472E−08	3.6084E−08	1.4819E−08	5.0903E−08	70.8872	104.6046
	13000	−1.96478E−09	2.65129E−08	1.6171E−08	8.7704E−09	2.4941E−08	64.8357	106.3012
	14000	−8.77054E−10	1.1835E−08	5.7649E−09	4.8899E−09	1.0655E−08	54.1059	111.0768
	15000	−3.0098E−10	4.06145E−09	1.1056E−09	2.4747E−09	3.5803E−09	30.8802	113.4372
	16000	−1.93778E−10	2.61486E−09	7.3732E−10	1.8769E−09	2.6142E−09	28.2041	100.0239
	17000	−1.93138E−10	2.60622E−09	7.3585E−10	1.8702E−09	2.606E−09	28.2361	100.0068
	18000	−1.93046E−10	2.60498E−09	7.3591E−10	1.8694E−09	2.6053E−09	28.2470	99.9892
	21000	−1.92967E−10	2.60391E−09	7.3604E−10	1.8687E−09	2.6047E−09	28.2580	99.9689
	30000	−1.92955E−10	2.60375E−09	7.3606E−10	1.8686E−09	2.6046E−09	28.2595	99.9656

续表

模型	迭代步数	驱动力＝压力梯度×体积		阻　力				
		压力梯度 /(Pa/m)	驱动力/N	压力/N	黏性力/N	总阻力/N	压力占比 /%	驱阻比 /%
W2i_01	16000	−1.92506E−09	4.09813E−08	2.8448E−08	1.102E−08	3.9468E−08	72.0781	103.8333
	20000	−1.59873E−10	3.40342E−09	9.5143E−10	1.829E−09	2.7804E−09	34.2187	122.4061
	25000	−6.40164E−11	1.3628E−09	3.7621E−10	9.8593E−10	1.3621E−09	27.6190	100.0487
	30000	−6.39991E−11	1.36243E−09	3.7637E−10	9.8566E−10	1.362E−09	27.6330	100.0291
	35000	−6.39976E−11	1.3624E−09	3.7638E−10	9.8564E−10	1.362E−09	27.6341	100.0274
W2f_01	16000	−2.59101E−08	9.5548E−07	8.0697E−07	1.3473E−07	9.42E−07	85.6927	101.4629
	18000	−1.77996E−08	6.56392E−07	5.4838E−07	9.8925E−08	6.47E−07	84.7173	101.4043
	20000	−1.22044E−08	4.50057E−07	3.7205E−07	7.1478E−08	4.44E−07	83.8840	101.4730
	23000	−6.92464E−09	2.55358E−07	2.069E−07	4.4131E−08	2.51E−07	82.4199	101.7239
	26000	−3.90853E−09	1.44134E−07	1.1387E−07	2.7446E−08	1.41E−07	80.5788	101.9911
	30000	−1.79029E−09	6.60201E−08	4.9844E−08	1.4597E−08	6.44E−08	77.3490	102.4506
	35000	−6.18563E−10	2.28106E−08	1.5658E−08	6.4501E−09	2.21E−08	70.8248	103.1776
	40000	−1.74198E−10	6.42386E−09	3.3484E−09	2.6072E−09	5.96E−09	56.2227	107.8635
	45000	−5.03627E−11	1.85721E−09	4.2391E−10	1.0066E−09	1.43E−09	29.6328	129.8242
	50000	−1.78546E−11	6.58419E−10	1.8091E−10	4.8496E−10	6.66E−10	27.1689	98.8803
	55000	−1.78218E−11	6.57209E−10	1.7899E−10	4.778E−10	6.57E−10	27.2526	100.0626
	60000	−1.78197E−11	6.57131E−10	1.7908E−10	4.7772E−10	6.57E−10	27.2653	100.0517
W2j_01	16000	−5.04417E−08	2.64669E−06	2.339E−06	2.6362E−07	2.60E−06	89.8712	101.6916
	18000	−4.23013E−08	2.21956E−06	1.9455E−06	2.3599E−07	2.18E−06	89.1819	101.7464
	20000	−3.5435E−08	1.85928E−06	1.6174E−06	2.0995E−07	1.83E−06	88.5107	101.7492
	25000	−2.26757E−08	1.1898E−06	1.0178E−06	1.5249E−07	1.17E−06	86.9696	101.6692
	30000	−1.44383E−08	7.5758E−07	6.3927E−07	1.0677E−07	7.46E−07	85.6887	101.5466
	35000	−9.15436E−09	4.80332E−07	4.0073E−07	7.2666E−08	4.73E−07	84.6500	101.4656
	40000	−5.79659E−09	3.04149E−07	2.5046E−07	4.9081E−08	3.00E−07	83.6148	101.5368
	45000	−3.66628E−09	1.92371E−07	1.5572E−07	3.3418E−08	1.89E−07	82.3314	101.7097
	50000	−2.30671E−09	1.21033E−07	9.6066E−08	2.2793E−08	1.19E−07	80.8238	101.8295
	55000	−1.43988E−09	7.55509E−08	5.8542E−08	1.5566E−08	7.41E−08	78.9958	101.9479
	60000	−8.85722E−10	4.64741E−08	3.4934E−08	1.061E−08	4.55E−08	76.7045	102.0419
	65000	−5.29957E−10	2.7807E−08	2.0094E−08	7.174E−09	2.73E−08	73.6905	101.9780
	70000	−3.04375E−10	1.59706E−08	1.0858E−08	4.7834E−09	1.56E−08	69.4176	102.1076
	75000	−1.65913E−10	8.70552E−09	5.3364E−09	3.1265E−09	8.46E−09	63.0563	102.8673
	80000	−8.63228E−11	4.52938E−09	2.2592E−09	1.9992E−09	4.26E−09	53.0525	106.3615
	85000	−4.75765E−11	2.49635E−09	8.421E−10	1.2861E−09	2.13E−09	39.5682	117.2979

续表

模型	迭代步数	驱动力＝压力梯度×体积		阻　力				
		压力梯度/(Pa/m)	驱动力/N	压力/N	黏性力/N	总阻力/N	压力占比/%	驱阻比/%
W2j_01	90000	−2.98159E−11	1.56445E−09	3.559E−10	8.364E−10	1.19E−09	29.8499	131.2121
	95000	−2.0013E−11	1.05009E−09	2.102E−10	5.6236E−10	7.73E−10	27.2080	135.9242
	100000	−9.48613E−12	4.9774E−10	1.3774E−10	3.7409E−10	5.12E−10	26.9109	97.2483
	105000	−8.15928E−12	4.28119E−10	1.1621E−10	3.1283E−10	4.29E−10	27.0866	99.7850
	110000	−8.14177E−12	4.272E−10	1.1581E−10	3.1109E−10	4.27E−10	27.1272	100.0705
	115000	−8.14085E−12	4.27153E−10	1.1584E−10	3.1102E−10	4.27E−10	27.1374	100.0695

在表 8.17 中，W2_01 大致 21000 步收敛，W2i_01 大致 25000 步收敛，W2f_01 大致 60000 步收敛，W2j_01 大致 110000 步收敛，它们收敛的进程几乎一样，先是驱阻比在 1.01 稳定一段再迅速升高随后再跌下，最终收敛至 1.0。这里的 W2 系列，底部近壁网格 Δ 完全一样，只是水深由 2m（W2）逐渐提高至 7m（W2j），它们均是最小相对网格尺度（Δ/H）的函数，当最小相对网格尺度缩尺 10 倍则迭代收敛步数将扩大约 10 倍。

这里引入敏感收敛性检查的实施的方法三（图 8.46），当不知断面流速分布情况下，可以用驱阻比进行判别，尤其在固定流动方向的现象中，沿流动方向统计阻力值，直至驱阻比接近 100%。它的机制为当驱动力和阻力不相等时，通常是驱动力大于阻力，这时流动不是恒定流，计算域流体有净受力存在，通过迭代不断调整流场，让动量增加而流量保持不变，或根据牛顿第二定理流动必须加速，称加速流，直至加速至最终不再加速的收敛状态为止，这种加速的过程实际上就是动量在断面上重新分配的过程。图 8.47 为 W2_01 周期边界处收敛和非收敛时的流速分布图，图 8.47（a）为迭代 13000 步时的流场状态，从驱阻比角度看，驱动力比阻力大（表

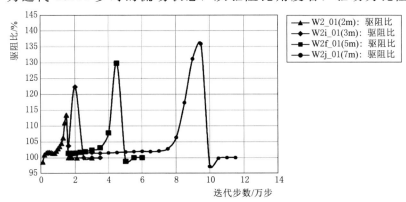

图 8.46　W2 系列收敛判别之三

8.17)，显然壁面的影响还没有传递至整个流动域，流场分布不是抛物线型分布；图
8.47（b）为迭代 30000 步收敛时的流场图，壁面的影响已经贯通整个流动域，为一
标准的恒定流，即是断面流速抛物线型分布，同时又是驱阻比为 100% 的恒定流状态。

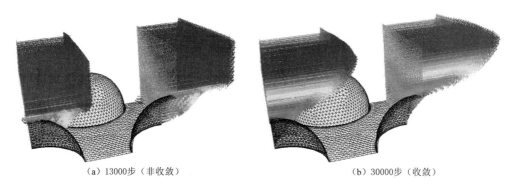

(a) 13000步（非收敛）　　　　　　　　　　(b) 30000步（收敛）

图 8.47　W2_01 周期边界处流速分布

从加速流至恒定流过程，在真实的流动中，可以在很短的时间范围内就稳定了，
流动本身自适应调节了，但在 CFD 计算中，同样也有这样的适应过程，这个过程为
通过不断地迭代或非恒定模型中的时间步进，这两个迭代过程是等效的，迭代结果是
平衡驱阻比至最终为恒定流的过程。因此 CFD 的计算是有代价的，计算稳定的迭代
步数同最小相对网格尺度（Δ/H）成反比，不能无穷降低最小相对网格尺度，除非添
加有别的技巧。

其他深度的模型 W2 系列类似，如图 8.48 为 W2j_01 模型的中间状态。

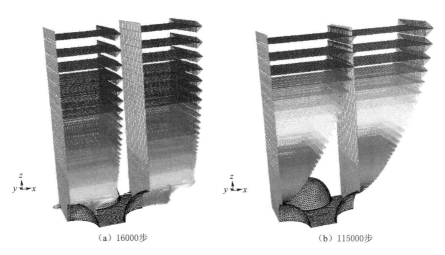

(a) 16000步　　　　　　　　　　　(b) 115000步

图 8.48　W2j_01 周期边界处流速分布

8.6.3.2　W2 系列重做

因此，根据敏感收敛性检查，模型 W2 系列必须增加迭代步数，并且增加迭代收敛的

判别标准，此处用敏感收敛性检查的方法三，即用驱阻比进行判别。敏感收敛性检查的结果（表 8.17）表明，模型 W2（水深 2m）迭代至 21000 步、模型 W2i（水深 3m）为 25000步、模型 W2f（水深 5m）为 60000 步、模型 W2j（水深 7m）为 110000 步可以收敛。

随着水深进行增加至 W2h（水深 30m），收敛步数将达到 600000 步以上，故而从计算时间成本角度已经不便计算下去，更不用说水深 1000m 的模型 W2c 了。

表 8.18 中增加所有黏性力统计，它与阻力计算不同，不分方向，在每一个壁面上统计面积加权的切应力，它乘以面积便是这个壁面上的所有黏性力总和，其总和称为总黏性力 $F_{黏}$，如果是光滑壁面且流动方向相同（如图 8.41 中的 z 方向）则阻力全是黏性力 $F_{阻} = F_{黏}$。

在 j 个单元面上，统计面积加权平均的切应力用下式计算：

$$\bar{\tau}_j = \frac{\sum \tau_i a_i}{\sum a_i} \tag{8.29}$$

式中：i 为所有 j 面上的单元编号；a_i 为单元面积；τ_i 为单元切应力。

所有表面的黏性力统计用下式计算（n 个面的统计）：

$$F_{黏} = \sum_{j=1}^{n} a_j \bar{\tau}_j \tag{8.30}$$

式中：a_j 为 j 号壁面面积。

由表 8.18 绘成图 8.49 和图 8.50 的阻力系数、糙率系数响应特性。由图 8.49 和图 8.50 可知，同一个糙率高度，水深不同时曼宁糙率系数 n 不为常数，同时文桐糙率系数 m 也不为常数，而水深更大的情况就是相对糙率高度越小时，因为计算能力原因没法最终获得，但在相对糙率高度较大时，由受力分析便知道压力最终参与到流动中来了，一定是压力项改变了流动的性质和原来的响应特性。

图 8.49 中，W2 第 5 点依据雷诺数应当还在一次方段，本应该在一次方段，但阻力系数增加了，实际上到了严格二次方段，是沙粒局部形状的压力所导致的增阻或阻塞效果。如果当水深继续增加，沙粒的压力项应当逐渐降低，直至沙粒高度小于边界层厚度之后的水力光滑区，则应当同光滑壁面 An 的响应特性重合，因此最终的明渠流动阶跃极限应当是文桐公式。

这里对水深在 30m 及以上的 CFD 结果充满期待，它们可能有共用的二次方段，然后是严格二次方段，最后带个下降段，随着水力光滑的不断增加，这个严格二次方段和下降段最终将消失不见，成为水力光滑的 An 曲线，假想图见图 8.51，大致当 $H > 30m$ 后阻力二次方段开始显现并逐渐展开，非常逼近标准的莫迪图［图 4.19（b）、图 8.14（b）］。

表 8.18 粗糙壁面明渠流统计

模型	平均速度 /(m/s)	雷诺数 $\rho u H/\mu$	迭代步数	驱动力=压力梯度×体积		压力阻力 /N	黏性阻力 /N	阻力		黏性力		能坡 $J=f/(\rho gHLB)$	参数计算		
				压力梯度 /(Pa/m)	驱动力 /N			压阻比 /%	驱阻比 /%	总黏性力 /N	驱阻比 /%		阻力系数 $\lambda=2f/(\rho BLu^2)$	曼宁糙率系数 $n=H^{2/3}J^{1/2}/u$	文桐糙率系数 $m=H^{2/3}J^{5/9}/u$
W2	0.0000001	0.1723	21000	-1.9297E-10	2.6049E-09	7.3604E-10	1.8687E-09	28.2580	100.0063	2.1061E-09	123.6820	1.9712E-14	66.95756	2.024317	0.350651
	0.000001	1.723004	21000	-1.9358E-09	2.6132E-08	7.3834E-09	1.8748E-08	28.2552	100.0036	2.1134E-08	123.6519	1.9776E-13	6.717359	0.641177	0.126243
	0.00001	17.23004	21000	-2.0049E-08	2.7065E-07	8.3011E-08	1.8763E-07	30.6716	100.0011	2.1388E-07	126.5398	2.0482E-12	0.695729	0.206347	0.046263
	0.0001	172.3304	21000	-2.6733E-07	3.6087E-06	1.6168E-06	1.9921E-06	44.8008	99.9932	2.6176E-06	137.8601	2.7312E-11	0.092772	0.073351	0.09508
	0.00031623	544.8616	21000	-2.012E-06	2.716E-05	1.6308E-05	1.0837E-05	60.0785	100.0542	1.5907E-05	170.7391	2.0543E-10	0.069781	0.06535	0.018926
	0.001	1723.004	21000	-1.9643E-05	0.00026516	0.00018913	7.5862E-05	71.3720	100.0635	0.00011524	230.0926	2.0054E-09	0.06812	0.064568	0.021223
	0.0031622	5448.616	21000	-0.00018093	0.00244239	0.0018148	0.00055755	77.1404	100.1377	0.0008219	293.4912	1.8458E-08	0.062698	0.061945	0.023033
	0.01	17230.04	21000	-0.0019784	0.02670668	0.02157725	0.00511277	80.8439	100.0624	0.00716213	372.8874	2.0199E-07	0.06861	0.0648	0.02752
	0.0316228	54486.16	21000	-0.0233269	0.3149239	0.26483418	0.05017138	84.0729	99.9641	0.07042874	447.1078	2.3839E-06	0.080976	0.070398	0.034291
	0.1	172300.4	21000	-0.2690824	3.63237292	3.1868693	0.44342779	87.7854	100.0572	0.60164199	603.7433	2.7473E-05	0.093321	0.075573	0.042167
	0.31622777	544861.6	21000	-2.392895	32.3019528	29.309896	2.94679632	90.8645	100.1403	3.85577439	837.7553	0.00024411	0.08292	0.071237	0.044876
	1	1723004	21000	-23.08109	311.574173	286.3171	24.712539	92.0546	100.1751	31.7236751	982.1503	0.00235382	0.079954	0.069952	0.049979
	1.77827941	3063982	21000	-72.28773	975.820019	901.21685	72.838649	92.5221	100.1812	93.2417957	1046.5479	0.00737148	0.079181	0.069613	0.052993
	3.16227766	5448616	21000	-225.6573	3046.17272	2824.1518	216.75567	92.8720	100.1731	277.047213	1099.5139	0.02301304	0.07817	0.069167	0.056092
	5.62341325	9689162	21000	-683.5215	9226.93192	8556.4168	660.56225	92.8332	100.1080	669.609194	1377.9578	0.06975243	0.074925	0.067716	0.058404
	7.49894209	12920705	21000	-1106.661	14938.9386	13813.826	1113.22844	92.5422	100.0796	1435.24459	1040.8636	0.11296524	0.068236	0.064623	0.057249
	10	17230037	21000	-1743.582	23536.8052	21689.863	1836.17153	92.1952	100.0458	2369.87623	993.1660	0.17804076	0.060477	0.060838	0.055276
	13.3352143	22976623	21000	-2640.88	35649.5296	32653.032	3005.9956	91.5702	99.9734	3853.78645	925.0520	0.26986106	0.051548	0.056167	0.052225
	17.7827941	30639819	21000	-5017.938	67737.697	61980.618	5640.7652	91.6583	100.1720	7338.42365	923.0551	0.51174637	0.05497	0.058002	0.055883

续表

模型	平均速度/(m/s)	雷诺数 $\rho uH/\mu$	迭代步数	驱动力=压力梯度×体积		阻力				黏性力		参数计算			
				压力梯度/(Pa/m)	驱动力/N	压力阻力/N	黏性阻力/N	压阻比/%	驱阻比/%	总黏性力	驱黏比/%	能坡 $J=f/(\rho gHLB)$	阻力系数 $\lambda=2f/(\rho BLu^2)$	曼宁糙率系数 $n=H^{2/3}J^{1/2}/u$	文柯糙率系数 $m=H^{2/3}J^{5/9}/u$
W2i	0.0000001	0.271822	25000	−6.3999E−11	1.3628E−09	3.7637E−10	9.8566E−10	27.6630	100.0528	1.1118E−09	122.5728	6.5337E−15	35.01285	1.5794	0.257303
	0.000001	2.718218	25000	−6.4131E−10	1.3556E−08	3.7646E−09	9.8441E−09	27.5818	100.0503	1.1154E−08	122.4318	6.5473E−14	3.508573	0.49997	0.092577
	0.00001	27.18218	25000	−6.5235E−09	1.3891E−07	4.0558E−08	9.8287E−08	29.2108	100.0452	1.1221E−07	123.7909	6.6604E−13	0.356917	0.159464	0.033588
	0.0001	271.8218	25000	−8.8642E−08	1.8875E−06	7.7339E−07	1.1137E−06	40.9831	100.0203	1.4478E−06	130.3730	9.0525E−12	0.04851	0.058789	0.014315
	0.00031623	859.576	25000	−6.7823E−07	1.4442E−05	8.2511E−06	6.173E−06	57.2036	100.1230	9.3569E−06	154.3447	6.9193E−11	0.037079	0.051398	0.014012
	0.001	2718.218	25000	−7.8446E−06	0.00016704	0.00011851	4.8264E−05	71.0598	100.1600	7.6832E−05	217.4058	8.0001E−10	0.042871	0.055266	0.017261
	0.0031622778	8595.76	25000	−7.8179E−05	0.0016646	0.00127499	0.00038534	76.7913	100.2624	0.00058068	286.6810	7.9647E−09	0.042681	0.055144	0.019569
	0.01	27182.18	25000	−0.0008549	0.01842924	0.01480406	0.0035743	80.5513	100.2765	0.004971	370.7352	8.8162E−08	0.047244	0.058017	0.02353
	0.0316227766	85957.6	25000	−0.0107016	0.22954561	0.19249997	0.0368786	83.9227	100.0731	0.05171056	443.9047	1.1003E−06	0.058965	0.064815	0.030245
	0.1	271821.8	25000	−0.1409706	3.00173492	2.633244	0.36597941	87.7975	100.0837	0.50624589	592.9401	1.4387E−05	0.077099	0.074114	0.039893
	0.3162277	859576	25000	−1.345518	28.6505723	26.046411	2.56830533	91.0245	100.1253	3.43566486	833.9164	0.00013727	0.073558	0.072392	0.044169
	1	2718218	25000	−13.10752	279.10288	257.09624	21.5969523	92.2506	100.1470	28.2970064	986.3336	0.0013369	0.071642	0.071443	0.049465
	1.7782794	4833751	25000	−40.72285	867.125491	802.14258	63.64821	92.6485	100.1542	82.9506525	1045.3510	0.00415323	0.07038	0.070812	0.052215
	3.1622776	8595760	25000	−128.2776	2731.45855	2535.3514	191.85492	92.9651	100.1559	249.419214	1095.1276	0.0130825	0.070106	0.070674	0.055543
	5.6234132	15285663	25000	−383.9084	8174.69209	7586.1439	579.39757	92.9044	100.1121	753.658993	1084.6672	0.03917037	0.066378	0.068769	0.057441
	7.4989420	20383759	25000	−621.2888	13229.3137	12248.537	969.59427	92.6647	100.0846	1261.83364	1048.4198	0.0634078	0.060424	0.065612	0.056291
	10	27182180	25000	−973.4142	20727.2395	19050.1	1576.39467	92.3574	100.4884	2053.53923	1009.3423	0.0989596	0.053023	0.061463	0.05405

续表

模型	平均速度 /(m/s)	雷诺数 $\rho uH/\mu$	迭代步数	驱动力=压力梯度×体积		阻力				黏性力		能坡 $J=$ $f/(\rho gHLB)$	参数计算		
				压力梯度 /(Pa/m)	驱动力 /N	压力阻力 /N	黏性阻力 /N	压阻比 /%	驱阻比 /%	总黏性力	驱黏比 /%		阻力系数 $\lambda=$ $2f/(\rho BLu^2)$	曼宁糙率系数 $n=H^{2/3}J^{1/2}/u$	文桐糙率系数 $m=H^{2/3}J^{5/9}/u$
W2f	0.0000001	0.470865	60000	−1.782E−11	6.5722E−10	1.7908E−10	4.7772E−10	27.2653	100.0654	5.403E−10	121.6393	1.8188E−15	16.88368	1.201934	0.182381
	0.000001	4.708647	60000	−1.7841E−10	6.58E−09	1.7854E−09	4.7907E−09	27.1494	100.0608	5.4203E−09	121.3949	1.8211E−14	1.690454	0.38032	0.065589
	0.00001	47.08647	60000	−1.7971E−09	6.628E−08	1.8519E−08	4.7722E−08	27.9565	100.0596	5.4399E−08	121.8404	1.8344E−13	0.170281	0.120706	0.023667
	0.0001	470.8647	60000	−2.8067E−08	1.0352E−06	3.8883E−07	6.4589E−07	37.5785	100.0431	8.2402E−07	125.6245	2.8654E−12	0.026599	0.047707	0.010897
	0.00031623	1489.005	60000	−2.2296E−07	8.2231E−06	4.4088E−06	3.8024E−06	53.6929	100.1447	5.7865E−06	142.1074	2.2739E−11	0.021108	0.042498	0.010891
	0.001	4708.647	60000	−2.8552E−06	0.0001053	7.3604E−05	3.1476E−05	70.0457	100.2138	5.1444E−05	204.6981	2.9099E−10	0.027012	0.048076	0.014195
	0.00316228	14890.05	60000	−3.0441E−05	0.00112271	0.0008538	0.00026507	76.3098	100.3415	0.00040113	279.8848	3.0985E−09	0.028762	0.049609	0.016705
	0.00562341	26478.67	60000	−9.8313E−05	0.00362598	0.00282642	0.00078514	78.2603	100.3992	0.00111942	323.9147	1.0001E−08	0.029358	0.05012	0.018012
	0.01	47086.47	60000	−0.00031941	0.01178027	0.00940005	0.00232751	80.1535	100.4494	0.00319214	369.0402	3.2476E−08	0.030147	0.050789	0.019487
	0.01778279	83732.9	60000	−0.00104672	0.03860481	0.03142093	0.0069894	81.8033	100.5063	0.0094793	408.6059	1.0637E−07	0.031224	0.051688	0.021183
	0.02371374	111659.6	60000	−0.0018555	0.0695424	0.05713568	0.01203631	82.5994	100.5355	0.01622296	428.6666	1.9155E−07	0.031621	0.052015	0.022026
	0.03162278	148900.5	71100	−0.00340055	0.12541837	0.10406328	0.02066134	83.4344	100.5562	0.02778179	451.4409	3.4539E−07	0.032062	0.052377	0.022917
	0.04216965	198562	68100	−0.00620511	0.22885548	0.19181878	0.03580267	84.2710	100.5421	0.04791033	477.6746	6.3034E−07	0.032904	0.053061	0.024005
	0.05623413	264786.7	60000	−0.01135738	0.41888062	0.35480977	0.06187079	85.1515	100.5280	0.0823727	508.7994	1.1539E−06	0.033872	0.053835	0.025188
	0.1	470864.7	60000	−0.03803366	1.40274984	1.2160126	0.17974896	87.1218	100.5007	0.23738716	590.9123	3.8652E−06	0.03588	0.055408	0.027724
	0.31622777	1489005	60000	−0.4148905	15.3019084	13.921271	1.32013325	91.3385	100.3970	1.76268395	868.1028	4.2207E−05	0.03918	0.0579	0.033086
	1	4708647	60000	−4.410392	162.663196	150.80908	11.2992398	93.0298	100.3423	14.8855289	1092.7606	0.00044892	0.041672	0.059713	0.038912
	3.16227766	14890048	60000	−55.60975	2050.98768	1910.8183	136.128592	93.3497	100.1974	180.353028	1137.2072	0.00566849	0.052619	0.0671	0.05034
	5.62341325	26478666	38100	−203.8487	7518.30698	6994.6729	516.12278	93.1283	100.1000	684.231667	1098.7955	0.02079921	0.061056	0.072279	0.058286
	7.49894209	35309869	37800	−340.3809	12553.8603	11655.407	889.40046	92.9102	100.0722	1177.10659	1066.5016	0.0347396	0.057346	0.070048	0.058121
	10	47086467	84000	−538.9631	19877.9293	18405.111	1463.8706	92.6324	100.0450	1933.56154	1028.0474	0.05502201	0.051076	0.066108	0.056271

续表

模型	平均速度 /(m/s)	雷诺数 $\rho u H/\mu$	迭代步数	驱动力＝压力梯度×体积 压力梯度 /(Pa/m)	驱动力 /N	阻力 压力阻力 /N	黏性阻力 /N	压阻比 /%	驱阻比 /%	黏性力 总黏性力	驱黏比 /%	能坡 $J=f/(\rho g H L B)$	参数计算 阻力系数 $\lambda=2f/(\rho B L u^2)$	曼宁糙率系数 $n=H^{2/3}J^{1/2}/u$	文柯糙率系数 $m=H^{2/3}J^{5/9}/u$
	0.0000001	0.669908	110000	-8.1418E-12	4.272E-10	1.1581E-10	3.1109E-10	27.1272	100.0705	3.5231E-10	121.2561	8.3094E-16	10.974	1.02766	0.149296
	0.000001	6.699075	110000	-8.1485E-11	4.2755E-09	1.1531E-09	3.1199E-09	26.9851	100.0608	3.5355E-09	120.9326	8.317E-15	1.098409	0.325124	0.053682
	0.00001	66.99075	110000	-8.1968E-10	4.3009E-08	1.1797E-08	3.1184E-08	27.4475	100.0635	3.5515E-08	121.0995	8.3661E-14	0.110489	0.103116	0.019355
	0.0001	669.9075	110000	-1.4575E-08	7.6474E-07	2.7501E-07	4.8931E-07	35.9815	100.0555	6.174E-07	123.8519	1.487E-12	0.019648	0.043483	0.009577
	0.00031623	2118.434	110000	-1.869E-07	6.2278E-06	3.2154E-06	3.0035E-06	51.7038	100.1445	4.1814E-06	148.9395	1.2105E-11	0.015986	0.039223	0.009706
	0.001	6699.075	77200	-1.5443E-06	8.1029E-05	5.5938E-05	2.4889E-05	69.2068	100.2494	4.1092E-05	197.1904	1.5733E-10	0.020778	0.044716	0.01276
	0.00316228	21184.34	80000	-1.7211E-05	0.00090309	0.00068419	0.00021556	76.0423	100.3712	0.000328	275.3293	1.7513E-09	0.023129	0.047179	0.015391
	0.01	66990.75	79000	-0.00017983	0.0093588	0.00749671	0.0189405	79.8307	100.4804	0.0257807	366.0058	1.8279E-08	0.02414	0.048199	0.017912
W2]	0.03162278	211843.4	64000	-0.00189334	0.09934402	0.08207831	0.0168228	83.1084	100.5908	0.02217285	448.0436	1.9223E-07	0.025388	0.049929	0.020934
	0.1	669907.5	40000	-0.01950671	1.02352195	0.8835906	0.12273215	86.9400	100.7084	0.17572834	582.4456	1.9782E-06	0.026126	0.050142	0.024173
	0.31622777	2118434	29500	-0.1967975	10.326014	9.390036	0.85306705	91.6718	100.8094	1.14101345	904.9862	1.9938E-05	0.026331	0.050339	0.027591
	1	6699075	22000	-1.977009	103.734156	96.48468	6.7132525	93.4948	100.5198	8.7986511	1180.1564	0.00020087	0.026528	0.050527	0.031487
	3.16227766	21184337	23000	-20.68915	1085.56487	1013.9517	67.907809	93.7230	100.3425	90.1177149	1204.6076	0.00210578	0.027811	0.051734	0.036734
	4.21696503	28249767	25000	-43.0491	2258.79704	2107.4844	145.70278	93.5335	100.2490	194.492903	1161.3776	0.0043857	0.032571	0.055087	0.041408
	5.62341325	37671670	25000	-102.1809	5361.45737	4997.087	356.48991	93.3411	100.1472	476.85066	1124.3473	0.01042044	0.043519	0.064716	0.050222
	7.49894209	50235979	25000	-219.223	11502.6856	10699.477	794.47852	93.0879	100.0760	1062.76539	1082.3354	0.02237235	0.052542	0.071108	0.057576
	10	66990754	47000	-379.3123	19902.6112	18456.83	1437.53704	92.7742	100.0414	1917.19333	1038.1119	0.03872328	0.051141	0.070154	0.058561
	13.3352143	89333607	25000	-593.4849	31140.3011	28765.592	2368.89604	92.3914	100.0187	3139.25467	991.9648	0.0660156	0.045007	0.065812	0.056321

模型	平均速度/(m/s)	雷诺数 $\rho u H/\mu$	迭代步数	驱动力=压力梯度×体积		阻力				黏性力		能坡 $J=$ $f/(\rho g H L B)$	参数计算		
				压力梯度 /(Pa/m)	驱动力 /N	压力阻力 /N	黏性阻力 /N	压阻比 /%	驱阻比 /%	总黏性力	驱黏比 /%		阻力系数 $\lambda=$ $2f/(\rho B L u^2)$	曼宁糙率系数 $n=H^{2/3}J^{1/2}/u$	文桐糙率系数 $m=H^{2/3}J^{5/9}/u$
W2g	0.001	9684.719	170000	−8.5816E−07	6.5094E−05	4.4423E−05	2.0538E−05	68.3841	100.2057	3.4134E−05	190.7035	8.7462E−11	0.016699	0.042628	0.011773
	0.00316228	30625.77	140000	−9.7142E−06	0.00073685	0.00055725	0.00017807	75.7831	100.2066	0.00027274	270.1637	9.9004E−10	0.018903	0.045353	0.014334
	0.01	96847.19	110000	−0.00010117	0.00767415	0.0060831	0.00156479	79.5396	100.3434	0.0021200	361.9828	1.0297E−08	0.01966	0.046253	0.016649
	0.03162278	306257.7	82100	−0.0010561	0.08010791	0.06600607	0.01371951	82.7916	100.4796	0.01805446	443.7015	1.0734E−07	0.020494	0.047224	0.019364
	0.1	968471.9	70000	−0.01091475	0.82791588	0.71150198	0.11043854	86.5637	100.7270	0.144849	571.5717	1.1067E−06	0.021129	0.04795	0.022382
	0.31622777	3062577	70000	−0.1098228	8.3038226	7.5407792	0.72107155	91.2723	100.8295	0.95351859	873.6466	1.1124E−05	0.021238	0.048073	0.025509
	1	9684719	70000	−1.084132	82.2345995	76.649656	4.87999344	94.0145	100.8647	6.50914883	1263.3695	0.00010977	0.020958	0.047755	0.028777
	1.77827941	17222136	70000	−3.078215	233.491658	218.50117	13.0389685	94.3686	100.8428	17.3201736	1348.0908	0.00031174	0.018822	0.045256	0.028899
	3.16227766	30625769	76100	−7.722929	585.80687	547.1325	35.6768871	93.8787	100.5109	46.5677282	1257.9675	0.00078471	0.014982	0.040377	0.027141
	5.62341325	54461174	50000	−23.68778	1796.78776	1679.5217	112.569539	93.7185	100.2621	150.867245	1190.9727	0.00241285	0.014568	0.039815	0.028486
	7.49894209	72625143	36000	−46.60675	3535.25901	3300.4148	228.580981	93.5228	100.1775	307.22173	1150.7191	0.00475139	0.016132	0.041898	0.031126
	10	96847185	80000	−115.7163	8777.42156	8183.9647	584.44712	93.3346	100.1028	789.799267	1111.3484	0.01180568	0.02254	0.049525	0.038701
	13.3352143	1.29E+08	38000	−400.5805	30385.2086	28114.935	2265.2552	92.5436	100.0165	3028.57561	1003.2838	0.04090349	0.043917	0.069129	0.057881
	17.7827941	1.72E+08	45200	−651.139	49390.8075	45479.555	3916.0651	92.0720	99.9902	5180.8887	953.3269	0.06650564	0.040154	0.066101	0.056861
W2h	0.03162278	935686.5	689700	−0.00021009	0.04868673	0.03971329	0.00866063	82.0965	100.6466	0.01122113	433.8843	2.1318E−08	0.012435	0.044311	0.016608
	0.1	2958901	679100	−0.00213771	0.49538664	0.42118654	0.07063481	85.6381	100.7249	0.09111999	543.6640	1.674E−07	0.012643	0.04468	0.019049
	0.31622777	9356865	338000	−0.02148657	4.97924402	4.4539597	0.48314131	90.2141	100.8536	0.62585851	795.5862	2.1757E−06	0.012691	0.044765	0.021695
	1	29589006	446200	−0.1710341	39.6350147	36.815825	2.4668087	93.7207	100.8974	3.24631672	1220.9226	1.7311E−05	0.010098	0.039931	0.021715
	3.16227766	93568652	442700	−0.8206459	190.174429	177.97985	10.4933889	94.4324	100.9026	13.7886797	1379.2070	8.3057E−05	0.004845	0.027659	0.016411
	10	2.96E+08	392700	−3.258077	755.018619	706.37242	44.480098	94.0761	100.5548	58.5432971	1289.6756	0.00033089	0.00193	0.017458	0.011185

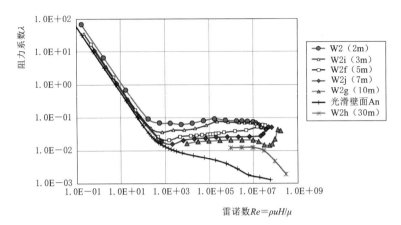

图 8.49　W2 系列阻力系数响应特性

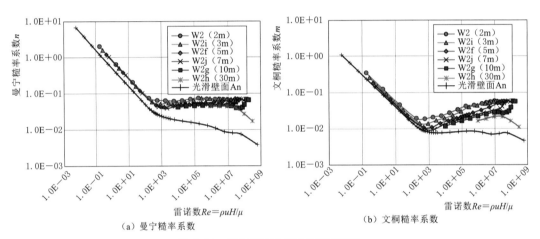

（a）曼宁糙率系数　　　　　　　　　　　　　（b）文桐糙率系数

图 8.50　W2 系列糙率系数响应特性

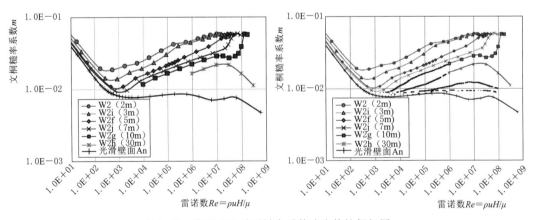

图 8.51　完整 W2 系列糙率系数响应特性假想图

由图 8.50 的阶跃得不出 W2 系列的阶跃曲线糙率系数 n 相等，随着水深的加大 n 会逐渐降低，因此谢才公式的阶跃是曼宁公式证据不足；同时糙率系数 m 也不相等。

但在大概率的情况下，到高水深的情况时，压力阻力逐渐削弱即水深 $H > 30$m 后，且阻力二次方段开始展现后，阻力的规律一定会水落石出。

8.6.4 纯弯道环流特性

纯弯道的环流特性，最为明显的是弯道环流，现已经有非常多的研究。本次将弯道环流作为均匀流且是恒定流来研究，它沿弯道所有的流速特性完全一致，因此考虑用进、出口设置周期边界，只是这里不再是平移的周期边界，而是旋转的，因为流动方向不固定（环向），所以不便设置某方向的流量条件，设置改为压力梯度条件，方向大致为 $-y$ 方向，计算稳定后导出流量参数，判断稳定的标准为受力监控。

8.6.4.1 网格敏感收敛性检查（CW 系列）

弯道断面尺寸采用宽 0.7m×水深 0.4m（同 8.6.1 节），CWo 断面最小网格尺度为 0.005m，增长因子为 1.5 倍，共 6 层，其余为 0.05m（图 8.52），模型 CWa～CWc 逐渐减小网格尺度，见表 8.19。

表 8.19　　　　　　　　　　　　　纯弯道断面网格设计

模型	边界层最小尺寸/m	增长因子	层数	其余网格尺度/m
CWo	0.005	1.5	6	0.05
CWa	0.002	1.5	8	0.05
CWb	0.001	1.5	10	0.05
CWc	0.0005	1.5	12	0.05

弯道转动半径为 1.25m，以 z 轴为旋转轴，由于假定为均匀流，故至计算旋转 1°的弯道，在 xy 平面内为 -0.5°～0.5°，弯道方向 5 等分划分网格。

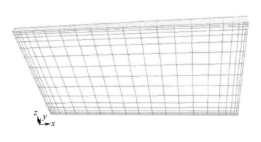

图 8.52　纯弯道 CWo 网格图

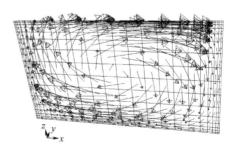

图 8.53　CWo 的二次环流矢量图

CW 系列压力梯度均设置成 1.0×10^{-9}Pa/m，弯道包括内弯立面、外弯立面、底面、顶面和进出口的周期边界面，顶面设置为对称边界以模拟自由水面，立面和底面设置为光滑壁面。

在计算的中间迭代步，均导出流量，受力统计采用三种方式统计：第一种为驱动力，为压力差乘以流体体积［式（8.28）］，均为 6.1087×10^{-12}；第二种直接统计 y 方向阻力（因为它最接近 $1°$ 弯道的受力）；第三种统计所有壁面面积加权切应力，当它乘以面积变为所有黏性力之和。驱动力与近似阻力之比为驱阻比，驱动力与所有黏性力之比为驱黏比。典型的弯道环流示意图如图 8.53 所示。

追踪完整的收敛过程可以追踪流量或 y 方向受力，见图 8.54 和表 8.20。在纯弯道的 CW 系列中，在迭代步数为 13000 步时均收敛，如果以流量增加至收敛流量的 99.99% 计，CWo、CWa、CWb、CWc 准确的收敛步数分别为：35282 步、50223 步、54324 步、66507 步，而至 99.999% 步数分别为 46391 步、62458 步、70955 步、90451 步，因此并不满足网格最小尺度变小至原来的 10%，迭代步数扩大 10 倍这一直道流动规律，极有可能是因为存在弯道环流所致，让迭代步数大为提前。

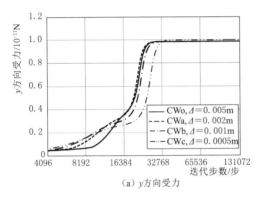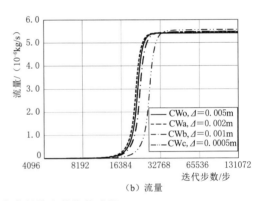

（a）y 方向受力　　　　　　　　　　　　　（b）流量

图 8.54　CW 系列敏感收敛性检查的收敛过程

同时，由驱阻比、驱黏比的最终收敛效果来看，除模型 CWc_01 外，均收敛不到 100%，但 CFD 的流动是收敛了的，只是网格分辨率不同而导致的偏差而已，故纯弯道特性按理当以模型 CWc 为主进行，但计算的时间成本太高，几乎要计算至迭代 10 万步以上。

通过敏感性检查的结果发现，网格越大，虽然计算迭代收敛快，但最终的解收敛到稳定的流场驱阻比不为 100%，只有继续提高壁面网格分辨率至 $\Delta = 0.0005\mathrm{m}$ 或以下才能获得稳定的满足受力平衡的恒定流的条件。所以欲获得一个完美的流场，一定是敏感性检查同收敛性检查同等重要，缺一不可，只有当流场同受力分析完美的匹配上，才是一个完美的标准的敏感收敛性检查。

8.6.4.2　CWc 系列纯弯道特性

如果不计时间成本，根据表 8.20 敏感收敛性检查的结果，模型 CWc 方能达到驱黏比至 100%，故最终采取模型 CWc 进行纯弯道流动特性的研究；进、出口周期边界设置成自 $1.0 \times 10^{-9}\mathrm{Pa/m}$ 逐步增加至极大，放大 10 倍的模型为 CWc3，计算结果统计见表 8.21，不再统计 y 方向阻力。

表 8.20　敏感收敛性检查过程

最小网格尺度 Δ/m	流量/(kg/s)	断面平均流速/(m/s)	雷诺数 ρuR/μ	迭代步数/步	y方向受力		面积加权切应力/(Pa/m)			总薪性力/N	驱薪比 i/%
					阻力/N	驱阻比/%	底面 0.015272m²	内弯 0.006283m²	外弯 0.01117m²		
CWo_01 0.005m	1.3929E-08	4.9835E-11	9.258E-06	10000	6.10626E-13	1000.3913	1.8269E-11	1.1735E-11	2.3089E-11	6.1063E-13	1000.3796
	1.1382E-06	4.0723E-09	0.00075652	20000	3.117E-12	195.9788	9.3991E-11	8.6446E-11	1.0192E-10	3.117E-12	195.9766
	5.4098E-06	1.9355E-08	0.00359572	30000	6.02287E-12	101.4243	1.782E-10	2.0697E-10	1.7915E-10	6.0229E-12	101.4231
	5.4235E-06	1.9405E-08	0.00360485	40000	6.03055E-12	101.2952	1.7841E-10	2.0735E-10	1.7933E-10	6.0306E-12	101.2940
	5.4243E-06	1.9407E-08	0.0036054	50000	6.03069E-12	101.2927	1.7842E-10	2.0735E-10	1.7933E-10	6.0308E-12	101.2915
	5.4245E-06	1.9408E-08	0.00360549	60000	6.03072E-12	101.2922	1.7842E-10	2.0736E-10	1.7934E-10	6.0308E-12	101.2910
	5.4245E-06	1.9408E-08	0.00360551	70000	6.03073E-12	101.2922	1.7842E-10	2.0736E-10	1.7934E-10	6.0308E-12	101.2910
	5.4245E-06	1.9408E-08	0.00360551	80000	6.03073E-12	101.2921	1.7842E-10	2.0736E-10	1.7934E-10	6.0308E-12	101.2910
	5.4245E-06	1.9408E-08	0.00360551	90000	6.03073E-12	101.2921	1.7842E-10	2.0736E-10	1.7934E-10	6.0308E-12	101.2909
	5.4245E-06	1.9408E-08	0.00360551	100000	6.03073E-12	101.2921	1.7842E-10	2.0736E-10	1.7934E-10	6.0308E-12	101.2909
	5.4245E-06	1.9408E-08	0.00360551	110000	6.03073E-12	101.2921	1.7842E-10	2.0736E-10	1.7934E-10	6.0308E-12	101.2909
	5.4245E-06	1.9408E-08	0.00360551	130000	6.03073E-12	101.2921	1.7842E-10	2.0736E-10	1.7934E-10	6.0308E-12	101.2909
CWa_01 0.002m	1.9597E-09	7.0115E-12	1.3025E-06	5000	3.42052E-13	1785.8812	1.026E-11	7.194E-12	1.2549E-11	3.4206E-13	1785.8607
	1.8498E-08	6.6184E-11	1.2295E-05	10000	1.19495E-12	511.2031	3.5961E-11	2.5769E-11	4.3319E-11	1.195E-12	511.1975
	1.5007E-07	5.3693E-10	9.9748E-05	15000	1.98659E-12	307.4935	5.9707E-11	5.0086E-11	6.8047E-11	1.9866E-12	307.4902
	1.5638E-06	5.595E-09	0.00103939	20000	3.37755E-12	180.8602	1.0241E-10	9.5554E-11	1.0861E-10	3.3776E-12	180.8582
	5.2144E-06	1.8656E-08	0.00346584	25000	5.87513E-12	103.9746	1.7409E-10	1.9965E-10	1.7566E-10	5.8752E-12	103.9734
	5.4167E-06	1.938E-08	0.00360033	30000	6.02459E-12	101.3951	1.7823E-10	2.0707E-10	1.792E-10	6.0247E-12	101.3939
	5.4349E-06	1.9445E-08	0.00361242	35000	6.02567E-12	101.3770	1.7825E-10	2.0711E-10	1.7925E-10	6.0257E-12	101.3758
	5.4507E-06	1.9502E-08	0.00362294	40000	6.02716E-12	101.3518	1.783E-10	2.0709E-10	1.7932E-10	6.0272E-12	101.3507
	5.4598E-06	1.9534E-08	0.00362897	45000	6.02857E-12	101.3281	1.7835E-10	2.0711E-10	1.7938E-10	6.0286E-12	101.3269
	5.464E-06	1.955E-08	0.0036318	50000	6.02939E-12	101.3144	1.7837E-10	2.0713E-10	1.7941E-10	6.0295E-12	101.3132
	5.4658E-06	1.9556E-08	0.00363298	55000	6.02977E-12	101.3081	1.7838E-10	2.0714E-10	1.7942E-10	6.0298E-12	101.3069
	5.4669E-06	1.956E-08	0.00363373	130000	6.03002E-12	101.3038	1.7839E-10	2.0714E-10	1.7943E-10	6.0301E-12	101.3027
	5.4669E-06	1.956E-08	0.00363373	155000	6.03002E-12	101.3038	1.7839E-10	2.0714E-10	1.7943E-10	6.0301E-12	101.3027

续表

最小网格尺度 Δ/m	流量/(kg/s)	断面平均流速/(m/s)	雷诺数 ρuR/μ	迭代步数/步	y 方向受力		面积加权切应力/(Pa/m)			总黏性力/N	驱黏比/%
					阻力/N	驱阻比/%	0.015272m² 底面	0.006283m² 内弯	0.01117m² 外弯		
	1.387E-08	4.9624E-11	9.2189E-06	10000	1.304E-12	468.4558	3.9403E-11	2.925E-11	4.6417E-11	1.304E-12	468.4507
	7.6656E-07	2.7427E-09	0.00050951	20000	2.60711E-12	234.3072	7.9306E-11	7.0329E-11	8.5418E-11	2.6071E-12	234.3047
	4.7553E-06	1.7014E-08	0.00316072	25000	5.53657E-12	110.3325	1.6497E-10	1.8323E-10	1.6705E-10	5.5366E-12	110.3313
	5.3993E-06	1.9318E-08	0.00358877	30000	6.001E-12	101.7937	1.7753E-10	2.0599E-10	1.7866E-10	6.0011E-12	101.7925
CWb_01 0.001m	5.4461E-06	1.9486E-08	0.00361989	35000	6.02497E-12	101.3888	1.7818E-10	2.0708E-10	1.793E-10	6.025E-12	101.3876
	5.4596E-06	1.9534E-08	0.00362888	40000	6.02711E-12	101.3528	1.7825E-10	2.0712E-10	1.7938E-10	6.0272E-12	101.3516
	5.4681E-06	1.9564E-08	0.00363447	45000	6.02806E-12	101.3368	1.7828E-10	2.0712E-10	1.7942E-10	6.0281E-12	101.3356
	5.4793E-06	1.9604E-08	0.00364191	130000	6.0298E-12	101.3075	1.7834E-10	2.0714E-10	1.7949E-10	6.0299E-12	101.3064
	5.4793E-06	1.9604E-08	0.00364191	142700	6.0298E-12	101.3075	1.7834E-10	2.0714E-10	1.7949E-10	6.0299E-12	101.3064
	7.5628E-09	2.7059E-11	5.0268E-06	10000	1.22558E-12	498.4269	3.7831E-11	3.3597E-11	3.9076E-11	1.2253E-12	498.5338
	3.8584E-08	1.3805E-10	2.5446E-05	15000	1.5944E-12	383.1309	4.8704E-11	4.6208E-11	5.0145E-11	1.5942E-12	383.1690
	2.0843E-07	7.4573E-10	0.00013854	20000	1.86089E-12	328.2640	5.692E-11	5.4236E-11	5.8261E-11	1.8608E-12	328.2786
CWc_01 0.0005m	1.2557E-06	4.4928E-09	0.00083465	25000	3.08475E-12	198.0271	9.5066E-11	9.1046E-11	9.4965E-11	3.0846E-12	198.0350
	4.8853E-06	1.7479E-08	0.00324711	30000	5.64981E-12	108.1212	1.687E-10	1.8862E-10	1.6903E-10	5.6496E-12	108.1257
	5.4735E-06	1.9583E-08	0.00363808	35000	6.06389E-12	100.7380	1.7951E-10	2.0858E-10	1.8009E-10	6.0636E-12	100.7424
	5.5689E-06	1.9925E-08	0.00370148	134000	6.10864E-12	100.0000	1.807E-10	2.1069E-10	1.8128E-10	6.1083E-12	100.0049

表8.21 (a)　模型 CWc 纯弯道明渠流统计

CWc 压力梯度 /(Pa/m)	流量 /(kg/s)	u/(m/s)	雷诺数 $\rho uR/\mu$	驱动力 $A\Delta P$ /N	迭代步数	能坡 $J=\Delta P/(\rho gL)$	总黏性力,通过过面域积分（面积加权切应力）			受力/N	驱黏比/%	力矩分析			曼宁糙率系数 $n=\dfrac{H^{2/3}J^{1/2}}{u}$	文桐糙率系数 $m=\dfrac{H^{2/3}J^{5/9}}{u}$	收敛判断
							床面 0.015272m²	左立面 0.006283m²	右立面 0.01117m²			压力力矩	黏性力力矩	压阻比			
1E-09	5.57E-06	1.99E-08	0.003701	6.1087E-12	150000	1.021E-13	1.81E-10	2.11E-10	1.81E-10	6.1083E-12	100.0051	1.86E-22	-7.93E-12	2.3501E-11	5.238398	0.994217	OK
1E-08	5.53E-05	1.98E-07	0.036781	6.1087E-11	60000	1.021E-12	1.81E-09	2.11E-09	1.81E-09	6.1084E-11	100.0046	1.74E-21	-7.93E-11	2.1905E-11	1.667079	0.359579	OK
1E-07	0.000552	1.97E-06	0.366775	6.1087E-10	60000	1.021E-11	1.81E-08	2.11E-08	1.81E-08	6.1084E-10	100.0044	1.69E-20	-7.93E-10	2.1265E-11	0.528658	0.129589	OK
0.000001	0.005509	1.97E-05	3.661898	6.1087E-09	60000	1.021E-10	1.81E-07	2.11E-07	1.81E-07	6.1084E-09	100.0044	1.69E-19	-7.93E-09	2.1277E-11	0.167444	0.046646	OK
0.00001	0.052968	0.00019	35.20629	6.1087E-08	60000	1.021E-09	1.81E-06	2.1E-06	1.81E-06	6.1084E-08	100.0045	1.70E-18	-7.93E-08	2.1464E-11	0.055075	0.017437	OK
0.0001	0.316282	0.001132	210.2242	6.1087E-07	60000	1.021E-08	1.82E-05	2.06E-05	1.82E-05	6.1083E-07	100.0056	1.85E-17	-7.95E-07	2.3312E-11	0.029167	0.010494	OK
0.001	1.297524	0.004642	862.4286	6.1087E-06	60000	1.021E-07	0.000183	0.000203	0.000183	6.108E-06	100.0103	2.71E-16	-7.96E-06	3.4011E-11	0.022482	0.009193	OK
0.01	4.813666	0.017223	3199.512	6.1087E-05	60000	1.021E-06	0.00183	0.002011	0.001834	6.1074E-05	100.0205	5.30E-15	-7.97E-05	6.6479E-11	0.019163	0.008905	OK
0.031623	9.21259	0.032961	6123.357	0.00019317	60000	3.229E-06	0.005794	0.006334	0.005804	0.00019312	100.0296	2.32E-14	-0.000252	9.1967E-11	0.017805	0.00882	OK
0.1	17.75966	0.063542	11804.36	0.00061087	70000	1.021E-05	0.018348	0.019941	0.018371	0.0006107	100.0275	1.01E-13	-0.000798	1.2675E-10	0.016424	0.008674	OK
0.316228	34.75713	0.124356	23102.12	0.00193173	80000	3.229E-05	0.058111	0.062724	0.058143	0.00193102	100.0364	4.58E-13	-0.002524	1.8164E-10	0.014923	0.008401	OK
1	69.7079	0.249406	46332.93	0.00610865	91000	0.0001021	0.184109	0.197033	0.184031	0.00610528	100.0553	2.21E-12	-0.007985	2.7671E-10	0.01323	0.00794	OK
10	318.5332	1.13967	211720.3	0.06108652	160000	0.0010212	1.845781	1.944435	1.841241	0.06097212	100.1876	7.48E-11	-0.079886	9.3613E-10	0.00915	0.00624	OK
100	1131.341	4.04779	751971.5	0.61086524	200000	0.0102121	18.44187	19.4331	18.40757	0.60935301	100.2482	9.75E-10	-0.798218	1.2219E-09	0.008144	0.006312	OK
1000	3917.639	14.0168	2603947	6.10865238	200000	0.1021206	184.4132	193.6891	184.0154	6.0887401	100.3270	1.28E-08	-7.978425	1.6015E-09	0.007434	0.006548	OK
10000	13433.5	48.06329	8928878	61.0865238	260000	1.0212062	1843.838	1930.879	1839.319	60.8358002	100.4121	1.61E-07	-79.73896	2.0251E-09	0.006853	0.00686	OK
100000	46652.44	166.9163	31008599	610.865238	300000	10.212062	18353.59	19685.16	18244.48	607.766754	100.5098	1.98E-06	-794.6904	2.4910E-09	0.006237	0.007095	OK
1000000	186313.6	666.6054	1.24E+08	6108.65238	794000	102.12062	181031.5	203647.7	181435.7	6070.85155	100.6227	2.39E-05	-7.91E+03	3.0214E-09	0.00494	0.00638	—
10000000	933850.1	3341.193	6.21E+08	61086.5238	1303000	1021.062	1589670	2237977	1991892	60588.0572	100.8227	3.15E-04	-7.91E+04	3.9817E-09	0.00311	0.00457	—

模型 CW_{c3} 纯弯道明渠流统计

表 8.21 (b)

CW_{c3} 压力梯度 /(Pa/m)	流量 /(kg/s)	u/(m/s)	雷诺数 $\rho u R/\mu$	驱动力 $A\Delta P$/N	迭代步数	能坡 $J=\Delta P/(\rho g L)$	床面 1.52716 m²	左立面 0.628318 m²	右立面 1.1701 m²	受力/N	驱黏比/%	压力力矩	黏性力矩	压阻比	曼宁糙率系数 $n=\dfrac{H^{2/3}J^{1/2}}{u}$	文桐糙率系数 $m=\dfrac{H^{2/3}J^{5/9}}{u}$	收敛判断
1E-09	5.51E-02	1.97E-06	3.661897	6.1087E-09	60000	1.021E-13	1.81E-09	2.11E-09	1.81E-09	6.1084E-09	100.0044	1.69E-18	-7.93E-08	2.1277E-11	0.245774	0.046646	OK
1E-08	5.30E-01	1.9E-05	35.20606	6.1087E-08	60000	1.021E-12	1.81E-08	2.10E-08	1.81E-08	6.1084E-08	100.0046	1.70E-17	-7.93E-07	2.1464E-11	0.08084	0.017437	OK
1E-07	3.16E+00	0.000113	210.2013	6.1087E-07	60000	1.021E-11	1.82E-07	2.06E-07	1.82E-07	6.1083E-07	100.0064	1.85E-16	-7.95E-06	2.3313E-11	0.042816	0.010495	OK
0.000001	1.30E+01	0.000464	862.3378	6.1087E-06	60000	1.021E-10	1.83E-06	2.03E-06	1.83E-06	6.1079E-06	100.0129	2.71E-15	-7.96E-05	3.4011E-11	0.033002	0.009194	OK
0.00001	4.81E+01	0.001722	3199.315	6.1087E-05	60000	1.021E-09	1.83E-05	2.01E-05	1.83E-05	6.1071E-05	100.0253	5.30E-14	-7.97E-04	6.6479E-11	0.028128	0.008905	OK
0.0001	1.78E+02	0.006353	11802.19	0.00061087	60000	1.021E-08	1.83E-04	1.99E-04	1.84E-04	0.0006105	100.0597	1.01E-12	-7.97E-03	1.2674E-10	0.024108	0.008674	OK
0.001	6.97E+02	0.024941	46333.5	0.00610865	100000	1.021E-07	0.001841	1.97E-03	0.00184	0.0061054	100.0533	2.21E-11	-7.99E-02	2.7671E-10	0.01942	0.00794	OK
0.01	3.19E+03	0.11397	211725.8	0.0610865238	200000	1.021E-06	0.018458	0.019445	0.018413	0.06097443	100.1838	7.48E-10	-7.99E-01	9.3615E-10	0.01343	0.00624	OK
0.031623	6.05E+03	0.216299	401825.2	0.19317255	200000	3.229E-06	0.058316	0.06156	0.058215	0.19276333	100.2123	2.64E-09	-2.524654	1.0469E-09	0.012532	0.006232	OK
0.1	1.13E+04	0.404779	751971.3	0.61086524	200000	1.021E-05	0.184419	0.194331	0.184076	0.60935271	100.2482	9.75E-09	-7.982179	1.2219E-09	0.011954	0.006312	OK
0.316228	2.11E+04	0.754398	1401470	1.9317255	220000	3.229E-05	0.583191	0.613503	0.582019	1.92622151	100.2857	3.55E-08	-25.23653	1.4065E-09	0.011404	0.006419	OK
1	3.92E+04	1.401691	2603967	6.10865238	232000	0.0001021	1.844159	1.936921	1.84018	6.0882936	100.3256	1.28E-07	-79.7854	1.6015E-09	0.010912	0.006548	OK
10	1.34E+05	4.806315	8928852	61.0865238	240000	0.0010212	18.43828	19.30868	18.39309	60.8354691	100.4127	1.61E-06	-797.3853	2.0251E-09	0.010059	0.00686	OK
100	4.67E+05	16.69133	31008039	610.865238	240000	0.0102121	183.5303	196.8445	182.4397	607.748055	100.5129	1.98E-05	-7946.664	2.4910E-09	0.009155	0.007095	OK
1000	1863136	66.66054	1.24E+08	6108.65238	749000	0.1021206	1810.315	2036.477	1814.357	6070.8517	100.6227	2.39E-04	-7.91E+04	3.0214E-09	0.00725	0.00638	—
10000	9337349	334.0781	6.21E+08	61086.5238	1000000	1.0212062	15895.68	22375.11	19915.38	60579.6073	100.8368	3.15E-03	-7.91E+05	3.9814E-09	0.00457	0.00457	—
100000	43995829	1574.113	2.92E+09	610865.238	901000	10.212062	100716	264266.1	247839.1	596691.44	102.3754	5.06E-02	-7.88E+06	6.4228E-09	0.00304	0.00346	—
1000000	1.92E+08	6876.206	1.28E+10	6108652.38	913300	102.12062	728273.6	2619328	2480851	5529097.27	110.4819	8.49E-01	-7.33E+07	1.1590E-08	0.00212	0.00273	—
10000000	8.07E+08	28859.86	5.36E+10	61086523.8	1154000	1021.2062	7124454	19008952	21532258	46875937.8	130.3153	1.28E+01	-6.29E+08	2.0323E-08	0.00147	0.00213	—

阻力计算首选驱动力，它由进、出口周期边界的压力梯度得来；黏性力采用面积加权的切应力统计得来［式（8.30）］，不分方向；通过绕弯道转弯中心的阻力矩获得压阻比。显然压阻比非常接近 0，表明纯弯道是黏性力抵抗驱动力。驱黏比大部分均大于 1，随着流量的逐渐增大，驱阻比也逐渐增大，因此逐渐增加迭代步数，大致让驱动力和黏性力总和之间小于 0.6％才认为收敛，其中 CWc 的最后一个点位、CWc 的最后 4 个点位为没收敛，除非继续增大计算步数。

图 8.55 为按驱动力计算得出的糙率响应特性。

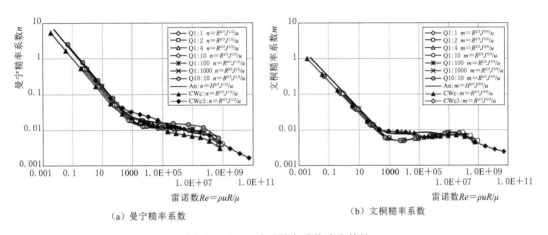

（a）曼宁糙率系数 　　　　　　　　　　（b）文桐糙率系数

图 8.55　CWc 系列糙率系数响应特性

图 8.55 中，CWc 及放大 10 倍的模型 CWc3，其曼宁糙率系数 n 的响应是不和谐的，同 4.2.5 节的描述是一致的，而文桐糙率系数 m 依然是和谐的。阻力如果通过糙率系数 m 表达，光滑壁面的纯弯道比直道模型的糙率系数高，为弯道环流所致，它将标准的断面平均流速 u，在断面近壁处增加了一个环向流速，导致增加横向切应力故而总的黏性阻力增加，但驱动力依然等于黏性阻力即 $F_驱 = F_黏$。

通过对纯弯道环流的计算，表明弯道流动将增加一个附加阻力，因此增阻了，换句话说就是产生了部分阻塞，参见 5.3.1.5 节的实验，但是增阻也是有限的。

8.6.5　连续弯道流动响应特性

根据纯弯道的敏感收敛性检查，连续弯道断面最小网格尺度采用 0.005m（同模型 CWo 断面），即模型 MZ2（图 8.40），将模型 MZ2 放大 10 倍为模型 MZ3。模型进、出口采用周期边界条件，由于方向一致，故用 translational 形式，给定流量，计算至最终收敛。计算结果受力统计采用三种方式：第一种方式是根据进、出口损失的压力梯度数据计算驱动力；第二种方式是统计总黏性力［式（8.28）］；第三种方式是统计阻力（此处 z 方向），见表 8.22（模型 MZ2）及表 8.23（模型 MZ3）。

糙率系数响应特性见图 8.56，显然不同比尺同样光滑壁面的曼宁糙率系数 n 的响

表 8.22　模型 MZ2 连续弯道明渠流统计

流量 /(kg/s)	断面平均流速 /(m/s)	雷诺数 $\rho u R/\mu$	迭代步数	能坡 $J=\Delta P/(\rho g L)$	受力计算：驱动力 压力梯度 /(Pa/m)	受力计算：驱动力 驱动力 ΔP	受力计算：黏性力 面积加权切应力 /Pa 底面 5.343124m²	受力计算：黏性力 面积加权切应力 /Pa 左立面 3.0541m²	受力计算：黏性力 面积加权切应力 /Pa 右立面 3.0541m²	受力计算：黏性力 总黏性力阻力	驱黏比 /%	受力计算：阻力 z 方向压力 /N	受力计算：阻力 z 方向黏性力 /N	受力计算：阻力 z 方向总阻力 /N	压阻比 /%	驱阻比 /%	曼宁糙率系数 $n=R^{2/3}J^{1/2}/u$	文柯糙率系数 $m=R^{2/3}J^{5/9}/u$
0.00001	3.58E-08	0.006647	16000	5.1364E-13	-5.0298E-09	1.075E-08	3.27E-10	3.46E-10	3.46E-10	3.861E-09	278.45	-9.351E-09	-1.399E-09	1.075E-08	86.9868	100.0000	6.542615	1.358346
0.0001	3.58E-07	0.066467	16000	5.1437E-12	-5.0369E-08	1.0765E-07	3.27E-09	3.47E-09	3.47E-09	3.866E-08	278.45	-9.364E-08	-1.401E-08	1.0765E-07	86.9868	100.0000	2.070426	0.488549
0.001	3.58E-06	0.664673	16000	5.1712E-11	-5.0639E-07	1.0823E-06	3.29E-08	3.48E-08	3.48E-08	3.887E-07	278.46	-9.415E-07	-1.408E-07	1.0823E-06	86.9906	100.0000	0.656474	0.176097
0.003162	1.13E-05	2.101879	16000	1.6533E-10	-1.619E-06	3.4601E-06	1.05E-07	1.11E-07	1.11E-07	1.242E-06	278.51	-3.011E-06	-4.488E-07	3.4601E-06	87.0286	100.0000	0.371189	0.106211
0.01	3.58E-05	6.646726	16000	5.5456E-10	-5.4305E-06	1.1606E-05	3.55E-07	3.7E-07	3.7E-07	4.158E-06	279.16	-1.014E-05	-1.469E-06	1.1606E-05	87.3394	100.0000	0.214979	0.065792
0.031623	0.000113	21.01879	16000	2.2614E-09	-2.2144E-05	4.7328E-05	1.47E-06	1.44E-06	1.44E-06	1.662E-05	284.68	-4.187E-05	-5.457E-06	4.7328E-05	88.4689	100.0004	0.13728	0.045425
0.1	0.000358	66.46726	16000	1.1168E-08	-0.00010936	0.00023373	7.43E-06	6.18E-06	6.2E-06	7.752E-05	301.51	-0.0002096	-2.416E-05	0.0002373	89.6634	100.0004	0.096475	0.034885
0.316228	0.001131	210.1879	16000	6.6985E-08	-0.00065594	0.0014019	4.3E-05	3.33E-05	3.34E-05	0.0004333	323.58	-0.0012656	-0.0001362	0.00140183	90.2853	100.0047	0.074715	0.029844
1	0.003578	664.6726	16000	4.4126E-07	-0.00432095	0.00923494	0.000265	0.000202	0.000202	0.0026476	348.80	-0.0083793	-0.0008553	0.0092346	90.7385	100.0036	0.060641	0.026896
3.162278	0.011314	2101.879	16000	2.8338E-06	-0.02774996	0.05930859	0.001548	0.001196	0.00198	0.0155799	380.67	-0.0541038	-0.0052042	0.0530796	91.2252	100.0011	0.048597	0.0239
10	0.035779	6646.726	16000	1.6622E-05	-0.1627697	0.3478948	0.00781	0.006406	0.006409	0.0808654	430.20	-0.3201325	-0.027346	0.34786708	92.0272	100.0036	0.037219	0.020195
31.62278	0.113142	21018.79	16000	0.00011245	-1.101192	2.3535216	0.044272	0.039344	0.039357	0.4769128	493.49	-2.1869295	-0.1663273	2.35325579	92.3320	100.0113	0.030613	0.018472
100	0.357787	66467.26	16000	0.00097909	-9.587562	20.491013	0.350378	0.323086	0.323019	3.8453866	532.87	-19.139615	-1.3485214	20.4881364	93.4180	100.0140	0.028565	0.019438
316.2278	1.131421	210187.9	16000	0.00877877	-85.96468	183.727978	2.866389	2.724213	2.721946	31.948586	575.07	-172.4373	-11.262948	183.700248	93.8688	100.0151	0.027048	0.020791
1000	3.577869	664672.6	16000	0.0804748	-788.0336	1684.2245	24.08415	23.40523	23.3712	271.54449	620.24	-1587.7612	-96.208373	1683.96957	94.2868	100.0151	0.025897	0.022514
1778.279	6.36245	1181974	16000	0.24534315	-2402.484	5134.70797	70.42242	69.02959	68.912	797.56318	643.80	-4850.64	-283.30507	5133.94507	94.4817	100.0149	0.025428	0.023518
3162.278	11.31421	2101879	16000	0.69542169	-6809.807	14554.2573	202.7387	195.0745	194.7015	2273.6727	640.12	-13743.998	-808.33873	14552.3367	94.4453	100.0132	0.024074	0.023593

表8.23 模型MZ3连续弯道明渠流统计

流量/(kg/s)	断面平均流速/(m/s)	雷诺数 $\rho uR/\mu$	迭代步数	能坡 $J=\Delta P/(\rho gL)$	压力梯度/(Pa/m)	驱动力 ΔP	底面 534.3124m²	左立面 305.41m²	右立面 305.41m²	总黏性阻力/Pa	黏阻比/%	z方向压力/N	z方向黏性力/N	z方向总阻力/N	压阻比/%	驱阻比/%	曼宁糙率系数 $n=R^{2/3}J^{1/2}/u$	文桐糙率系数 $m=R^{2/3}J^{5/9}/u$
0.0001	3.5779E−09	0.006647	10000	5.1364E−16	−5.0298E−12	1.0754E−08	3.27E−12	3.46E−12	3.46E−12	3.861E−09	278.55	−9.351E−09	−1.399E−09	1.075E−09	86.9869	100.0387	9.603247	1.358346
0.001	3.5779E−08	0.066467	10000	5.1437E−15	−5.0369E−11	1.0769E−07	3.27E−11	3.47E−11	3.47E−11	3.866E−08	278.55	−9.364E−08	−1.401E−08	1.0765E−07	86.9868	100.0387	3.0389	0.488549
0.01	3.5779E−07	0.664673	8000	5.1712E−14	−5.0639E−10	1.0827E−06	3.29E−10	3.48E−10	3.47E−10	3.887E−07	278.56	−9.415E−07	−1.408E−07	1.0823E−06	86.9906	100.0387	0.963572	0.176097
0.031623	1.1314E−06	2.101879	8000	1.6533E−13	−1.619E−09	3.4615E−06	1.05E−09	1.11E−09	1.11E−09	1.242E−06	278.62	−3.011E−06	−4.488E−07	3.4601E−06	87.0286	100.0387	0.544831	0.106211
0.1	3.5779E−06	6.646726	8000	5.5456E−13	−5.4305E−09	1.1611E−05	3.55E−09	3.7E−09	3.7E−09	4.158E−06	279.27	−1.014E−05	−1.469E−06	1.1606E−05	87.3394	100.0387	0.315545	0.065792
0.316228	1.1314E−05	21.01879	8000	2.2614E−12	−2.2144E−08	4.7347E−05	1.47E−08	1.44E−08	1.44E−08	1.663E−05	284.79	−4.187E−05	−5.457E−06	4.7328E−05	88.4690	100.0391	0.2015	0.045425
1	3.5779E−05	66.46726	8000	1.1168E−11	−1.0936E−07	0.00023382	7.43E−08	6.18E−08	6.2E−08	7.753E−05	301.60	−2.096E−04	−2.416E−05	2.3372E−04	89.6621772	100.0418	0.141603	0.034884
3.162278	0.00011314	210.1879	8000	6.7034E−11	−6.5642E−07	0.00140347	4.3E−07	3.33E−07	3.33E−07	0.0004332	323.99	−0.0012666	−0.0001363	0.00140286	90.2855	100.0435	0.109707	0.029856
10	0.00035779	664.6726	8000	4.4196E−10	−4.3279E−06	0.00925328	2.65E−06	2.01E−06	2.02E−06	0.0028509	349.07	−0.0083932	−0.0008562	0.00924934	90.7434	100.0426	0.08908	0.02692
31.62278	0.0011314	2101.879	8000	2.8375E−09	−2.7785E−05	0.05940742	1.55E−05	1.2E−05	1.2E−05	0.0155885	381.10	−0.0541775	−0.0052061	0.05938366	91.2331	100.0400	0.071376	0.023917
100	0.00357787	6646.726	10000	1.6633E−08	−0.00016288	0.34825034	7.81E−05	6.41E−05	6.41E−05	0.0808798	430.58	−0.3203623	−0.0277405	0.34810284	92.0309	100.0424	0.054648	0.020203
316.2278	0.01131421	21018.79	10000	1.1246E−07	−0.0011012	2.3544542	0.000443	0.000393	0.000394	0.469142	493.69	−2.1869492	−0.1663277	2.35327693	92.9321	100.0500	0.044934	0.018472
1000	0.03577869	66467.26	10000	9.7909E−07	−0.00958756	20.4989396	0.003504	0.003231	0.00323	3.8453866	533.08	−19.139615	−1.3485214	20.481364	93.4180	100.0527	0.041927	0.019438
3162.278	0.11314214	210187.9	10000	8.7788E−06	−0.08596469	183.79909	0.028664	0.027242	0.027219	31.948588	575.30	−172.43731	−11.262949	183.700259	93.8888	100.0538	0.039701	0.020791
10000	0.35778687	664672.6	10000	8.0474E−05	−0.7880336	1684.87618	0.240841	0.234052	0.233712	271.54449	620.48	−1587.7612	−96.208373	1683.96957	94.2868	100.0538	0.038012	0.022514
31622.78	1.13142144	2101879	10000	0.00069542	−6.809807	14559.8888	2.027387	1.950745	1.947015	2273.6728	640.37	−13743.998	−808.33878	14552.3368	94.4453	100.0519	0.035335	0.023593
56234.13	2.01198345	3737729	17000	0.0017246	−16.88791	36107.6447	5.768591	5.043096	5.036367	6160.5988	586.11	−33892.602	−2200.0971	36092.6991	93.9043	100.0414	0.031292	0.021974
100000	3.57788874	6646726	20000	0.00602901	−59.03816	126228.107	17.74533	18.69996	16.48433	20227.186	624.05	−120621.16	−5398.3716	126019.532	95.7162	100.1655	0.032901	0.024768
177827.9	6.3624503	11819737	10000	0.01547965	−151.582	324093.923	49.38664	51.46137	47.76969	56694.049	571.65	−308126.9	−15605.178	323632.078	95.2090	100.1427	0.029646	0.023518
316227.8	11.3142144	21018795	20000	0.03953091	−387.1002	827649.869	137.3608	137.7448	137.5665	157476.43	525.57	−763412.1	−64532.454	827944.554	92.2057	99.9644	0.026641	0.022264

注：受力计算列下为“驱动力”，面积加权应力（切应力面积底面534.3124m²、左立面305.41m²、右立面305.41m²）下为“黏性力”；受力计算（z方向总阻力）下为“阻力”。

应特性是错位的、不和谐的,而文桐糙率系数 m 在不同比尺中是和谐的。不同比尺的连续弯道均阻力较直道明渠有非常大的增加。比较纯弯道,压力完全不参与阻力的计算中,由力矩统计的压阻比为 0,阻力只有少量的增加,为附加的二次环流所导致,且阻力增加也不大;而连续弯道则驱动力大大高于黏性力总和,驱黏比均在 270% 以上,一定是某种附加的力参与进来了,它一定不是二次环流(因二次环流增加有限);从 z 方向的受力中,压阻比占 86% 以上,说明附加阻力是压力;从驱阻比来看,均在 100% 左右,是符合动量定理,是恒定流。因此阻力的外援加入进来了,它就是压力阻力。

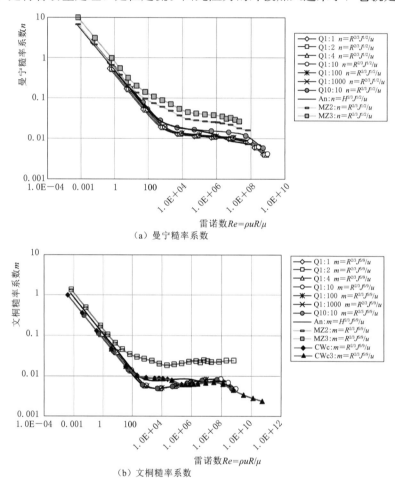

（a）曼宁糙率系数

（b）文桐糙率系数

图 8.56　连续弯道糙率响应特性

从表 8.22 中知道,驱动力是和阻力平衡的,在 100% 左右,但驱动力与黏性力之比(驱黏比)却远高于 100%,那么总黏性力一定有某种力的平衡方式。第一种方式,先从 z 方向(直)的动量定理出发,驱动力和阻力是平衡的,阻力分为压力和黏性力组成,其中压力占大部分,压力占比(压阻比)从近 87% 至超过 95% 不等(表 8.22、表 8.23),因此压力的贡献远超壁面阻力;第二种方式,如果按通常水力学中或河流动力学中阻力的考量方式出发，从弯曲的渠道而言，阻力是流动方向相反的床面切应力或床面阻力，故黏性力的总和当为抵御驱动力的重要力量，为了平衡整体的动量方程，特假定当量压力阻力，它同黏性力总和抵御驱动力，为

$$F_{当压} = F_{驱} - F_{黏} \tag{8.31}$$

并定义当量压力系数为当量压力阻力同 z 方向压力阻力之比，当不知当量压力阻力时可以从 z 方向的压力阻力而估计出。当量压力系数 $\beta_{当压}$ 表述为

$$\beta_{当压} = F_{当压} / F_{驱} \tag{8.32}$$

如果按直渠道的方式理解，驱动力与全部阻力匹配，阻力分为压力阻力和黏性阻力，压力阻力占比大；如果按弯曲渠道的方式理解，则弯曲渠道的黏性力总和比直渠道的黏性阻力大，同时弯曲渠道的压力阻力比直渠道的压力阻力小，相当于此长彼消的关系，阻力一定同驱动力相等，当量压力阻力因此而来，并用来说明压力阻力参与到流动中来了，是一个重要外援而绝不能在流动分析中予以忽略的。

因此动量定理的力的统计有两种方式表达：第一种方式是按固定方向的受力统计方式，如进、出口有同一流动方向，此时阻力以 $F_{阻}$ 计，这是最为常用的设计方法，它们在恒定均匀流中是完美匹配的，一定相等，压力阻力也参与到阻力统计中；第二种方式，如果流动是转弯的，弯还不止一个，则阻力以全部黏性力总和 $F_{黏}$ 计，为了匹配动量定理，假定了当量压力阻力 $F_{当压}$，它与固定方向的压力阻力关系比较恒定，当量压力系数为 0.736～0.9（表 8.24）。

图 8.57 为统计的连续弯道的阻力响应特性，原型（MZ3）同模型（MZ2）为同一个响应曲线，均明显可见一次方段和二次方段，这里可以窥见比尺效应，在大比尺的模型 MZ3 中，如果缩小比尺 10 倍，按重力相似准则的弗劳德数相似，则模型将向左平移，雷诺数缩尺 31.62 倍，它们的当量压黏比发生了变化，这是缩尺效应，它的直接后果是原型、模型的水面不再相似，原型水面横比降较低，而模型的横比降则会增大很多，其中的原因就是压阻（MZ 系列模型）对应天然连续弯道将由水位差提供。因此比尺效应的直接原因是压阻，这也为相似理论[7] 提供了新的佐证材料，缩尺后自由水面极有可能是不相似的，除非当量压黏比同在 2.1411% 的极限段（一次方段）上。

8.6.6 连续弯道流动阶跃特性

将模型 MZ2 的水深 H 逐渐减小，由 0.4m 逐渐降至 0.05775m，同表 5.6 中的实测数据一致，断面网格划分同 MZ2，最小 0.005m 逐渐增加至中央的 0.05m，沿程网格划分同 MZ2：直段 12 等分，弯道 36 等分。具体步骤（以 MZ2 为例）由响应特性进行寻找 $J = 0.0007$ 的算例，通过调整来流流量寻找，或通过前后两个在 $J = 0.0007$ 附近的点位进行插值，按 $J = aRe^b$ 求得系数 a、b，通过固定 J 反推 Re 及剩余的各种参数，再以此参数进行计算。计算结果见表 8.25。

表 8.24　模型 MZ2、MZ3 连续弯道明渠阻力统计

模型	流量 /(kg/s)	断面平均流速 /(m/s)	雷诺数 ρuR/μ	压力梯度 /(Pa/m)	迭代步数	驱动力 ΔP/(LV)/N	阻力/N 总黏性力	当量压力阻力	当量压差比 /%	z方向压力阻力	当量压力系数
MZ2	0.00001	3.5779E−08	0.0066467	−5.0298E−09	16000	1.075E−08	3.8607E−09	6.8892E−09	178.4451	9.3510E−09	0.7367352
	0.0001	3.5779E−07	0.0664673	−5.0369E−08	16000	1.0765E−07	3.8662E−08	6.899E−08	178.4458	9.3643E−08	0.7367371
	0.001	3.5779E−06	0.6646726	−5.0639E−07	16000	1.0823E−06	3.8867E−07	6.9361E−07	178.4569	9.4148E−07	0.7367206
	0.003162	1.1314E−05	2.1018795	−1.619E−06	16000	3.4601E−06	1.2424E−06	2.2178E−06	178.5122	3.0113E−06	0.736481
	0.01	3.5779E−05	6.6467265	−5.4305E−06	16000	1.1606E−05	4.1576E−06	7.4486E−06	179.1573	1.0137E−05	0.7348104
	0.031623	0.00011314	21.018795	−2.2144E−05	16000	4.7328E−05	1.6625E−05	3.0703E−05	184.6806	4.1870E−05	0.733288
	0.1	0.00035779	66.467265	−0.00010936	16000	0.00023374	7.7523E−05	0.00015621	201.5062	2.0957E−04	0.7454018
	0.316228	0.00113142	210.18795	−0.00065594	16000	0.0014019	0.00043325	0.00096865	223.5769	1.2656E−03	0.7653377
	1	0.00357787	664.67265	−0.00432095	16000	0.00923494	0.00264765	0.00658729	248.7982	8.3793E−03	0.7861353
	3.162278	0.01131421	2101.8795	−0.02774996	16000	0.05930859	0.01557989	0.0437287	280.6740	5.4104E−02	0.8082373
	10	0.03577869	6646.7265	−0.1627697	16000	0.34787948	0.08086545	0.26701403	330.1955	3.2013E−01	0.8340735
	31.62278	0.11314214	21018.795	−1.101192	16000	2.35352216	0.47691285	1.87660932	393.4910	2.1869E+00	0.8581027
	100	0.35778687	66467.265	−9.587562	16000	20.491013	3.84538657	16.6456265	432.8726	1.9140E+01	0.8696949
	316.2278	1.13142144	210187.95	−85.96468	16000	183.727978	31.9485863	151.779392	475.0739	1.7244E+02	0.8802005
	1000	3.57786874	664672.65	−788.0336	16000	1684.2245	271.544489	1412.68001	520.2389	1.5878E+03	0.8897308
	1778.279	6.3624503	1181973.7	−2402.484	16000	5134.70797	797.563176	4337.14479	543.7995	4.8506E+03	0.8941387
	3162.278	11.3142144	2101879.5	−6809.807	16000	14554.2573	2273.67273	12280.5846	540.1210	1.3744E+04	0.8935235
MZ3	0.0001	3.5779E−09	0.0066467	−5.0298E−12	10000	1.0754E−08	3.8607E−09	6.8934E−09	178.5530	9.3510E−09	0.7371799
	0.001	3.5779E−08	0.0664673	−5.0369E−11	10000	1.0769E−07	3.8662E−08	6.9032E−08	178.5536	9.3643E−08	0.7371818
	0.01	3.5779E−07	0.6646726	−5.0639E−10	8000	1.0827E−06	3.8867E−07	6.9402E−07	178.5646	9.4148E−07	0.7371652
	0.031623	1.1314E−06	2.1018795	−1.619E−09	8000	3.4615E−06	1.2424E−06	2.2191E−06	178.6200	3.0113E−06	0.7369257
	0.1	3.5779E−06	6.6467265	−5.4305E−09	8000	1.1611E−05	4.1576E−06	7.4531E−06	179.2653	1.0137E−05	0.7352533

续表

模型	流量/(kg/s)	断面平均流速/(m/s)	雷诺数 $\rho uR/\mu$	压力梯度/(Pa/m)	迭代步数	驱动力 $\Delta P/(LV)$/N	阻力/N 总黏性力	阻力/N 当量压力阻力	当量压黏比/%	z方向压力阻力/N	当量压力系数
	0.316228	1.1314E-05	21.018795	-2.2144E-08	8000	4.7347E-05	1.6625E-05	3.0721E-05	184.7904	4.1871E-05	0.7337236
	1	3.5779E-05	66.467265	-1.0936E-07	8000	0.00023382	7.7527E-05	0.00015629	201.6009	2.0956E-04	0.7458163
	3.162278	0.00011314	210.18795	-6.5642E-07	8000	0.00140347	0.00043318	0.0009703	223.9939	1.2666E-03	0.7560733
	10	0.00035779	664.67265	-4.3279E-06	8000	0.00925328	0.00265087	0.00660241	249.0659	8.3932E-03	0.7866407
	31.62278	0.00113142	2101.8795	-2.7785E-05	8000	0.05940742	0.01558848	0.04381894	281.0982	5.4178E-02	0.8088026
	100	0.00357787	6646.7265	-0.00016288	10000	0.34825034	0.08087977	0.26737057	330.5778	3.2036E-01	0.834588
	316.2278	0.0113421	21018.795	-0.0011012	10000	2.3544542	0.47691419	1.87754	393.6851	2.1869E+00	0.8585202
MZ3	1000	0.03577869	66467.265	-0.0095756	10000	20.4989396	3.84538662	16.6535529	433.0788	1.9140E+01	0.8701091
	3162.278	0.11314214	210187.95	-0.08596469	10000	183.79909	31.948588	151.850502	475.2964	1.7244E+02	0.8806128
	10000	0.35778687	664672.65	-0.7880336	10000	1684.87618	271.54449	1413.33169	520.4789	1.5878E+03	0.8901412
	31622.78	1.13142144	2101879.5	-6.809807	10000	14559.8888	2273.67281	12286.216	540.3687	1.3744E+04	0.8939332
	56234.13	2.01198345	3737729	-16.88791	17000	36107.6447	6160.59879	29947.0459	486.1061	3.3893E+04	0.8835865
	100000	3.57786874	6646726.5	-59.03816	20000	126228.107	20227.1863	106000.92	524.0517	1.2062E+05	0.8887921
	177827.9	6.3624503	11819737	-151.582	10000	324093.923	56694.0494	267399.873	471.6542	3.0813E+05	0.8678239
	316227.8	11.3142144	21018795	-387.1002	20000	827649.869	157476.434	670173.435	425.5706	7.6341E+05	0.8778659

表 8.25 MZ2 系列阶跃统计

MZ2系列	水深 H	水力半径 R	流量/(kg/s)	平均速度/(m/s)	雷诺数 $\rho uR/\mu$	压力梯度/(Pa/m)	驱动力 $A\Delta P$	迭代步数	能坡 $J=\Delta P/(\rho gL)$	曼宁糙率系数 $n=R^{2/3}J^{1/2}/u$	文桐糙率系数 $m=R^{2/3}J^{5/9}/u$
MZ2_34	0.4	0.186667	83.74799	0.299639	55665	-6.854629	14.65572	3000	0.0007	0.02884	0.019263
Ma_34	0.22075	0.13537	44.97263	0.291563	39280	-6.853799	8.087147	3000	0.0007	0.023922	0.015978
Mb_33	0.1855	0.121242	36.52324	0.28178	34000	-6.857744	6.79968	3000	0.0007	0.023006	0.015367
Md_33	0.169	0.113969	32.53481	0.275515	31250	-6.865454	6.201821	3001	0.000701	0.022591	0.01509
Me_33	0.14525	0.10265	26.72438	0.263315	26900	-6.856651	5.323429	3000	0.0007	0.022031	0.014716
Mf_33	0.11525	0.086701	19.58979	0.243261	20990	-6.854769	4.222766	3000	0.0007	0.021306	0.014231
Mg_33	0.08275	0.066927	12.13599	0.20989	13980	-6.855439	3.032261	3000	0.0007	0.02078	0.01388
Mh_31	0.05775	0.049571	7	0.173472	8558.017	-6.854644	2.115924	3000	0.000581	0.020581	0.013747

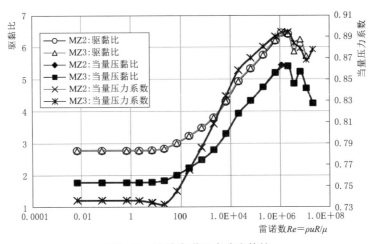

图 8.57　连续弯道阻力响应特性

将阶跃计算的水位流量关系与同型实验进行对比，见图 8.58，CFD 阶跃计算同实验吻合很好，趋势非常近似，大致差异只在糙率系数上，CFD 绝对光滑，而实验则是抹平的水泥表面；将它与直道明渠的水位流量关系比，证明的确连续弯道的流动发生了局部阻塞（比较图 5.6），而导致发生阻塞的基础是压力参与进来了（详见 8.6.5节）。随着水位的不断增加，连续弯道的阶跃响应见图 8.59，它既不是沿恒定的曼宁糙率系数 n 变化，也不按恒定的文桐糙率系数 m 变化，而都是在逐渐升高。因此压力阻力的介入，让流动的响应特性变得异常复杂，可能完全掩盖了流动本身的特质。

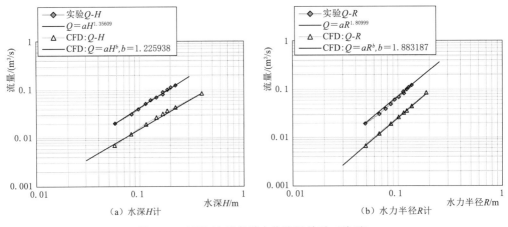

图 8.58　MZ2 连续弯道水位流量关系（阶跃）

8.6.7　连续弯道压力阻力实验

在 CFD 模型 MZ2、MZ3 中压力阻力均参与了流动的阻力项，且占绝大部分，而在通常的实验中，将这份压力阻力均归于糙率系数中，或黏性阻力中，这个显然是不合理的。真实的连续弯道的流动是如何的，特补充物理模型实验。

连续弯道水槽断面布置如图 8.60 所示，一个弯道布置 16 段，每段 7.5°，直段布置 8 段，每段长 0.15m，主要检测的断面为 01～97 共两个周期段。

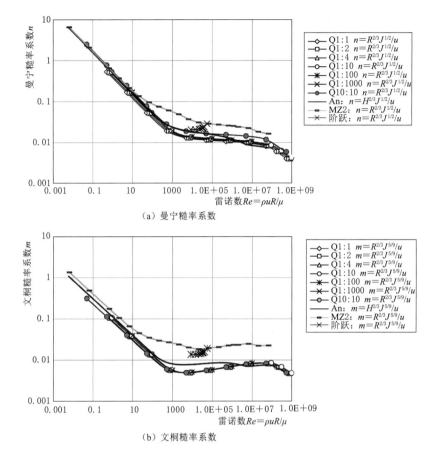

（a）曼宁糙率系数

（b）文桐糙率系数

图 8.59 MZ2 连续弯道阶跃响应

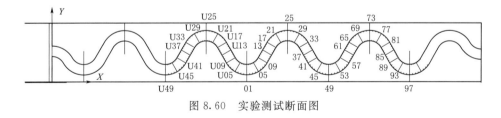

图 8.60 实验测试断面图

8.6.7.1 已有的实验资料

已有的均匀流实验数据见表 8.26，实验者为水力学国家重点实验室研究生郑好，在每个断面上测 11 个点位水位数据，最边上靠近壁面约 10mm，取最边上的数据代替边壁，实验流量为 70L/s，渠道糙率参照抹光的水泥浆面层，查资料糙率系数为 $n = 0.011 \sim 0.012$，取最大的 $n = 0.012$，阻力计算按曼宁公式计，特征长度按断面水力半径计。

表 8.26　已有实验数据（流量 70L/s）及计算

测点	水深/m 左岸	水深/m 右岸	断面角度/(°)	平均流速/(m/s)	水力半径 R/m	$0.5\rho gh^2$ 左岸	$0.5\rho gh^2$ 右岸	断面压力 F	动量等效力 $M=\rho BHu^2$	立面 x 方向压力阻力 F_x 左岸	立面 x 方向压力阻力 F_x 右岸	$\tau=\rho g(nu)^2/R^{1/3}$	总黏性阻力 F_B	F_{Bx}	体积/m³	驱动力 $F_G=\Delta P/\Delta LV$
25	0.216074	0.205169	0	0.339132	0.131493	228.5923	206.1014	152.1428	16.92609			0.318924				
29	0.215325	0.205953	−30	0.339105	0.131499	227.0095	207.6787	152.1409	16.92471	−48.8313	24.94621	0.318866	0.234618	0.060724	0.09715	0.66593
33	0.216447	0.215232	−60	0.330934	0.133508	229.3819	226.8148	159.6689	16.5169	−133.641	71.56606	0.302154	0.229234	0.162093	0.098035	0.671993
37	0.213273	0.208617	−60	0.338613	0.131618	222.7031	213.0864	152.5263	16.90016	−117.455	114.2897	0.317846	0.209582	0.181503	0.089625	0.614345
41	0.210362	0.214851	−60	0.335966	0.132263	216.6661	226.012	154.9374	16.76807	−114.151	114.0811	0.312387	0.21243	0.18397	0.08946	0.609691
45	0.205461	0.216551	−30	0.338514	0.131642	206.6883	229.6035	152.7021	16.89523	−69.7313	133.4135	0.317641	0.232112	0.164128	0.097539	0.668591
49	0.20352	0.213882	0	0.342253	0.130741	202.8008	223.9786	149.3728	17.08185	−24.6875	48.61478	0.325441	0.236273	0.061152	0.096832	0.66375
53	0.204082	0.217714	30	0.338688	0.1316	203.9219	232.0756	152.5991	16.90392	24.52073	−48.8797	0.318002	0.236457	0.0612	0.096889	0.664139
57	0.200513	0.213293	60	0.345227	0.130034	196.8533	222.7467	146.86	17.23027	66.01226	−133.181	0.331721	0.238455	0.168613	0.096555	0.661847
61	0.206311	0.210141	60	0.343034	0.130555	208.402	216.2105	148.6144	17.12083	105.2884	−114.044	0.327084	0.220396	0.190868	0.087177	0.597568
65	0.210948	0.205834	60	0.342762	0.13062	217.8757	207.4387	148.86	17.10726	110.7502	−110.067	0.326512	0.218945	0.189612	0.08749	0.599709
69	0.217603	0.202685	30	0.339902	0.131306	231.8395	201.1414	151.5433	16.96453	131.6857	−67.2978	0.320525	0.237435	0.167892	0.096518	0.661598
73	0.216568	0.202628	0	0.340788	0.131093	229.638	201.028	150.7331	17.00875	49.46101	−24.2462	0.322373	0.23643	0.061193	0.097078	0.665433
总和										−20.779	9.194597		2.742366	1.652947		7.744594

由表 8.26 可知，流动近似周期流断面 25 和其成周期的断面 73 水深相当，故对此周期段做受力分析，按式（8.1）给定，取断面平均流速计算，统计沿 x 方向的受力。计算进、出口压力差 $F_1 - F_2 = 1.4097N$（重力引起的在进、出口断面的压力差），左右渠道的压力阻力 $F_x = -11.5844N$ 为压力阻力（重力引起的在左右岸立面上的压力分量），驱动力 $F_G = 7.446N$（重力引起的在底面的压力分量），进出口动量改变的等效力 $M_2 - M_1 = 0.08266N$，黏性阻力 $F_{Bx} = 1.6529N$。

按动量定理，此周期段受力是平衡的，总阻力之和等于驱动力（同 8.6.5 节的数值模拟结论，进、出口完全等同时），或说总受力等于动量的变化，故有：$F_1 - F_2 + F_{左岸x} + F_{右岸x} + F_G - F_{Bx} = M_2 - M_1$，但此处明显不满足，阻力偏大，尤其是立面压力阻力。

如果不考虑立面压力的计算，则沿 x 方向的黏阻比为 21.34%，压阻比为 78.66%，当量压阻比为 64.59%，压力阻力占绝大部分；如果考虑立面压力，它的压力阻力比驱动力还大。除去渠道内流动波动的情形而导致的测量误差，压力阻力即形状阻力已经到了不可忽视的程度，它可能远比黏性阻力要大。

从渠道左右岸在 x 方向的阻力来看，左岸是阻碍流动，右岸是推动流动的，左阻右推，说明水位左右岸是一致变动的，此周期段水深是先高后低导致，为一先减速后加速的流动状态。

8.6.7.2　补充实验

因 8.6.7.1 节中实验的具体流动状态未知，因此利用实验渠道重构实验。调节流量为 70L/s，追踪一个大致的周期段流动状态，并在各个弯道顶点处测量水深，发现只有断面 U25 和 25 水深大致相同，便测量此周期段的大断面水深。测量时，水面波动较大，在 5s 一测情况下，水位波动甚至超过 5mm，大致同一个周期段的床底高程差（5.345mm）相当，说明水位的波动非常大，其中有普通频率的波动，可能还有更低频率的波动。测量方式为在一个断面上同时测左岸、右岸的水深，测量的结果见表 8.27。

依然统计沿 x 方向的受力。计算进、出口压力差 $F_1 - F_2 = 0.2018N$，左右渠道的压力 $F_x = -9.1645N$ 为压力阻力，驱动力 $F_G = 7.1984N$，进、出口动量等效力 $M_2 - M_1 = 0.02282N$，黏性阻力 $F_{Bx} = 1.9017N$。

此处按动量定理，此周期段受力应该是平衡的，总阻力之和等于驱动力，但此处明显也不满足，压力阻力偏大。如果不考虑立面压力统计，则沿 x 方向的黏阻比为 26.42%，压阻比为 73.58%，当量压阻比为 56.14%，压力阻力依然占绝大部分；如果考虑立面压力，它的压力阻力比总的损失还大，不合理，但又明显找不出原因，总之可能是测量误差大，包括地形的测量（纵比降）、流量的测量、水深的测量等。

表 8.27　实测实验数据（流量 70L/s）

测点	水深/m		断面角度/(°)	平均流速/(m/s)	水力半径 R	$0.5\rho gh^2$		断面压力 F	动量等效力 $M=\rho BHu^2$	立面 x 方向压力阻力 F_x		$\tau=\dfrac{\rho g(nu)^2}{R^{1/3}}$	总黏性阻力 F_B	F_{Bx}	体积/m³	驱动力 $F_G=\Delta P/\Delta LV$
	左岸	右岸				左岸	右岸			左岸	右岸					
U25	0.2055	0.19	0	0.361206	0.126358	206.7665	176.7518	134.2314	18.02781			0.366628				
U21	0.202	0.189	−30	0.365364	0.125435	199.7834	174.8961	131.1378	18.23529	−43.5739	21.20035	0.376033	0.266668	0.069019	0.090998	0.623755
U17	0.198	0.1915	−60	0.366771	0.125126	191.9495	179.5536	130.0261	18.30552	−114.707	58.38192	0.379247	0.270146	0.191022	0.090022	0.617066
U13	0.1955	0.1935	−60	0.367242	0.125023	187.1329	183.3237	129.6598	18.32905	−98.4885	92.24392	0.380327	0.24821	0.214956	0.081743	0.560315
U09	0.184	0.1935	−60	0.37843	0.122622	165.2809	183.3237	122.1809	18.88742	−91.6855	95.25777	0.406471	0.25569	0.221434	0.080483	0.551679
U05	0.181	0.198	−30	0.376932	0.122938	160.4035	191.9495	123.3235	18.81266	−53.7236	109.8876	0.402914	0.28658	0.202642	0.087497	0.599762
1	0.1825	0.203	0	0.370576	0.124298	163.0731	201.7663	127.6938	18.49546	−19.5019	42.19833	0.388016	0.281479	0.072852	0.088766	0.608461
5	0.1865	0.206	30	0.363967	0.125744	170.2998	207.7739	132.3258	18.16561	20.09858	−43.8944	0.372859	0.272551	0.070541	0.090393	0.61961
9	0.1915	0.2035	60	0.361664	0.126256	179.5536	202.7615	133.8103	18.05063	57.62486	−120.213	0.367656	0.26612	0.188176	0.091208	0.6252
13	0.1995	0.198	60	0.359389	0.126765	194.8688	191.9495	135.3864	17.93711	97.2778	−102.549	0.362559	0.240149	0.207976	0.083213	0.570392
17	0.201	0.198	60	0.360295	0.126562	197.8102	187.1329	134.7301	17.98235	102.021	−98.4885	0.364585	0.239303	0.207243	0.08337	0.571471
21	0.204	0.189	30	0.363504	0.125846	203.7591	174.8961	132.5293	18.14249	117.5876	−59.6303	0.37181	0.26451	0.187037	0.091085	0.624352
25	0.2075	0.1875	0	0.361664	0.126256	210.8108	172.131	134.0296	18.05063	44.43346	−20.9218	0.367656	0.265923	0.068826	0.091378	0.626362
总和										17.36256	−26.5271		3.157329	1.901723		7.198426

从渠道左右岸在 x 方向的阻力来看，左岸是推动流动，右岸是阻碍流动的，左推右阻（同 8.6.7.1 节完全相反），说明水位左右岸也是一致变动的，此周期段水深是先低后高导致，流动为一个非恒定流，为一先加速后减速的流动状态。

8.6.7.3 加密点位实验

为测量一个精确的周期段流动，特测量了断面 01～97 的水深值（流量为 80L/s），见表 8.28。从测量结果上看，断面 01～29 比较其后的周期段相同位置水深更深，而断面 30～49 较其后的周期段相同位置水深更浅，故在断面 29～30 之间一定有个位置的水深同其后周期段位置的水深一致，经插值为断面角度为 $-31.0345°$ 的断面，以后便统计这个严格周期段的力学分析。

统计沿 x 方向的受力，可以考虑的周期段为 1～49、25～73、49～97、73～97 和插值周期段，统计结果见表 8.29。

参见表 8.29，在 1～49 段，x 方向受力比动量等效力大，25～73 段、49～97 段和插值周期段则受力比动量等效力小，而整体的 1～97 两个周期段是受力比动量等效力大。因此流动是高度不均匀流动，也许流动本身就是不均匀和不恒定的流动，当测完前面点位，再测下一点位时，前面的水力参数就发生了变化。因此如果预测量精确的沿程数据，必须是同时的数据，且渠道还得精密的制作和率定其尺寸。

统计表 8.29 中的 5 组周期段，压阻比（压力 F_x 同总阻力之比，总阻力又严格等于驱动力 F_G）平均值变化大，即 -0.00725～2.116927，平均也为 86.86%。

8.6.7.4 小结

连续弯道的流动是一个高度非均匀、高度非恒定的流动，即使扣除误差因素，主要来源为弯道左右岸的形状阻力，次要来源才是黏性阻力，同 CFD 模拟的一致。

而传统的水力学均将阻力归于黏性阻力项，从而夸大了糙率系数。究其原因在于没有对所研究的水体进行受力分析，进行动量定理分析所致。

仔细的归类，研究的水体只受重力和黏性阻力，它们的合力决定了动量的增减，且严格满足动量守恒定理。

以下从简单到复杂，将流动中的层层迷雾给拨开，便可以将流动中的核心秘密给搬出来，它就是受力分析，且只以水平分量进行统计。

以无穷宽明渠均匀流为例，重力在水平的分量 ρgHJ（准确说是 $\rho gH\sin\theta$）同床面黏性阻力相等 τ（水力半径 $R =$ 水深 H），前者就是驱动力，是运动之所以能产生的前提条件，后者是黏性阻力；如果壁面是严格光滑，则根本没有压力阻力，如果是粗糙表面，就有局部的压力阻力（形状阻力的一种），这里可以将其归于材料表面的阻力系数中去，最终导致材料糙率系数响应的偏离。但将局部由于糙率高度引起的压力阻力归于材料中去，却是一大创举，可以解释很多工程问题。如果非均匀流，则重

表 8.28　加密点位实验数据（流量 80L/s）及计算

测点	水深/m 左岸	水深/m 右岸	断面角度/(°)	断面平均流速/(m/s)	水力半径 R/m	0.5ρgh² 左岸	0.5ρgh² 右岸	断面压力 F	动量 M=ρBHu²	立面 x 方向压力阻力 Fx 左岸	右岸	τ=ρg(nu)²/R^{1/3}	总黏性阻力 F_B	F_Bx	体积/m³	驱动力 F_G=ΔP/ΔLV
1	0.2248	0.2215	0	0.540997	0.131737	197.8102	240.2172	153.3095796	43.20189			0.811092				
2	0.2297	0.2265	7.5	0.538956	0.132048	191.1747	251.1846	154.8257573	43.03891	1.497519	-3.36321	0.804352	0.149373	0.149053	0.024638	0.168884
3	0.2276	0.2245	15	0.538449	0.132125	195.8468	246.7682	154.9152789	42.99835	4.444388	-10.1658	0.802679	0.1488	0.145941	0.024727	0.169496
4	0.228	0.225	22.5	0.533796	0.13284	202.1641	247.8687	157.5114564	42.62681	7.530698	-16.6381	0.787451	0.147373	0.139552	0.024788	0.169911
5	0.2279	0.225	30	0.53442	0.132744	201.1704	247.8687	157.1636691	42.67664	10.50055	-22.9444	0.789484	0.146316	0.131227	0.024862	0.170418
6	0.224425	0.2215	37.5	0.536553	0.132416	204.7591	240.2172	155.7416913	42.84695	13.27488	-28.3762	0.796454	0.146922	0.122161	0.02476	0.169722
7	0.22295	0.22	45	0.536553	0.132416	207.7739	236.9747	155.6620061	42.84695	16.0108	-32.9249	0.796454	0.147305	0.11075	0.024645	0.168932
8	0.226475	0.2235	52.5	0.528489	0.133664	213.8696	244.5748	160.4555412	42.20301	18.66001	-37.8865	0.77028	0.145257	0.095774	0.024811	0.170071
9	0.227	0.224	60	0.525452	0.134141	217.9824	245.6703	162.2784468	41.96046	21.13598	-42.6558	0.760549	0.142474	0.079154	0.025061	0.171782
10	0.2194	0.2165	60	0.530328	0.133378	225.2741	229.4946	159.169011	42.34988	28.79035	-30.8629	0.776207	0.130586	0.065293	0.022733	0.155823
11	0.2218	0.219	60	0.525089	0.134198	229.0707	234.8253	162.3635986	41.93154	29.51056	-30.1585	0.759394	0.130505	0.065252	0.02274	0.155877
12	0.2202	0.2175	60	0.524848	0.134236	232.6856	231.6195	162.506792	41.91228	29.99196	-30.2965	0.758625	0.129267	0.064633	0.022859	0.156273
13	0.2171	0.2145	60	0.527879	0.13376	233.7542	225.2741	160.6598951	42.15427	30.29616	-29.6761	0.768319	0.129895	0.064948	0.022798	0.156093
14	0.219075	0.2165	60	0.526056	0.134046	232.6856	229.4946	161.7630636	42.00875	30.29616	-29.5381	0.762481	0.130166	0.065083	0.022772	0.156093
15	0.22455	0.222	60	0.519127	0.135144	233.3265	241.3029	166.1202837	41.45537	30.26838	-30.5792	0.740508	0.128212	0.064106	0.022964	0.157407
16	0.223525	0.221	60	0.520072	0.134993	233.7542	239.1339	165.5108377	41.53083	30.33778	-31.2053	0.743483	0.12687	0.063435	0.023095	0.158306
17	0.2235	0.221	60	0.519127	0.135144	235.4691	239.1339	166.1110299	41.45537	30.47695	-31.0644	0.740508	0.12687	0.063435	0.023095	0.158306
18	0.221525	0.219	52.5	0.515963	0.135652	245.6703	234.8253	168.1734367	41.20271	41.86352	-23.1968	0.730595	0.137458	0.076368	0.025319	0.173554
19	0.20955	0.207	45	0.525452	0.134141	254.5226	209.796	162.5115046	41.96046	39.35331	-19.6769	0.760549	0.139395	0.09191	0.025349	0.173761
20	0.211575	0.209	37.5	0.529101	0.133569	243.4817	213.8696	160.0729666	42.25185	34.36092	-16.4429	0.772248	0.142757	0.107331	0.025107	0.172096
21	0.2051	0.2025	30	0.53972	0.131931	239.1339	200.7736	153.967625	43.09988	28.05814	-13.5598	0.80687	0.146283	0.12163	0.024757	0.169702
22	0.204325	0.202	22.5	0.545517	0.131055	230.5558	199.7834	150.6187052	43.56277	21.73879	-10.4282	0.826128	0.150425	0.134912	0.024393	0.167205

续表

测点	水深/m		断面角度/(°)	断面平均流速/(m/s)	水力半径 R/m	0.5ρgh²		断面压力 F	动量 M=ρBHu²	立面x方向向压力阻力 Fx		τ=ρg(nu)²/R^(1/3)	总黏性阻力 FB	FBx	体积/m³	驱动力 FG=ΔP/ΔLV
	左岸	右岸				左岸	右岸			左岸	右岸					
23	0.20945	0.207	15	0.53972	0.131931	229.4946	209.796	153.7517038	43.09988	15.47473	−7.74958	0.80687	0.150257	0.142282	0.024321	0.166711
24	0.203375	0.201	7.5	0.550112	0.130368	225.2741	197.8102	148.0794897	43.92972	9.284205	−4.68077	0.841578	0.151414	0.148504	0.024209	0.165941
25	0.2051	0.2028	0	0.551306	0.13019	219.6385	201.3689	147.3526066	44.02508	3.045031	−1.53676	0.845619	0.154349	0.154019	0.02395	0.164167
26	0.200275	0.198	−7.5	0.562291	0.128581	212.8476	191.9495	141.6789702	44.90234	−2.95998	1.514202	0.883309	0.157471	0.157134	0.023668	0.162235
27	0.19915	0.1969	−15	0.561049	0.128761	216.9506	189.8226	142.3706204	44.80314	−8.77443	4.384105	0.879001	0.160085	0.157009	0.023499	0.161075
28	0.198725	0.1965	−22.5	0.565771	0.12808	210.8108	189.0522	139.9520295	45.1802	−14.3886	7.168627	0.895441	0.161016	0.152471	0.023431	0.160612
29	0.2022	0.2	−30	0.565771	0.12808	203.7591	195.8468	139.8620623	45.1802	−19.1877	10.0206	0.895441	0.162061	0.145349	0.023257	0.159417
插值	0.201097	0.198897	−31.0345	0.568781	0.127649	201.6977	193.6917	138.3863016	45.42056	−2.97391	1.607147	0.90601	0.022444	0.019335	0.003192	0.021878
30	0.1942	0.192	−37.5	0.588343	0.12492	189.0522	180.4924	129.3406193	46.98275	−19.8512	10.69293	0.976414	0.145559	0.120293	0.019569	0.134139
31	0.1948	0.1926	−45	0.58518	0.125353	191.9495	181.6223	130.7501216	46.73016	−26.2881	14.05402	0.964829	0.17326	0.130264	0.022388	0.153464
32	0.2002	0.198	−52.5	0.572001	0.127192	198.9929	191.9495	136.829844	45.67768	−30.7579	16.53257	0.917394	0.168827	0.111316	0.022699	0.155593
33	0.1973	0.1951	−60	0.578515	0.126276	195.8468	186.3679	133.7751597	46.19792	−34.3547	18.51585	0.940673	0.166992	0.092776	0.022824	0.156449
34	0.1962	0.194	−60	0.583388	0.1256	191.5619	184.2723	131.5419696	46.58703	−25.1629	24.07379	0.958299	0.155732	0.077866	0.020656	0.14159
35	0.1962	0.194	−60	0.588798	0.124858	184.6524	184.2723	129.1236528	47.01906	−24.4358	23.93767	0.978086	0.158299	0.07915	0.020475	0.140349
36	0.2012	0.199	−60	0.582348	0.125744	183.3237	193.8933	132.0259242	46.50395	−23.9007	24.56257	0.95452	0.158041	0.079021	0.020493	0.140475
37	0.2007	0.1985	−60	0.580868	0.125949	186.1769	192.9202	132.6839696	46.38577	−23.9998	25.12427	0.949159	0.156054	0.078027	0.020633	0.141428
38	0.200175	0.198	−60	0.583537	0.125579	183.7028	191.9495	131.1483071	46.59893	−24.0244	24.99802	0.958841	0.156351	0.078175	0.020612	0.141284
39	0.19815	0.196	−60	0.58563	0.125291	184.8426	188.0913	130.5268831	46.76608	−23.9377	24.68437	0.966471	0.157539	0.078769	0.020528	0.140709
40	0.202225	0.2001	−60	0.579248	0.126174	185.2234	196.0427	133.3431381	46.25646	−24.0365	24.95024	0.943312	0.156476	0.078238	0.020604	0.14123
41	0.1991	0.197	−60	0.592922	0.124298	173.972	190.0155	127.3956153	47.34838	−23.3304	25.07522	0.993322	0.158327	0.079164	0.020478	0.140367
42	0.19705	0.195	−52.5	0.593692	0.124194	176.7518	186.1769	127.0250364	47.40987	−17.1653	32.73218	0.996182	0.176949	0.098308	0.022171	0.151974
43	0.199	0.197	−45	0.601504	0.123148	163.9679	190.0155	123.8941798	48.03368	−15.0787	29.59742	1.025455	0.17948	0.118339	0.022058	0.151197

续表

测点	水深/m		断面角度 /(°)	断面平均流速/(m/s)	水力半径 R/m	$0.5\rho gh^2$		断面压力 F	动量 $M=\rho BHu^2$	立面 x 方向压力阻力 F_x		$\tau=\rho g(nu)^2/R^{1/3}$	总惯性阻力 F_B	F_{Bx}	体积/m³	驱动力 $F_G=\Delta P/\Delta LV$
	左岸	右岸				左岸	右岸			左岸	右岸					
44	0.19995	0.198	−37.5	0.603091	0.122938	160.4035	191.9495	123.3235311	48.16042	−12.5892	26.35453	1.03146	0.18239	0.137128	0.021982	0.150679
45	0.2004	0.1985	−30	0.601821	0.123106	160.9356	192.9202	123.8495219	48.05898	−10.5086	22.37542	1.026652	0.182554	0.151788	0.022002	0.150815
46	0.2048	0.203	−22.5	0.588798	0.124858	167.934	201.7663	129.3950965	47.01906	−8.56191	18.26739	0.978086	0.178593	0.160175	0.022272	0.152665
47	0.2007	0.199	−15	0.596636	0.123797	165.945	193.8933	125.9433914	47.645	−6.31727	13.30882	1.007159	0.177072	0.167675	0.022348	0.153186
48	0.2061	0.2045	−7.5	0.579395	0.126153	176.7518	204.7591	133.5288039	46.26819	−3.93538	8.138579	0.943842	0.174447	0.171095	0.022502	0.154241
49	0.2065	0.205	0	0.581607	0.125846	173.0503	205.7616	132.5841489	46.44478	−1.34667	2.809649	0.951834	0.170313	0.169949	0.022802	0.1563
50	0.209375	0.2081	7.5	0.575602	0.126684	174.8961	212.0317	135.4247286	45.96525	1.339528	−2.85942	0.930221	0.169389	0.169026	0.022913	0.157063
51	0.21105	0.21	15	0.567879	0.127778	181.4337	215.9211	139.0742072	45.34857	4.091937	−8.73675	0.902837	0.165702	0.162518	0.023189	0.158955
52	0.213625	0.2128	22.5	0.561187	0.128741	185.2234	221.1174	142.429279	44.81414	6.937458	−14.7209	0.879478	0.161842	0.153253	0.023475	0.160913
53	0.2156	0.215	30	0.556135	0.129478	188.0913	226.3255	145.0458834	44.41071	9.719008	−20.7369	0.862073	0.158776	0.142402	0.023731	0.162664
54	0.2142	0.2137	37.5	0.555594	0.129557	191.3683	223.5968	145.237779	44.36753	12.40925	−26.1574	0.860222	0.157264	0.13076	0.023829	0.163342
55	0.2167	0.2163	45	0.550112	0.130368	194.2832	229.0707	148.1738781	43.92972	14.9675	−31.2328	0.841578	0.155669	0.117038	0.023943	0.164121
56	0.2158	0.2155	52.5	0.547083	0.130819	200.3772	227.3794	149.7148182	43.68789	17.46586	−35.9118	0.831378	0.153415	0.101153	0.024104	0.165224
57	0.2157	0.2155	60	0.536553	0.132416	216.9506	227.3794	155.5154882	42.84695	20.42512	−39.5682	0.796454	0.14975	0.083197	0.024308	0.166619
58	0.20965	0.2095	60	0.551972	0.130092	204.9594	214.8942	146.9487484	44.07824	27.40386	−28.7265	0.847877	0.13813	0.069065	0.022053	0.151163
59	0.2116	0.2115	60	0.547214	0.1308	208.1776	219.0167	149.5180043	43.69835	26.83403	−28.1833	0.831818	0.140578	0.070289	0.021835	0.149669
60	0.21205	0.212	60	0.547476	0.130761	206.7665	220.0535	149.3870122	43.71928	26.95141	−28.5184	0.832698	0.13952	0.06976	0.021924	0.150281
61	0.2109	0.2109	60	0.547608	0.130741	208.7837	217.7759	149.2958626	43.72976	26.99078	−28.4379	0.833139	0.139612	0.069806	0.021916	0.150227
62	0.211575	0.2115	60	0.546822	0.130859	208.7837	219.0167	149.7301726	43.66699	27.1218	−28.3705	0.8305	0.139459	0.069729	0.021929	0.150317
63	0.21165	0.2115	60	0.549055	0.130525	205.3603	219.0167	148.5319645	43.8453	26.89944	−28.4511	0.83801	0.139798	0.069899	0.0219	0.150119
64	0.208225	0.208	60	0.551306	0.13019	208.986	211.8279	147.2848828	44.02508	26.91258	−27.9842	0.845619	0.14085	0.070425	0.021811	0.149507
65	0.2043	0.204	60	0.555459	0.129577	210.8108	203.7591	145.0994352	44.35674	27.2666	−26.9932	0.85976	0.142363	0.071181	0.021685	0.148644

续表

测点	水深/m		断面角度/(°)	断面平均流速/(m/s)	水力半径 R/m	0.5ρgh²		断面压力 F	动量 M = ρBHu²	立面x方向压力阻力 F_x		$\tau = \rho g(nu)^2/R^{1/3}$	总黏性阻力 F_B	F_Bx	体积/m³	驱动力 $F_G = \Delta P/\Delta LV$
	左岸	右岸				左岸	右岸			左岸	右岸					
66	0.204325	0.204	52.5	0.555864	0.129518	210.2016	203.7591	144.8862388	44.38911	36.63193	−19.945	0.861147	0.156601	0.087003	0.023611	0.161846
67	0.20035	0.2	45	0.567175	0.127879	201.7663	195.8468	139.1646028	45.29231	32.41211	−17.6847	0.900362	0.159673	0.105279	0.023364	0.16015
68	0.189575	0.1892	37.5	0.577346	0.126439	209.1884	175.2665	134.5591933	46.10457	28.35474	−14.4033	0.936471	0.165652	0.124544	0.02304	0.157933
69	0.1984	0.198	30	0.562984	0.128481	211.8279	191.9495	141.3221005	44.95764	24.4769	−12.0089	0.885716	0.164701	0.136944	0.023182	0.158907
70	0.1989	0.1985	22.5	0.568586	0.127677	202.7615	192.9202	138.4885639	45.40498	19.18857	−10.0198	0.905323	0.162076	0.145361	0.023257	0.159417
71	0.1979	0.1975	15	0.568869	0.127637	204.3588	190.9813	138.369019	45.42758	13.69432	−7.26373	0.90632	0.163563	0.154882	0.023111	0.158417
72	0.2017	0.2013	7.5	0.562568	0.128541	205.7616	198.4011	141.4569484	44.92444	8.372701	−4.4715	0.884271	0.16195	0.158838	0.023224	0.159189
73	0.1989	0.1985	0	0.570715	0.127374	199.7834	192.9202	137.4462303	45.57503	2.775595	−1.50651	0.912839	0.162376	0.162029	0.02316	0.158753
74	0.196825	0.1965	−7.5	0.570715	0.127374	203.7591	189.0522	137.4839309	45.57503	−2.76189	1.470522	0.912839	0.164604	0.164252	0.023024	0.157823
75	0.19725	0.197	−15	0.571429	0.127273	201.7663	190.0155	137.1236339	45.632	−8.27889	4.353049	0.915365	0.164847	0.161679	0.02303	0.157862
76	0.198175	0.198	−22.5	0.567597	0.127818	205.1598	191.9495	138.98825	45.32605	−13.6878	7.227095	0.901846	0.164002	0.155299	0.023087	0.15825
77	0.1991	0.199	−30	0.568586	0.127677	201.7663	193.8933	138.4808525	45.40498	−18.8339	10.04517	0.905323	0.163202	0.146372	0.023128	0.158533
插值	0.198841	0.198724	−31.0345	0.568781	0.127649	202.0406	193.3561	138.3888309	45.42056	−2.96181	1.597703	0.90601	0.022548	0.019424	0.003184	0.021827
78	0.197225	0.197	−37.5	0.570004	0.127475	203.7591	190.0155	137.8210934	45.5182	−20.6158	10.95548	0.910324	0.1413	0.116773	0.019897	0.136389
79	0.19835	0.198	−45	0.571429	0.127273	199.7834	191.9495	137.1064973	45.632	−27.8433	14.82442	0.915365	0.164605	0.123757	0.023024	0.157823
80	0.199475	0.199	−52.5	0.562984	0.128481	209.796	193.8933	141.2912546	44.95764	−32.2242	17.07563	0.885716	0.162775	0.107325	0.023175	0.158859
81	0.1986	0.198	−60	0.569294	0.127576	202.7615	191.9495	138.1488309	45.46152	−35.8963	18.88416	0.907818	0.162234	0.090132	0.02323	0.159236
82	0.208525	0.208	−60	0.556812	0.129379	200.7736	211.8279	144.410544	44.4648	−26.2104	26.22611	0.864395	0.147005	0.073503	0.021315	0.146107
83	0.20645	0.206	−60	0.557491	0.129292	203.7591	207.7739	144.0365377	44.51902	−26.2752	27.25394	0.866727	0.144148	0.072074	0.021538	0.147636
84	0.207375	0.207	−60	0.558172	0.12918	200.7736	209.796	143.6993751	44.57338	−26.2752	27.12196	0.869068	0.144472	0.072236	0.021512	0.147456
85	0.2118	0.2115	−60	0.551439	0.13017	201.7663	219.0167	147.2740696	44.03571	−26.1457	27.85221	0.84607	0.143042	0.071521	0.02163	0.148266
86	0.208275	0.208	−60	0.558854	0.12908	197.8102	211.8279	143.3733514	44.62787	−25.9533	27.98418	0.871418	0.143206	0.071603	0.021617	0.148176

续表

测点	水深/m 左岸	水深/m 右岸	断面角度/(°)	断面平均流速/(m/s)	水力半径 R/m	0.5ρgh² 左岸	0.5ρgh² 右岸	断面压力 F	动量 M=ρBHu²	立面 x 方向压力阻力 Fx 左岸	立面 x 方向压力阻力 Fx 右岸	$\tau=\rho g(nu)^2/R^{1/3}$	总黏性阻力 FB	FBx	体积/m³	驱动力 $F_G=\Delta P/\Delta LV$
87	0.20805	0.2078	-60	0.557084	0.129339	200.7736	211.4208	144.268036	44.48647	-25.8888	27.49081	0.865327	0.144538	0.072269	0.021507	0.14742
88	0.211225	0.211	-60	0.550775	0.130269	203.7591	217.9824	147.6095185	43.98265	-26.2752	27.89056	0.84382	0.142626	0.071313	0.021664	0.1485
89	0.2105	0.2103	-60	0.554113	0.129775	200.1792	216.5385	145.8511835	44.24921	-26.2366	28.22296	0.855161	0.141918	0.070959	0.021722	0.148896
90	0.2097	0.2095	-52.5	0.562291	0.128581	190.0155	214.8942	141.7183844	44.90234	-19.0972	37.53859	0.883309	0.158212	0.087898	0.023617	0.161884
91	0.2092	0.209	-45	0.570004	0.127475	180.4924	213.8696	138.0267326	45.182	-16.397	33.73354	0.910324	0.162572	0.107191	0.023359	0.160116
92	0.2107	0.2105	-37.5	0.566893	0.127919	181.8109	216.9506	139.5665245	45.26984	-14.0613	29.72541	0.899374	0.163893	0.123222	0.023307	0.159759
93	0.2102	0.21	-30	0.564374	0.128281	186.1769	215.9211	140.7343152	45.06864	-12.0341	25.16614	0.890559	0.162355	0.134993	0.023405	0.160434
94	0.2127	0.2125	-22.5	0.562291	0.128581	184.2723	221.0927	141.8777547	44.90234	-9.64441	20.22645	0.883309	0.161152	0.144533	0.023505	0.161121
95	0.2117	0.2115	-15	0.567175	0.127879	179.5536	219.0167	139.4996233	45.29231	-6.88389	14.80398	0.900362	0.161999	0.153401	0.023488	0.161003
96	0.2077	0.2075	-7.5	0.568586	0.127677	185.2234	210.8108	138.6119475	45.40498	-4.18894	8.775027	0.905323	0.163552	0.160409	0.023315	0.159817
97	0.2127	0.2125	0	0.561601	0.128681	185.2234	221.0927	142.2106331	44.84717	-1.42615	2.955995	0.880912	0.162041	0.161694	0.023414	0.160492

表 8.29　周期段受力统计

分析区间	重力引起的压力/N 进出口压力差 F1-F2	x 方向压力阻力 左岸	x 方向压力阻力 右岸	压力阻力之和 Fx	驱动力 FG, 重力对底面的压力分量	黏性阻力 FB	FBx	x 方向受力总和	动量等效力 M=M2-M1	压阻比 Fx/FG/%
1~49	20.72543	98.33396	-100.127	-1.79341	7.580477	7.374862	5.355564	21.15693	3.24289	23.66
25~73	9.906376	41.77523	-57.4125	-15.6373	7.386794	7.685039	5.583193	-3.92732	1.549947	211.69
49~97	-9.62648	13.54602	-13.4916	0.054392	7.507126	7.445557	5.428215	-7.49318	-1.59761	-0.72
1~97	11.09895	111.88	-113.619	-1.73902	15.0876	14.82042	10.78378	13.66375	1.645281	11.53
插值周期段	-0.00253	43.53557	-57.4137	-13.8781	7.375872	7.701165	5.598922	-12.1037	-3.8E-06	188.16
5 组平均										86.86

力分量同阻力的合力决定动量是增加还是减少。

再以有限宽明渠即矩形直道明渠均匀流为例，重力在水平的分量 $\rho g J H B$（B 为渠道宽）同黏性力 $\tau(B+2H)$ 相等，驱动力是重力（压力）在底面产生的水平分量，压力在左右立面的正压力方向相反正好抵消，压力在进、出口压力也相反且抵消，黏性力为流动在底面、左岸、右岸产生的黏性力的合力，驱动力同黏性阻力是严格相等的，对非光滑壁面同样满足。对非均匀流，则力的合力决定动量的增减。

再以连续弯道明渠为例，重力对水体的水平分量只对底面有效，它等于 $\rho g J H B L$（压力降 $\Delta P/L = \rho g J$），是唯一的驱动力；重力对渠道左岸、右岸的合力不再能抵消，其合力便是压力阻力；重力在进、出口断面的压力合力便是 $F_1 - F_2$。重力的合力与黏性阻力 F_B 的合力决定了进出口的动量增减，它们严格符合动量定理。这里对光滑壁面和粗糙壁面同样适合，只是驱动力不能再同黏性阻力抵抗，而是整个重力的水平分量同黏性力抵抗，它们的合力决定了进、出口的动量增减。这里压力阻力完全参与进来，它是重力的分量却被长期忽视。

再以一个天然河的河流段为例，它同床面、自由水面，进、出口断面一块组成一个封闭的空间，依然可以对这个河流段进行动量定理分析。假设每一个微小的外表面 ds 沿它表面重力坡降方向 J（图 8.61）剖开，显然这个微小表面 ds 有个压力 $P = \rho g H ds$，此处 H 为水压力高度，而非真实的水深 H（假定压力同水深是错位的）。

这里可以暂时摒弃坡降 J 的概念，因为对任意接触水的表面，θ 都比较大，不能再以 $\tan\theta$ 来近似 $\sin\theta$，尤其在边坡上，它是沿重力方向在表面 ds 上的投影，此时任意表面 ds 的水压力在水平（xy 平面）方向的分量

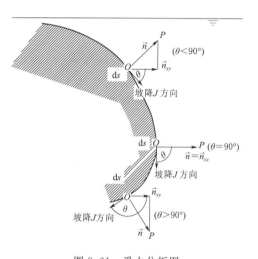

图 8.61 受力分析图

$P_{xy} = \int \vec{n}_{xy} \rho g H \sin\theta ds$，它包括所有接触水的固壁表面，此时的动量定理可写成：

$$\int \vec{n}_{xy} \rho g H \sin\theta ds + \int \vec{m}_{xy} \tau \cos\alpha ds = \vec{M}_2 - \vec{M}_1 \qquad (8.33)$$

式中：$\vec{n}_{xy}$ 为对微表面 ds 的水压力在水平面上投影的单位矢量；θ 为坡降方向同水平面的夹角；α 为切应力 τ 同水平面的夹角；$\vec{m}_{xy}$ 为切应力在水面上投影的单位矢量。

式（8.33）的第一项为所有表面正压力在水平面上（即重力分量）的积分，它既

包括了驱动力，又包括了所有的压力阻力即各种尺度的形状阻力；第二项为所有表面黏性阻力项积分；等式右边为进出口的动量等效力。

回到河流的核心秘密，它是什么，是除了糙率高度以外的，由各种尺度形状阻力所产生的额外阻力，也可以说是压力阻力，它是在糙率系数所产生的黏性阻力之外的阻力形式。仔细分析，它并不额外，是重力所引起的压力，本来就存在。

8.6.8　河面阻力来源的解读

河道或人工渠道的阻力来源是什么，通过粗糙壁面、连续弯道的流动响应特性研究，它们与光滑壁面流动响应特性比较，均是压力阻力参与进来，使得流动特性偏离光滑壁面并增阻或称部分阻塞。粗糙壁面以 1m 的球模拟沙粒表面的流动现象，发现沙粒的压力阻力加入进来，可以称之为增加了形状阻力，或微观形状阻力，它代表实际壁面的材质特性即糙率高度特性，是形成不同糙率的最主要的因素；而连续弯道的流动响应，材质是完全光滑的，但也形成了压力阻力，它由真实河道的局部水位差经过累加后决定，相当于在光滑壁面糙率响应特性基础上增加了一个额外的阻力，同流动的阻力响应完全无关，是由渠道形状引起的，称为宏观的形状阻力，它的尺度比断面水深 H 或水力半径 R 大很多。

天然的河道的阻力有哪些，最基本的属性当属材料属性，是由河道表面的糙率高度决定，它使得光滑壁面的阻力响应发生改变，通过材料表面的糙率高度使压力阻力替换部分黏性阻力而导致阻力增加，这是最为基础的一个层面，各种研究均将其归纳至糙率系数的范畴，因此糙率系数可以将材料属性涵盖。最宏大的属性是如连续弯道的附加阻力属性，它同材料完全无关，是由巨大的弯道外形而产生却被研究者忽略。压力阻力是巨大的，常常是材料阻力（黏性阻力）的若干倍（表 8.22 的驱黏比），而从当量压力阻力来说，它最大可至黏性阻力的 1 倍多。

因此糙率形成的机制一定是在光滑壁面基础上形成的，通过不同尺度层次的压力阻力的介入后，再叠加而最终形成的（表 8.30），其中最为基础的是光滑壁面的受力机制①；①＋②为粗糙壁面的受力，通过引入糙率高度同基础的①区分开，形成最具代表意义的穆迪图，针对不同材质或不同糙率高度；表 8.30 中的②、③、④、⑤均为形状阻力的形式，只是尺度不一而已，虽然在真实河流中，因为③、④、⑤可能部分掩盖了流动的本质①＋②，的确让阻力响应变得复杂无比，但万变不离其宗也一定是有规律可循的，这个宗就是光滑壁面的受力响应机制，它对应的是文桐公式而非曼宁公式；连续弯道流动模型，是流动本质①和最大形状阻力⑤的结合，③、④、⑤都超越了糙率系数或糙率高度的范畴，但却与糙率高度均属于压力阻力参与动量定理的铁证，只是被研究者长期忽略，将所有压阻均归结到糙率系数中，准确地说是将除②外的③、④、⑤很难归于糙率系数中。

表 8.30　　　　　　　　　　　　　　河流流动阻力的形成进制

壁面描述	光滑直道明渠的壁面	粗糙壁面直道明渠	真实带沙波床面	真实河床地形起伏	真实的河流弯曲
受力响应指数 b	1.8	~1.8	~1.8	~1.8	~1.8
有无形状阻力	无	有	有	有	有
阻力形式	基本黏性①	基本黏性①	基本黏性①	基本黏性①	基本黏性①
		微观形状阻力②	微观形状阻力②	微观形状阻力②	微观形状阻力②
			沙波形状阻力③	沙波形状阻力③	沙波形状阻力③
				水下山脉形状阻力④	水下山脉形状阻力④
					弯道外形阻力⑤
阻力合成	①	①+②	①+②+③	①+②+③+④	①+②+③+④+⑤

　　以某实验水槽（图 8.62）为例，实验估计是欲做一个均匀坡降的渠道，实际上由于实验制作的误差，深槽的比降是不均匀的，图 8.62 右侧的直道中有两个大的坎（坎 1、坎 2），在它们之间和之外的部分均比它低，于是流动在坎的前后一定有压力阻力存在，即表 8.30 中的④，它的存在将导致在坎的上、下游形成局部水位差增量。直道远处的小坎，则可以类比成沙波床面，也有压力阻力存在，类似表 8.30 中的③。图 8.62 左侧的弯道，也有两大坎，也是压力阻力将产生的地方，坎顶高程较坎底最深处有 10mm 以上，它也将在坎的上、下游形成额外水位差或形成坎前后的压力差，即表 8.30 中的④。这是非常明显可见的，其实在渠道任意一个高程处，均是坑坑洼洼的，它不明显但一定存在的，所有这些不平整将形成局部的压差阻力，或压力阻力，或形状阻力，只是它们的尺度比糙率高度要大，但比水力半径小。更为重大的压力阻力便是弯道，它完全被研究者忽视，它的尺度远比水力半径大，即表 8.30 中的⑤。

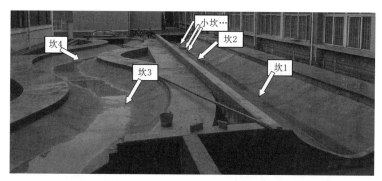

图 8.62　实验渠道一

　　所有这些压力阻力（③、④、⑤）均可以归为形状阻力，而压力阻力②已经归于糙率高度的属性。

　　现以成都市府河为例说明这些形状阻力，河道位置在九眼桥和望江公园之间，图

8.63 为因地形的变化形成的一道水下坎,坎上流速低,坎处流速高,由坎形成类似围堰一样的结构,它是由水下的连成一片的坎所构成,在坎的上游壅水、下游跌水导致在坎附近形成压力阻力,即形状阻力④。

图 8.63　真实河道二

更一般的形式为局部的压力阻力(图 8.64),它的糙率高度比平均河床床面糙率高度要大很多才能形成,判断的标准是尾迹。

图 8.64　真实河道三

最为隐秘的河道的拐弯所形成的压力阻力(图 8.65),主流和浅滩之间一般不是顺直的,它有左拐或右拐的趋势,于是便形成拐的上游和下游的水位差,也即压力阻力或形状阻力,它只有在精细的河段受力分析中才能得到准确的体现。

图 8.65　真实河道四

8.7 小结

水力学应当回归科学的轨道，进行受力分析、动量守恒分析。

曼宁公式和文桐公式之争，归结到曼宁糙率系数 n 和文桐糙率系数 m 之争，前者仅仅是经验公式而后者却是基于受力机理而得出的公式，前者是不和谐的而后者是和谐的；经过明渠流动实验数据（Emmett 和 Tracy）的检验，也证明了文桐公式的合理性及文桐糙率系数 m 的合理性。

数值模拟可以将 CFD 的计算结果用动量方程进行分析细化，均匀恒定流的受力一定是平衡的，如果不平衡则流动一定要加速或减速，当将严格的受力分析加载到物理模型实验（如 8.3 节）中，则需要严格的实验数据，并在实验中精确统计受力条件、压力条件、水面条件、进出口的动量积分等，它们一定满足动量定理，如此才能将水力学的实验带入更高的科学的境界。

更为精细的数据，还期待有更加严密的、精密的、大量的实验予以证明，对这一刻充满期待。

参考文献

［1］ 张鹏. 明渠非均匀流湍流结构研究［D］. 重庆：重庆交通大学，2018.
［2］ 陈小芳. 光滑壁面明渠紊流壁面切应力的研究［D］. 南京：河海大学，2007.
［3］ 何建京. 明渠非均匀流糙率系数及水力特性研究［D］. 南京：河海大学，2003.
［4］ 金中武. 壅水条件下水流阻力试验研究［J］. 长江科学院院报，2015（4）：45-50.
［5］ 张小峰. 壅水情况下非均匀流糙率系数研究［J］. 泥沙研究，2014（4）：65-72.
［6］ TRACY H J, LESTER C M, Resistance Coefficients and Velocity Distribution Smooth Rectangular Channel［D］. U. S. Geological Survey Water-Supply Paper 1592-A, 1961.
［7］ 周晓泉，周文桐. 认识流动，认识流体力学——从时间权重到相似理论［M］. 北京：中国水利水电出版社，2023.
［8］ SONG T, CHIEW Y M. Turbulence measurement in nonuniform open-channel flow using Acoustic Doppler Velocimeter（ADV）［J］. Journal of Engineering Mechanics, 2001, 127（3）：219-232.
［9］ 吴持恭. 水力学［M］. 4 版. 北京：高等教育出版社，2008.
［10］ CHOW V T, Maidment D R, Mays L W. Applied Hydrology［M］. McGraw-Hill International ed, 1988.
［11］ CHOW V T. Open-channel Hydraulics［M］. McGraw-Hill, New York, 1959.
［12］ HENDERSON F M. Open Channel Flow［M］. Macmillan, New York, 1966.
［13］ WILLIAM W Emmett. The Hydraulics of Overland Flow On Hillslopes［R］. United States Government Printing Office, Washington, 1970.
［14］ 张罗号，卜海磊. 黄河下游糙率奇小的原因探索［J］. 人民黄河，2010, 32（12）：84-89.
［15］ 张罗号. 黄河河槽糙率异常原因及其解决途径［J］. 水力学报，2012, 43（11）：1261-1270.
［16］ 陈立. 高含沙明渠紊流光滑区 $f-Re$ 关系与平均流速公式［J］. 水利学报，1995, 4：34-40.

［17］ NIKURADSE J. Laws of flow in rough pipes ［J］. Journal of Applied Physics，1950，3.

［18］ NIKURADSE J. Gesetzmassigkeiten der Turbulenten Stromung in glatten Rohren ［J］. Forschg- Arb. Ing. – Wesen. No. 356，1932.

［19］ MCGOVERN J. Technical Note：Friction Factor Diagrams for Pipe Flow ［R］. Dublin Institute of Technology，2011.

第
3
部
分

认识宇宙

如果对于流动而言，因为有驱动力而产生流动，因流动而产生阻力，它们应当严格满足动量定理或动量守恒定理。

因为有流有动，则最主要的特征量纲为雷诺数（$\rho u d / \mu$），包括流速 u 和特征长度 d 或长度 L。

如果没有流，只有动，则特征量纲仅为尺度量纲 L，如广阔宇宙中各种星体的运动，它们受万有引力的作用，作用的结果依然是满足动量守恒定理，引力的作用改变速度的方向而不改变速度的大小（如圆周运动）或同时改变速度的大小和方向（椭圆运动），而对于天体而言阻力可以忽略不计，它仅存在星体之上而不存在星体之间，如地球上的潮汐。故宇宙中的一切存在均为尺度的函数。

同时小到原子内部，原子核和电子的运动依然满足动量定理，只是力变成了电磁力。

如果更小，小到原子核内部，则力变成了强相互作用力或弱相互作用力，它们依然满足动量守恒定理。

近代科学已经证明，自然界只存在四种基本的力（或相互作用，表9.0），它们是万有引力、弱相互作用力、电磁力、强相互作用力[1]，它们均应满足动量守恒或动量定理，因此动量守恒定理或动量定理一定是整个宇宙间最为通用的基本公式。物质的存在有其特有的属性，物质存在应当是尺度的函数，同样也应该有随着尺度由极小至极大变化的响应特性，只是这四种基本力根据物质存在的尺度而此长彼消，用四种基本力可以解释世界。

既然可以用受力的角度、用流动响应特性来看待自然界的流动问题，当然也可以用万有引力的尺度响应特性看待宇宙，唯一不变的核心是动量定理或动量守恒定理，或说对物质存在方式的受力分析。

表 9.0   **力 的 种 类**

种类	相互作用的物体	力的强度/N	力程
万有引力	一切质点	10^{-34}	无穷远
弱相互作用力	大多数的粒子	10^{-2}	10^{-17} m
电磁力	电荷	10^{2}	无穷远
强相互作用力	核子、介子等	10^{4}	10^{-5} m

[1] 张三慧. 大学物理（力学、热学）[M]. 北京：清华大学出版社，2008.

第9章

宇宙

宇宙[1] 在物理意义上被定义为所有的空间和时间（统称为时空）及其内涵，包括各种形式的所有能量，比如电磁辐射、普通物质、暗物质、暗能量等，其中普通物质包括行星、卫星、恒星、星系、星系团和星系间物质等。宇宙还包括影响物质和能量的物理定律，如守恒定律、经典力学、相对论等。

9.1 天文学的长度单位

太阳到地球的距离被定义为一个天文单位（1AU），它的数值大小为

$$1AU = 149597870km \tag{9.1}$$

常近似为 1.5 亿 km。

真空中的光速为 299792458m/s，光速计算值取 299792.458km/s，恒星之间的距离用光年来计：

$$1 光年 \approx 9.460 \times 10^{12} km \approx 6.3 \times 10^4 AU \tag{9.2}$$

从太阳附近的恒星距离测量开始，一直沿用几何学方法，当地球围绕太阳作轨道运动时，太阳附近的恒星相对于非常遥远的背景恒星，会产生一种"视运动"，即它们相对于背景恒星的视位置会发生变化。如果时隔半年对一颗近距离的恒星进行两次拍照，并把这两次拍得的照片加以比较，会测出这颗星在背景天空上的位移角度。通过视差角度便可以推知恒星距离，定义 1 秒差的距离为 1pc（pc 表示 parsec，即秒差距），则

$$1pc = 206265AU = 3.262 光年 \tag{9.3}$$

距离大时，用 kpc 表示，代表约 3262 光年，更大用 Mpc 表示，代表约 3.262×10^6 光年。

9.2 占统治地位的宇宙观

9.2.1 大爆炸理论

大爆炸理论[2] 是关于宇宙演化的现代宇宙学描述。根据这一理论的估计，空间

和时间在（137.99±0.21）亿年前的大爆炸后一同出现，随着宇宙膨胀，最初存在的能量和物质变得不那么密集。最初的加速膨胀被称为暴胀时期，之后为已知的四个基本力分离。宇宙逐渐冷却并继续膨胀，允许第一个亚原子粒子和简单的原子形成。暗物质逐渐聚集，在引力作用下形成泡沫一样的结构——大尺度纤维状结构和宇宙空洞。巨大的氢氦分子云逐渐被吸引到暗物质最密集的地方，形成了第一批星系、恒星、行星以及所有的一切。

9.2.2　宇宙的年龄

宇宙的年龄可估为从大爆炸至今约（137.99±0.21）亿年。

9.2.3　宇宙的大小

大爆炸后，宇宙空间本身在不断膨胀，在当前的地球到可观测宇宙边缘之间的真实距离为 465 亿光年（140 亿 pc），这些光在 138 亿年前产生，只是地球与该星系之间的空间已经膨胀。

虽然整个宇宙的大小尚不清楚，但可以测量可观测宇宙的大小，估计其直径为 930 亿光年。

9.2.4　暗物质

暗物质[3]（Dark matter）是理论上提出的可能存在于宇宙中的一种不可见的物质，它可能是宇宙物质的主要组成部分，但又不属于构成可见天体的任何一种已知的物质。大量天文学观测中发现的疑似违反牛顿万有引力的现象，可以在假设暗物质存在的前提下得到很好的解释。现代天文学通过天体的运动、牛顿万有引力的现象、引力透镜效应、宇宙的大尺度结构的形成、微波背景辐射等观测结果表明暗物质可能大量存在于星系、星团及宇宙中，其质量远大于宇宙中全部可见天体的质量总和。结合宇宙中微波背景辐射各向异性观测和标准宇宙学模型，可确定宇宙中暗物质占全部物质总质量的 85%、占宇宙总质能的 26.8%。

一种被广泛接受的理论认为，组成暗物质的是"弱相互作用的有质量粒子"（weakly interacting massive particle，WIMP），其质量和相互作用强度在电弱标度附近，在宇宙膨胀过程中通过热退耦合过程获得观测到的剩余丰度。此外，也有假说认为暗物质是由其他类型的粒子组成的，例如轴子（axion）、惰性中微子（sterile neutrino）等。

尽管暗物质尚未被直接探测到，但已经有大量证据表明其大量存在于宇宙中，主要有三个方面：星系旋转曲线与弥散速度分布、星系团观测和宇宙微波背景辐射。

9.2.5　星系旋转曲线

星系旋转曲线[4] 是在星系尺度观测其自转速度 V 随中心距 R 变化所得出的曲线，对天体物理的研究具有重要的意义（图 9.1）。

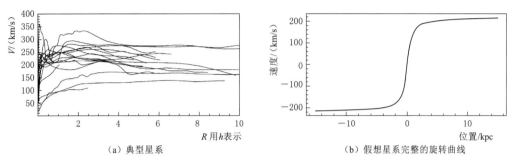

（a）典型星系　　　　　　　　　　　（b）假想星系完整的旋转曲线

图 9.1　星系的旋转曲线

星系的基本结构是多种多样的。1926 年，哈勃按照星系的形态将星系大致分成了三类，即椭圆星系（E）、漩涡星系（S）以及不规则星系（Irr）。

漩涡星系的数量在宇宙中的比例是很大的，宇宙中大约有三分之二的星系为漩涡星系。漩涡星系又被分为正常漩涡星系和棒旋星系（SB，中央有一条明亮的棒状结构）两族，每族根据其旋臂的张开程度又分成 a、b、c 三个次型。

大多数漩涡星系（S 星系）的星系旋转曲线都是类似的，如图 9.1 所示：①从星系中心 $R \approx 0$ 处起，V 随着 R 的增大而增大，这是自转曲线的快速上升阶段。这里的 V 表示星系旋转曲线的速度，R 代表着距离星系中心的半径。②随着 R 的进一步增大，V 表现为缓慢的增大，并达到最大值 V_{max}（通常 V_{max} 为 $200 \sim 300 km/s$）。③R 继续增大，但 V 大致上保持不变，或者仅有少量缓慢减小或增大的趋势。

棒旋星系（SB 星系）的自转曲线与 S 星系相类似，即保持平坦或者略有下降。不规则星系同样与 S 星系的自转曲线走向类似。从总体上看，均与 S 星系并无明显差异。

图 9.1（a）中，横坐标以星盘特征长度（disk scale length）为单位，图来自于文献［4］中且引用自 Sofue[5]，在文献［4］中定义的星系半径为在可见光部分的特征长度，纵坐标采用旋转速度。

9.2.6　微波背景辐射

背景辐射[4]（CMB，cosmic microwave background，又称 3K 背景辐射）是宇宙学中"大爆炸"遗留下来的电磁波辐射，是一种黑体辐射（热辐射）。

宇宙背景辐射是来自宇宙空间背景上的各向同性的微波辐射，也称为微波背景辐射。20 世纪 60 年代初，美国科学家彭齐亚斯和 R. W. 威尔逊为了改进卫星通信，建立了高灵敏度的号角式接收天线系统。1964 年，他们用它测量银晕气体射电强度。为了降低杂波，他们甚至清除了天线上的鸟粪，但依然有消除不掉的厘米波背景噪声。他们认为，这些来自宇宙波长为 7.35cm 的微波噪声相当于 3.5K，后他们又订正为 3K。

微波背景辐射的最重要特征是具有黑体辐射谱，可以在地面上直接测到 0.3～75cm 波段；在大于 100cm 的射电波段，银河系本身的超高频辐射掩盖了来自银河外空间的辐射，因而不能直接测到；在小于 0.3cm 波段，由于地球大气辐射的干扰，要依靠气球、火箭或卫星等空间探测手段才能测到。从 0.54cm 直到数十厘米波段内的测量表明，背景辐射是温度近于 2.7K 的黑体辐射，习惯称为 3K 背景辐射。

黑体谱现象表明，微波背景辐射是极大的时空范围内的事件。因为只有通过辐射与物质之间的相互作用，才能形成黑体谱。由于现今宇宙空间的物质密度极低，辐射与物质的相互作用极小，所以，今天观测到的黑体谱必定起源于很久以前。微波背景辐射应具有比遥远星系和射电源所能提供地更为古老的信息。

因为任何建立的宇宙模型都必须解释这种辐射，因此宇宙微波背景是精确测量宇宙学的关键。大爆炸理论的两个最伟大成就为其近乎完美的黑体辐射能谱及其详细地预测宇宙微波背景辐射的各向异性。宇宙微波背景频谱已成为最精确测量的黑体辐射能谱。通常认为背景辐射是早期宇宙发展所遗留下来的辐射，它的发现被认为是一个检测大爆炸宇宙模型的里程碑。

9.2.7 红移

多普勒效应[7]（Doppler effect）是为纪念奥地利物理学家及数学家克里斯琴·约翰·多普勒（Christian Johann Doppler）而命名的，他于 1842 年首先提出了这一理论。主要内容为物体辐射的波长因为波源和观测者的相对运动而产生变化。在运动的波源前面，波被压缩，波长变得较短，频率变得较高（蓝移，blue shift）；在运动的波源后面时，会产生相反的效应。波长变得较长，频率变得较低（红移，red shift）；波源的速度越高，所产生的效应越大。根据波红（或蓝）移的程度，可以计算出波源循着观测方向运动的速度。

一般理解的红移[12]有 3 种：多普勒红移（由于辐射源在固定的空间中远离观察者所造成的）、引力红移（由于光子摆脱引力场向外辐射所造成的）和宇宙学红移（由于宇宙空间自身的膨胀所造成的）。对于不同的研究对象，牵涉到不同的红移。

红移机制被用于解释在遥远的星系、类星体和星系间的气体云的光谱中观察到的红移现象。红移增加的比例与距离成正比。这种关系为宇宙在膨胀的观点提供了有力的支持，比如大爆炸宇宙模型。

1929 年，哈勃发现银河外星系等遥远天体，其谱线红移 z 与距离 r 成正比[4]，即著名的哈勃关系：

$$z \equiv \frac{\lambda - \lambda_0}{\lambda_0} = \frac{1}{c} H_0 r \qquad (9.4)$$

式中：z 为红移量；λ 和 λ_0 分别为谱线观察到的和固有波长；c 为光速；H_0 为哈勃常数[8]。

欧洲航天局于 2013 年 3 月 21 日宣布，根据普朗克卫星的测量结果得出新的哈勃常数值为 67.80 ± 0.77（km/s）/Mpc，表示为

$$H_0 = 67.8 \pm 0.77 \qquad (9.5)$$

利用多普勒频移与光源速度之间的关系，可以把红移 z 换算成星系的退行速度 u：

$$z = \left(\frac{c+u}{c-u}\right)^{1/2} - 1 \qquad (9.6)$$

当 $u \ll c$ 时，$z \approx u/c$，所以由式（9.6）得出：

$$u = H_0 r \qquad (9.7)$$

式（9.7）也被称为哈勃定律[4]，是将红移解释成星系相对于观察者有视向速度。

9.2.8 现有理论的依据

大爆炸理论来源于红移，尤其是遥远星体、星系，它们的红移通常不被理解为引力红移，而是多普勒红移或宇宙学红移。

暗物质来源于对星系旋转运动速度的推论。

微波背景辐射被认为是宇宙大爆炸初期所遗留下来的辐射。

9.3 从引力的尺度响应特性来看待宇宙

如果以受力的尺度响应来看待宇宙，则它一定满足动量定理或动量守恒定理。

从小的尺度来看，电子绕原子核旋转是个典型的独立系统，它们的运动规律满足动量定理，力主要是电子和原子核之间的电磁力。

大的比尺的系统，只有万有引力，如月亮绕地球旋转等太阳系中的行星系统，它满足动量定理，它的主要作用力是地球产生的引力，但它引力的量级比太阳系的引力要大，为强引力，太阳对地球系统的引力只能成为地月系统的背景引力。

更大一点的比尺如太阳系，行星系统如地月系统可以看成一个单元，地月系统的引力为内部力可以不予考虑。太阳的行星系统均围绕太阳转动，且在太阳系中同样满足动量定理，它的主要作用力是太阳产生的引力，在太阳系尺度来看为强引力，而银河系的银心对太阳系的引力则成为背景引力。

　　再大一点的比尺，如在银河系，单个恒星的系统如太阳系均可以看成一个单元，太阳系的引力作为内部力而可以不予考虑，每个恒星的子系统均围绕银河中心旋转，它同样满足动量定理，只是其中银河系内某点受银心的当量引力为所有银河系内物质对此点的引力的合力，这个当量合力指向银心，这个必须严格推导。由银心处对某点的当量合力为当量强引力，而整个宇宙的引力便成为背景引力。

　　再大的比尺，当将银河系及所有银河外星系看成一个内部系统而考虑整个宇宙时，银河系内的受力只是内部引力而可以忽略，而整个宇宙的引力便为当量强引力，它是所有星系对某点引力的合力，指向宇宙的"旋转中心"或"宇宙中心"。

　　因此当用尺度的视角看待宇宙时，它们却有相同的类比形式，它们有同流动一样有同样的相似形式，可以尝试来分析。

　　当然忽略最小的原子尺度，而以非常宏观的尺度看待宇宙，显然四种基本力只剩下万有引力，以绕心旋转速度为基准，来分别考察各个系统。

　　如果将宇宙中的天体集合进行分类，它们可以划分为两种：一种为强引力系统；另一种为分布式引力系统。强引力系统指系统质量集中在或绝大部分集中在系统中心，它们有行星系统、单恒星系统（估计双恒星系统或三恒星系统也可以属于此列）、黑洞等；分布式引力系统指星系如银河系等，它的质量分布在整个银河系中而不是集中在星系旋转中心，对于整个宇宙，也是一分布式引力系统，它的质量是分布在各个星系中的。下面分别进行阐述。

9.3.1　强引力系统

　　如果将一个（单一）恒星系统或行星系统看成有唯一的强引力源，它就是恒星本身或行星本身，因为当恒星系统或行星系统的绝大部分质量为恒星或行星质量时，可以如此近似。

　　强引力系统分两例，第一个以太阳系中行星——地球为例，第二个以太阳系为例，分别进行分析，它们的区别只是比尺越来越大。当然太阳系中有八大行星，每个行星均有自己的子系统，且都与地月系统类似。

　　强引力系统如果将引力源看成一个质点，它将是单一的强引力系统，如果将引力源看成一个有空间体积的实际天体，则这个天体本身也是一个小型的分布式引力系统，因此强引力系统也可以视为混合型的引力形式。

9.3.1.1　地月系统

　　人类最先接触到且最为基本的强引力系统当属地月系统（当然单个月球本身也可以成为一个更小的系统，这里因为可以类比成地球与太阳的关系，而可以忽略）。在地月系统内部，地球引力为强引力，而太阳的引力与地球引力相比只是背景引力，属于比尺更大的系统。

其中地球质量为 5.965×10^{24}kg，月球质量为 7.35×10^{22}kg，地月距离为 384403.9km，地球占地月总质量的 98.78%，故可以近似以地球质量推知绕地系统的旋转速度，而忽略月球质量，将月球近似为一个不带质量的点。

地球半径取为 6371.393km，地球大气层厚度取为 1400km。假设地球为质量均匀分布的理想球体，则可以由以上数据推知平均密度（5505.7775kg/m³）。如果将地球的内部物质全部掏空，但保持质量分布的性质，则地球内部某点（质量 m，距地心距离 r）也有当量地球引力，它为所有地球内部物质对这点引力的合力，它的大小为地球内部当量质量（半径 r 的球体）对某点 m 的引力，计算公式为

$$F = \frac{GM(r)m}{r^2} = G\frac{4}{3}\pi r^3 \rho m / r^2 \tag{9.8}$$

式中：G 为万有引力常数，为 6.67×10^{-11}N·m²/kg²。

如果此点能在距离地心 r 处保持平衡，则它必须绕地心旋转并作圆周运动，根据动量定理，其实就是牛顿第二定律，则

$$G\frac{4}{3}\pi r^3 \rho m / r^2 = m\omega^2 r \tag{9.9}$$

由此可以求得地球内部某处的绕地速度。如果在地外，则地球可以看成一个整体，具有质量 M，则

$$GMm/r^2 = m\omega^2 r \tag{9.10}$$

因此可以由此绘出地月系统的绕地旋转曲线，如图 9.2 所示。根据其绕地速度响应曲线，将绕地速度分为两个区段：一个为旋转角速度的 0 次方段；另一个为旋转角速度的 -3 次方段。它们有各自的绕地速度-地心距离响应曲线，它们可以统一表示为

$$\omega^2 = ar^{b_1} \tag{9.11a}$$

或

$$u^2 = ar^{b_1+2} \tag{9.11b}$$

式中：a 为常数；b_1 为指数。当 $b_1=0$ 时，为地球内部绕地速度，它们有同一个旋转角速度，定义为旋转角速度的 0 次方段；当 $b_1=-3$ 时，为地外绕地速度，它满足开普勒运动 [式（9.10）]，定义为旋转角速度的 -3 次方段，即 $\omega^2 = ar^{-3}$。由图 9.2 知，在 0 次方段和 -3 次方段有个硬性的交点，此处在地球表面，它的绕地速度为第一宇宙速度，约为 7.9km/s。

显然地球内部及外部的质量分布决定了绕地球旋转速度的分布，如果地球内部质量均匀分布，则满足式（9.11）中的 $b_1=0$，即同一个旋转角速度，显然地球内部属于一个典型的分布式引力系统；而位于地外因为并无质量增加或能近似无质量增加，则地外满足开普勒曲线 [式（9.10）]，或式（9.11）中的 $b_1=-3$。图 9.2 中旋转角速度的 0 次方段和 -3 次方段分别用 1 和 4 表示。

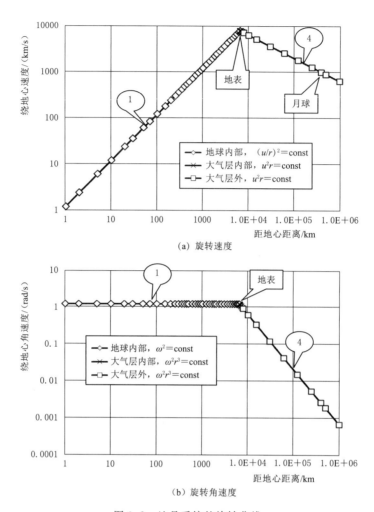

（a）旋转速度

（b）旋转角速度

图 9.2　地月系统的旋转曲线

9.3.1.2　太阳系

对于太阳系，以地日距离 149597870km 为一个天文单位 AU，则太阳半径为 696000km。取太阳系半径为 39.5AU（以原属太阳系九大行星之一的冥王星轨道来作为太阳系边界，它与太阳的平均距离作为太阳系的半径，即 5913520000km），太阳质量为 1.989×10^{30} kg（用 $M_\ominus$ 表示），因为太阳质量占太阳系的 99.86%，故太阳系的旋转曲线可以忽略全部行星的质量，每个行星系统均可以近似成无质量的点。类似地月系统，它也有相应的旋转曲线（图 9.3）。

而太阳系本身又是围绕银河系银心转动，银心对太阳系的当量引力便为背景引力，它属于一个更大尺度的系统。

显然太阳系也同样有地月系统相近的旋转曲线，因为它有地月系统大致相同的质量分布，有明显旋转角速度的 0 次方段和 −3 次方段（图 9.3），分别以 1 和 4 表示。

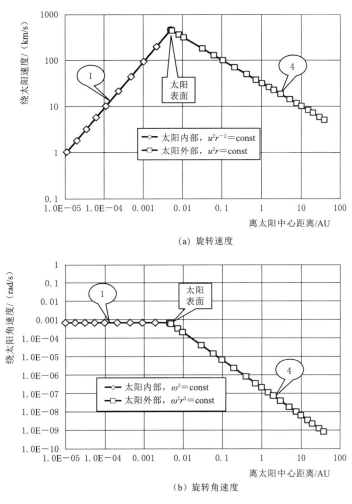

（a）旋转速度

（b）旋转角速度

图 9.3 太阳系的旋转曲线

太阳系的旋转曲线代表了太阳的质量分布：太阳内部假设均匀分布，为分布式引力系统，则它们有共同的绕日旋转角速度（$b_1=0$）；太阳之外，则假定无任何质量分布（质量可以忽略），则它们的绕日速度将呈开普勒曲线分布［式（9.10），$b_1=-3$］。

9.3.1.3 黑洞

质量超过中子星临界质量（$\sim 3M_\Theta$）的冷天体，将由引力坍缩而成为黑洞。黑洞[4]（Black Hole）名词是美国天体物理学家惠勒（J. Wheeler）1968 年创造的。但历史上最早提出关于黑洞的物理思想是英国教士米歇尔（J. Mchell）和法国数学家拉普拉斯（P. Laplace）。米歇尔在 1783 年就提出，光线的传播会受到引力的影响。他根据牛顿的万有引力理论推测，一个质量比太阳大 500 倍但密度与太阳差不多的恒星，引力场可以强到使光线也不能逃远。拉普拉斯也进行了类似的计算。

事实上，比他们那个年代还要早 100 多年，人们就已经根据木星卫星运动的观测，知道光的速度大约是 30 万 km/s。米歇尔和拉普拉斯的计算方法相信大家早就已经熟知，即根据能量守恒，一个质量为 M、半径为 R 的天体，其表面的逃逸速度 v 为

$$\frac{1}{2}mv^2=\frac{GMm}{R} \quad \rightarrow \quad v^2=\frac{2GM}{R} \tag{9.12}$$

如果这一逃逸速度等于光速，即 $v=c$，则有 $R=r_g=\dfrac{2GM}{c^2}$，r_g 称为牛顿引力半径。如果 $v>c$，意味着天体表面发出的光线不能到达无穷远的观测者。这样，天体

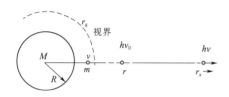

图 9.4　黑洞的视界和引力红移的
牛顿力学解释

就变成了黑洞。实际上，在 $v>c$ 的情况下，黑洞的范围比天体本身要大，因为天体表面以外一定有某个地方 $v=c$，该处到天体中心的距离显然就是牛顿引力半径 r_g。以 r_g 为半径做一个球面，球面以内的区域都属于黑洞，它把整个天体包括在内（图 9.4）。

按照广义相对论，在静态且质量呈球对称分布的情况下，球外部的时空度规由爱因斯坦场方程的史瓦西（K. Schwarzschild）解给出，即史瓦西度规。在这一度规下，时空间隔为（习惯上，取光速 $c=1$）：

$$ds^2=\left(1-\frac{2GM}{r}\right)dt^2-\frac{dr^2}{1-\dfrac{2GM}{r}}-r^2d\theta^2-r^2\sin^2\theta d\varphi^2 \tag{9.13}$$

度规是广义相对论描述时空结构的一种数学工具，可以这样来理解式（9.13）：在远离球体的地方，也就是当 $r\rightarrow\infty$ 时，引力趋于零，时空就变为平直时空。此时式（9.13）就回到大家熟悉的狭义相对论的形式（取光速 $c=1$）：

$$ds^2=dt^2-dr^2-r^2d\theta^2-r^2\sin^2\theta d\varphi^2 \tag{9.14}$$

式（9.13）表明，时空度规有两个奇点，它们分别是（这里恢复光速 c 的通常表示）：

$$r=0 \quad , \quad r=r_s\equiv\frac{2GM}{c^2} \tag{9.15}$$

式中：r_s 为史瓦西半径，它与牛顿引力半径 r_g 恰好相等。

$r=r_s$ 的球面称为视界（horizon），视界以内是黑洞，光不能从黑洞中逃逸，这与上面牛顿力学的简单分析结果是完全一致的。但两种理论给出的光子运动图像有本质不同。牛顿理论认为，光子可以从黑洞里面发出并到达黑洞以外的某个高度，然后再返回。而广义相对论却认为，光子不可能离开黑洞，即使从黑洞表面 $r=r_s$ 处发射的光子，也只能始终沿黑洞表面（视界）环绕运行。因此，黑洞的视界也称为单向膜，

任何物体（包括光信号）都只能向视界里面落去，而不能从视界里面出来。

点评：黑洞也是一个强引力系统，只考虑唯一的引力源，且将光视为粒子。如果将光看成波，则它将沿一个方向成锥形扩散，即使在史瓦西半径上切向行进的光，它也有一半的概率逃逸（哪怕有丝毫的向外的锥角），一半的概率落入强引力源中心。况且光如果要逃逸，直接向引力源反方向光速逃逸即可，引力源对光速是无可奈何的，因此牛顿引力半径 r_g 和史瓦西半径 r_s 均可能是推导的错误，它们可能并不存在。

9.3.1.4 黑洞的引力红移

从另一个角度来看待黑洞的发光性质：把光子看成是能量为 $h\upsilon$ 的粒子（其中 υ 为光的频率，h 为普朗克常量，故根据爱因斯坦的质能关系，光子的质量就是 $h\upsilon/c^2$），并用牛顿力学来描述光子的运动。如图 9.4 所示，一个能量为 $h\upsilon_0$ 的光子从视界外面 f 处向远处发射，到达无穷远处后，光子的能量变为 $h\upsilon$。在逃逸过程中，光子要克服引力势必须消耗能量，故能量（$E=h\upsilon$）将越来越小，这就表现为频率 υ 越来越小，或相应地波长 λ 越来越大，即产生引力红移。

用牛顿理论来计算一下引力红移的结果。根据总能量守恒：

$$h\upsilon = h\upsilon_0 - \frac{GMh\upsilon_0}{rc^2} = h\upsilon_0\left(1 - \frac{GM}{rc^2}\right) \tag{9.16}$$

式（9.16）中，等号右边第二项代表 r 处的引力势。把频率换成波长，式（9.16）可写为

$$\frac{h}{\lambda} = \frac{h}{\lambda_0}\left(1 - \frac{GM}{rc^2}\right) \longrightarrow \lambda = \lambda_0\left(1 - \frac{GM}{rc^2}\right)^{-1} \tag{9.17}$$

由此可以得到引力红移为

$$z \equiv \frac{\Delta\lambda}{\lambda_0} = \left(1 - \frac{GM}{rc^2}\right)^{-1} - 1 \tag{9.18}$$

式中：λ 为无穷远处接收到的光子波长；λ_0 为光子固有波长。

严格的广义相对论的结果是：

$$z = \left(1 - \frac{2GM}{rc^2}\right)^{-1/2} - 1 \tag{9.19}$$

显然，两者在弱场近似的情况下是一致的，即

$$z \to \frac{GM}{rc^2}, \quad \frac{GM}{rc^2} \ll 1 \tag{9.20}$$

如果光子从黑洞视界 $r=r_s$ 处发射，则由式（9.19）有 $z \to \infty$，即观测到的光子波长为无穷大。因此视界也称为无限红移面。但是，波长无限红移的光子能量为零，这实际上相当于观察者接收不到任何光子。利用式（9.18）红移 z 的定义，式（9.16）也可以写为

$$h\upsilon = h\upsilon_0/(1+z) \tag{9.21}$$

这一关系虽然是用牛顿理论得到的，但与广义相对论的结果是一致的。

式（9.16）所示的光子频率变化也可以解释为时钟快慢的变化，因为现代的时间标准就是基于光的频率来确定的，无穷远处接收到的光子频率 υ，要小于光子在发射地点的固有频率 υ_0。这就是说，在远处的观测者看来，位于引力场中的钟，要走得比观测者本地的钟慢，而且钟的位置在引力场中越深（即 r 越小，势能越负），钟的定时就越慢。钟的走时也相当于物理过程的时间持续。因此，引力红移的结果也表明，在远处的观测者看来，引力场中的一切物理过程（例如电磁振动、粒子运动以及生命过程等）都变慢了，而且引力场越强，这些过程就变得越慢。由式（9.21）不难看到，如果黑洞附近有一个固有光度为 L_0 的光源发光，则引力红移将引起两方面的观测效应：一方面是单个光子的能量变小；另一方面是观测者单位时间内接收到的光子数减少（光子发射过程变慢）。这两个效应都相当于乘一个因子 $1/(z+1)$，因此综合起来，就会使观测到的光源光度 L 减小到真实光度的 $1/(z+1)^2$ 倍，即

$$L = \frac{L_0}{(1+z)^2} \tag{9.22}$$

点评：显然黑洞的引力及红移等的推导，均在强引力系统假设条件下进行的，且对黑洞视界的引用可能有误。将史瓦西半径 r_s 发射的光按式（9.19）计算，同按牛顿引力半径 r_g（明显 $= r_s$）按式（9.18）计算的结论不符，后者显然不能解释无穷大红移。

9.3.1.5 黑洞的旋转曲线

黑洞也是一个强引力系统，如果只考虑唯一的引力源的话，9.3.1.3 节和9.3.1.4 节均是如此推导的。如果画出黑洞的旋转曲线，应该同地月系统和太阳系的旋转曲线类似，黑洞外均满足开普勒运动，均在旋转角速度的 -3 次方段上，离黑洞中心越远，旋转速度越小，满足式（9.11）中的 $b_1 = -3$，这里不再画图，但它的影响范围一定是有限的，在这个有限的范围内，为强引力系统。

9.3.1.6 可视的宇宙

按现有的对宇宙的理解，宇宙来源于大爆炸，大爆炸所波及的范围之外皆为空，或者说大爆炸影响范围之外是没有物质，为大爆炸之前的世界。因此现在能看见或能检测得到的宇宙可以称为可视宇宙。整个的可视宇宙在两个黑洞之间，一个是强引力的黑洞，可视宇宙在强引力黑洞之外，黑洞之内是不可观测的，而这个强引力黑洞确实数量巨大，但都可以归纳为内黑洞；另一个是整个的可视宇宙，它在一个是巨大黑洞之内，之外便是空无一物的黑洞，归纳为外黑洞。

外黑洞的旋转曲线，因为外部空无一物，如果将整个宇宙的当量质量在"宇宙"

中心，则外黑洞的旋转曲线仍然满足开普勒运动，它也属于强引力系统，如果外黑洞的世界依然存在的话。

因此可以说宇宙就是在内黑洞之外、外黑洞之内的空间，也即现在理解的可视的宇宙。

9.3.2 分布式引力系统

如果以单一恒星系如太阳系（或黑洞）为单元，并由非常多的单元组成一个星系系统，则每个单元的质量均不能忽略，故可以称为分布式引力系统。它的特点是，可以将单一恒星或双星或三星（即三体）的恒星单元看成一个带质量的质点单元（不占空间），并由这些质点单元组成一个更大规模的恒定的运行系统，它们均围绕星系的当量原点转动（全部假设为圆周运动），星系中任何一点的引力均是所有单元对此点引力的合力，指向星系的转动中心（当量原点）。这些带质量的单元包括星系内的所有恒星单元，且还应包含有质量的气体云等单元，或现阶段无法检测到的有质量的单元（或称暗物质）。

分布式引力系统最易理解的是银河系之类的星系，它的单元是每个恒星系（如太阳系等），它比以恒星为中心的系统要大得多。

如果进一步放大尺度，将银河系之类的星系视为一个引力单元，简化到只有一个质量和一个空间点，那各个星系将组成整个宇宙，且布满可见的宇宙中，这时星系内部的引力变为内部力可以忽略，而各个单元星系对某点的合力指向"宇宙中心"，这里的宇宙中心是基于某种假设而存在的。

9.3.2.1 星系

星系作为一个比较稳定的系统，由非常多的恒星组成，它们大致围绕同一个星系中心旋转，且绝大部分星系的旋转曲线均是相似的，参见图 9.5，包括银河系和一些典型漩涡星系的旋转曲线。

如果将银河系的旋转曲线 [图 9.5 (a)] 进行分类，则在近银心处随着距银心中心距离的增加，旋转速度迅速增加，可能就是大致为旋转角速度的 0 次方段，用①表示，旋转角速度可能大致相等；在达到最高点后，又随着距离的增加迅速下降，这时可能接近开普勒运动的④（旋转角速度的－3 次方段）或在③和④之间（－2 次方段和－3 次方段之间）；继续增大距离，至局部最小点后，旋转速度又缓慢增加，大致在或接近－1 次方段的②或①～③（0 次方段和－2 次方段）之间；随后继续摆动最终大致收敛到一个稳定的旋转速度③上。图 9.5 (b) 显示的大致如此，均收敛至稳定的旋转速度③上 [图 9.5 (b)、图 9.1]，即 $\omega^2 = ar^{-2}$。

9.3.2.2 整个宇宙

宇宙由无数的星系组成，它们可以认为是绕某点即"宇宙中心"旋转，则它应该

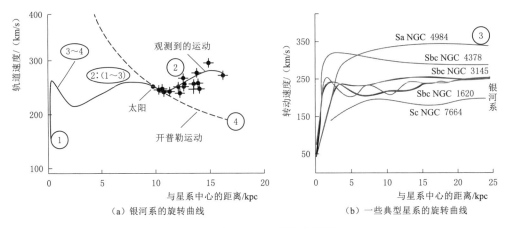

（a）银河系的旋转曲线 （b）一些典型星系的旋转曲线

图 9.5 漩涡星系的旋转曲线[3]

有相应的旋转曲线，只是没法检测到，但可以通过别的办法间接的获得，它就是宇宙中的质量分布特性，它决定了宇宙中一切运动或存在。

9.4 从当量质量分布的尺度响应来看待宇宙

无论是强引力系统还是分布式引力系统，它们均来源于宇宙中物质的分布，即带质量的物质分布，以下分别进行说明。

9.4.1 几个概念约定

9.4.1.1 宇宙中的旅行者

宇宙中唯一的星际旅行者是光或光子，或者说是一切电磁波，而其他的带质量的物质均不配称为旅行者，本章研究的对象也是光。

光具有波粒二象性，时为波又时为粒子，在本书的理解中，统一将其视为波，而不是粒子，即使是粒子也是光量子而不是普通的带静止质量的粒子。理由如下：当光离开其发射的中心后，一直向各方辐射，至半径 r 时，它的辐射面积为 $4\pi r^2$，它的辐射强度同距离 r 的 2 次方成反比，因此它是随距离的增加而辐射强度减弱的，它的波长将随着克服各种引力势而波长逐渐增加，或说被引力给拉长。

9.4.1.2 宇宙的中心

宇宙的中心是基于旅行者光而言的，光的发射点即为宇宙中心。以这样的观点来看，宇宙中有无穷多的"宇宙中心"，它们都是相对的，而没有绝对的"宇宙中心"。宇宙中的光经过同一片空间，它们对光产生的作用是不一样的，引力都是指向各自的宇宙中心，对光产生的效果均是将波长拉长，向各自的宇宙中心方向拉，是光为克服从宇宙中心开始的引力势而必须付出的代价。

9.4.1.3 光的旅行之路

光或电磁波，它们的旅行之路，将成为理解宇宙的关键。光从它诞生起，它首先得逃逸各种强引力系统，如行星系统上发出的光，它得逃出行星的强引力系统，再逃出恒星的强引力系统，再逃出星系的分布式引力系统，最后逃出整个宇宙的分布式引力系统，直至外黑洞边缘。当然外黑洞边缘的光或可视宇宙中的任何光到达观察者时，也在克服它诞生时就存在的各种引力系统，直至抵达地球。

光的旅行之路是在一直逃逸各种引力系统产生的引力势，直至宇宙边缘（如果有的话），它从诞生的那一瞬间，就天生带有或知晓从宇宙中心至宇宙边缘的各种引力系统，这是天生的且不可更改的，是它的宇宙，是旅行者的宇宙，是光的宇宙。

9.4.1.4 各个引力系统的巡天

引入巡天概念，在一个引力系统中，物质均有其特有的绕当量引力中心旋转的能力，本书称之为巡天，这个巡天有快有慢，它和整个引力系统的尺度相关，和与当量引力中心的距离有关。以地月系统为例，月球绕地球一圈约 27d 7h，大致一个月；更大尺度的以太阳系为例，地球绕太阳一圈约 365d 6h，大致一年。所以一个引力系统越小，则巡天的能力越强，一个固定的时长巡天周期越短。

更大比尺的银河系，大致均围绕银心旋转，太阳系绕银心一圈约 2.5 亿年，如果从宇宙诞生就算起，太阳系绕银心旋转大致 55 圈，如果从太阳系诞生了 46 亿年算起，也不过绕银心旋转了 18 圈。

如果有更大比尺的引力系统，则它们绕宇宙中心的旋转则几乎可以忽略不计，即使有也不到 1 圈甚至更小，或几乎没有绕宇宙中心转动。

因此比尺越小，巡天强度越高，巡天越频繁。

9.4.1.5 天体系统的当量质量

引入当量质量的概念，如图 9.6 所示，一个质量为 M 半径为 R 的均质天体（$\rho =$ const），对距离天体中心 r 处的 m 产生的引力，为天体内任一微小质量单元 M_i 对 m 的引力的合力，当 $r<R$ 时，天体 M 对 m 的引力合力即为半径 r 内天体的质量对 m 的引力，当量质量便是半径 r 内天体的

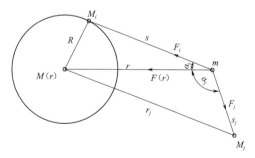

图 9.6 当量质量概念

质量［式（9.25）］；当 $r>R$ 时，天体的当量质量就是天体的质量 M。

对于有 N 个星体的系统（图 9.6），以系统的当量中心为原点，对 m 点的当量引

力为其当量质量 $M(r)$ 对 m 的引力，它等于星系内所有带质量的天体单元 M_j 对点 m 的引力合力，表达如下：

$$F = \frac{GM(r)m}{r^2} = \sum_{j=1}^{N} \frac{GM_j m}{s_j^2} \cos(\alpha_j) \tag{9.23}$$

当量质量 $M(r)$ 的表达式为

$$M(r) = r^2 \sum_{j=1}^{N} \frac{M_j \cos(\alpha_j)}{s_j^2} \tag{9.24}$$

当量质量一定来源于系统内所有质量单元对某点 m（与当量原点距离 r）的积分或求和。

9.4.1.6 光的当量速度

当以旅行者光为研究对象（图 9.7），它从激发时有波长 λ_0，它的速度为 c，经过距离 r_1 后波长被引力给拉长至 λ_1，至 r 处波长为 λ。如果以一个波长的前缘为准，设前缘为光速 c，它们在激发处、r_1 处和 r 处的当量速度分别为 $c - \lambda_0/2$、$c - \lambda_1/2$ 和 $c - \lambda/2$，这个当量速度是依附在波的前缘上的，而不是真正的速度。当然以波的中央来看，它的速度依然是光速 c；以波长的后缘看，它的速度依然是光速 c，所以当量速度是一相对的概念。

所以，如果支持光速不变性原理，则 r_0 处的光是一定能达到任意 r 处的，无论是一个波长的前缘还是后缘，均能到达，且都是以光速到达，所以在 r_0 处的发射者看来，这束光至 r 处频率是没有变化的。但观察者接受这个波长所经历的时间将发生变化，在 r_1 处，时间会被拉长，$\mathrm{d}t_1 = \lambda_1/c$，在 r 处 $\mathrm{d}t = \lambda/c$（这个时间 $\mathrm{d}t$ 可以是无穷大，如果波长被拉至无穷大的话），因此接受者的频率或波长将发生改变。波长变长就是宇宙学红移，也是星际旅行者光的相对论。

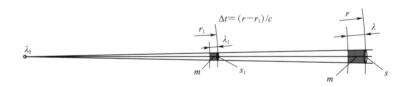

图 9.7 光的动量定理示意图

9.4.1.7 光的当量质量

如果这束光（图 9.7）从被激发至 r 的过程中均未被吸收，则它会保持它的属性，它在任意位置 r 处的一个波长内的体积为 $4\pi r^2 \lambda$，其内部所包含光的性质未发生变化，则这个体积内的光称为光在一个波长内的当量质量 m。

9.4.2 强引力系统的当量质量分布

9.4.2.1 地月系统的当量质量分布

以地月系统为例，说明强引力系统的质量分布，假设地球质量均匀分布，容重恒定，则地表之下的某点（距地心 r）当量引力来源于当量地球质量 $M(r)$，显然按式（9.9）有

$$M(r) = \frac{4}{3}\pi r^3 \rho \tag{9.25}$$

写成通用的公式为

$$M(r) = ar^{b_2} \tag{9.26}$$

对于均匀分布的引力源地球来说，当 $b_2 = 3$ 时，表明当量地球质量分布为地心距离的 3 次方成正比。

而地外系统，则按式（9.10）有

$$M(r) = ar^0 \tag{9.27}$$

即相当于式（9.26）中的 $b_2 = 0$，当量质量为地心距离的 0 次方成正比 [图 9.8（a）]，a 即为地球质量 M。

9.4.2.2 太阳系的当量质量分布

太阳系的质量分布同地月系统相当。在太阳内部，太阳当量质量为距日心距离的 3 次方成正比，$b_2 = 3$；在太阳系外部，太阳当量质量为距日心距离的 0 次方成正比，$b_2 = 0$ [图 8.7（b），同式（9.27）]。

9.4.2.3 黑洞的当量质量分布

黑洞的质量分布，如果分析单一的黑洞，则它的外部的物质质量近似可以忽略，则黑洞的当量质量为距黑洞距离的 0 次方成正比，$b_2 = 0$ [同式（9.27）]。

9.4.3 分布式引力系统的质量分布

分布式引力系统一定是非常多的局部强引力系统所构成，它们围绕着引力系统的中心旋转，如果是星系则绕星系中心旋转，如果是整个宇宙，则绕"宇宙中心"旋转。

9.4.3.1 星系的当量质量分布

每个星系均有相似的旋转曲线（图 9.1、图 9.5），这些旋转曲线均能代表对某位置（距离星系旋转中心距离 r 处）同星系当量质量 $M(r)$ 的引力关系。

以银河系的旋转曲线 [图 9.5（a）] 为例，位置随着距星系中心距离 r 的增加，旋转速度在不断地波动，有接近于④的（或③④之间），可以近似为④，即旋转角速度的 −3

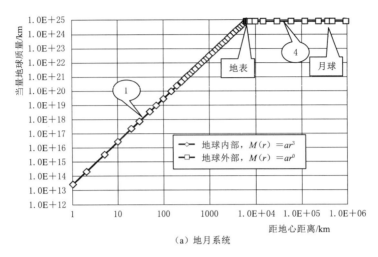

（a）地月系统

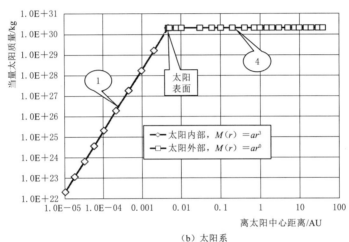

（b）太阳系

图 9.8 强引力系统的当量质量

次方段；有接近②的，可以近似成旋转角速度的－1 次方段；最终当距星系中心距离继续增加，则都倾向于旋转角速度的－2 次方段［即③，图 9.5（b），图 9.1］。

如果将这些旋转关系转换成星系的质量分布 $M(r)$，有

$$GM(r)/r^2 = v^2/r \tag{9.28}$$

或当旋转速度为常数，便有

$$M(r) = ar^1 \tag{9.29}$$

图 9.9（a）是一个典型星系的旋转曲线［参见图 9.1、图 9.5（b）］。其中假设星系在距星系中心 5～35kpc 范围内，旋转速度为 250km/s，则由式（9.28）可以推知距星系中心 r 处的当量质量 $M(r)$，即式（9.29）。

显然在比尺逐渐增大的过程中，将由强引力系统蜕化至分布式引力系统，当量质量由距离 r 的 0 次方段（强引力系统范围）过渡到 1 次方段（在星系引力范围，$b_2 = 1$）。

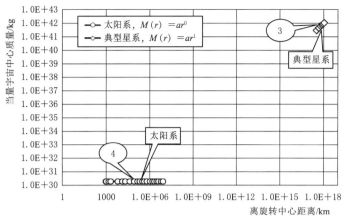

（a）星系系统

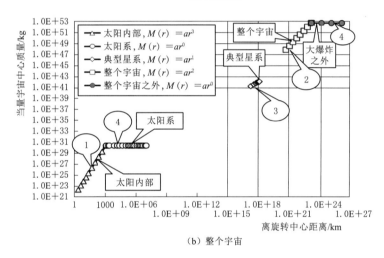

（b）整个宇宙

图 9.9　星系系统和整个宇宙的当量质量响应曲线

9.4.3.2　星系当量质量分布原因

星系的当量质量分布为分布式引力系统所导致，与强引力系统相比有明显的不同。究其原因，这里归之于巡天。

强引力系统中，由于绕引力中心旋转角速度大，巡天非常频繁，几乎将所有的物质都吸引集中于旋转中心，而在外面绕行的质量均非常小，可以忽略不计，它是一个充分发展的世界，可以比拟成发达的第一世界，比尺越小的强引力系统则越发达，巡天越频繁。

而更大的比尺，如各种星系本身，它们巡天的角速度较慢，如在银河系中，太阳系绕银心旋转一圈大致为 2.5 亿年，即使从宇宙诞生至今才不过绕银心转动 55 圈，它是一个还没有充分发展的世界，尤其是随着星系半径的增加，巡天角速度越慢，大部分地方还欠"开发"，物质存在的方式还欠"集中"，可以比拟成欠发达的第二世界。

9.4.3.3　可视宇宙的当量质量分布

比星系更大的比尺，如各种星系组成的可视宇宙，则没有可以测量的绕"宇宙中心"的旋转速度，即使有，也非常的微小以至于根本测不出。

但是，可以根据类星体的红移现象进行反推，用哈勃关系式（9.4），这里假设它是正确的，则可以对某点源光的运动过程进行动量定理分析。当光在"宇宙中心"处被激发，它带有一定能量，在 r_1 处时展开面积有 $4\pi r_1^2$，至 r 处，展开面积有 $4\pi r^2$，它展开的面积同 r 的平方成正比，尤其是向固定方向发射的光，它的光强同样按半径的 2 次方进行衰减，在 r_1 处展开面积为 s_1，在 r 处展开面积为 s〔这里的 $s = s_1(r/r_1)^2$〕，参见图 9.7。

如果定义光波发射时的原始波长为 λ_0，那么在 r_1 处的波长被拉伸为 λ_1，在 r 处的波长又被拉伸为 λ，则可以将光沿某方向的当量质量定义这束光在一个波长内占据的空间，如果它在 r_1（或 0）至 r 之间没有被空间中物质吸收，则它的性质如当量质量将保持不变，因此在一个波长段中，在 r_1 处展开的体积或占据的空间为 $s_1\lambda_1$，在 r 处为 $s\lambda$，则将这个变动的空间 $s\lambda$ 中所包含的光视为它的当量质量 m；在发射时当量速度为 $c - \lambda_0/2$（这里将波的前端视为光速 c，当然也可以将中端视为光速），它在 r_1 处的当量速度为 $c - \lambda_1/2$，它受到的当量引力源为当量质量 $M(r_1)$，在 r 处的当量速度 $c - \lambda/2$，引力源的当量质量为 $M(r)$；光速不变，则根据动量定理有：

$$F\Delta t = F\frac{r}{c} = \frac{GM(r)m}{r^2}\frac{r}{c} \propto m\frac{\lambda - \lambda_0}{2} \qquad (9.30)$$

考虑哈勃关系式（9.4），式（9.30）可得

$$M(r) = ar^2 \qquad (9.31)$$

式（9.31）中 a 为一常数。显然，从宇宙尺度来看，宇宙中心至 r 处的当量质量 $M(r)$ 为距离 r 的 2 次方成正比，相当于式（9.30）中的万有引力 F 为常数（与距离 r 无关）。见图 9.9（a），参考典型星系的当量质量顺延至太阳系半径处，其质量大致为太阳质量的 3.838 倍，因此在图 9.9（b）中假定宇宙的当量质量顺延至典型星系的半径（$r = 35\text{kpc}$）时，按当量宇宙质量为典型星系质量的 3 倍而计算出的分布图，直至 138 光年（宇宙年龄 0 岁时）。

9.4.3.4　可视宇宙的质量分布解读

如果在强引力系统中，由于系统的快速巡天所导致的整个质量集中于系统中心，当量质量是同距引力中心距离 r 的 0 次方成正比，属于高度发展的第一世界。而至星系系统中，随着半径的增加，巡天程度迅速降低，星系的质量不均匀分布在整个系统中，星系的当量质量逐渐过渡到同距引力中心距离 r 的 1 次方成正比，属于欠发展的

第二世界。

如果以这样的观点看待可视宇宙或整个宇宙时，则它的大部分处于未曾开发的，不曾被扰乱的蛮荒状态，还几乎没有被巡天清扫过，宇宙当量质量 $M(r)$ 是同宇宙中心距离 r 的 2 次方成正比。

如果以比尺模型看待整个宇宙中的质量分布问题，则它完全类似于流动问题，以圆柱绕流[9,10] 为例，它的有效体积率雷诺数响应曲线见图 9.10 ［或图 7.2（a）］，B-1 为最小比尺，B0 为放大 10 倍，以此类推至 B4 为放大 10 万倍。由图 9.10 可见，当比尺增加时，它的响应特性将增加一段，这是小比尺所没有的，在文献［9］中称为延展段。在 B-1 时，在雷诺数 25 附近大量开始空化，在雷诺数 25 以下，有效体积率均是完全一致的；当模型增加一个比尺 10 至模型 B0 时，雷诺数为 25～250 则是延展出来的响应特性；由 B-1 增加比尺 100000 至 B4 时，雷诺数为 25～2500000 均是延展出来的特性。

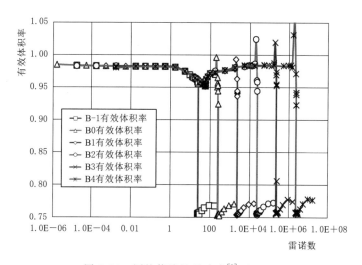

图 9.10　圆柱绕流比尺响应[9]（1atm）

同理，将整个宇宙也用尺度的概念和当量质量的概念进行解读。以太阳系为研究对象时，太阳内部当量质量同距太阳中心距离 r 的 3 次方关系，太阳外部当量质量是随离太阳中心位置 r 的 0 次方关系，即所有的太阳系内行星均为开普勒运动，外部所有一切引力均是对太阳系的背景引力。同样太阳系中的其他行星也有其相应的行星引力系统，因为同地月系统完全类似，只是它的背景引力为太阳对行星系统的引力，只是系统更小。

如果以强引力系统为研究对象，在强引力系统范围内，系统的当量质量为强引力中心距离的 0 次方成正比。

当将目标继续扩大至整个银河系或别的星系，那可以假设在银河系中央有另外一个类似太阳或黑洞之类的系统，假定其为星系中心黑洞，在一定条件下或范围内，星系中心黑洞一定是一个强引力系统,这里暂以太阳系的数据替代 [图 9.9 (a)],在整个星系的范围之中,从星系中心黑洞的强引力半径至整个星系半径之间的特性都是延展出来的,它有过渡段 (可见图 9.1、图 9.5 的转动曲线),最后稳定在星系当量质量与至星系中心距离 r 的 1 次方成正比。而星系中央的黑洞内部 (以太阳系参数替代) 则依然还是当量质量与距星系中央距离 r 的 3 次方成正比,假定中央黑洞 (或太阳) 是一个均质的实心体。

如果更大的范围考虑,那就是整个宇宙尺度,从星系有效半径至整个宇宙尺度,又都是比尺扩大所延展出来的特性,最终得到的当量质量为距宇宙中心距离 r 的 2 次方成正比。是否有更大尺度的宇宙空间,它的当量质量为距宇宙中心距离 r 的 3 次方成正比,则更大的宇宙将同地球内部是完全相似的,它均质且各向同性,但是否如此不得而知,可以这样设想。

因此各个系统是相似的,随着系统比尺的扩大而各有其延展出来的特点,但均包含有小比尺的特点 (图 9.9),只是 r 的 0 次方段至 1 次方段的过渡段予以忽略,因为缺乏数据,同样 1 次方段至 2 次方段也缺乏数据,但已经不能影响宇宙观了。

如果以相似的观点[9] 看待宇宙中各种尺度的当量质量响应特性时,发现这个宇宙中当量质量的分布是非常有规律的。

9.4.3.5 引力与时间

这里称谓的时间,指光在"宇宙中心"被激发时起,经过距离 r 所用的时间,或称停留时间,即式 (9.30) 中的 Δt,或 r/c。当系统的比尺越大,它同宇宙中心的当量引力越小,是更小系统的背景引力,但距离增加意味着经历的时间或停留时间的增加。

因此从受力分析角度出发,也就是从动量定理角度出发,物体所受力与停留时间的乘积便是冲量,它严格等于动量的变化,式 (9.30) 遵守这一点,而所有引力系统的公式 [如式 (9.10)]也是动量定理,只是前者可以视为速度变化但速度方向不变,适合用于对宇宙等宏观尺度如红移现象等的解读,针对的是波,后者是速度不变而速度方向变化 (假设为圆周运动),适合星系系统或更小的系统,针对的是有质量的粒子或物质。它们都是动量定理,且都严格遵守。

小比尺情况下的强引力系统,当量引力起绝对主要作用,而停留时间则相对短,时间起次要作用;在分布式引力系统下,如星系系统,当量引力同停留时间同样重要,虽然引力的作用在衰减,但停留时间却增加;更大空间尺度便是整个宇宙,当量引力更加微弱,时间却起到重要的作用,它可以是上百亿年,时间起决定性的作用,虽然小小的宇宙背景引力,在长长的时间作用面前,改变了整个时空的状态,也必将改变人类对宇宙的认知。

9.5 宇宙观

如果以比尺的视角来看待整个宇宙，便是一个全新的宇宙观。

9.5.1 宇宙有多大

宇宙无限大，直至将光波的波长 λ 拉至无穷大时，这时从"宇宙中心"出发而能到达的为可达宇宙，假设半径 r_n，任何电磁波均无法逃出，相当于宇宙中心有一个蛙（图9.11 中 A），它的世界就只有如此大（以 R_A 为半径的天），同时蛙本身可以接收到 r_n 之内对方发出的任何电磁波，对方的蛙（图9.11 中 B）也能感知它认为的宇宙，显然，两个宇宙有重复之处（$A \cap B$），也有于对方不可探知之处（对于 A 为 $A \cup B - A$），和双方均无法探知之处（$\overline{A} \cap \overline{B}$），虽然不能探知却不能否定它的存在。

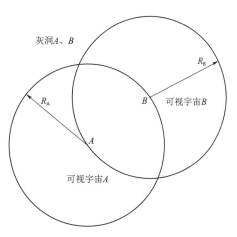

图 9.11 可视宇宙示意图

因此整个宇宙应该是无穷无尽的，任何一个蛙的视界都不是整个宇宙。也许永远不可能将光波的波长拉至无穷大，即使如此宇宙依然是无穷的。

9.5.2 可视宇宙

现在流行的通常观点认为：人类当前可探测到的星系为一个距离地球大约有 130 亿光年的星系，曾经确认它是史上距离最远的星系，这个星系就是 MAMBO - 9，它有可能是在大约 129 亿年前形成的，也就是宇宙大爆炸之后的 9 亿年左右。因此可视宇宙应当小于等于 138 亿光年，宇宙大爆炸至今的时间光将走过的路程。可以接受这个概念，可视宇宙有 138 亿光年，或者打折说有 130 亿光年（已有的观测数据）。

一个红移值高达 6.68 的类星体估计是在宇宙大爆炸后 8 亿年诞生的，它的光线在茫茫宇宙中不停地穿梭了 130 亿年，才到达地球被科学家们观测到，最早发现的类星体 3C273 红移值仅为 0.158，而它距地球也有 23 亿光年。类星体远离地球时的速度大得惊人，有一颗类星体 OQ72 的红移值为 3.53，离开地球的速度每秒钟高达 27 万 km。

最新纪录的保持者拥有巨大的多普勒红移系数，为 10.957 意味着这些光线的历史更加的久远：在 134.0 亿年前散发出来——当宇宙只有 0.407 亿年的历史的时候，比任何其他可见星系都更加接近大爆炸的时间，它就是 GN – z11 星系[11-12]。

再之外的宇宙，只是人类现阶段的技术观测不到，因此可见宇宙（130 亿光年）之内是明的，外面是黑的，就是前面所提到的外黑洞。但实际上可以将可视宇宙之外的称为"灰洞"，只是一时还没有技术或手段来探测它们，于是可以说可视宇宙是在强引力系统的"灰洞"之外，在整个"宇宙"外围的"大灰洞"之内的世界。

可视宇宙之外，依然应当有星体在发光，只是它们的红移量更大，已经超出现阶段的接受范围，它变成了"背景辐射"的重要组成部分，它是外灰洞的一种灰色的存在。同样，强引力系统中的黑洞内部依然是灰色的，不是因为它探测不到，而是因其超出现阶段的接受范围。因为无论黑洞如何强大，也不能阻止光，更不能改变光速，只是改变其波长，被黑洞的引力所拉长，以至于最终被绕黑洞外物质的强光所掩盖。

因此宇宙可以说是有界（人类能探知的视界）无限（范围可以无限延伸），只是现阶段还无力观测或没有能力进行观测，只要未来的技术手段足够时，人类一定能发现更大红移量的星体，超过 10，超过 100，甚至 1000……

如果将图 9.11 中的世界理解为可视宇宙，R_A 或 R_B 分别为蛙 A 和蛙 B 所能探测到的极限距离，比如为 130 亿光年，其外的世界是灰洞，蛙 A 探测不到的属于外灰洞 A，蛙 B 也有探测不到的外灰洞 B，A 和 B 彼此都站在刚能探测彼此的极限位置上，那么世界或宇宙到底多大，是蛙 A 的对还是蛙 B 的对呢？当人类有能力探知更远处的"宇宙背景辐射"，有能力获得其中红移更大的星系数据时，这一切的秘密可以顺利揭开。

图 9.11 中的蛙 A 正是地球上的人类，蛙 A 说可是宇宙产生于大爆炸，爆炸点就在 A 点附近；蛙 B 可以笑而不语，如同静静的宇宙，看着人类的解释笑而不语一样。

9.5.3 关于黑洞理论

可探测世界之外为外灰洞，同理黑洞依然可以看成灰洞，它永远不能抵御光或光速不变性原理，只是将波长拉长而已，且如同外灰洞一样永远不能将光波波长拉至无穷大。

所以黑洞理论可能是不成立的，黑洞是不存在的。只是"内黑洞"在离地球遥远的地方，本来就灰，称为灰洞更合适，灰洞内部的光在星际旅行至观察者时，还得抵御灰洞本身引力场、星系引力场、宇宙引力场，这让他们更加灰暗，且隐藏在绕它旋转的其他发光物质之后，难于检测和分离。

黑洞为一强引力系统（图 9.7），设距离黑洞中心 r_0（时间 t_0，波长 λ_0）处有个光源直接向引力源反方向逃逸，至 r 处（时间 t，波长 λ）。可以对两点之间的过程进行动量定理分析，对 r_0 至 r 处的受力进行积分，有

$$\int_{t_0}^{t} \frac{GMm}{r^2}\mathrm{d}t = \int_{r_0}^{r} \frac{GMm}{cr^2}\mathrm{d}r \propto m\,\frac{\lambda - \lambda_0}{2} \tag{9.32}$$

式（9.32）积分后，有

$$\frac{GMm}{c}\frac{r-r_0}{rr_0}\propto m\frac{\lambda-\lambda_0}{2} \tag{9.33}$$

对人类所理解的大时空，可以取 $r \gg r_0$，所以式（9.33）左边可以近似为

$$\frac{GMm}{c}\frac{r-r_0}{rr_0}\approx \frac{GMm}{cr_0} \tag{9.34}$$

于是可以得

$$\frac{2GM}{cr_0}\propto \lambda-\lambda_0 \tag{9.35}$$

式（9.35）表明，如果将波长被拉至无穷大，则 r_0 必须无限趋近于 0，但这是不可能的。不管是牛顿理论的引力红移［式（9.18）］还是广义相对论的引力红移［式（9.19）］，它们在弱场近似情况下是一致的，按式（9.20）也表明如果将波长被拉至无穷大，则 r_0 也必须无限趋近于 0。

因此黑洞不存在，无论是外黑洞还是内黑洞，它们可以统称为外灰洞、内灰洞。

9.5.4　关于大爆炸

大爆炸理论来源于对极远类星体的红移现象，对它的最为流行的解释之一便是大爆炸理论，理论基础是将类星体的红移认为是宇宙学红移，是由星体远离观察者所导致的，或者说是因多普勒现象所产生的。如果此红移现象本身就是引力场引起的，那么大爆炸的根基就没有了。

9.5.5　关于暗物质

暗物质是存在的，但并不是同明物质一同存在的，明物质均是有强引力源的小系统，是充分发展的第一世界，在明物质的世界里是不存在或存在非常少的暗物质的。暗物质存在于星系中，是明确的物质存在，只是人类暂时无法探知而已，它们可能稀薄，有恒星，有行星，或是类似小行星带，或干脆是星际云，它们同太阳系一样，只是稀薄，没有被巡天给大规模清扫过。

因此暗物质就是构成可见天体的已知物质，而不是某些奇怪的基本粒子，它虽然暂时不被人类直接探知，但通过星系的旋转曲线能间接证实。

9.5.6　关于宇宙背景辐射

当类星体的红移为引力场所致，那么更远星体的星光必将被拉得更长，它们就藏在现阶段认为的宇宙背景辐射里。将正常的光波拉长，如同正常的人类声音可以被拉成鬼哭狼嚎般的存在，它不一定是背景噪声，人类一定有办法将它分离出来，还原一

个真实的宇宙。

9.5.7 关于红移

宇宙中的红移，应当只有两种：多普勒红移和引力红移。前者由于远离地球观察者造成的，如星系中远离地球的一端为红移，另一端走近地球的为蓝移；后者便是由单纯的引力造成的，它可以是强引力系统，也可以是分布式引力系统，而传统的观点总是将分布式引力系统给忽略掉，故导致对宇宙理解的偏颇。

传统意义上的宇宙学红移可能不存在，因为没有数据证实这点，正如没法证实宇宙本身在膨胀，只是对类星体红移本身的一种解读而已。但另外一种解读，就是本书的分布式引力系统所导致的引力红移。

因此观察者接收到的任何光或光谱，均是对方在逃离各种强引力系统、分布式的星系引力系统、分布式的宇宙引力系统后所得到的，如果将它们产生的红移分别命名为 z_1、z_2、z_3，最终的红移大致为 $z = z_1 + z_2 + z_3$。将光波刚发射时的原始波长定为 λ_0，发射位置距离宇宙中心 r_0，发射后至 r 处被接收到。

由式（9.32）和式（9.20）可以得到通用的红移公式：

$$z \approx \int_{r_0}^{r} \frac{GM(r)}{c^2 r^2} \mathrm{d}r \tag{9.36}$$

如果对方是刚逃出强引力系统（如银河系中离地球最近的恒星比邻星）后就直达太阳系，那么它的强引力系统红移为 z_1，参见式（9.35）或式（9.20）则有

$$z_1 \approx \frac{GM}{c^2 r_0} \tag{9.37}$$

显然，强引力系统红移是光被触发位置与强引力中心距离 r_0 的函数。

如果分布式引力系统如星系中，它的当量质量有关系 $M(r) = a_2 r^1$，则逃逸星系的红移 z_2 为

$$z_2 \approx \frac{Ga_2}{c^2}(\ln r - \ln r_0) \tag{9.38}$$

此时红移为光被触发时与星系旋转中心的距离 r_0 和逃逸距离 r 的函数。

如果分布式引力系统如宇宙中，它的当量质量有关系 $M(r) = a_3 r^2$，则宇宙红移 z_3 为

$$z_3 \approx \frac{Ga_3}{c^2}(r - r_0) \tag{9.39a}$$

或

$$z_3 \approx \frac{Ga_3}{c^2} r \tag{9.39b}$$

光刚被触发时的位置，即"宇宙中心"且 $r_0 = 0$，此时的红移仅为逃逸距离 r 的函数。总之从 z_1、z_2、z_3 来看，红移与触发位置 r_0 和逃逸距离 r 的关系是此长彼消

的关系，对于强引力系统红移只与触发位置 r_0 有关；对于分布式引力系统如星系，与触发位置 r_0 和逃逸距离 r 均有关；对于整个宇宙，则只与逃逸距离 r 有关，它们正是 9.4.3.5 节中表明的引力与时间的关系，随着比尺的扩大，时间的作用越加重要。

观察者能接受到的光均是以上三种红移叠加后的结果，它大致为

$$z = z_1 + z_2 + z_3 \tag{9.40}$$

一般的情况下，$z_1 \ll z_3$，$z_2 \ll z_3$，只有大宇宙的背景红移 z_3，但当 r_0 足够小，离强引力源非常近，那么 z_1 将是不可忽略的，尤其是研究"黑洞"时。

无论研究强引力系统如"黑洞"的红移 z_1 或宇宙学红移 z_3，人们往往忽略了星系红移 z_2 的存在，它无论如何均是一个非常小的量，忽略了 z_2 就忽略了引力作用，让星系悬臂的红移端和蓝移端蒙蔽了视线，最终让宇宙学红移（类星体远离地球）思想直接代替了引力的作用，导致对宇宙的认识发生错位，错位至大爆炸的宇宙学说。

本书解释了星系的旋转速度问题，它来源于星体相对地球有的视向速度，当然有红移端和蓝移端，但都可以归于多普勒红移；于是，当类星体同样出现了红移现象时，就将它归于类星体是在远离地球，进而推论出宇宙正在膨胀，进而推论出发生大爆炸……，其实它的根基或基础就可能是误判。

如果有更大的宇宙（只是假想），它暂时还不为人类探知，它也许有当量质量关系 $M(r) = a_4 r^3$，则更大宇宙的红移 z_4 将为

$$z_4 \approx \frac{Ga_4}{c^2}(r^2 - r_0^2) \tag{9.41a}$$

或

$$z_4 \approx \frac{Ga_4}{c^2}r^2 \tag{9.41b}$$

光刚被触发时的位置，即"宇宙中心"且 $r_0 = 0$，此时的红移与逃逸距离 r^2 成正比。

9.5.8 宇宙的图像

9.5.8.1 物质存在的图像

强引力系统的图像，是绝大部分质量均集中在引力中心，周围几乎为空，为巡天清扫干净了，即使有也是些更小尺度的强引力系统，其质量同强引力系统的总质量比，可以忽略不计。因此可以大致将强引力系统看成这样一幅图像：系统中央一个实心球体，周围一定范围内几乎是空的，它的当量质量几乎恒定。

它有行星系（如地月系）、恒星系（如太阳系）、"黑洞"（或"灰洞"）等存在形式。

分布式引力系统有两个大类：星系系统和整个宇宙。

星系系统的当量质量为距引力中心 r 的 1 次方成正比，星系系统可以看成这样一幅图像：它形如一根棒，非常近似棒旋星系的样子，只是它在大致沿星系的旋转平面将"棒"给散开而保持原有的距星系中心距离 r，有些恒星的旋转平面稍有一定的倾角，但大多在星系旋转平面上。

整个宇宙系统的当量质量为距"宇宙中心"距离 r 的 2 次方成正比，因此宇宙可以看成这样一幅图像：它是空间中的一个盘，它沿三维将"盘"给大致均匀地散开而保持原有的与宇宙中心距离 r，这样的宇宙无边无际。逃离宇宙中心距离 r 的当量质量 $M(r)=ar^2$，大致为距宇宙中心 r 内的当量盘内的全部质量，但是它不是真实的，后面 9.6.1 节加以说明。

如果还有人类没有探知的更大的宇宙，它的当量质量可能为距离"宇宙中心" r 的 3 次方成正比，则那样的宇宙将是这样一幅图像：它是一个均匀的三维球体，如同强引力系统的中央球体一样，且无边无际。这个更大的宇宙只是一种想象，并不代表已有的任何观点。

9.5.8.2　宇宙汤

如果将宇宙比作一锅汤，那么强引力系统的宇宙将是一锅清汤，里面几乎空无一物，它大致被巡天清扫干净了，当然一个大的强引力系统下面可能会有更小的强引力系统，从宇宙的角度可以忽略。

对于分布式引力场如星系系统，宇宙是一锅淡汤，系统中心被巡天清扫干净了，随着半径 r 的增大，逐渐至未被清扫的状态。

对于分布式引力场如整个宇宙，宇宙则是一锅浓汤，这里几乎没有巡天，一切均处于蛮荒状态。

可以从宇宙中心的当量质量来看待整个宇宙，当然也可以用汤的形式看待宇宙。宇宙的旅行者光从被激发开始，它可以不被认为是在克服来自宇宙中心的当量质量的引力，而是在克服穿越各种汤（质量场）而必须付出的代价——就是红移代价。于清汤中，只需克服逃离强引力质量中心所产生的红移 z_1，穿越淡汤，需克服质量场的红移 z_2，穿越浓汤则需要克服质量场红移 z_3，如果有更大的宇宙，则需要克服穿越干饭（更浓的汤，已经熬成干饭）所克服质量场红移 z_4。

质量场对光产生结果，是对任何的光或电磁波征税，而无论它的方向。相当于可见光穿越含粉尘的空间一样，它需要不断丢失它的光强，直至被完全掩盖掉；对于星系的穿越者光而言，则是波长被不断地拉长，红移不断地增加。

这就是真实的宇宙，真实的质量场，真实的宇宙汤，当用不同的尺度看它时，它展示出来的面貌是完全不一样的。

9.6 整个宇宙真实的质量分布

前面用宇宙中心当量质量 $M(r)$ 的概念来解读宇宙，它的当量质量按距离 r 的 2 次方变化。如果将这个概念换成宇宙的当量质量浓度 $\rho(r)$，那么由式（9.31）可以推知当量浓度为

$$\rho(r) = a/r \tag{9.42}$$

式（9.42）表明宇宙的当量质量浓度随着 r 的增加越来越小，当量物质分布非常不均匀，离宇宙中心距离越远，当量质量浓度越小，这结论似乎同现有的认识相矛盾。

9.6.1 宇宙汤的角度

为了理解随着 r 的增大当量质量变小这个现象，笔者认为当量质量的分布可能不能代表真实的质量分布，故尝试用宇宙汤的质量浓度场 $\rho_g(r)$ 来解释，它同当量质量浓度 $\rho(r)$ 的概念完全不同。

如果以当量质量分布来解释宇宙，则可揭示宇宙学红移是由于引力产生的，是有物质的存在而产生的，物质的存在是宇宙学红移产生的基础。当量质量和当量质量浓度均是基于拉格朗日思想，坐标不动，原点在宇宙中心，宇宙的旅行者光在动；如果从基于欧拉的思想，站在光的坐标上，则光是在穿越物质场，或宇宙汤，或质量浓度场。

根据已有的观测可以知道，宇宙学红移是不分方向的，从任何方向穿越同一个宇宙空间，它们都产生同一个效果，即红移，指向光运动的反方向，因此质量场就是一个阻尼场。

这里将穿越宇宙质量浓度 $\rho_g(r)$ 的宇宙汤经过 r 距离后产生的效果同红移 z_3 建立关系：

$$z = \frac{H_0}{c} r \propto a \int \bar{\rho}(r)\mathrm{d}r \tag{9.43}$$

其中 a 为某常数，则可以求得宏观的宇宙质量浓度 $\rho_g(r)$ 为常数，即

$$\rho_g(r) = \mathrm{const} \tag{9.44}$$

或者宏观的宇宙质量分布 $M_g(r)$ 为

$$M_g(r) = ar^3 \tag{9.45}$$

因此整个宇宙还是均匀，各向同性，且当量质量 $M(r)$ 与距离 r 的 2 次方成正比，代表的正是宏观的宇宙质量分布 $M_g(r)$ 与距离 r 的 3 次方成正比 [式（9.45）、图 9.12]。

9.6.2 宇宙汤就是暗物质

宇宙中的旅行者光要克服明的各种强引力系统、分布式引力系统，还要克服暗的

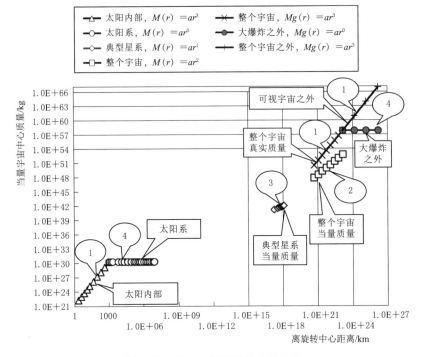

图 9.12　宇宙中真实质量响应曲线

宇宙汤，宇宙汤似乎是个阻尼系统，对任何穿越它的光产生影响，无论其方向如何。暗物质大致可以这么理解，在整个宇宙中真实质量分布 $M_g(r)$ 和当量质量分布 $M(r)$ 的差，仅为概念性的理解（图 9.12）。

对强引力系统，逃离它的红移 z_1 由式（9.37）给定，而逃离星系的红移 z_2 可以由式（9.38）给定，而对整个宇宙的红移，则 z_1、z_2 可以忽略掉，于是对于宇宙汤可根据式（9.43）有

$$\frac{\partial z}{\partial r} = a_g \rho_g(r) \tag{9.46}$$

式中：a_g 为某待定系数，可以称为宇宙学的红移-浓度常数，相当于光的阻尼系数；$\rho_g(r)$ 为宇宙学质量浓度（质量场），通常情况下是逃逸距离 r 的函数，在大宇宙尺度下也为常数。

宇宙学红移 z_3 可由下式计算：

$$z_3 = a_g \rho_g r \tag{9.47a}$$

或

$$z_3 = a_g \rho_g ct \tag{9.47b}$$

式（9.47）便是宇宙汤中通用的红移公式。

9.6.3　暗物质是什么

暗物质是还没有被巡天清扫过的、最原始的物质形式，最可能是星际云，由非常

稀薄的气体态的物质组成，它延绵不断铺满整个宇宙，其中也有形成聚集性物质的，便是各个强引力系统、星系、星系团等。可以考虑成各种明物质均是暗物质"沉淀"下来的结果。

9.7 宇宙中物质对旅行者的影响

9.7.1 物质存在的影响

宇宙中物质的存在，将是宇宙质量场对星际旅行者造成影响，它主要分为四块：星际物质的阻挡、穿透星际物质、引力偏折（星际物质为强引力系统）、星际物质不均匀所产生的折射。

阻挡主要指已经存在的天体对光的阻挡效果，其他不能阻挡的只剩下干扰了，主要有三个方面：①物质凝聚成的块可以看成强引力系统，无论其引力大小，均能对光产生影响，让光发生偏折；②松散的物质（宇宙汤）对光产生的拖拽效果，让光产生宇宙学红移，红移量将是非常小，只有当时间足够长或物质浓度足够大时，它的累计效果方能显现出来；③物质分布不均，产生的折射，如地球、太阳表面的大气层。

9.7.1.1 阻挡

宇宙中物质的存在，将对途经它的光产生影响，如果物质汇聚成块，将可能对光是不透明的，那么将对光强产生影响，这里暂且将这条给忽略掉，认为成块的物质对光的阻碍作用非常小。

9.7.1.2 穿透强引力场

将强引力系统假定成带有质量，但不占空间的质量点，如果光直接穿透强引力中心点时，它的主要作用是在光接近时将波长拉短（蓝移），离开时将波长拉长（红移），总体效果红移蓝移相当，对光没有丝毫影响，最终波长保持不变，不会发生宇宙学红移。

设从无穷远处（$r=\infty$）有光（波长 λ_∞）穿透强引力源中心（质量 M），则按牛顿力学的能量守恒 [式（9.17）]，在任意离强引力中心距离 r 处波长 λ 同无穷远处波长 λ_∞ 有如下关系：

$$\lambda = \lambda_\infty \left(1 - \frac{GM}{c^2 r}\right) \tag{9.48}$$

离强引力源中心距离越近，则波长越短，发生蓝移，反之发生红移，光从 $-\infty$ 至 $+\infty$，红移效果相抵。

9.7.1.3 引力偏折

光从强引力系统中央穿越的可能微乎其微，最有可能从强引力系统附近经过，那么强引力系统的作用是使光的行进方向发生偏转，如果路径中不存在物质分布，同样也不会发生宇宙学红移，但一定会发生偏折，如果有物质存在如强引力源天体中的大气层，则一样会发生宇宙学红移，即穿越质量场所产生的红移。

非常经典的事件是光经过太阳表面时，将会产生偏折的测量，最早的观测是在 1919 年 5 月 29 日，爱丁顿和戴森率领的两个探测小组分赴西非的普林西北岛和巴西的索勃拉市拍摄日全食太阳附近的星空照片，与太阳不在这一天区的星空照片相比较，得出的光线偏折值分别为 $1.61'' \pm 0.40''$ 和 $1.98'' \pm 0.16''$，与爱因斯坦的理论预言（$1.75''$）符合得很好。而用牛顿力学，光线偏折值为 $0.87''$。

这里经过简单推导便知问题的所在。

光经过强引力源附近，它的轨迹是一条双曲线，焦点就在引力源中央（质量 M）

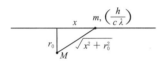

图 9.13　偏折计算示意图

处，光在曲线上一直保持光速前进（光速不变），如果最近处离引力源中心距离为 r_0。如果将光线路径拉直则光等效于沿 x 方向光速前进（图 9.13），而强引力源在距离直线 r_0 处，则按经典牛顿力学，当光在任意点 x 处，垂直于 x 轴方向的加速度 a 为

$$a = \frac{GMr_0}{(x^2 + r_0^2)^{3/2}} \tag{9.49}$$

经过一段时间 $\mathrm{d}x/c$ 后，光在垂直于 x 轴方向的速度改变可以用下面积分形式表达：

$$u = \int_{-\infty}^{+\infty} \frac{GMr_0}{c(x^2 + r_0^2)^{3/2}} \mathrm{d}x = \frac{2GM}{cr_0} \tag{9.50}$$

于是可以求得偏转角，对于太阳（按质量 $M = 1.99 \times 10^{30}\,\mathrm{kg}$、半径 $r_0 = 7 \times 10^8\,\mathrm{m}$、光速 $c = 3 \times 10^8\,\mathrm{m/s}$ 计）有

$$\theta \approx \frac{u}{c} = \frac{2GM}{c^2 r_0} \approx 0.86915'' \approx 0.87'' \tag{9.51}$$

在广义相对论中，由于弯曲时空的作用，引力会比牛顿力学的平直时空中的大得多，经过繁杂的运算后，广义相对论理论下光线的偏折角度刚好是牛顿力学下计算的两倍，对于太阳有

$$\theta = \frac{4GM}{c^2 r_0} = 1.75'' \tag{9.52}$$

9.7.1.4 考虑光子质量变化的引力偏折

在上节中，牛顿力学和相对论的推导总有一个是有问题的。在牛顿力学的推导中

将光（电磁波）看成物质，具有不变质量 m。正确的计算应当将光（电磁波）看成光子或光量子，它的质量为 $h\upsilon/c^2$ 是变化的，波长变化按式（9.48）给定，所以，当光子接近强引力源时，它将发生蓝移，波长变短，光子质量增大，远离引力源时光子质量减少。因此在 ∞ 处的质量为

$$m_\infty = \frac{h\upsilon_\infty}{c^2} = \frac{h}{c\lambda_\infty} \tag{9.53}$$

在 x 处的质量为

$$m_x = \frac{h\upsilon_x}{c^2} = \frac{h}{c\lambda_x} \tag{9.54}$$

根据式（9.53）和式（9.54）可知，光子的质量相当于图 9.7 中 s 面上的质量，而光的当量质量 m 即为 h/c，是一个常数，相当于示意图 9.7 中光的传播是无损传播。根据式（9.48），在 x 处与 ∞ 处的波长有如下关系：

$$\lambda_x = \lambda_\infty \left(1 - \frac{GM}{c^2\sqrt{x^2+r_0^2}}\right) \tag{9.55}$$

故光在任意点 x 处，垂直于 x 轴方向的加速度 a 为

$$a = \frac{GMr_0 m_x}{(x^2+r_0^2)^{3/2} m_\infty} = \frac{GMr_0}{(x^2+r_0^2)^{3/2}\left(1 - \dfrac{GM}{c^2\sqrt{x^2+r_0^2}}\right)} \tag{9.56}$$

去掉高阶小量，经过一段时间 $\mathrm{d}x/c$ 后，垂直于 x 轴方向的速度改变为

$$u = \int_{-\infty}^{\infty} \frac{GMr_0}{c(x^2+r_0^2)^{3/2}}\left(1 + \frac{GM}{c^2\sqrt{x^2+r_0^2}}\right)\mathrm{d}x \tag{9.57}$$

将式（9.57）积分，可以求得偏转角，对于太阳有

$$\theta \approx \frac{u}{c} = \frac{2GM}{c^2 r_0} + \frac{\pi G^2 M^2}{2c^4 r_0^2} \approx 0.86915'' + 1.4382 \times 10^{-6} \approx 0.87'' \tag{9.58}$$

如果按广义相对论的式（9.19）代替式（9.55），垂直于 x 轴反向的加速度 a 为

$$a = \frac{GMr_0 m_x}{(x^2+r_0^2)^{3/2} m_\infty} = \frac{GMr_0}{(x^2+r_0^2)^{3/2}\left(1 - \dfrac{2GM}{c^2\sqrt{x^2+r_0^2}}\right)^{1/2}} \tag{9.59}$$

忽略高阶小量后仍然可以得出式（9.58）的结论。

但此结论与广义相对论中由于弯曲时空的作用，引力会比牛顿力学的平直时空中的大得多，偏折角度为牛顿力学计算的两倍的结论不符。

本书依然采信牛顿力学的推导，因为它基于受力分析，基于动量定理分析。

9.7.1.5 强引力源天体大气层的折射

当遥远星际的光通过强引力源附近时，如果穿越它的大气层，光线将发生折射。

以太阳为例，因太阳大气层的存在和质量分布的不同，光线一定要发生折射，这里忽略探讨它，但它一定存在，这里可以假定它为剩下的那一半，偏折角也大致为 $0.87''$（期待检验），这样总的光线偏折角依然可以保持在 $1.75''$ 左右。

9.7.1.6　穿越质量场（或暗物质）

穿过暗物质时，由于暗物质是还没有凝聚的原始物质，可能是分子或基本粒子的状态，如果将它们也假定成非常多的强引力系统，每个粒子或分子均为一个非常小的强引力系统，则会对光的行进不产生丝毫的影响，宏观上也没有偏转的影响，宇宙学红移也不会产生。

物质存在的方式非常微妙，在分子级别的光与分子之间的关系，或光与质子、电子、基本粒子的作用关系的机理还不明确，长时间的作用下是否产生红移现象，笔者认为是可能的，它是基于基本的观测数据（所有方向发向地球的遥远类星体的光均发生红移），得通过实验来获得证实，并由实验将其展开：光穿越何种物质时将发生红移、何种物质不发生红移，抑或是所有能穿透的物质都能发生红移，它们的机理是什么。

在没有正式确认宇宙学红移成因之前，笔者仍然坚信它来源于宇宙中心的背景引力，在长时间的作用下产生的（而不是来源于大爆炸假说，来源于星系相对地球的视向退行），或是光穿越宇宙质量场所产生的红移。宇宙背景引力和宇宙质量场的概念等价。

9.7.1.7　穿越强引力源天体大气层

以太阳为例，如果太阳大气层内的物质能让通过它的光线产生宇宙学红移，即穿越质量场的红移，那人类就一定能测量到，这束光将发生引力偏折、折射偏折，这两种偏折的共同作用才导致实测的偏折；同时穿越的结果还会导致宇宙学红移。因此光离太阳表面不同距离产生的实际偏折和宇宙学红移是不一样的，通过对它们的偏折分析和红移分析，就可以得到光穿越它们的偏折量，判断出是否有折射偏折，也可以得到穿越它们的红移，判断出穿越大气层的总物质量。

9.7.1.8　光穿越宇宙的场景

光穿越宇宙时，从大比尺来看是近似走直线，小比尺来看则走蛇形波动线。由各种比尺的强引力系统将光线来回拉动，形成局部不规则的折线，这是引力作用导致的，引力透镜就是这种现象的集中体现。在强引力场附近，光也会因物质不均产生折射（如强引力源的大气层），它同引力作用混在一起，难于分辨。另外整个宇宙质量场也会是不均匀的，有空洞，有强引力系统清扫过的，有分布式引力系统部分清扫过的，它们在宏观上也会因物质不均产生折射。

因此光线路径的偏折一定是引力源产生的引力偏折和物质不均产生的折射偏折共同作用而引起的。在引力源附近，引力偏折起主要作用，折射偏折起次要作用；而远离引力源则折射偏折起主要作用。

因此整体来看，光在大致沿某方向做不停地摆动，摆动原因是质量引起的；同时还有穿越宇宙质量场的红移，虽然局部是不均的，但整个宇宙，大致均匀分布。

9.7.2 如何测量宇宙汤

如果宇宙学红移可以解释成由质量场或宇宙汤所造成的阻尼红移，则由式（9.47）可知，经过时间 t 可以达到 138 亿年（距离 r 可以达到 138 亿光年），红移 z 才个位数，而整个宇宙的质量浓度 ρ_g 会非常小，接近真空。而宇宙学的红移-浓度常数 a_g（阻尼系数）的确定非常重要，且非常难于测量，但人类可以用某种方式的实验装置来测定它，它大致同测量光速的仪器或粒子加速器等类似。

9.7.2.1 实验目的

实验目的如下：

（1）如果能证明红移量比较大的类星体均是远离地球的宇宙学红移，而不是引力作用的结果或光在质量场中浸泡长时间的结果，特设计此装置；只有当光在质量场中长期浸泡后也仍然没有发生红移现象时，传统的宇宙学红移才有立足的根基。

（2）测得宇宙学的红移-浓度常数，或光的阻尼系数 a_g。

（3）如果宇宙学的红移-浓度常数 a_g 不为 0，则测得宇宙学质量浓度（质量场）的 ρ_g。

（4）宇宙汤是什么物质组成的，日常可见的物质还是一些基本粒子。

（5）宇宙学红移的机理是什么？光是如何与宇宙汤作用的？

9.7.2.2 实验一：设备示意

图 9.14 为测量阻尼系数 a_g 的装置示意图。原理如下：将一束光（固定波长）导入到两根完全相同的直管中，管的两头分别为全反射镜，可以将光完全反射，直管壁也能将光全反射回管内，相当于直管为光导纤维。如果能将同一束光导入两管内，让其在其中不断来回传播，经过若干时间后，再测量其光的波长特性并与原始波长进行比较。

图 9.14 测量阻尼系数 a_g 装置示意图

测量管有如下特点：①管壁对导入的光全反射，包括两端的全反射镜，对光不吸收；②第一根管为对比管，尽量将其抽为真空，直至达到人类能做到的极限，以模拟极小的宇宙质量浓度场；③第二根管为实验管，将其导入纯净的空气，最好是高压空气，以模拟非常大的质量浓度场；④实验的空气对实验光不产生吸收效应，不会衰减光的强度；⑤实验管中的材质可以是气体、液体，也许可以是固体但不推荐，之所以加压，是为了增加其质量浓度，好减少实验所用的时间；⑥为了避免管因为地球自转而导致的管翻转，可以将管的方向固定，如一端指向北斗星，还可以设计一机构，根据时间让两管的方位在地球旋转时也保持在宇宙中的相对位置。

如此经过非常长的时间，如 1 年，再将实验管中的光导出分别测量其波长，对比管中的波长不一定能测出变化因其质量密度低，但可以期待实验管中的波长能被拉长至可测水平。

与对比管的结果进行对比，实验有两个可能的结果：一是实验管中预计的红移并没有产生；二是实验管中的确测出了红移。

当实验管中没有发生红移，说明光穿越质量场产生红移的观点可能出错：第一，宇宙场可能不是由气体或相类似的物质组成，气体对于测试的光是完全透明的，透明到红移都不能或无法产生；第二，实验管中更换实验材料，将人类能想象到的暗物质的组成材料放进去，甚至是基本粒子（浓度尽量高），再实验，以获得宇宙学红移的机制；第三，如果所有人类已知的材料均无法产生红移现象，则认为光穿越质量场的思想是错误的。

实验气体的选取，优先选取氢气（H_2），其次是氦气（He），随后是氧气（O_2）或氮气（N_2），或它们的等离子体，再次可以选择空气，它们都可以经过压缩成液态后进行实验，当然也可以考虑纯净的液态水，最后考虑基本粒子。

如果实验管中能测得红移现象，则穿越质量场的观点是正确的，暗物质就是宇宙中现存的物质，只是因为稀薄和穿越宇宙的时间太长，长长的时间决定了宇宙学红移。如果这样则有附带的实验结论：①可以确定宇宙学的红移-浓度常数 a_g；②可以确定宇宙学质量浓度 ρ_g；③宇宙大爆炸假说不成立；④黑洞理论不成立，黑洞不存在。

9.7.2.3　实验二：穿越太阳大气层

由于测量穿越质量场的实验一非常难于操作，受实验条件及仪器经费的限制，也许比较困难，但可以仿照 1919 年测太阳偏折角的做法，利用全日食现象，来测试电磁波穿越质量场（太阳大气层）的两种效果：引力偏折和质量场红移。

在全日食时，在其经过的地表路径上，设置测量仪器，或天文台或射电天文台就在全日食的路径上，则可以完成如下操作。当然有日冕仪，则可以替代满世界追寻全日食了，而且就在天文台就可以完成全部工作。

测量一：测在全日食时太阳视角附近的各个遥远星体的偏折角度，测量尽量多的星体，并与它们完全没有太阳阻挡的测量值进行对比。

测量二：测在全日食时太阳视角附近各个遥远星体的光谱，测量尽量多的星体，并与它们完全没有太阳阻挡的测量值进行对比。

通过测量一，如果对不同距离太阳中心 r 的偏折角均满足 $\theta \propto \dfrac{GM}{c^2 r}$，则太阳大气层对光没有折射效果，如果不成比例，则一定是折射所引起的。

通过测量二，如果对不同距离太阳中心 r 的红移均不变，则可能是大气层内的质量所产生的宇宙学红移太小（历时太短而不足以产生可辨别的红移），也可能太阳大气层中的物质不能产生宇宙学红移。如果有，则一定是宇宙学红移。

9.7.3 物质场透镜

9.7.3.1 概念

如果将地球确定为引力场源，地球大气便为一物质场，它是不均的，且可以对到达地球的光线产生折射，这种折射效果是非常精细的，随光线的方位角、地球大气的温度分布有关，它是一个典型的物质场透镜。

同理，太阳大气层也为一个物质场透镜，它们同属于单个天体的物质场透镜，会对经过它的光线产生折射效果。

更大点的太阳系也是一个物质场透镜，远看可能是比较均匀的，但细看其中有更加细小的透镜，如八大行星的物质场透镜等，细看一定是不均匀的，但一定有规律可循。再大一点的如银河系类的星系，它也是一个物质透镜，也会对途经它的光线产生折射。

物质透镜对单个星体而言，可以说是大气层透镜，对星系而言则可以称为"暗物质"透镜，它其实就是星系中的不可见物质组成的，但确实是真实存在的。

星际间光线的传播，是在走各种折线，它们是引力偏折和物质透镜折射一起共同形成的。在测量物质透镜时，应该经过精细的天文学望远镜巡天将它们区分开来。引力偏折可以用 9.7.1.3 节、9.7.1.4 节的推导完成；对强引力系统，引力源质量用天体质量 M 计算；对分布式引力系统，引力源质量用当量质量 $M(r)$ 计算，光线偏折除去引力偏折的剩下部分便是物质场透镜所导致。

因此光线的偏折一定是两种因素共同作用结果：引力偏折和物质场透镜折射。

9.7.3.2 地球大气透镜

假定在某固定天文台进行观测，它在地球表面一定有个固定的位置，假定地球自转轴恒定不变，不以绕太阳公转而改变，那么从此天文台仰角 90°的天空附近一定有一串星链随地球自转依次经过，选择其中的河外星系或河外恒星，它们在地球绕太阳公转时没有视差。

充分考虑地球非球体，故大气也非球体，故地球大气层透镜必须精密测控出。

当某星在夜里当地时间 24 时，太阳正在天文台对应地球的背面，而目标星系在天文台正上方，与地面成 90°，可近似认为没有地球大气折射，如果这时开始计时，等第二天夜里此星又转至正上方时计时结束，如果将此过程经历的时间为一个天文日，那么第一天当地地球时间 24 时正对应此星天文时间 12 时，则此星天文时间为 0 时或 24 时，此星在地球的正背面，12 时在天文台的正上方。如此无论在地球公转到何处，此星的天文时 12 时它在天文台的正上方 A 点（图 9.15），如果一天中用仪器跟踪它，它便有如图 9.15 的轨迹，显然除了正上方点位外，其余点位均有地球大气折射影响，它们本该在的位置和实际观察的位置是一定有偏差的，即折射的偏折角。通过对众多星体的连续追踪，可以得到天空中不同位置的折射量，且还可以根据大气温差，在白天和黑夜等不同时段也能反映出折射量的不同，最终得到不同天空位置，不同大气温度条件下的折射量，如图 9.16 所示。

图 9.15　天空的延时拍摄图片

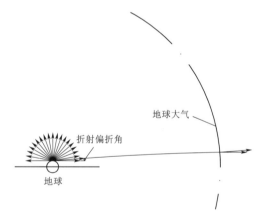

图 9.16　地球大气折射偏折示意图

9.7.3.3　太阳系物质透镜

当得到任何时刻地球大气层对各个角度光线产生的折射偏折角参数后，便可以校正太阳系物质透镜，假设太阳系的物质透镜接近圆球，先对远离银心的某河外星系进行监控（图 9.17），这时河外星系的来光从正上方射入地球，记录它在此星的天文时 12 时的方位特征和光谱特征，以及第二天此星天文时 12 时的方位特征和光谱特征；如此待地球公转一周便可以形成完成的数据链，每一天的 12 时，此星的位置均应该有偏差，它是由设想的太阳系物质透镜所产生的折射。只有当细致的地球大气层物质透镜的效果可以从中严格分离出来之后，才可以分辨出太阳系的物质透镜效果。

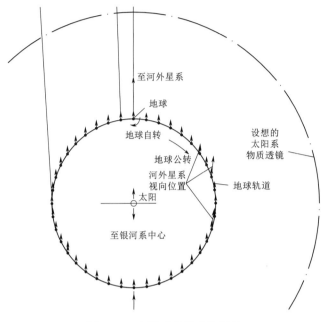

图 9.17　太阳系物质透镜折射

9.7.3.4　银河系物质透镜

银河系物质透镜是存在的，但不便分离出来，因为太阳系绕银心旋转的速度太慢，以至于对任意的河外星系均难以产生视差，但它一定会有的（图 9.18），且每个方向均存在折射偏差，而这个偏差是地球公转所无法辨识的，折射的偏折角几乎一致，都可以近似为透镜上的同一个点。

9.7.3.5　河外星系的物质透镜

河外星系的物质透镜，因为距离远，所以星系透镜相对简单。如图 9.19 有整体的当量引力偏折和星系透镜偏折，它是由星系分布式引力系统的当量质量所定义，星系的穿越细部则会有局部的强引力系统所导致的引力偏折和强引力物质透镜偏折。因此星系透镜的效果应不止一个，应该以簇计，星系透镜的成像也不止一簇，而是多簇。

对于星系而言，物质透镜就是传统所称的"暗物质"透镜。

9.7.3.6　回看全日食测量

在获知各种物质透镜的效果后，这里再回看 1919 年全日食的实验，其实可以获得更多的信息。如果锚定某河外星系，每天以它的天文时间 12 时开始测量，那每天太阳

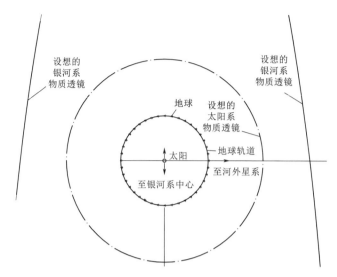

图 9.18　银河系物质透镜（不成比例）

的轨迹从地球的背面逐渐向河外星系位置移动（图 9.20），然后逐渐再脱离，这期间，每个 12 时河外星系的位置是变动的，它本来的位置应该准确固定于天空中的某点，而实际上由于各种物质透镜偏折和引力偏折，它应当均不在那点上，而是有所偏移的。对偏折原因的正确归因，可能更加逼近真实的宇宙，如果将偏折全归因于引力是有偏颇的。

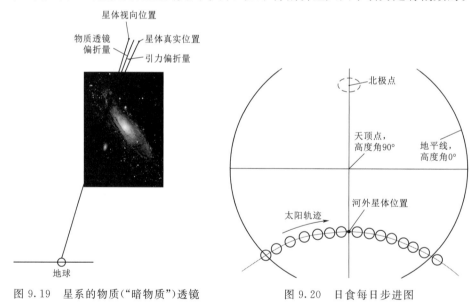

图 9.19　星系的物质（"暗物质"）透镜　　　　图 9.20　日食每日步进图

9.8　本章采用的理论基础

本章推导的理论基础是经典的牛顿力学。宇宙间所有的变化，均是因为受力（或物质存在）而引起的，对于宇宙则是万有引力，它是物质存在的特有属性，而没有上帝的第一推动力。将膨胀的宇宙导向大爆炸理论，其实是同上帝的第一推动力没有本质的区别的。

9.8.1　坚守牛顿力学

根据牛顿力学，一个质量为 M、半径为 R 的天体表面的逃逸速度按式（9.12）给定，如果逃逸速度等于光速，则半径称为牛顿引力半径 r_g，它正好同用相对论获得的史瓦西半径 r_s 完全一致，此时对逃逸物质按 m 质量给定，其实是按物质化的实体来给定的。因此可以说在常规领域中相对论是不能同经典牛顿力学相矛盾的〔如式（9.19）与式（9.18）就不矛盾，在弱场近似情况下是一样的，有相同的式（9.20）〕，故本章采用牛顿力学进行推导是完全可以接受的，可以不必采用相对论的理解与解读，除非必需的时候。

9.8.2　坚守动量定理

坚守受力分析，认为一切的运动或者变化均来源于力的作用，因此动量守恒定理是分析天体运动规律、光的运动规律的必须选项，是不可或缺的。

9.8.3　将粒子和波（电磁波）分开

这里说的粒子指实物粒子，它具有实体属性，如各种实物天体，它们同光差异巨大。而所有的逃逸速度的推导，均是按粒子（有静止质量 m）进行，如式（9.12）中的逃逸速度 v，针对具体的粒子，它在逃逸的过程中粒子不被分割；但对于波（光或电磁波），它是要被分割的，它向一个方向作锥形扩散，这样来看，光是要扩散的，即使从牛顿引力半径 r_g 处切向逃逸，仍有一半的概率可以逃逸，一半的概率掉入黑洞中央；但如果光要逃逸，为什么不直接向外逃逸呢？那样还是以光速逃逸，速度一点不改变，因此强引力源如黑洞是无法困住光的，因此断定黑洞不存在。

因此可以说粒子是有质量的，它永远不能达到光速（这里不谈论粒子波动性的德布罗意波长，那是量子效应，本来这时的物质存在是介于粒子和波之间的非常模糊的状态上，而不是纯粹的光和纯粹的物质）；而光是无静止质量的，只要它存在，就一定是按光速前进的。

因此当处理逃逸速度时，比如强引力系统和分布式引力系统如星系等绕当量质心旋转时，将对象处理成具体不可分割的粒子，这是没有问题的，但不能把对象移花接木成光，光是不能如此推导的，强引力系统下的光的偏转是可以的。

本书将直接向外逃逸的处理成波，它不改变方向和速度，但要改变波长（当量质量的方法）；最准确的方法是处理成光量子，而不能是实物粒子。这样彻底将实物天体或粒子同光（电磁波）区分开来。

9.8.4　光的质量

光具有物质的属性，它可以同引力发生作用，引力能让其弯曲，也理应让其红移。光的静止质量为 0，只有当将它的某部分属性看成不变的时候，可以将它的属性视为有当量质量，但此时的动量定理只能定性不能定量，为非严格推导。光作为波，也有其物质属性，只有把光看成量子或光量子，它是有质量的，这样才是严格的推导。

9.8.5　光的相对论

对应光而言（见图 9.7），如果将一个从波源处发散的光初始波长设置成 λ_0，将此波的任一波长段进行分析，如果站在 r_0（宇宙中心）位置眼睛紧盯波长段的前缘，则它至 r_1 处、r_2 处均按光速前进，波中段至 r_1 处、r_2 处均也按光速前进，而且波的尾段至 r_1 处、r_2 处均同样按光速前进，所以 r_0 处看来，它辐射的面积增大了，光强变弱而频率未变。同样这束光在 r 处看来，不仅光强变弱，而且同时波长变长或频率变小，发生宇宙学红移。

9.9　类比

整个宇宙，如果以类似银河系的星系来比拟，则宇宙最少有 1000 亿个星系，最多有 20000 亿个，故有 $1 \times 10^{12} \sim 2 \times 10^{13}$ 个星系。观察者看到宇宙中的星系，几乎同银河系中的恒星一样多。

一般情况下，20 滴水的体积约 1mL，所以一滴水通常认为是 1/20mL 或 1/20g。1mol 水的质量的数值等同于水的分子量，水的摩尔质量是 18。又知道水的密度在 4℃ 是 1g/mL，所以 18g 水在 4℃ 时的体积大约是 18mL。综上可知一滴水里大概有 1.67×10^{21} 个水分子。

如果将一个星系比拟成一个水分子，那么将整个宇宙比拟成一滴水绰绰有余；甚至将一滴水的直径缩尺 1000 倍后，也约有 1.67×10^{12} 个水分子，它大致相当于现在的可视宇宙，或可观测宇宙，那么一滴水可比拟成未来能探知的更大范围的宇宙，它有约 1.67×10^{21} 个星系。

那么宇宙有多大，先看一滴水，再看看一桶水，再看看一湖泊，再看看整个大海。

宇宙到底多大，它应当是无穷的但有界的，取决于人类的探知能力的界限，只是人类的好奇心将这个界限不断的延展再延展。

9.10   小结

如果从力的角度来看待万有引力的比尺响应特性，发现整个宇宙中物质组成是非常有规律的。应用动量定理分析各个引力系统，便能得出宇宙学红移是引力引起的，是穿越物质存在的质量场引起的，因为没有证据证明宇宙学红移是类星体远离观察者造成的，是由于大爆炸产生的。

总之，可推测出如下结论：

（1）宇宙不是来源于大爆炸，大爆炸子虚乌有。

（2）宇宙学红移是宇宙背景引力在长时间作用下所表现出来的结果，或长时间穿越质量场的结果，不是来源于星系的退行。

（3）宇宙是有界无限的。

（4）宇宙的秘密藏在宇宙背景辐射中，藏在那些更大红移的辐射里。

（5）黑洞是不存在。

（6）暗物质是暗的，但它就是构成可见天体的已知物质。

（7）通过大规模太阳偏折测试（或宇宙汤的测试），均可以证实以上观点。

通过动量定理的审视，占有统治地位的宇宙观似乎行将崩塌，而一个全新的、真实的宇宙正等着好奇的人们去证实。

参考文献

［1］ 胡中为，孙扬. 天文学教程（上）［M］. 上海：上海交通大学出版社，2019.

［2］ 张相轮. 混沌初开 大爆炸宇宙学［M］. 南昌：江西科学出版社，2002.

［3］ 童正荣. 暗物质物理学［M］. 珠海：珠海出版社，2006.

［4］ 向守平. 天体物理概论［M］. 合肥：中国科学技术大学出版社，2008.

［5］ KEETON C. Principles of Astrophysics：Using Gravity and Stellar Physics to Explore the Cosmos ［M］. Undergraduate Lecture Notes in Physics. Springer Science + Business Media New York，2014.

［6］ SOFUE Y，TUTUI Y，HONMA M，et al. Central Rotation Curves of Spiral Galaxies［J］. Astrophysical Journal，2009，523（1）：136 - 146.

［7］ 亚历克斯·蒙特威尔，安·布雷斯林. 光的故事 从原子到星系［M］. 傅竹西，林碧霞，译. 合肥：中国科学技术大学出版社，2015.

［8］ Hubble E. A relation between distance and radial velocity among extra-galactic nebulae［J］. Proceedings of the National Academy of Sciences，USA，1929，15（3）：168 - 173. DOI：10.1073/ pnas.15.3.168.

［9］ 周晓泉，周文桐. 认识流动，认识流体力学——从时间权重到相似理论［M］. 北京：中国水利水电出版社，2023.

［10］ 周晓泉，胡新启，Ng How Yong，等. 理解流动的相似性理论，一个模型实验解读［C］//第三十届全国水动力学研讨会暨第十五届全国水动力学学术会议文. 北京：海洋出版社，2019：292 - 302.

［11］ JIANG L，KASHIKAWA N，WANG S，et al. Evidence for GN－z11 as a luminous galaxy at red-shift 10. 957 ［J］. Nature Astronomy，2020：1－6.

［12］ OESCH P A，BRAMMER G，DOKKUM P，et al. A Remarkably Luminous Galaxy at z＝11. 1 Measured with Hubble Space Telescope Grism Spectroscopy ［J］. Astrophysical Journal，2016，819 (2)：129.

后　记

最初接触泥沙问题时，就被告知泥沙是一门"艺术"。的确，当预测泥沙误差大到 100%～200% 都可以接受的时候确实如此，因为没有别的手段，除了缩尺进行实验外就是研究天然的河流流动，天然河流中泥沙的测量都是巨量的且还不是长时段的和时间连续的。不仅泥沙如此，天然河流中的流动或者实验室中的明渠流动，它们的流动问题也是"艺术"的：水面线不严谨、速度测量不严谨、分析不严谨（尤指湿周 χ 或水力半径 R）。

在水力学行业学习及从业多年，一直将水力学或流体力学当成科学来对待，绝不敢苟且它是艺术，可能只有当它存在不确定时，才有经验公式，才有水力学，因为其机理并不明确或没有彻底吃透，那它就还在科学的边缘，没有进入核心的科学层面，而只停留在艺术层面（或艺术加技术层面，或技术层面）。

河流动力学就是这样，只停留在艺术层面，当通过受力分析及动量定理将其还原成它应该有的模样时，它的科学的层面就展露无遗了。

同理，在天文领域也同样适合动量定理，物质在万有引力的作用下改变的是速度或方向，这物质可以是粒子也可以是波。能改变方向的可以视为粒子，它在强引力系统和分布引力系统之星系中，通过绕旋转中心的旋转而得到其经典的动量定理的表达形式；改变当量速度的可以视为波，在分布式引力系统之绕"宇宙中心"质量分布中，或黑洞内波的逃逸过程中，它是波，在引力和时间的共同作用下而改变波长但不改变光速，相当于其当量的波速在改变，通过如此的假设将波也纳入动量定理的表达中。

本书只是在河流流动问题上和对宇宙的认识问题上，用动量定理做了小小的尝试而已。在河流上试图将技术或艺术改造成更为科学化的样子，对宇宙只是想还原它可能本该有的样子而已。

作者

2021 年 12 月